廚房之舞

The Kitchen Drama

THE GEOGRAPHY OF EVERYDAY LIFE ON BODY AND SPACE

○

身體與空間的日常生活地理學考察

吳鄭重
Peter Cheng - Chong Wu

謹以本書紀念我的母親

鄭美純女士

{1938 - 2000}

並獻給母親兒時最要好的摯友黃秀琴女士

以及每一位在家務牢籠和生活徒刑中奮鬥不懈的台灣婦女

你們是孕育生命和滋養生活的凡間天使

也是最溫柔和最堅強的生存鬥士

謝誌

本書從構思到出版，歷經十年的漫長歲月。在過程中的每一個階段我都得到許多人的幫忙，讓我在問題設定、概念釐清、資料蒐集分析，以及文稿撰寫各方面，得以超越自己的思考盲點和諸多限制，終於看到全書付梓出版。

首先要感謝淡江大學建築系的劉欣蓉老師和長庚大學工業設計系的翁註重老師，本書的最初構想就是和他們一起討論出來的。同時，也要感謝國科會專題研究計畫的經費補助（計畫編號91-2420-H-152-002, 94-2415-H-003-001）和匿名審查委員的建議和推薦，它讓我在千頭萬緒的情況下，得以有系統地將這個對我個人意義重大的議題納入學術研究的範疇。這也促成我深入探究日常生活地理學的理論架構，並且發掘出身體空間的社會經濟學分析取徑。

其次，我要感謝研究夥伴郭彥君在田野工作、資料整理和繪圖上的諸多協助，讓家戶調查和婦女訪談的不可能任務得以順利的完成。尤其要感謝在成功國宅田野過程中現身參與的家庭和婦女朋友們，你們才是功不可沒的最佳女主角。同時也要感謝吳明修、蔡明榮、張坤德三位資深建築師在百忙之中抽空接受訪談，分享他們寶貴的設計經驗，讓我對於集合公寓和國民住宅有更深一層的了解。

接著要感謝好友張新琦的文稿潤飾，讓我有時糾結難解的絮叨論述可以化繁為簡地清晰呈現。也要感謝戴煒盈同學在完稿的最後階段幫忙繪製插畫，讓整本書的概念傳達更加完整和傳神。

此外，我要特別感謝台大醫院腫瘤骨科的楊榮森醫師。我清晰地記得在母親準備進手術房之前，他看到母親躺在病床上緊張害怕的神情，很自然和親切地用手撫摸著母親的額頭，安慰她不要緊張。楊醫師如此細膩的動作和誠懇的態度，讓作為病患家屬的我，感動不已。

最後，我要感謝我的父親和家人，尤其是姊姊婉麗、弟弟國益，在母親生病期間，無怨無悔的付出。能夠生長在這個家庭，是我畢生最大的幸福。而我最想感謝的人，其實是已經過世的母親。作為一個台灣歷史與當代社會處境下的女性，一個受到命運操弄卻依然開朗自在的女性，她讓我看到生命的火花和智慧的光芒。如果我能夠從她身上多學到一些東西，那該多好。可惜我現在只能在記憶中摸索和捕捉她生前的點點滴滴。但這些都是次要的，只希望她在天堂可以永遠輕鬆自在地跳舞。

序

　　再過幾個月就滿十年了，沒想到時間過得這麼快，也沒想到整個過程如此漫長——這就是《廚房之舞》從問題發想到由聯經出版公司正式出版的整個歷程。其實，本書初稿在2009年2月由師大地理系【地理研究叢書系列】作極小批量（只有200本）的學術出版之後，我就不敢再細看它的內容。一方面是因為寫得不夠好，越看就越想修改，乾脆不予理會；但更重要的原因在於《廚房之舞》裡面的故事是我人生當中錐心之痛的遺憾，我實在不太願意回想過去發生的事情。不過，書出版之後得到不錯的迴響，獲邀到許多系所和一些民間團體分享書中的經驗，讓我重新思考正式出版的可能性。此外，初稿完成之後也發生了一些小插曲，提醒我正式出版這本書的必要性。這也是我在《廚房之舞》完稿之後還提得起勁兒修改的主要原因。

　　第一件事情，也是讓我有勇氣再面對這本書的最大動力，就是《廚房之舞》出版幾週之後接到的一通電話。更精準地說，是我錯失了幾通電話之後接到的一通重要電話。那是某個星期天的下午，我接到系上同事廖學誠老師

的電話。一開頭他就說昨天晚上連打了好幾通電話，都沒連絡到我，語氣似乎頗為急切。接著，他提到不久前我送他這本書，並且簡單描述了一下書中提到因為我母親罹患肺癌病逝之後我開始研究公寓廚房的議題，以及小時候我們家住眷村的種種狀況，然後他很慎重地說，我在書的扉頁提到，我要用這本書紀念我的母親鄭美純女士。這時候，廖老師突然加重語氣：「你媽媽真的叫鄭－美－純三個字嗎？」我越聽越糊塗，但還是先按捺住心中的疑惑，回答道：「是啊！我在書的扉頁中有提到，我做廚房研究和寫這本書的目的就是為了紀念我的母親——鄭美純女士，並且記錄當代台灣婦女的廚房生活處境，怎麼了？」在電話那頭的廖老師說：「好，那你等一下，有一個人想跟你說話。」聽到這句話，我覺得更迷糊了！

電話那頭出現一位婦人的聲音，以夾雜閩南語腔的國語說道：「恁媽媽叫鄭美純哦？」「是啊！」「我住〔宜蘭〕三星啦，是恁媽媽小漢時的朋友……。」接著她又說了許多母親小時候的事情。這時候我馬上想起，母親生前曾經多次提到她小時候在宜蘭三星念小學的時候，有一個很要好的朋友。記得多年前有一次我和朋友到宜蘭太平山玩，途中路過三星，還特地停下來打電話回家，跟母親描述三星國小和街上的現況。在電話中母親叫我找找看有沒有一家某某米店，那是她好朋友家裡開的店。當時距離母親離開三星已經有二、三十年了，我猜街上的店家也有很大的變動。總之，當時我並沒有找到母親口中的那家米店。就算找到，母親的好朋友也許早就嫁人搬離三星了吧！

有了這些線索，我馬上追問：「阿姨，恁家是不是開米店？」「對啦，吻家是開米店的。」接著，我告訴這位母親失聯多年的好朋友，母親生前也多次提起她，只可惜上次我在三星沒有找到她們家的米店。接著，她又說了些她和母親小時候的事情，也問了我的現況，然後告訴我，廖學誠老師是她的小兒子。這時候我才恍然大悟，心想：「世上怎麼有這麼巧的事情！」廖老

師和我過去都曾經在國北師社教系服務，當時只知道他是宜蘭三星人，而我母親也是宜蘭人，原先住在天送埤（就是素人作家范麗卿《天送埤之春》書中的那個天送埤），後來搬到三星，然後又搬來台北，所以我知道我和廖老師算是半個小同鄉。我們短暫同事半年之後，廖老師轉到師大地理系服務。兩年之後，我也進入師大地理系服務，這樣子的機緣，已經算是相當有緣分的了。萬萬沒想到，我們的母親們小時候竟然還是最要好的朋友。

經過廖老師解釋，我才明白，原來是廖老師的母親因病上台北開刀住院，非常孝順的廖老師在醫院照料。為了讓生病的母親放鬆心情，所以廖老師跟她閒聊一些學校的瑣事，剛好聊到《廚房之舞》這本書，也聊到我母親是宜蘭三星人，無意間竟然發現書中的主角竟然是他母親兒時的摯友，所以急忙打電話找我。經由廖老師的轉述，我又多知道一些母親小時候的事情。有一些是我從前就聽母親說過的，有一些是我從來都不知道的。更巧的是，有一年和系上幾位老師一起帶學生到福山植物園和北橫考察，其中一晚由廖學誠老師安排住在三星的台電宿舍，現在我才知道，那晚我睡覺的房間正是母親小時候住的房子（因為我「外公」，也就是母親的養父，當時是台電的員工）。儘管母親已經不在人世間，但因此找到母親生前最懷念的兒時摯友，內心還是十分欣慰。這個意外的發現，讓我激動不已，可以說是寫作與出版《廚房之舞》的最大收穫。

其次，我想提一下《廚房之舞》初稿在尋求出版機會時的一個小插曲，它讓我對學術出版有更深的體會。由於先前我的國科會經典譯注計畫成果——珍·雅各的《偉大城市的誕生與衰亡》——出版之後，書店和讀者的反應良好。除了獲選2007年7月份《誠品好讀》選書、2007年誠品讀書節百大好書、誠品「好讀報告系列」第二號《好書Good Books: 100x100 Must Read》（2008）【年度之最】項目中「終於等到出版」的年度好書，以及2007唐山書店【獨立書店讀者票選】十大注目書籍第三名等榮譽之外，這本早在1960

年出版，將近半個世紀之後才有中文繁體譯本的嚴肅類社會科學著作，上市不到兩週首版2,000本就售罄再刷，目前也已經超過四刷，可以說是國科會【經典譯注】系列十年以來銷售成績最好的一本書。甚至有讀者因為讀了我翻譯的中文譯本，特地到學校旁聽我的都市地理學課程或找我討論各種都市議題，之後他們更加確立探索與解決各項都市問題的學術／人生方向。

　　由於沾了《偉大城市的誕生與衰亡》的光，聯經出版公司發行人林載爵先生還當面向我邀稿，希望將來我自己的學術著作也能交由聯經發行。於是，當我完成《廚房之舞》的草稿之後，便將書稿寄給聯經探詢出版的可能性，但杳無音訊。經過電話詢問之後，得知幾個月後將會排入年度編審會議，必須靜候通知。我自己也知道，儘管幾年前我曾經在國外一家知名的學術出版社出版過一本合著的英文專論 *The Secret Life of Cities* ❶，但是在這個經濟不景氣的時候，一個沒沒無聞的大學老師和他第一本學術著作，是很難獲得大型出版社的青睞。由於不確定聯經是否有意出版，這時候剛好又收到某位老師送我一本他剛出版的新書，是國內一家學術出版社「都市與空間」系列叢書的第一本著作，從圖書資料上得知這個系列即將出版的第二本書是我熟識的另外一位老師的著作，我心想《廚房之舞》和這兩本書頗為搭調，可能也適合放進這個以都市空間和社會文化為主軸的學術系列，至少可以先聽聽出版專業的意見。於是，我就打電話跟出版社聯繫，很快就約好時間將書稿送去，並且當面洽談合作出版的可能性。

❶：這本書是由我和英國新堡大學（University of New Castle upon Tyne）的Helen Jarvis教授，以及我在倫敦政經學院的指導老師Andy C. Pratt教授合寫的*The Secret Life of Cities: The Social Reproduction of Everyday Life*，2001年由Prentice Hall旗下的Pearson Education出版社發行。

　　時值農曆年前，出版社非常忙碌，總編輯還抽空和我晤談了兩個小時，算是相當禮遇了。他表示有興趣出版《廚房之舞》，但也很明白地告訴我學術出版的困難，希望原則上不支付稿費和版稅，由出版社編審會議評估後送國科會申請學術專書的出版補助。第二天出版社寄了封電子郵件給我，告訴我他們已經安排年後召開編審會議，順帶跟我說一個和《廚房之舞》有關的小插曲，我將電子郵件的內容節錄如下：

> 你離開以後，
>
> 幫我們印書的許先生來公司，
>
> 我把你的書稿拿給他看，
>
> 沒想到他竟然津津有味地讀了起來。
>
> 〔而且還帶回去讀〕
>
> 今天他來跟我報告心得，滿有感觸的樣子。
>
> 你知道嗎？
>
> 他小學畢業以後就去印刷廠當學徒，
>
> 沒唸過多少書哩。

　　這段話帶我相當大的鼓舞，也讓我體會到學術著作不必然是枯燥乏味和冷冰冰的東西；相反地，當我們可以用設身處地的同理心和貼近社會大眾的生活語言來思考整個國家社會的大問題時，或許枯燥的學術研究和深奧的哲學論述會發揮更大的啟蒙作用。

　　一個多月之後，我收到出版社的來函，告知我他們的編審會決定「不推薦」《廚房之舞》送交國科會審查，主要的理由是委員們認為本書離他們心目中的學術水準還有一段距離，不願意背書送審。其實，我也知道這本書不是非常嚴謹的學術專論，他們的判斷一定有非常豐富的學術出版經驗作為依據。為了進一步探討學術研究和出版作的一些問題，我特地將審查意見的主

要內容摘錄如下：

1. 整體而言，本書處理的議題很有趣也很有意義，應該有某種閱讀市場。

2. 本書主要的問題在於行文存在兩種風格：學術語言及通俗用語。根據經驗，這反而容易兩面不討好，且顯得書寫風格不一致。

3. 本書前頭用了100多頁暢談理論，內容十分豐富，但與後頭的案例分析沒有很緊密的扣連，這樣的斷裂不免有些突兀。

4. 案例討論的部分，廣度夠，但缺乏獨到的素材發現。換句話說，從別的作品也可能取得類似的資料，因此不易凸顯個人的觀察與創見。

5. 鉅細靡遺地描述，反而讓作品變得冗長，特別是關於進入田野的過程，該思考哪些真的需要呈現給讀者，哪些是對自己比較有意義。

6. 不主張以「專書編審會」的名義送交期刊委託代審，因為就學術要求來看，本書還有上述需要修改之處。

　　老實說，剛得知出版社編審委員會的決議時，我相當沮喪，因為這本書對我而言不只是一般的學術著作，而是我失去摯愛的母親之後，努力想釐清的重大問題。不過，這些年來在學術圈裡「混」的經驗告訴我，應該平常心看待。因為我回國之後在國內發表的論文常常得到兩極化的審查意見：甲委員的評語可能是「毫無學術價值」，乙委員的意見卻是「具有重大貢獻的理論創見」，往往得勞動第三位審查委員，加上幾分運氣，才有機會通過審查刊登在學術期刊上。但是細看審查意見的內容，真正深入論文核心的評述，並不多見。包括我自己在審查別人文章的時候，也沒有十足的把握，到底要嚴格把關還是該鼓勵促成？這讓我不禁懷疑，我們目前這套學術審查的制度對於促進思想交流和提升理論水準，究竟是有益還是有害？

　　回頭審視自己的文章，我覺得之所以經常出現兩極化的反應，一方面是因為我探究的議題都是日常生活中大家非常熟悉的「小事」，例如廚房、菜

市場、公共廁所之類的生活場域和日常經驗，平常習慣思考國家、資本、階級、族群等嚴肅議題的學者們，可能會認為這種婦孺皆知的生活瑣事難登學術研究的知識殿堂；另一方面是因為我的遣詞用字過於淺白和絮叨，而且討論的過程中還經常牽扯到身邊的人、事、時、地、物，這對於長期浸潤在理論詞藻和科學證據當中的學術前輩而言，可能會覺得這樣的敘寫風格缺乏「學術文章」該有的深度和精準度，更不夠客觀中立，當然不應該放行出版。

然而，從出版社給我的兩封電子郵件內容所呈現出來的反差──市井小民讀得津津有味，學者專家卻覺得不具學術創見與嚴謹性──反而讓我有一番新的體悟：它反映出《廚房之舞》似乎有達到我以建構日常生活地理學的理論觀點來分析公寓廚房和女性家務處境關聯的「去神秘化」目標。而這正是我對社會科學研究和學術出版的基本態度──「好讀易懂」和「深入淺出」是學術著作的基本要求，也是最高境界；而其步驟在於讓複雜的事情變簡單，讓簡單的事情變得有深度，然後讓有深度的事情變得有趣。雖然我離這樣的研究功力和寫作境界還有很遙遠的距離，但是我朝向這個方向努力的目標將不會改變。我覺得這才是學術的王道。

說到這裡，我不得不岔出來談一下我對學術研究和學術出版的一些看法。首先，我認為社會科學研究不能脫離真實社會與生活脈絡──它的出發點是來自真實社會，它的成果也應該回歸到具體生活。這個來自於批判實在論的研究立場特別強調「承載理論的具體研究」（a theory-laden concrete research）：抽象的理論分析是為了化繁為簡地釐清糾結複雜的經驗現象，而具體的經驗分析則是為了了解必然的因果機制在真實情境之下發生或不發生的形態和歷程。換言之，與真實社會息息相關的學術研究必然會包含兩種截然不同的「語言」──抽象的理論論述和具體的經驗描述。但是它們並非「學術語言」和「通俗用語」的涇渭分明，而是試圖在理論與經驗的不同

範疇中尋找和建立一種可以增進人類對於自身處境了解和彼此溝通的「共同語言」（the common languages），而且不是單一的語言（not 'a' common language）。就像不同族群在溝通時的國、台語並用或中、英文夾雜，它會隨著我們當下所處的情境特性和對話對象游移調整，對話雙方也就是在進出彼此的語言概念之間開始相互了解，進而產生共識。因此我在《廚房之舞》書中耙梳與建構理論的章節會多用一些「學術語言」，甚至引述或是加註英文，以便和其他（西方）理論對話；同樣地，在描述與分析經驗現象的時候則會多用一些日常生活的「通俗語言」，必要時甚至設法借用俚語或忠實呈現口語的內容，盡可能精確傳達具體的經驗現象，然後再設法將它概念化。換言之，此處並非「兩種語言」的風格問題，而是進出與穿梭於抽象概念和具體現象之間動態的「學術歷程」：唯有透過抽象概念不斷操作化的演繹動作和具體經驗不斷概念化的歸納動作，也就是批判實在論所謂的「反覆推演」過程（retroduction），才可能逐步建構出不同領域、不同立場也可以相互溝通和彼此理解的「共同語言」。而整個學術研究的歷程就是在這兩種語言之間不斷辯證轉譯的溝通過程。遺憾的是，傳統的學術出版似乎長期陷入「非此即彼」（either/or）的兩難困境：不是淬鍊成只有極少數相同領域學者熟悉，內容晦澀艱深的學術論文，就是簡化成給一般讀者閱讀的科普叢書，使得學術研究中最具原創性的知識生產過程被神秘化的科學神話所掩蓋。這些作法雖然具有簡潔有效的知識傳遞效果，也就是心理分析常說的父權語言象徵秩序，卻忽略了學術著作作為再現與激發學術想像和科學創意的思想宮籟作用。

　　這就必須談到日常生活研究，尤其是本書所聚焦的日常生活地理學研究，所揭櫫的核心課題 —— 因為習慣成自然和過度熟悉而忽略對於生活環境和身心處境的質疑與批判。在公寓廚房和女性家務處境的議題上，為了消弭西方學術理論與我們當前生活處境之間的鴻溝，我刻意將《廚房之舞》定位為一本「有人味兒」的學術專論。但這並不表示我會因此忽略學術論文該有

的嚴謹態度。相反地，我在章節架構上採取比一般學術論文／學術專書更
為嚴謹的安排方式：在實證科學「假設演繹法」（the hypothetico-deductive
method）包括（1）問題意識、（2）文獻回顧、（3）研究設計、（4）分析
討論和（5）結論建議的五段式論述架構下，我特別在文獻回顧（第二章）
後面增加一整章的篇幅來建構日常生活地理學的基礎理論（第三章）。我將
這個原創理論的建構動作稱為「理論迂迴」的思想繞路。這麼做的原因是因
為我在回顧西方學術文獻的過程中，發現既有理論無法充分回應本書的問題
意識，因此試圖提出了一個全新的基底理論——以「身體—空間」為核心的
日常生活地理學，以及因之而來的嶄新分析取徑——用以彌補傳統政治經濟
學分析不足的社會經濟學觀點。而我的寫作策略是先在大家熟習的文獻回顧
章節耙梳有關性別、空間、科技與文化的既有論述，一方面讓讀者掌握相關
議題的理論脈絡，同時也順勢點出目前理論不足的窘境，然後另外用一整章
的篇幅將日常生活地理學的理論系譜鋪陳出來，這也是本書可以為人文地理
學和台灣社會研究做出貢獻的重點之一。換言之，這是《廚房之舞》最具學
術原創性的地方，也是許多社會科學研究相對欠缺的部分。尤其是台灣的人
文與社會科學領域，不論是期刊論文或是學術專論，似乎鮮少有人提出全新
的理論架構，多半只是沿用既有的理論觀點，然後針對經驗資料加以微調驗
證而已。讀慣了這一類研究論著的讀者乍讀本書時，可能會覺得過於冗長和
突兀，但我認為，像第三章這樣的內容才是我們要求學術專論必須具備的關
鍵章節——作者獨創的理論見解。因為核心論述及其建構歷程對於強調原創
性的學術專論而言，是不可或缺的充分必要條件；而對既有的理論文獻加以
回顧只是學術論著的必要步驟，但並不充分。真正重要的是必須提出自己的
理論觀點，並據此分析現實世界的經驗現象。在《廚房之舞》當中我之所以
要用第三章一整章的篇幅來建構日常生活地理學的理論架構，就是為了體現
這樣的學術理念。遺憾的是，在多數的審查意見中，完全看不出審查委員們
有讀到這個訊息，因此也看不到他們對日常生活地理學理論的任何評論。

　　至於本書第四章有關分析架構和研究設計的部分，許多學術專書不是一筆帶過就是完全捨棄，比較細心的作者則是將研究方法放在書後的附錄。但是我卻反其道而行，不僅鉅細靡遺地交代經驗資料的取得方式和田野工作的實際過程，甚至以半章的篇幅說明銜接理論概念和研究方法之間的分析架構。有經驗和細心的讀者一定會發現，分析架構是我試圖結合既有理論觀點和自創理論架構的概念重整，同時也是五、六兩章討論與分析章節的敘事架構。換言之，從分析架構到研究設計的概念整合和操作化轉換，是進出理論世界和經驗世界的隘口，也是檢驗學術論著最重要的關卡。我之所以不厭其煩地詳述這些技術操作的細節，是希望「回復」研究設計和研究方法在學術專書中應有的角色與地位。目前人文與社會科學的學術著作似乎越來越不重視研究設計對於整個研究成果的關鍵影響。不僅碩、博士的學位論文常常只在作為序論的第一章中用極短的篇幅草草帶過資料取得的方式，例如文獻回顧法、問卷、田野觀察、深入訪談等制式的研究方法，連許多正式出版的學術專論也未清楚交代經驗資料和問題意識之間的關係，使得讀者難以判斷後續因著這些資料而來的分析討論是否具有價值或遭到扭曲。殊不知資料取得的對象、方法、過程、內容和記錄方式等，都會影響研究的結果的詮釋的意義。它不只是「研究方法」的直接應用而已，而是必須針對理論觀點、資料特性和實際限制精心設計的「研究策略」，因此也是學術專論中必須詳加討論的核心部分。本書在第四章中詳述銜接理論概念和經驗資料的分析架構及研究設計，就是希望找回在大多數學術著作中不受重視而逐漸消失的「研究歷程」。我對於審查委員們認為這些研究歷程的「內幕」過於累贅，應該加以隱藏和割捨的看法，並不認同。至於孰是孰非，就留待讀者自行判斷。

　　此外，在整本書的寫作策略上，我則是盡可能採取淺白但非口語的敘寫風格來銜接理論和生活之間的間隙，希望朝向淺顯易懂的學術著作方向發展。它不是通識教育或是科普書籍的學術簡化版，而是「原原本本」的學術著作，目的是要讓複雜的社會現象和深奧的理論概念因為相互檢證而獲得釐

清。因此有必要在內容上盡可能詳實完整，文字也要力求簡白，讓讀者能夠輕鬆閱讀和順利理解。但是我猜，這一番話必定惹來不少訕笑。因為一本沒有市場的學術著作，怎麼可能產生多大的影響呢？這樣的理想，實在不切實際。不過，我寧可樂觀地期待這個散布在學術象牙塔、科普和通俗著作之間的「嚴肅類圖書市場」能夠凝聚擴大，因為這是知識分子汲取思想養分的重要來源，也是不同領域之間進行學術對話的關鍵橋梁。可惜的是，目前這塊嚴肅類圖書的閱讀市場主要是靠翻譯西方的學術著作來充場面（包括大量的科普／社科普著作），國內學者的學術專論在質與量上尚難與之等量齊觀。我目前正在進行的另一個寫作計畫，同時也是國科會的專題研究計畫——《空間好讀，發現新地理：當代人文地理學的經典考掘與系譜再現》也是在為同樣的理想鋪路。我的想法很簡單，人文與社會科學的高等教育不能一味仰賴經過剪輯編排的教科書（大學教育）和零碎片段的期刊論文（研究所），而是需要回歸學術經典的原始文本，才能一窺理論思潮的完整樣貌。而且，除了西方的學術原典之外，我們更需要從這塊土地上孕育出來的原創性中文學術經典。這也是國內學者責無旁貸的社會責任——在努力生產期刊論文的「學術工廠」之外，我們必須積極擴大中文學術專書在整個圖書市場中的版圖，甚至有計畫的延伸到英文學術出版的領域（例如以中、英文並置的雙語模式將「台灣社會科學引文索引」TSSCI期刊變為SSCI期刊，或是將國科會社會科學中心補助出版的學術專書導向英文專書的出版），否則「孤島式」的本土研究或「單向式」的進口理論恐怕都不是積極推動台灣學術研究的長久之計。

最後，由於審查委員不太明瞭書名「廚房之『舞』」究竟在「舞」什麼，所以在此我想簡單說明一下書名的意義。原本我只是要寫一篇英文論文，所以最初的標題是用英文構思的，叫做 "The Kitchen Drama: Cooking Gender, Space, Technology and Culture in Everyday Life"。主標題The Kitchen Drama除了廚房的關鍵概念之外，旨在強調從性別、空間、科技和文化等面向來探討

廚房生活的故事。但是發現光是性別角色、居家空間、廚房科技和飲食文化等內容元素尚不足以傳達我想用來分析廚房議題的核心概念，也因為後來發展出身體—空間的日常生活地理學架構，所以就將副標題改為「身體與空間的日常生活地理學考察」。至於主標題部分，我曾經想過好幾種可能，例如「廚房劇場」、「廚房故事」、「廚房芭蕾」等足以凸顯廚房生活動態的標題，最後決定用「廚房之舞」來命名。一方面是因為緊張忙碌的廚房工作常常讓女性手忙腳亂，舞蹈比戲劇容易傳達廚房動態的視覺意象；而廚房作為女性家務工作的生活場域也具有現象地理學所說的「身體芭蕾」和「地方芭蕾」的身體／空間關係。另一方面則是因為我母親生前非常喜歡跳土風舞，儘管她的身材稍胖，但是腳步和舞姿卻相當輕盈曼妙，就像許多婦女在處理日常家務時的機智靈巧。加上母親過世後，我曾經夢見母親沒有病痛婆娑起舞的輕快模樣，讓我相信生前為人和善的母親從此無憂無慮地安居在天堂，所以我決定用「廚房之舞」作為書名。其實，我應該讓讀者自己去領略書名的意義，因為不論是在書中或真實生活裡都不難發現這些線索。我之所以把我為書命名的想法統統攤出來，尤其是後者那些非常私人的理由，是想乞求讀者原諒我的私心，畢竟這個研究的起心動念是來自於我對母親去世的不捨。也希望我對於公寓廚房和女性家務處境的初步觀察，以及對於日常生活地理學和身體—空間社會經濟學的粗淺想法，能夠引發更多相關議題的研究和討論。

吳鄭重

謹誌於內湖「穀得工作室」
2010／3／21

目次

前言：找回自在、安居的「身體—空間」

坐在客廳窗前，望著窗外即將完工的內湖捷運線，偶爾還會看到奔馳在軌道上測試的電聯車。在捷運兩旁，各有一棟15層和17層的高樓公寓正在趕工，預計在今年底完工。再往前十幾公尺，20層高的公寓大樓牆上大剌剌地垂掛著其他建案的巨幅廣告，指引購屋民眾沿著捷運的方向，繼續前進。原本從家中即可遠眺的碧山巖和大埤湖，也因為鄰近大樓的興建，即將消失在我家客廳的窗景裡。往好處想，捷運和高樓的興建帶動了房價的上升，也讓我的資產水漲船高。

至於被高樓遮蔽的窗景，只能自認倒楣，誰叫我無力負擔緊臨湖邊的景觀住宅。反正白天上班不在家，晚上外面又黑漆漆的，還是關心家裡的空間比較實在。可是，當我回頭望著家裡的空間，抬頭看到牆上母親的照片，馬上想到隨著捷運線的延伸和房地產的開發，會有越來越多和我家一樣的公寓大廈拔地而起，我的心不由自主地糾結起來。

我家是一間位於台北近郊某國宅社區裡的公寓住宅，三房兩廳的格局，室內面積30坪。整棟公寓樓高

12層，裡面有96戶幾乎一模一樣的住宅單元；而整個國宅社區共有97棟5樓、7樓和12樓的公寓大樓，近2,000戶的公寓單元。社區周遭更有多到數不清的5樓、7樓、12樓，甚至16層樓以上的公寓大樓。放眼整個台灣地區，約有八成的家庭是住在公寓住宅裡；都市地區的公寓家庭比例，更高達95％以上。這些不論樓層高低、坪數大小、外觀新舊、或是內裝優劣的公寓住宅，都是過去三、四十年裡興建的現代住宅。它們有一個共同的特點：以三房兩廳為主，如同一個模子打造出來的標準平面。而且，客廳（L）、飯廳（D）和廚房（K）的面積和位置，幾乎是以一種等比級數、由前而後的降幕方式排列：例如，L：D：K＝8坪：4坪：2坪；或是L：D：K＝6坪：3坪：1坪。在樓地板面積原本就不大的前提之下，廚房的面積更是被壓縮到近乎窘迫的狀況：它是公寓住宅中，面積最小的室內活動（工作）空間。

這樣的住宅結構──集中都市的高樓集合住宅、標準化的平面模組、比例懸殊的空間配置──有什麼問題嗎？如果我們同意充裕的住宅供給是經濟發展和社會安定的重大前提之一，也是人民安身立命和維繫家庭關係的基本需求，那麼標準化設計、大規模興建的現代公寓不正是有效解決都市住宅問題的最佳方案嗎（如果售價能再大幅降低的話！）？再者，寬敞、前置的客廳、飯廳和相對狹窄、退縮的廚房、浴廁，不也是服膺使用者需求和講求坪率的空間邏輯？這樣的住宅現代化歷程和成果（包括高房價和超過八成的自有住宅率），難道不是我們該引以自豪的台灣奇蹟？

十年前我或許還會天真地這麼認為，可我現在已經不再那麼肯定了。我甚至懷疑戰後迄今大量出現的公寓住宅裡潛藏著一股莫名的危機，正悄悄地吞噬台灣婦女的身心健康。而且，已經隨著廚房的排油煙管，送出一波波的求救警訊。

再對照歷年來高居台灣死亡原因首位的癌症死亡統計，我發現肺癌已經蟬連女性癌症死亡原因第一位

多年，近五年平均每年奪走兩千多條婦女的性命，比乳癌和子宮頸癌的死亡人數相加還多。醫學界流傳著一種說法：每十個因肺癌死亡的女性當中，有一個是吸菸造成的，四個是二手菸受害者，另外五個則是「不明原因」。各項醫學研究也逐漸證實，所謂的「不明原因」，其實和日常生活裡的廚房油煙，關係密切。而廚房油煙又和公寓廚房狹小、封閉的空間特性，女主中饋的性別家務處境，以及華人偏好熱食和快炒的飲食習慣，息息相關。

「碰巧」的是，香港、新加坡和中國大陸東南沿海城市等華人密集的地區，也是全世界女性肺癌罹患率最高的一級警戒區。這些地方和台灣一樣，有著公寓大樓密布的住宅環境和喜歡熱火快炒的飲食文化；而受害最深的，莫過於長年蜷縮在公寓廚房裡面隨著爐火和油煙起舞的華人婦女。隨著改革開放腳步的加快和整體經濟的起飛，中國大陸這幾年也如火如荼地在各大城市興建公寓住宅。在可以預見的將來，會有更多的中國婦女陷入公寓廚房的危機，甚至為此付出生命的代價。也許，我們應該及早提出警訊，以免有越來越多的婦女遭受廚房油煙的威脅而不自覺。更重要的是，我們得設法解開「家庭毒氣室」的死結，讓公寓廚房和煮食家務不再是讓婦女聞之色變的「家務牢籠」（domestic prison）和「生活徒刑」（sentenced life）。為此，我試圖建構一個透視現代公寓住宅和女性家務處境的「廚房稜鏡」（the kitchen lens），讓隱藏在公寓住宅裡的生活風險得以現形；同時，也讓女性在家務工作上的默默付出，得到現身和發聲的機會。

. . .

屈指算算，本書從研究問題的發想到初稿完成，耗費了七年的時間。在這段不算短的日子裡，我曾經多次就所處研究歷程的關注重點，以及當時對這個議題的思考方式，在不同的學術研討會中提出報告。希望透過一次又一次的現場意見交流以拓展本書的思考面向，盡可能完備理論和經驗分析的觀點。

走筆至此，我也相當慶幸，經過長時間醞釀和多次研討會反芻，許多最初自以為是的褊狹念頭逐漸獲得釐清，整個「廚房之舞」的問題意識也變得較為宏觀和周延。

最早是在2003年7月中國地理學會所舉辦的「全球化與在地化——人口、環境、資源與生態、觀光、旅遊」研討會中，我和淡江大學建築系的劉欣蓉老師及長庚大學工業設計系的翁註重老師，在「流動、排除、日常生活與地方」的子題議程當中，共同以〈從風險社會與日常生活看廚房、煮食與母職的建構〉、〈三房兩廳一米八：核心家庭空間建構之初探〉、〈從大灶到瓦斯爐：戰後台灣地區廚房科技發展簡史〉等三種不同的觀點切入，試圖從性別角色、住宅空間和廚房科技之間的關係，勾勒出當代台灣婦女在廚房家務處境上的初步輪廓。這個時候距離我母親去世已經三年，我尚未從悲慟的情緒中平復下來，但已經可以用比較寬廣的視野來審視廚房油煙和婦女肺癌背後複雜糾結的各種問題，而不是只拘泥在公寓廚房狹小的實體空間和停留在批判建築設計的性別盲目上面。這個時期也是我整個研究歷程當中耗時最久的摸索階段。經過這次研討會的洗禮，也確立了我要從多重面向的整合觀點切入廚房議題的基本立場。在多方思考廚房議題的同時，我也試圖為這個糾結複雜的課題尋找一個適當的理論觀點。經過不斷地摸索，陸續「發現」一些有關日常生活的論述觀點，和我對於廚房議題的關注與思考相當貼近。又因為我的人文地理學背景，以及從博士研究以來對都市狀態的持續關注，因此，在理論層次上我嘗試建立一個身體—空間的「日常生活地理學」，以作為考察與批判現代都市社會生活狀態的切入角度。

2005年1月在文化研究學會「眾生／眾身」的年度研討會上，我以〈從歸納—演繹到辯證轉繹：一些日常生活論述的筆記〉為題，發表有關上述整合觀點的初步發現，也奠定了本書以「日常生活地理學」為核心的理論基礎。在文章中我從

現代都市社會中零碎、異化的個人日常生活處境出發，提出日常生活批判的問題意識，並且進一步從認識論和方法論的觀點，探討以日常生活作為理論視野的可能性。藉由一些核心概念的陳述，例如從空間生產到日常生活再生產的三元辯證、自然態度和身體主體的生活世界、戰術操作的消費者生產、辯證轉繹的創意邏輯等，逐步描繪出「日常生活地理學」的理論輪廓。

在2006年4月我即將正式展開經驗研究的田野工作之前，特地以〈廚房之舞，台北故事：都市日常生活中的性別、空間與科技〉（Kitchen Drama, Taipei Stories : Cooking Gender, Space, and Technology in Everyday Urban Life）為題，前往芝加哥參加美國地理學會（Association of American Geographers, AAG）所舉辦的年度研討會。報告的內容主要是從理論文獻的觀點回顧西方學術界如何探討母職的性別角色和廚房家務工作之間的關係，分析他們如何批判英美住宅的「男造環境」蘊含的性別

歧視和設計盲點，以及從現代廚房科技的演進和西方飲食的工業化發展，呈現出當代婦女在工作和家務之間的緊張關係；並且藉由日常生活的現代性批判和身體空間的客體化關係，提出一個日常生活地理學的理論架構，作為統合上述性別角色、住宅空間、家電科技與飲食文化的廚房視野。此外，為了配合當時即將展開的田野工作，在研討會中我也試著將相關的抽象概念轉化為具體的觀察對象，並以在成功國宅觀察到的初步資料，讓其他國家來自不同文化背景的地理學者，有機會從台灣公寓廚房獨特的生活環境以及台灣婦女廚房生活的家務工作處境，反覘西方住宅空間和廚房生活的各種問題。這個時期的最大收穫就是確立日常生活地理學作為一個「大理論」（grand theory）的宏觀性，確定它在概念上足以用社會空間生產和日常身體再生產之間的結構化歷程，來貫穿性別、空間、科技與文化之間的糾雜關係；同時，透過這些不同理論之間的對話和相關概念的操作化，也讓我更明確地鎖定一些經驗觀察的具體對

象，進而揭開台灣公寓廚房系統結構和女性廚房生活處境之間的複雜關係和動態過程。

　　隨著正式田野工作和初步資料整理的完成，2007年6月我又以〈台北公寓廚房的生產與再生產：從政治經濟學到社會經濟學〉（The Production and Reproduction of Apartment Kitchens in Taipei: From the Political Economy to the Social Economy）為題，參加在北京國際會議中心所舉辦的第二屆全球經濟地理學研討會（the Second Global Conference on Economic Geography）。此行的最大目的是在會中提出結合日常生活地理學的理論觀點以及當代台灣婦女廚房生活處境的社會議題，所碰撞出來的嶄新分析取徑——「身體―空間的社會經濟學」（the social economy of the body-space）。這個分析取徑的萌生，可以視為我的廚房研究在日常生活地理學之外的一大進展。我認為它具有兩項重大的意義。首先，「身體―空間的社會經濟學」的分析取徑讓日常生活地理學的理

論根基回歸到身體和空間的基本社會實體（social entities），以及二者之間的動態關係，使得原本相對局限的人文地理學研究得以延伸到整個社會科學的不同領域。其次，身體―空間的動態關係有效地彌補傳統政治經濟學分析重生產、輕消費，關懷人、卻不觸及生活的分析盲點。藉由奠基在身體―空間之上的日常生活地理學和社會經濟學的理論扣合，我們可以清楚地看到「後學科」（post-disciplinary）時代人文、自然與社會科學之間「反學科規訓」（anti-disciplinary）的整合潮流與實踐動力。

　　為了凸顯社會經濟學的重要性，最有效的方式之一就是和向來倚重政治經濟學作為主要分析工具的經濟地理學者，直接對話；這樣的對話同時也是社會經濟學作為社會分析之關鍵取徑的最佳試金石。或許對於習慣處理區域經濟、全球發展等巨大空間尺度和國家政策、資本市場等強大結構力量的經濟地理學者而言，廚房空間和性別處境的議題太過細微（trivial）和軟弱

（soft），因此並未發生如我所期待的「正面交鋒」的理論對話。不過，意外的收穫則是來自與會現場當中同樣具備華人背景的中國、新加坡學者，以及來自亞洲地區的印度、日本學者等，對於台灣公寓廚房和中式料理的熱烈回應，讓我警覺到「廚房之舞」的身體─空間社會經濟學議題，也是東方社會／亞洲文化對於西方現代文明沉默回應的重大歷史課題之一。

從北京回來之後，我開始進入密集的寫作階段。2007年3月本書草稿即將完成之際，我將書中的部分內容加以整理，以〈台北的婦女、煮食與公寓廚房：從政治經濟學到社會經濟學〉（Women, Cooking and the Apartment Kitchens in Taipei: From the Political Economy to the Social Economy）為題，到日本神戶學院大學參加第三屆亞洲全球研究學會（Asia Association for Global Studies, AAGS）的年度學術研討會，希望在本書完成之前有一個整體呈現的綜觀機會。由於大會的主題是「發展亞洲：過去、現在與未來」（Developing Asia: Past, Present and Future），和本書所探究的當代台灣婦女廚房生活處境的性別家務歷程，相互呼應；這也是前一年在北京的全球經濟地理學研討會中的重要體認──應該從華人社會的區域與文化觀點，重新思考該如何改變當代台灣婦女廚房家務處境的可能性。

在神戶的研討會中，與會學者有三個有趣的回應，讓我覺得深受啟發。第一個回應是一位加拿大籍的文化人類學者，她認為探究當代婦女性別家務處境和整個現代公寓住宅之間的複雜關係，以及婦女如何利用各種方式來協商身體空間的社會鏈結，就人類學的角度而言，是一項深具意義的事情。她強調，這種著眼於當代社會和地方生活的「自家人類學」（anthropology at home），也是文化人類學近年來積極發展的主要方向之一。這樣的肯定，對我這些年來對廚房研究的投入，是一項很大的鼓舞。

其次，有兩位印尼學者提到，在印尼，靠近住宅外側的廚房不但是家中的公共空間，也是招待賓客和會見朋友的重要場所，所以他們非常「同情」台灣婦女狹小、封閉和孤立的廚房處境。從他們自身的文化經驗來看，他們也覺得高樓大廈的公寓廚房是一件不可思議的事情。這對於同處亞洲區域，但是要設法從西方公寓廚房的空間框架中解放出來的台灣社會，具有相當重要的啟發性。它讓我們體認到，西方的現代文明未必是邁向美好家庭與和諧社會的唯一途徑；而且，現代化不只是原封不動地複製西方文明的內容和形式。更重要的是，必須掌握生活文化的基本內涵，並以此作為根本，善用西方的科技文明，那樣才有可能創造出屬於我們自己的現代文明。

第三個回應，是一位目前在日本任教，但是曾經在台灣待過一年多的美國學者所提出的問題。最巧的是，她剛到台北的時候，就是和朋友合租一間位於成功國宅（也就是我的研究案例）的公寓，所以她可以深刻體會台灣公寓廚房的狹小、封閉和孤立。但是，她更關心除了理論批判和實證分析之外，對於公寓廚房的問題，有沒有什麼具體的解決對策？是開放廚房的住宅空間重整，社區餐廳與合作食堂的公共服務，還是結合辦公室與家庭的「公家」（office-home）方案？這個問題引起了與會學者的熱烈討論。我相信同樣的問題，必然也是許多讀者心中的疑惑。

• • •

長久以來，住宅空間和家庭生活一直被視為政治與經濟難以干涉的私人領域，女性的無給家務工作也被視為理所當然的性別分工。不過，這樣的假設因為廚房油煙和婦女肺癌的生活風險，暴露出現代性的共同危機：環境問題的最初根源和最終後果都必須追溯和回歸到日常生活的具體脈絡，從社會永續和環境永續的再生產關係中加以探求。這也是「風險社會」（risk society）和「反身現代性」（reflexive modernity）的基本精

神。換言之，潛藏在現代社會與生活環境中的身體—空間異化，包括廚房油煙和女性肺癌背後的一連串問題，是亟待社會關注和國家介入的公共議題。

因此，我試圖透過「廚房稜鏡」的理論／經驗界面來梳理廚房空間的脈絡性（contextuality）和還原廚房生活的動態性（dynamism），亦即將公寓廚房視為「埋藏」（embed）多重社會關係的「活現空間」（lived spaces），並將婦女的廚房生活視為「體現」（embody）性別化家務處境的「活歷身體」（lived bodies）。那麼我們就可以清楚地勾勒出構成「家庭毒氣室」生產與再生產的結構化歷程，包括公寓廚房空間生產背後的政治經濟結構，以及婦女廚房生活再生產的社會經濟過程。也因為找出這些現代居家風險的結構縫隙和生活皺褶，我們就有可能鬆動公寓廚房的「家務牢籠」和改變婦女煮食家務的「生活徒刑」，進而建構出讓所有家庭類型／成員都覺得自在、安居的「生活廚房」。

有鑑於台灣住宅的現代化歷程是源自西方集合住宅的規畫理念和營造技術，而當代台灣婦女的家務處境又和西方自工業革命以降的工業生產模式及核心家庭的社會性別分工，息息相關，所以，在文獻回顧部分我特別著重於西方社會在住宅現代化和家庭現代化的歷史過程中，如何形塑出女性主義學者口中所描述的「男造居家環境」（'man-made' dwelling environment）和「女性家務處境」（woman-lived domestic situation），尤其針對（一）女性在家務工作中的性別角色，（二）以男性和男性觀點為主的住宅設計歧視，（三）廚房與家電科技所帶來的「家庭工業革命」（industrial revolution in the home），以及（四）從家庭廚房到工廠廚房的飲食工業化（the industrialization of cuisine）趨勢等面向，逐一探討造成現代「男造居家環境／女性家務處境」的歷史社會根源，並以此作為進一步考察台灣當代公寓住宅環境和女性家務生活處境的理論脈絡。

然而，只專注在概念化西方現代住宅與性別家務的結構特性——亦即聚焦在工業資本主義造成產業生產空間和家庭消費空間的時空分離，以及隨之而來的「分離領域」（separate spheres）概念和「女性本分」（woman's sphere）迷思——雖然有助於我們掌握國家和產業在形塑現代「家庭毒氣室」的政治經濟學脈絡，卻忽略了一個沉默無聲的事實：個別家庭和單一婦女獨特與零散的因應策略，也在不斷地鬆動和化解這些框限婦女生命與廚房生活的結構性力量。如果沒有這些個人和「臺面下」的因應之道，婦女們所受到的身心煎熬可能不只數倍於目前我們所看到的「家庭毒氣室」，而這正是從身體空間和使用過程出發的社會經濟學觀點重要之處。它不是為了反駁空間結構的政治經濟學觀點所投靠的微觀行動論點。相反地，它是為了完備空間生產／社會再生產的理論脈絡與妥適連結社會問題的根源與後果所發展出來的動態觀點。換言之，唯有結合公寓廚房空間生產的政治經濟病理學分析和女性身體再生產的社會

經濟生理學分析，我們才能從公寓廚房的「家庭毒氣室」重新出發，解除纏繞在台灣婦女身上的家務宿命，進而打造出兩性皆能自主且自在的家庭生活空間。

為了闡述上述男造居家環境和女性家務處境之間的廚房生活危機，但是又礙於基礎理論的不夠完備，於是我在書中試圖另外建構一個「日常生活地理學」的理論架構，從身體—空間的客體化關係／主體化過程、生產和再生產的動態連結，以及結構和行動的雙元性關係，提出一個社會空間生產／日常身體再生產的雙三元辯證（double-trialectics），用以探究公寓廚房的「男造」空間生產過程，以及婦女在異化的廚房處境之下用身體再現和縫合的「女用」空間。而日常生活地理學所揭櫫的「身體—空間」視野，包括「身處空間」（body-in-space）和「身為空間」（body-as-space）的主、客體關係及結構、行動鏈結，也開啟了一個微地理學的宏觀尺度。

在社會空間生產的辯證批判上面，我主要是延續法國馬克思主義哲學與社會學家昂西・列斐伏爾（Henri Lefebvre）對資本主義社會空間生產的政治經濟學批判路線，建構出我們身處「男造」居家空間的病理學分析。透過空間實踐（spatial practices）、空間表述（representations of space）和代表性空間（representational spaces）所交織出來的「活現空間」，亦即「空間性」（spatiality）的三元辯證關係，我們可以看到代表台灣當代都市住宅型態的公寓廚房是如何生產出來的。不過，空間生產的政治經濟病理學分析只能說明「身處空間」的結構特性及其背後的意識型態，卻不足以解釋「身為空間」的形構力量，包括個人的主體性、能動性，以及不同個人和不同生活構面之間彼此牽連所產生的空間修補作用。這種「空間利用」（appropriation of space）的實踐力量，當它與「空間生產」的空間實踐和空間表述相互呼應時，將會強化與擴大既有空間組構的結構特性。然而，如果建築在日常生活和

「身為空間」基礎之上的「空間利用」和當下的空間實踐和空間表述相互扞格時，情節輕微時是以調適心情、改變行為和局部調整空間來做修補；情況嚴重的話，無數個別行動所累積和匯聚的群體力量有可能因此阻斷和顛覆既有「空間生產」的常規模式。換言之，空間結構本身並非單純的物體特性而已，而是社會關係的總成：「活現空間」是同時涉及空間生產和身體再生產的情境體現過程／結果。

為了掌握「身為空間」和「空間利用」的再生產性，我在日常生活實踐的辯證批判上則是提出身體再生產的社會經濟學論點：從身體出發，以使用為依歸的「女用」居家空間生理學分析。透過重大住宅決策的生命戰略（life strategies）、例行反覆的當下身體戰鬥（live body combats）和居間協調因應的生活戰術（living tactics）三者共同體現的「活歷身體」，亦即「在世存有」（being-in-the-world）的三元辯證關係，我們可以看到女性在「男造」居家環境下所體現的日常

身體處境／生活情境／生命意境。這樣的動態連結正是空間生產的「活現空間」得以活靈活現的關鍵環節，卻也是傳統政治經濟學疏於關照的社會經濟面向。換言之，社會經濟學的重要性是奠基在「活歷身體」之上的「人性尺度」（the human scale），以及因此牽引出來的各種「制度網絡」（institutional webs），而這正是社會科學作為一門「人性科學」（the human science）的基本前提。

有了「活現空間」的政治經濟學和「活歷身體」的社會經濟學所共構而成的日常生活地理學，我們就可以進一步檢視台灣在戰後迄今短短的五、六十年間，逐步生產出公寓廚房的「家庭毒氣室」，同時也可以深入了解當代婦女如何善用各種生活智慧，設法化解這些令人窒息甚至致命的廚房家務處境。不過，日常生活地理學所揭櫫的「活現空間」和「活歷身體」等概念，畢竟是比較抽象的理論觀點，未必適合用來直接分析經驗世界的真實現象。所以，本書又進一步從日常

生活地理學的方法論啟發出發，結合前述性別角色、住宅空間、廚房科技和飲食文化等廚房生活的理論脈絡／經驗內涵，發展出「廚房劇場」（the kitchen drama）的分析架構，並提列出舞臺／背景、布景／道具、演員／角色、故事／劇本等戲劇元素，作為連結理論觀點和經驗現象的敘事架構。同時，我也特別選定位於台北市區的成功國宅社區作為經驗研究的對象。透過密集的田野觀察、投信、問卷和深入訪談，我們蒐集了許多公寓廚房的生活故事，作為打破「家庭毒氣室」秘辛的敲門磚。

• • •

回首戰後台灣家庭與都市住宅的現代化過程，會發現包括傳統農村三合院的大家庭生活、現代初期長形街屋和店鋪公寓的住商混合，以及「半公社」性質的軍公教眷村和宿舍，其實都具有結合工作與家庭的整合特性，同時也顯現出日常生活多元、混雜的整體性，絕對有別於西方集合住宅在時間和空間尺度

上遠離生產工作的「分離領域」思維，因而蘊藏著為家庭與住宅現代化另闢蹊徑的無限潛力。然而，或許是承襲自清末民初以來對於西方文明的懾服，以及國共內戰失敗後退守台灣的信心危機，總之，戰後台灣選擇了一條追隨西方發展模式的現代化道路：以工業資本主義的經濟現代化、核心家庭的人口現代化，以及公寓國宅的住宅現代化，作為台灣現代化的主要途徑。在這樣的政經結構和社會氛圍之下，原本在家庭中就處於弱勢地位的台灣婦女非但沒有因此跳脫傳統農業社會和東方家庭文化裡的性別窠臼，反而因為公寓住宅的空間結構和熱食／快炒的飲食需求，被迫面對台灣經濟、家庭與住宅現代化歷程中各時期最嚴峻的家務挑戰。

　　從1960年代開始，台灣的人口明顯朝向都市集中，也開啟了公寓集合住宅發展的序幕。隨著都市人口的增加、土地成本的高漲和營建技術的提升，都市地區的住宅越蓋越密，也越蓋越高。不過，限於資金和技術，這個時期的公寓住宅還是以五樓以下的樓梯公寓為主。1970年代中期之後，政府確立了廣建國民住宅的政策目標，加上節制生育和核心家庭的人口政策，以及隨著經濟成長吸引更多的農村青壯人口到都市落地生根，公寓住宅興建的規模和數量，開始進入躍升的階段。1980年代之後，公寓住宅更朝向電梯大樓和社區化的方向發展。除了政府興建的國民住宅之外，民間的建築業者更是在建設公司和代銷公司所聯手打造的預售屋制度下，掀起一波波搶建和搶購的熱潮。這樣的房地產趨勢在1980年代後期到達最高點：政府解除外匯管制並採取浮動匯率造成熱絡的證券市場，進而帶動房地產的投資／投機，使得房價不斷向上攀升，讓真正有住宅需求的薪資家庭負擔不起，造成想買的買不起，想賣又賣不掉的市場窘境。1990年代之後，由於都市土地的稀有性導致房屋成本過高，以及房地產市場的投資／投機特性，房價依然居高不下，於是房地產市場逐漸轉向數量龐大的中古屋市場，進入住宅流通的飽和階段。

從戰後迄今的五、六十年間，公寓住宅幾乎完全取代合院、街屋和眷舍，成為台灣最重要的都市住宅地景。由於發展的速度太快，興建的規模太大，這種大量營造，量產量販的公寓住宅造就出非常呆板、單調的居住環境。不僅外觀相似度極高，內部格局更是如出一轍：以三房兩廳為主，區隔客廳、飯廳和廚房（L-D-K）的「標準平面」。這種標準化的住宅單元只適合人口簡單、生活單純的核心小家庭，卻難以滿足不同家庭類型、不同家庭生命週期階段，以及特殊家庭處境的多樣化需求。再者，在「標準平面」的空間安排下，廚房的面積比起客廳、飯廳、臥房甚至浴廁等其他室內空間的面積，顯得特別狹促和封閉；這使得煮食工作更順理成章地繼續成為婦女必須單獨面對的家務負擔，即使大多數的婦女早已和男性一樣出外工作賺錢。

在必須兼顧工作與家務和公寓廚房的生活現實與時空壓力下，台灣婦女也發展出一套因應、協商的生活智慧：大至影響全家生活範疇

和路徑的購屋決策與住宅空間的調整改造，小到廚具設備的擺放位置和烹調飲食的操作方式，甚至重新啟動母女和婆媳之間的家務合作關係，以及善用各種加工食品、熟食和外食的替代方案，也因而再現和挪移了既有公寓住宅和女性身體的生活關係。這個以女性身體為軸心和以家務操作為半徑的社會再生產過程，不僅突破和修補了戰後國家住宅政策和民間住宅市場所設定的廚房生活框架，同時也展現出當代台灣婦女柔韌和堅強的生命意境：它讓威脅婦女身心健康的性別家務處境透過不同「身體—空間」關係的縮放和挪移，轉化為各種居家情境的「生活蒙太奇」。這些作法雖然未能完全化解「家庭毒氣室」的風險，卻也大幅超越公寓廚房所宣判的婦女命運。

其中有些婦女幸運地暫時躲過「家庭毒氣室」的荼毒，有些不幸在奮鬥的過程中罹患了致命的肺癌；但是，這些在台灣住宅現代化歷程中默默奉獻、犧牲的妻子與母親們，永遠是令我們感激與敬佩的

摯愛親人。尤其是這群在二戰前後出生，現年70歲上下的台灣婦女，更是值得記述與稱頌的「生活鬥士」。她們在年幼時見證了1930、1940年代養女／童養媳世代重男輕女的差別待遇和戰亂時期的物質匱乏，甚至還承擔了殖民時期被統治者的族群不平等地位；年輕時歷經了1950和1960年代家庭主婦困頓、孤立的「無名難題」；中年時又體驗到1970和1980年代台灣經濟起飛時職業婦女在家庭和工作兩頭奔波的「協商難題」。到了可以退休、頤養天年的1990年代之後，她們又在兒女和孫子輩的親情壓力之下，由「老媽」變身為「老媽子」，一肩扛起兩家三代的家務工作。她們的生活故事，尤其是圍繞在煮食家務的廚房生活和身心處境，訴說著台灣當代婦女如何在國家、產業與社會共同形構的父權家庭和男造環境下，善用時間、空間、器物、身體和事件的各種結構縫隙和生活皺褶，再現出一個女性修補的「母體環境」（matrix）。我認為，這個在「男造環境」與現實生活當中被壓擠、變形，但是不斷轉進、突

圍的「母體環境」，正是充分展現「人性尺度」和「制度網絡」關係的生活空間。或許，這個由女性活歷身體所體現的生活空間才是名副其實的「好」空間。

當全球經濟陷入連鎖金融風暴，台灣政治與社會氣氛正值低迷，同時婦女運動在理論和行動上似乎也遭遇到瓶頸的此時此刻，我們面臨的一大挑戰是如何將女性對於居家生活的「身體協商」和「空間修補」變成空間規畫和建築設計的基本前提，進而從身體—空間的基本向度連結到家庭、社區、城市、區域等不同的空間尺度和社會關係，甚至連結到整個自然環境的大地之母，以修補「男造環境」所造成的身心異化和生活風險。要成功地啟動此一有如女媧補天般的「社會與人性工程」（Social and Human Engineering, SHE），必須在觀念上和行動上先從自我和兩性的身體關係出發，以家庭生活和住宅環境的營造和維護作為協商、整合的平臺。除了透過融入性別意識的「好住宅」和「好家政」運動加

以推廣、發揚之外，我們也應將此一涉及「身體政治」的敏感議題提升到國會政治改革的層次，給予占總人口半數的女性在所有立法上應有的代表性，讓女性關懷、維護、協商、合作的思維模式能夠逐步消弭過去父權價值和男造環境所造成的異化處境。那麼，美國當代婦女運動先驅貝蒂‧傅瑞丹（Betty Friedan）所預言的婦女運動的「第二階段」——以家作為協商領域的「性別角色革命」，以及女性主義建築暨規畫學者桃樂絲‧海頓（Dolores Hayden）所提倡的「偉大家務革命」（grand domestic revolution）——重新整合住家、工作與家庭生活，才有可能逐步落實在日常生活的居家環境當中。屆時，要解除「家庭毒氣室」的女性魔咒，找回自在、安居的「身體—空間」，也將是指日可待的必然結局。

吳鄭重

謹誌於師大地理系，地理影像實驗室
2008 / 12 / 31

Chapter I
「家庭毒氣室」的集體謀殺？

在進步的現代社會中，財富的生產有系統地伴隨著風險的產生。因此，和財富分配有關的稀有性問題和衝突，必然也和科技風險的產生、定義和分布，相互重疊。

尤里契・貝克（Ulrich Beck），《風險社會》

　　這是一個悲劇，一個婦女的悲劇，一個家庭的悲劇；它也可能是許多家庭的悲劇，廣大婦女的悲劇，甚至是整個台灣地區與華人社會的悲劇。事情要從一個母親的死亡說起，一個真實的故事——我母親的死亡。

一個母親之死

1999年10月，震驚台灣的九二一大地震過後不久，我母親因為腿部疼痛，經過多次的中醫推拿和不同的骨科門診之後，都未見改善，所以特地到大醫院做進一步檢查。經過全身的核磁共振掃描，診斷發現母親是因為罹患肺癌，而且已經擴散、轉移到脊椎、骨盆和髖骨，所以才會造成腿部的疼痛。醫生並告知，以癌細胞擴散的範圍和程度來看，母親可能只剩下三到六個月的生命，要我們作好心裡準備。聽到這樣的噩耗，讓我想起早在兩、三年前，母親就有容易咳嗽的輕微症

狀。然而，當時看過一般家醫科和到胸腔門診做胸部X光檢查的結果，都沒有任何發現。醫生只說是氣管比較敏感，早晚要注意保暖，不必特別治療。為此我和父親也有過一些小小的爭執，希望他不要在家裡吸菸，甚至鼓勵他戒菸。不過，他總是忍不住，努力嘗試了一陣子之後，又悄悄地點起菸來。尤其是在夏日晚間，父親最喜歡在洗完澡後就寢前，在開冷氣的主臥房裡一邊吸菸，一邊看電視。

然而，這時候說這些都無濟於事，眼前最重要的就是遏止病情惡化。經過腫瘤骨科醫師的建議，母親立即住院開刀，先移除附著在髖骨等部位的癌細胞，以防止病理性骨折，並接受放射治療，清除手術後殘留在骨頭上的癌細胞。兩個星期後，母親轉到胸腔腫瘤科，進行後續的化學療程。

由於母親為人和善又熱心公益，長年擔任鄰長，所以親友和鄰居得知母親罹患肺癌，除了經常來探望之外，也非常熱心地提供各種飲食偏方、民俗療法和宗教途徑，希望幫助母親度過這個難關。而我們全家，包括父親、姊姊、弟弟和我，也做好了和母親一起對抗肺癌的長期奮戰準備。當時，我剛從英國念完書回來，九二一地震前兩個月才在新竹的一所私立大學謀到一份教職。原本和系上兩位同事在學校附近合租了一棟房子，週一到週五住在新竹，週末才回台北。母親開刀之後，為了方便照料，我改為通勤。也多虧同事幫忙調課，讓我有課當天才到學校；下課之後，

就立刻驅車回台北。那時候，家住板橋在小學任教的姊姊，也會在課餘和週末的時間，每週至少回家探望母親一、兩次。最難得的是從小受到家人寵愛的弟弟，在母親出院回家，接著進行門診化療的時候，毅然辭掉工作，全心全意在家料理三餐和照顧母親。那時他才剛結婚，正在為剛起步的事業打拚。也要感謝弟妹，一肩挑起賺錢養家的重擔，讓弟弟沒有後顧之憂，專心照顧病中的母親。在此之前，弟弟從未進過廚房，也不知道能否得心應手。但這樣的決定，的確使母親在病榻上的生活起居得到最好的照料，也讓向來仰賴母親照料生活，頓時不知所措的父親，在心理和生活上得到依靠。由於腿部開刀的緣故，母親如廁和洗澡都需要有人在旁照料，所以從動完手術的第一天起，就由我和弟弟輪流幫忙母親如廁和洗澡。除了特殊狀況外，我也盡可能每天陪母親吃晚飯、看電視。同時，在飯後接手弟弟的工作，讓弟弟可以回家好好休息。

在母親生病這段期間，家人長達十多年難得全員到齊共進晚餐的情形，突然有了巨大的轉折。在我高中畢業之前，父親因為是職業軍人的緣故，長年不在家，頂多一個月休假幾天，所以平常全家人很少到齊共進晚餐。我念大學之後，雖然父親已經調回台北總部，過著上下班的規律生活，但換成弟弟沒辦法在家吃晚飯。先是補習，後來入伍服役，接著念夜間部、打工，使得他大部分的時間都得在外面吃。接著是我，碩士畢業後，先是當兵，後來又出國念書，家裡就只剩下父母兩人在家吃晚餐。但不論家裡人多人少，唯一不變的是母親每天一樣親自下廚煮飯。母親臥病之後，有半年多的時間是弟弟天天在家料理三餐。他每天伺候母親吃完早餐之後，就開始盤算中餐和晚餐要準備些什麼，然後上市場買菜。接著就做午餐，通常是他和父親、母親三個人吃。飯後趁爸、媽午睡的時候，他也休息一下，接著就開始準備晚餐。飯後洗好碗盤，陪母親看完連續劇，大約九點多，他才回家休息。週末則是姊姊一大早就買菜回來家裡煮，晚餐過後才回板橋。由於三餐飲食正常，每餐的菜色又特別豐富，所以在短短的半年之間，家裡每個人都胖了五、六公斤。諷刺的是，家人的緊密相處，包括出嫁多年的姊姊，竟是母親身體病痛所換來的「天倫之樂」。

看著弟弟忙裡忙外，不禁想起小時候，父親在部隊裡，家裡除了母親和我們姊弟三個小孩，還有和我們同住的外公。外公是母親的養父，在母親小學五年級時就中風下半身癱瘓。儘管母親從小功課優異，而且從宜蘭鄉下的三星國小一路念到台北的太平國小，成績始終保持第一名，但是命運的捉弄讓她小學畢業之後必須靠磨石子賺錢養家。而我真正的外公在日治時代原本是火車駕駛，晚上則是教授漢語的私塾老師。因為二戰末期美軍轟炸台灣，運送物資的火車常常是轟炸的目標，所以他就改行作小買賣。沒想到有一天挑著擔子過火車鐵橋時，因為時間算計錯誤在橋上碰上火車，不識水性的外公只好跳河逃生，卻因此溺斃。留下五個女

兒和一個兒子，母親排行老四。毫無謀生能力的外婆只好將所有的女兒都送給人家當養女，只留下舅舅。由於作為母親養父的外公行動不便，所以當時父母親結婚的條件之一就是必須奉養外公，另一個條件則是生下來的男孩必須跟女方姓，簡單講就是要父親入贅。幸好父親機靈，以技術問題解決第二個條件，這也是我名字的由來。在此略過。但是父母親則是一直信守著照顧外公的承諾，直到他過世。

當時軍人的薪資很低，為了貼補家用，母親還騰出客廳的空間，開了一間雜貨店，取名「利群商店」。每天一早醒來，母親已經準備好早餐，放在餐桌上，要我們自己吃，她得在前面的店裡招呼生意。到了中午，她也會為我們姊弟三人準備熱騰騰的現做便當，由村裡的一位伯伯幫母親及各家媽媽送到學校給我們。印象中我們的便當總是比別人豐富，因為除了可口的飯菜之外，母親一定會多準備一份湯點，讓其他同學羨慕不已。三、四點下課回到家裡，廚房

總有各種不同的點心等著我們，像是包子、饅頭、蛋糕、煎餅，夏天則有仙草、愛玉、米苔目等冰品。五點過後，我們三個小孩就得一邊做功課，一邊輪流看店，讓母親抽身到廚房煮飯。飯後，我們姊弟也是一邊看電視或做功課，一邊輪流招呼客人，讓母親洗碗、清理廚房，順便煮店裡要賣的冬瓜茶和凍凍果❶，等八、九點涼了之後，再裝瓶、裝袋，放入冰箱。有時候母親一個人忙不過來，我們也要幫忙清洗瓶子和裝瓶、裝袋，不過多半時候都是母親自己一個人做，她會等我們上床睡覺之後再一個人慢慢完成。從搬進眷村不久後開始，到眷村拆除改建為止，我們家的小雜貨店，總共經營了十二、三年。當時真的年幼無知，我只覺得要幫忙顧店很煩，不能像鄰居小孩一樣自由自在地出去玩耍，甚至在家也不

---

❶：凍凍果是一種以封口袋製作的家庭冰品。由於母親堅持用開水煮沸和完全使用砂糖，所以凍凍果和冬瓜茶成為我們家雜貨店暢銷的招牌商品，銷售的數量遠遠超過批發來賣的各式汽水和冰棒，也是雜貨店在夏天的主要獲利來源。

能專心寫功課或看電視，真羨慕別人。現在想想，其實鄰居的小朋友也很羨慕我們家開雜貨店，什麼糖果餅乾都有，而且每次有新產品進來，我們總會找各種藉口先嘗嘗看。總之，小時候該玩的、能吃的，我們姊弟好像一樣也沒錯過。我知道，絕大部分的時間都是母親自己一肩扛起，只有做飯時間或是偶爾忙不過來的時候，才會叫我們幫忙一下。現在回想起來，如果換成我一個人去做當年母親每天例行的那些事情，即使只是其中的一部分，不論是料理家務、照顧行動不便的外公，或是照顧雜貨店的生意，我可能都會忙得暈頭轉向，更別提同時還得照顧三個活潑好動的小孩❷。而且父親長年不在家，裡裡外外的大小事情都是母親一肩扛起。實在很難想像，在這十多年當中，母親一個人是怎麼辦到的？

❷：尤其是我，從小就非常調皮好動，經常跌倒、受傷，甚至雙臂各有一次骨折的記錄，給必須一個人承擔所有家務的母親，增添不少擔憂和麻煩。

在母親到醫院做門診化療這段期間，除了姊姊因為有課走不開之外，我們一家人總是大陣仗地全員出動，陪母親去看病。弟弟和我，一個開車，另一個就幫忙母親上下車、推輪椅，父親也幫忙掛號、領藥等等。有時候姊姊也會設法抽空過來，陪媽媽講講話、吃吃餅乾，讓等待看診和做化療的過程，不會那麼漫長、緊張。我們每次全家出動的龐大陣仗，連醫生、護士都覺得不可思議。尤其是在剛動完腿部手術，必須推著病床，或是後來改坐輪椅，到放射科進行放射治療的時候，原本態度不是很親切，總是催促病人動作快一點的放射治療師，在看到我們全家這麼小心地呵護生病的母親，甚至看到我和弟弟會以「貼身護衛」的警戒姿態阻止醫護人員任何一個看起來不夠輕柔的動作時，他們的態度也從此一百八十度的轉變，耐心地配合母親手術後緩慢的動作。在母親最後幾天因肺部嚴重積水送到醫院急診室急救的時候，聽護士說，隔壁病床正在照顧病人的家屬，隔著簾子聽到我們母子的對話，也感動得清

然淚下。然而，由於發現母親罹病
的時候，已是肺癌末期，在母親堅
強的毅力和全家團結的支持之下，
與病魔纏鬥了九個月，最後還是在
2000年6月23日清晨辭世，享年63
歲。

廚房油煙與婦女肺癌

母親去世之後，我不斷地思索一個問題：母親生性樂觀開朗、生活規律正常，而且每天練元極舞、跳土風舞運動休閒，為什麼會在人生最美好的階段，死於肺癌？是體質問題，年輕時過度操勞，父親的二手菸，運氣不好，還是其他因素？

在進一步查閱相關的醫學報導後，我發現惡性腫瘤（癌症）是台灣地區人口死亡原因的第一位，而肺癌又連年高居女性癌症死因之首（男性則是肝癌）；在過去二十年裡平均每年奪走將近1,750名婦女的

生命；更使數倍於此的婦女與家庭遭受身心的傷害與折磨。而且，女性肺癌死亡的人數更有逐年攀升的趨勢，從1989年的1,021人竄升到2008年的2,471人，是20年前（1989年）的2.5倍，10年前（1998年）的1.5倍（參閱圖01）。以2008年為例，女性癌症的十大死因依序是肺癌、肝癌、結腸直腸癌、乳癌、胃癌、子宮頸癌、胰臟癌、膽囊癌、淋巴癌及卵巢癌等（行政院衛生署，2010）。印象中威脅婦女生命最嚴重的乳癌和子宮頸癌，分別只占女性癌症死亡原因的第四和第六

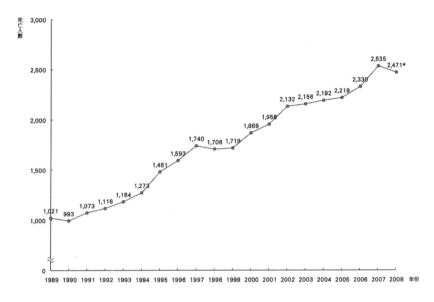

圖01：台灣地區歷年女性肺癌死亡人數統計，1989-2008
資料來源：行政院衛生署
註*：自2008年起死因分類改為ICD-10。

位。當然，這可能是政府與民間部門積極宣導與防治的卓越成效，包括子宮頸抹片免費篩檢和乳房自我檢查等具體作為；然而，我仍驚訝於肺癌竟是台灣女性癌症死亡的首要原因。

造成婦女肺癌的原因相當複雜，也不是單一因素可以完全解釋。除了遺傳基因缺陷和體質差異等個人內在的生理因素，以及女性比男性容易受環境污染物質影響的性別總體差異因素之外，包括主動和被動吸菸（二手菸）、空氣污染、工作和生活環境的污染源，以及飲食習慣等外部的誘發環境，都有相當程度的關聯（Yang and Luh, 1986）。此外，一些公共衛生的醫學研究發現，台灣及亞洲地區女性的吸菸人口遠低於歐美國家，但是婦女人口罹患肺癌的比例卻相對偏高，且有集中都市地區的傾向（陸坤泰、張登斌，1992；自由時報，2001.08.29）。病理學的相關研究也指出，台灣地區婦女肺癌的類型，以發生在氣管末端的腺癌為主，約占女性肺癌病患的四分之

三；它和以男性病患為主，發生在大氣管上的小細胞癌不同。前者和吸菸致癌的關聯並不顯著，後者則是和吸菸有密切的關聯（Yang et al., 1984；Huang et al., 1984）。加上過去二十年來，政府機關、各級學校和以董氏基金會為首的各種民間團體，也透過立法、文宣和各種方式，不遺餘力地推動各項菸害防治工作，成效斐然，使得台灣成為亞洲地區防治菸害最成功的案例之一。儘管如此，近年來台灣女性罹患肺癌的人數依然節節上升，除了成為國內威脅婦女生命的頭號殺手之外，也和新加坡、香港、大陸東南沿海等地，同樣被世界衛生組織列為全球女性肺癌比例增加最快速的地區之一。而且，根據報導，台灣罹患肺癌的女性患者當中，有四分之三是不吸菸的（台灣新生報，2000.10.20）。醫學界甚至流傳一種說法：十個女性癌症死亡的案例中，大約有一個是和吸菸有關，四個是和二手菸有關，但是卻有五個是不明原因所引起的。

從上述零星的線索裡面不難發現，在體質和香菸之外，似乎還有一些重大的因素——例如廚房油煙和飲食習慣——可能是造成台灣地區婦女罹患肺癌比例偏高的關鍵因素。一些醫學實驗也證實，廚房油煙之中，尤其是動物性油脂，含有包括異環胺類、多環芳香烴和硝基多環芳香烴在內的多種致癌物質，與婦女肺癌有相當密切的關係（中央日報，2000.03.05）。加上台灣地區，尤其是人口密集的都會地區，普遍都有住宅和廚房狹小的空間問題，以及偏好大火快炒（stir fry）和煎煮（shallow fry）等容易產生大量油煙的煮食習慣，因此，一些體質較弱的婦女極可能因為長期暴露在廚房油煙的惡劣環境之下，合併二手菸、空氣污染等其他因素，比一般人更容易罹患肺癌，因而造成女性罹患肺癌比例偏高的現象。這樣的推論，似乎也可以用來解釋為什麼除了台灣之外，新加坡、香港和中國東南沿海城市等以米食為主的華人地區，也是全球女性肺癌發生率特別高的地區。

問題是，即使我們可以透過廣泛的生活調查和長期的醫學統計確立廚房油煙和女性肺癌之間的統計相關，我們似乎也難以就此論斷廚房油煙和婦女肺癌之間的因果關係。因為廚房油煙的產生還涉及更多複雜的因素，包括居家廚房的建築空間、廚具設備的物理條件、飲食文化的生活習慣，以及家務工作的性別分工等，涵蓋經濟、社會、科技與文化等不同面向。雖然知道無論如何也挽回不了母親過世的殘酷事實，也明白就算釐清這些混沌糾雜的複雜因素，也難以直接應用在女性肺癌的防治工作上面，然而，母親的死和連年攀升的女性肺癌死亡人數統計，讓我不敢輕忽這個問題，我決定著手挖掘廚房油煙和婦女肺癌背後潛藏的深層因素。

謀殺婦女的建築師？

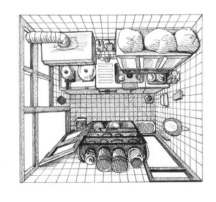

圖02：公寓廚房的「家庭毒氣室」

當我開始思索廚房油煙與婦女肺癌的關聯時，第一個閃入腦海的印象就是我們家狹小、擁擠的廚房，以及母親微胖的身軀一個人在廚房裡忙進忙出的景象。那是一間位於12樓電梯大樓裡面第11層的國宅公寓。大樓裡的每個樓層各有8戶，室內面積26坪和30坪的單元各占一半；所有格局都是三房兩廳雙衛的標準平面。我們家是30坪的房子，但廚房面積只有1坪（圖02）；和其他室內空間相比，尤其是和格局方正寬敞、通風採光良好的客廳相較（將近7坪），簡直不成比例，

甚至比浴廁的面積還小（兩間各是1坪左右）。

　這間位於台北市內湖郊區的房子是我們原本居住的眷村，在1984年由國防部與市政府合作，與鄰近四個眷村共同改建和重新配售的國民住宅❸。當時，父親尚未退伍，軍階是上校，所以分配到30坪的房子。但是在收回眷舍之後，還得繳交160多萬元才能住進新建的國宅，比當時內湖其他同是眷村改建的郊區國宅要貴上兩、三倍，所以住戶紛紛抗議，並醞釀集體強行進

住。父親也因為不願意配合政戰單位的政策施壓，在54歲時就提早退伍。經過一年多的折衝，市府答應降價十幾、二十萬，除了少數眷戶堅持以承租的方式進住，絕大多數的住戶因為舊眷舍已拆，租屋補助又已停發，只好接受國宅處的條件，陸續辦理承購國宅和國宅貸款的手續。

　比較一下新、舊家之間的差異，除了11樓的高度讓過去住慣平房的父母親一下子不太習慣之外，他們對於這個從眷村宿舍變成國民住宅的新家，整體評價還算不錯。尤其是父親，覺得新家的客廳方正寬敞，大片的落地窗通風採光良好，還可以俯瞰整個台北東區；飯廳和有專用浴廁的主臥房也都不錯。另外兩間臥房雖然不大，但是當時姊姊已經出嫁，所以弟弟和我一人一個房間，也剛剛好。再者，新家還有兩套衛浴設備，在鋼骨建築結構和整體空間配置上，的確都比老舊的眷村房舍好上許多。然而，母親在高興之餘，卻顯露出遺憾的神情。

❸：我原來居住的眷村是憲光新村，鄰近的眷村還有影劇五村、內湖一村、精忠新村，和內湖三村，都是平面連棟的宿舍建築。改建成國宅之後，共計有5樓、7樓和12樓等不同的樓層，共計2,000多戶的住宅單元，共同組成湖光國宅社區。由於整個社區的基地面積龐大，戶數過多，為了方便管理，所以湖光國宅的管理委員會又分為甲、乙兩區。甲區是以原眷戶為主，乙區則是以市府對外出售的一般住戶為主。我住的這棟大樓為了爭取住戶的權益，在2005年時成功地動員三分之二以上的住戶連署脫離湖光國宅管委會，依據「公寓大廈管理辦法」自組獨立運作的大廈管理委員會，每年為住戶節撙數十萬上繳國宅委員會的費用，住戶之間也因為開始參與大樓的公共事務而變得更加融洽。

記得那天在國宅配售大會上抽完籤後，全家人一起爬了11層的樓梯來看剛分配到的新家。母親看到只有一坪大的廚房時，眉頭深鎖地用台語說：「灶腳這小間，麥按怎煮飯？」當時我並沒有會意過來。現在回想，以前眷村一整排的舊房子面積雖然不大（原始格局是兩房兩廳，不到20坪），而且母親還挪用客廳的空間開了一間雜貨店，居住的空間就變得更小了。前面的房間是我們三個小孩共用的書房，面窗擺了三張一模一樣的書桌，房裡還有弟弟和我睡覺的上下鋪鐵床；後面的房間則是外公的臥房。母親將原本是廚房兼飯廳，只有客廳一半面積的後廳，當作起居室。但是因為有前後院子，隨著各家陸續拆掉竹籬笆，砌上紅磚牆的時候，我們也在前院種了棵白千層，搭起棚子，放置洗衣機和晒衣架，還可以停放腳踏車。後院則是加蓋成兩層樓，樓下作為廚房和飯廳，樓上隔成兩個房間，大間的作為爸媽的主臥房，小間的作為姊姊的房間，廁所就放在樓梯間的位置。原來的小天井則是搭上棚子，作為浴室之

用。有一段時間，由於父親派駐在南部，加上外公搬到舅舅家住，母親就把後院加蓋的樓房租出去，收取一點房租貼補家用。

整體而論，眷村的舊家因為開雜貨店少了客廳的空間顯得比較擁擠外，一家人住起來還算舒適。尤其是後院改建的廚房兼飯廳，不僅可以讓母親從容地在裡面洗菜做飯，在後院樓上出租給別人的那段期間，甚至還能夠同時容納兩個家庭一起在裡面炊飯、用餐（有兩套爐具和兩組餐桌）。當然，兒時記憶中的空間會比真實的空間大一點。扣除心智圖（mental map）的膨脹扭曲，舊家廚房的面寬應該是前面客廳加上房間的寬度，深度也是原來整個後院的深度，所以我估計當時廚房的面積應該有四坪多吧！記得小學四、五年級時很迷乒乓球，我和弟弟經常將廚房裡面可以縮放的六人餐桌，權充乒乓球桌使用。廚房裡面還有一個長一字形，用水泥砌成貼白色瓷磚的檯面，作為連通瓦斯爐台、流理台和水槽的工作檯面，另外還有一個直立的櫥櫃，

以及釘在牆上的置物櫃。印象中，家裡的冰箱是放在起居室裡靠近廚房的門邊，因此，廚房的空間應該只是夠用，還沒有到寬敞的程度。不過，就各個房間的比例而言，廚房的面積應該不算小，至少是樓上爸媽主臥房加上姊姊房間的面積。

可想而知，國宅新家30坪的面積比加蓋之後的眷村舊家還大，但是新廚房的面積竟然只有舊廚房的1/4，母親怎能不眉頭深鎖呢？在這個僅容旋身的狹小空間裡，就算只有一個人在煮飯都嫌擁擠，那麼不論裡面放的是多麼先進的廚具設備，或是動作再靈巧的婦女，恐怕也都很難施展得開來。更可怕的是，在這麼小的空間裡（210×160公分，大約1.02坪），連一個220公分的標準三件式組合廚具都塞不下，更不要說放進冰箱和其他廚房設備了❹。自從搬到國宅的新家之後，廚房就變成母親一個人的工作空間。只要母親在廚房裡面忙著，

其他人幾乎進不了廚房。記得念研究所的時候，父親在高雄工作，弟弟在服兵役，家裡只剩母親和我兩個人。做飯的時候，我只能站在廚房門邊上陪母親聊天，根本進不去。因此，儘管母親廚藝高超，我只學到「說得一口好菜」的半套功夫，完全沒有下廚的實戰經驗。試問：任何一位婦女在這麼狹小、封閉的廚房空間裡，連續幾十年每天獨自一個人為家人烹煮三餐，身心健康能不受到影響嗎？

於是，我不禁聯想到，光是我們家居住的這棟大樓就有96戶和我們家一模一樣的狹小廚房；而五個眷村聯合改建而成的湖光國宅，也有2,000戶和我們家類似的空間格局。換句話說，在我們居住的社區裡，可能就有2,000名婦女面臨和我母親相同的廚房處境，而台北市又有多少和湖光國宅類似的國民住宅呢❺？其他縣市的國宅廚房也是一樣的狀況嗎？如果國民住宅裡的廚房

---

❹：一般市面上的瓦斯爐台和水槽寬度各是80公分，加上60公分的工作檯面，所以家庭廚房裡面的空間寬度至少要有220公分，才能夠容納得下基本的組合廚具。

❺：細心的讀者一定會質疑，為什麼狹小的廚房就一定是女性遭殃呢？難道男人不能下廚嗎？這也是本書的疑問之一，後面將有更詳盡的討論。

都是這麼狹窄，那麼民間興建的一般公寓住宅，情況是更好，還是更糟呢？到底是誰將家裡的廚房變成謀殺婦女的毒氣室？是國宅單位不食人間煙火的技術官僚嗎？是性別盲目的男性建築師嗎？是唯利是圖的營建廠商和地產商人嗎？抑或是婦女只知道為家人犧牲奉獻，不知道珍惜身體健康的傻勁與無知？還是家人袖手旁觀，不知分勞解憂的自私心態？甚至是因為華人油膩多煙的煮食文化，以及廚房科技落後而造成的婦女悲劇？

更重要的是，「家庭毒氣室」（gas chamber of love）的婦女悲劇可能不只存在於台灣的公寓廚房而已。同樣是女性肺癌死亡人數居高不下的華人地區，像是新加坡、香港，中國大陸東南沿海城市等地，極可能也有無數的公寓家庭潛藏著和我家一樣的廚房風險。換言之，此時此刻已有數以千萬計甚至上億的華人婦女，正身陷於我母親曾經歷過的「家庭毒氣室」裡而渾然不知，也不知道有多少華人婦女和我母親一樣，已經命喪九泉？甚至有

許多明知廚房油煙潛藏高度風險的現代婦女，在無法徹底改變既有廚房空間結構的情況下，只能每天硬著頭皮下廚，心中默默祈禱，希望厄運不會降臨在自己身上。這時候我們應該明瞭，狹小的公寓廚房不只是個別、單純的家務勞動空間而已，而是一個現代社會的整體縮影：它是體現各種社會力量的空間場域，也是每一個活生生的婦女每日展演的人生劇場。我不禁要問，發生在我母親身上的悲劇，難道是當代台灣婦女都必須經歷的「生活徒刑」（sentenced life），抑或是所有華人女性無可規避的「家庭毒氣室」？

風險社會的生活危機

　　進一步深思，我們將會發現，造成台灣公寓廚房油煙瀰漫的原因，絕不只是建築師在設計過程中的觀念偏差或是技術疏失而已，而是涉及了從政治、經濟、社會到科技、文化等諸多面向的複雜問題。例如：政府對於人口與住宅的整體政策、住宅商品在台灣房地產市場上的特殊性、住宅設計在形塑居家環境的主導或屈從地位、婦女在傳統家務分工中的性別角色、廚具設備和家電科技對於煮食方式的影響，還有華人社會獨特的飲食習慣和烹調方式等，皆有密不可分的關係。

由於牽連複雜，從這個角度來看廚房油煙和婦女肺癌之間的問題，或許直接釐清二者在病理學上的因果關係，可能會有助於提醒世人廚房油煙對於女性肺癌的致命危險，進而敦促政府部門與民間團體研擬各種預防和降低婦女肺癌的具體對策。在過去也的確有一些流行病學和公共衛生的醫學研究，針對相關議題進行各種廣泛和深入的研究。不過，即使有再多的醫學研究確立廚房油煙和婦女肺癌之間的密切關聯，我認為這一類的研究只探觸到廚房油煙和婦女肺癌等物質現象的

部分事實層面（the actual layer），未能擴大到婦女廚房生活身心處境的經驗層面（the empirical layer），也無法深入到廚房油煙背後各種社會關係之間必然的實在層面（the real layer）。從批判實在論（critical realism）的觀點來看，解開這三者之間複雜糾結的關係，而非單單專注在表象的事實層面，才是社會科學研究應該追求的正確方向，也是徹底扭轉婦女廚房困境的根本之道❻。

---

❻：本書基本上是站在批判實在論的哲學立場，來思考廚房油煙與婦女肺癌的問題。批判實在論是由英國的哲學家洛伊・巴斯克（Roy Bhaskar）所提出的社會科學哲學觀點。它批判傳統實證主義只著重事實表象之間的因果關係，是知其然，卻不知其所以然，以預測代替解釋的武斷作法；因而主張社會科學的研究應該將現象的分析面向，擴展到理論的機制深層和現實的經驗情境，形成一種複雜的本體論（a complex ontology）。英國的地理學家安德魯・賽爾（Andrew Sayer）又進一步將批判實在論的觀點轉化為社會科學研究的方法論，讓批判實在論的科學觀點可以應用在具體的經驗研究上面。有關批判實在論的基本觀點，可參閱巴斯克和賽爾對於批判實在論理論和應用的一系列探討（Bhaskar, 1978, 1986, 1989a；Sayer, 1992, 2000），另外也可參閱人文地理學辭典和人文地理學方法論的介紹（例如Gregory, 2000a: 673-676；Cloke, Philco and Sadler, 1991: 132-169），或是我在博士論文裡面對於相關概念的整理（Wu, 1998），本書不再贅述。

在思考廚房油煙和婦女肺癌關係的過程中，我也從相關問題的嚴重性，以及它們背後所糾結的政治、經濟、社會、科技、文化等環節的複雜性，體認到婦女肺癌並非單純的醫學問題，廚房油煙也不是簡單的家衛課題，而是一個埋藏在現代生活與居家環境當中，圍繞著日常身心處境的風險問題。正如我在過去探討永續發展的理論基礎和社會意涵時發現，不論就其根源或後果而論，永續發展本質上是人與環境之間的「再生產」（reproduction）課題。它包含了自然環境資源與經濟發展之間關聯的「物質永續」（physical sustainability），以及人為環境與社經發展之間關聯的「社會永續」（social sustainability），兩者都必須放到具體個人生活與整體社會結構之間的時空關係當中，才能體察到整個生產制度再生產（物質永續）與個人勞動力再生產（社會永續）之間的和諧關係（Wu, 1998；吳鄭重，2001）。同樣的道理，廚房油煙與婦女肺癌的關係作為一個「風險社會」（risk society）的生活危機課題，

必須掌握公寓廚房作為一個社會空間的生產過程，以及婦女健康作為一個身體空間的再生產過程，兩者之間互為場域的結構化歷程關係（structurational relations）。同時，我們必須將這個空間與身體的情境體現（situational embodiment）課題，放回戰後台灣社會都市化與現代化的歷史脈絡當中，才能夠清楚地看到這些和廚房油煙一樣存在於我們生活周遭的現代危機，是如何透過層層的制度結構包覆在我們的身體四周。透過日復一日的生活實踐，這些居家環境的危險因子對於國人身心健康的威脅，遠比大自然的反撲更為直接和迫切。也由於它們的細微和反覆，我們反而更不容易察覺。因此，適切地解開這些身體與空間的關鍵鏈結，將有助於我們進一步理解社會永續和物質永續之間的結構化歷程關係。

　　誠如德國的社會學家尤里契‧貝克（Ulrich Beck）所言，隨著科技文明進步造成人與環境之間的緊張關係，在21世紀的後資本主義社會時代最迫切的課題，不再是資本主義所專注如何累積和分配財富，也不是馬克思主義所關心如何化解生產模式與階級衝突的基本矛盾，而是如何降低和分散社會整體的風險和不幸，亦即「風險社會」的現代性反思（Beck, 1992: 19）。20世紀後期以來，全球各地各種天災人禍的類型不斷增加，規模也持續擴大。從全球溫室效應、南亞海嘯到九一一的自殺攻擊，從千奇百怪的黑心商品到各種環境污染，似乎驗證了貝克對於「風險社會」的描述。相較於其他地區，台灣亦不能自外於全球性的風險威脅，其嚴重程度，甚至有過之而無不及。最主要的原因是台灣在汲取西方工業文明的現代化過程當中，往往只是亦步亦趨地追隨歐美先進國家發展的軌跡與模式，囫圇吞棗地引進對自然和生活環境都具有潛在威脅與破壞力的科技產品，卻忽略了更基本的環境意識與風險概念，結果反而加速了環境破壞的程度與擴大風險災害的種類，為人民的身家安全和台灣的整體前途，埋下更大的不確定性。這個問題在全球經濟快速重

組的時代趨勢之下，顯得格外重要。也由於缺乏敏銳的風險意識和足夠的在地思維，使得台灣在過去半世紀裡從全球資本主義分工體制的次邊陲地帶躍居全球風險實驗室的核心地帶，而不自覺。

廚房油煙和婦女肺癌的問題，正凸顯出台灣婦女處於現代風險社會的艱困處境。如果廚房油煙真的是造成台灣女性肺癌的重大因素之一，而且廚房油煙背後所涉及的環節更是穿透政治、經濟、社會、科技和文化的複雜問題，以台灣現有超過500萬戶的公寓家庭數量（包括政府興建的國民住宅和民間興建的一般公寓），以及公寓廚房普遍狹窄、封閉的空間特性，那麼發生在我母親身上的悲劇，就不是我們家的單一個案，也不只是每年奪走2,000多條婦女性命，且有逐年增加趨勢的婦女肺癌死亡統計數據而已，而是當代台灣婦女必須共同面對的生活處境和生存危機。這樣的生活風險不應該是台灣婦女無可逃避的悲慘宿命，也不能是廣大華人女性惶惶終日的生命威脅，更不希望我經歷過的家庭悲劇，繼續在其他家庭中不斷重演！

因此，本書試圖跳脫公共衛生與流行病學的專業角度，改從經濟、社會、科技與文化的整合觀點切入，深入探討廚房油煙背後，現代公寓廚房的空間生產過程，以及婦女煮食家務的身體再現過程。希望藉由當代台灣都市婦女廚房生活的社會空間論述，來釐清潛藏在廚房油煙背後深層的政治經濟根源，以及婦女每日身處狹小、封閉的公寓廚房裡，身體空間所協商、開拓出來的生活縫隙和生命皺褶。當然，這樣的廚房論述並不能立即降低台灣婦女罹患肺癌的人數，也無助於醫藥界研發出抗癌的新藥。然而，這樣的思考卻有助我們深入理解現代家庭和公寓廚房背後暗藏糾結的社會關係，還有廣大婦女在重重危機與層層風險之下自求多福的生存之道。或許，唯有如此地迂迴前進，才能真正找到打開「家庭毒氣室」的關鍵鑰匙；也唯有這樣的作法，才是正視台灣婦女肺癌問題的重要起點。

　　換言之，要釐清廚房油煙和婦女肺癌背後複雜的社會脈絡，意味著必須建構出一部當代台灣婦女的公寓廚房生活史，這遠遠超越我曾受過的學術訓練和專業能力。但是，我又不希望母親的死和我們家的悲劇，持續擴大地在無數的華人家庭和公寓廚房裡面不斷上演。因此，我嘗試從我有限的學科知識當中耙梳出一些可能的理論線索，並以此為基礎進行粗略的經驗研究，進而勾勒出當代台灣婦女在現代公寓廚房裡面生活奮鬥的一些初步輪廓。我也衷心期盼這樣的嘗試能夠引發一些迴響與批評，以吸引更多相關領域真正學有專精的學者專家，正式展開更成熟、更深入的理論分析和實證研究。那麼，發生在我家和我母親身上的悲劇，才不會永無止境地在其他台灣家庭和所有華人女性身上不斷重演！

當代台灣婦女的廚房生活狀態

和馬克思共同起草《共產黨宣言》（*The Communist Manifesto, 1848*）的共產黨創辦人之一，腓德列克・恩格斯（Friedrich Engels），在1845年出版了當代對於資本主義社會最細微觀察之一的重要著作《英國工人階級的生活狀態》（*The Condition of the Working Class in England*），為世人揭開19世紀英國工人階級深受資本主義壓迫的生活狀態。該書對於工業時代的都市形態和工人階級的居住條件有極其深刻的描述和分析，也為當時共產主義的奮鬥注入悲天憫人的

動力（Engels, 1993）。同樣的道理，要解救當代台灣婦女於「水深火熱」的廚房生活之中，也有必要深入了解公寓廚房的整體概況。而欲了解當代台灣婦女的廚房生活概況，包括婦女身體和廚房空間之間的動態關係以及二者分別在整體社會環境裡面的形塑過程，首先必須先從反身現代性（reflexive modernity）的宏觀角度切入，將台灣婦女在公寓廚房中的身體空間處境置於工業資本主義現代化和都市化的歷史情境當中──也就是從公寓廚房作為住宅現代化的空間生產

過程，以及婦女身體在日復一日的廚房家務操持過程中作為體現社會關係的再生產過程——加以考察，這樣我們才能清楚看到公寓廚房和女性煮食家務的問題在住宅與家庭現代化進程中的普遍性和獨特性。

其次，要釐清構成婦女廚房生活的複雜社會結構和動態個人行動之間的結構化歷程關係，還需要進一步界定公寓廚房的「家庭毒氣室」和女性煮食家務的「生活徒刑」之間所涉及的一些關鍵面向，包括：婦女在煮食家務中所扮演的性別角色、廚房與住宅設計過程中的性別化假設、廚房設備與家電科技對於女性家務工作的媒介效果，以及家庭飲食在傳統與現代之間的發展趨勢和影響等。對於這些議題的深入探討和了解它們之間的彼此關聯，將是揭開當代台灣婦女廚房生活面紗的重要步驟。

本書對於當代台灣婦女廚房生活簡史的初步建構，將奠基在這兩個立論基礎之上。

現代性與都市化的性別情境體現

戰後台灣社會的發展，不論是政治、經濟、社會、文化各方面，都深受西方，尤其是美國的影響。婦女在廚房生活裡的身體空間處境，自然也難以擺脫這樣的歷史脈絡。因此，從當代台灣婦女廚房生活的角度來反思廚房油煙背後綿密複雜的制度結構，勢必得將其置於西方社會現代化的整體脈絡之下，方得以窺其全貌。尤其是戰後台灣在追隨西方文明發展的過程中，往往在三、五十年的時間裡，以更新的技術和更大的規模複製了西方社會必須花費一、兩百年才逐漸摸索出來的科學技術和物質文明。這樣的物質複製和文化移植主要是透過工業化的經濟發展和都市化的社會歷程，由點而面的繁衍擴散。因此，我們不僅承襲了西方社會現代化過程中的諸多問題，更衍生出許多台灣社會獨特的現代化風險。小到食物中的違法添加物，大至整個生態環境的污染破壞，都以各種形式的風險和危機出現在我們生活周遭。

戰後台灣都市地區婦女們身處公寓廚房「家庭毒氣室」的性別化「生活徒刑」，就是典型的例子之一。

從反身現代性的風險角度來看婦女的廚房生活處境，可以看到台灣在西方工業資本主義的經濟現代化／都市化過程中，將人們的生活範疇從直接與自然搏鬥的前現代狀態帶入以人為環境為主的現代生活。而風險與危機的形式，也從明顯、直接、可預期的傷亡威脅，轉化為隱匿、突發和未知的生活風險（陳瑞麟，2003：4-7）。因此，對於各種現代科技與文明的分析批判，也從20世紀上半葉頌揚增進生活的應用科技，歷經20世紀下半葉對於科技災害的負面批判，進展到1990年代之後對於現代化歷程的整體反思，人們也體認到科技與風險之間難以切割，卻又不易捉摸的共存特性（Giddens, 1990；Beck, Giddens and Lash, 1994）。

在這生活便利與科技風險並存的現代環境裡，處處隱藏著個人生活和制度環境之間的摩擦衝突，而且充分反映在工業資本主義社會當中生產、流通、交換、消費的資本循環過程，包括人與自然環境的脫節、人與生產工具的脫節、勞動過程（勞動力）與勞動成果（商品）的脫節，以及使用價值與交換價值的脫節等高度異化（alienated）的生產關係。馬克思學說在資本主義生產模式的分析裡為資本主義社會資本與勞動之間的生產異化——包括資本的循環過程、剩餘價值的分配，以及使用價值和交換價值的差異等——提供了一個相當完整的政治經濟學分析架構（可參閱Harvey, 1982；Gottdeiner, 1985: chap. 3）。然而，傳統馬克思主義的政治經濟學分析卻疏於關照日常消費的再生產面向，也忽略了作為勞動者的血肉之軀在日常消費過程中各種異化的生活處境（可參閱Lefebvre 1991a；Baudrillard, 1998）。這個在過去被視為理所當然的消費面向和使用過程，正是馬克思主義政治經濟學分析的最大盲點。傳統的馬派學者往往將消費等同於購買，把使用窄化為占有，卻沒有看到消費過程中各種不同的使用情境和千奇

百怪的使用方式，除了順應和強化資本主義的生產制度之外，在消費使用的操作過程中，各種應用、挪用和誤用其實也重新定義了商品本身的性質和意義。這個神秘的消費過程，尤其是空間的使用過程，正是深入了解現代性風險與從中化解資本主義魔咒的最好機會。

因此，在婦女廚房生活的議題上，本書不僅延續空間生產的政治經濟學分析架構，深入探討資本主義社會中國家政策和市場邏輯如何形塑公寓住宅與家庭廚房的空間結構，更關注婦女身體與公寓廚房之間具體而微的客體化（objectivation）關係，包括婦女身體在廚房場域裡的行動框架和婦女身體作為一個社會場域的協商平臺。換言之，在空間政治經濟學的基礎之上，本書也試圖建構一個身體的社會經濟學。除了承認國家與市場由上而下、以整體涵蓋個體的結構性力量在空間生產上的強大影響之外，更重視婦女在廚房生活的空間使用過程中，如何透過各種反覆操作、隨機應變的生活智慧，再

生產出一個屬於她們自己的廚房空間——一個充分體現當代台灣婦女家務處境的性別化空間。

性別、空間、科技與文化的廚房論述

在台灣的社會脈絡之下，廚房空間的生產過程和婦女煮食家務的再生產過程還必須放到戰後台灣都市化的現代歷程中，才能夠具體展現當代台灣婦女複雜動態的廚房生活處境。包括戰後在都市地區快速興起的公寓式集合住宅如何形塑國人的住宅環境、大量婦女投入勞動市場所引發家務性別分工的角色衝突、各種新式廚具設備和家電科技被引進家庭所造成煮食方式和廚房結構的改變，以及隨著經濟發展與生活型態演變所造成日常飲食習慣的改變等等，都和婦女的廚房生活息息相關。因此，本書試圖將廚房油煙和婦女肺癌的問題重新定義為女性煮食家務的日常身體空間處境，形成一個性別角色、住宅空間、家電科技與飲食文化的廚房論述。

性別角色

　　從兩性癌症死亡原因的排名、男女肺癌在臨床醫學上的類型差異，還有華人都會地區女性肺癌的高罹患率，讓我們不得不重視性別在當代台灣婦女廚房生活中所扮演的關鍵角色。而賢妻良母的性別角色最常體現在不易察覺，卻又必須天天面對的家務工作上面，尤其是職業婦女因為外出工作所遭遇到的性別分工角色衝突：煮食家務既是婦女獲得家庭意義與情感滿足的重要來源，又是她們每日難以逃脫的生活重擔。

　　二戰之後，西方社會就有越來越多的已婚婦女外出工作，但是直到1970年代，當代的社會學者才開始正視女性的無給家務工作，並將其視為正式的「工作」之一（Oakley, 1974；1985）。過去的工作社會學只專注在工作場所的生產勞務，而傳統經濟學的國民生產計算方式也只採計具有市場交換價值的商品和勞務；相反地，這些多半是由婦女在自己家中所從事內容瑣碎繁雜，又不具經濟價值的「家務工作」，例如煮飯、洗衣服、打掃、帶小孩等，常常被視為是日常生活和勞動力再生產的「生活必需」（daily necessities），是私人場域的「家事」。因此，這些不被看見的家務工作、從事這些無給家務工作的婦女，還有女性無給家務工作在社會分工中所扮演的角色，都被視為理所當然的事情，是性別分工的「自然現象」。弔詭的是，當這些家務勞動的工作地點發生在自家之外，而且是作為賺取薪資的勞務工作時，它又被視為正式經濟活動的一部分。可是，在這些有給的家務工作當中，又有相當比例屬於私下雇用和婦女兼職的「非正式經濟」，所以也沒有充分反映在正式的國民生產帳上。

　　在這種情況之下，即使本書已經不斷使用像是女性肺癌、婦女的廚房生活等刻意凸顯女性性別處境的用語，它還是不足以彰顯性別在這些議題裡面的「隱匿性」（invisibility）。因為性別角色的社會框架不只存在於「看不見，做不

完」（hardly seen, never done）的女性家務分工上面，它還透過住宅空間的設計安排，以及各種家電設備的發明，不斷地形塑和強化現代婦女在日常生活中的性別處境。換句話說，廚房油煙和婦女肺癌作為一個現代風險社會的生活危機，也是一個性別處境的身體危機。因此，本書特別強調從女性不利的性別處境來探究廚房空間生產和廚房生活再生產之間的複雜關係；同時，也試圖探討「分離領域」（separate spheres）的男性思維在形塑婦女家務處境上的關鍵角色，尤其是對空間關係的具體影響。值得提醒的是，對於性別差異的強調並非為了激化兩性對立的衝突，也不是為了複製和強化既有的性別分工框架，而是務實地希望先認清現實的性別處境，從更根本的宏觀視野來釐清廚房油煙和婦女肺癌背後的深層原因，進而讓兩性共同攜手來剷除這個危害婦女身心健康的生活陷阱。

住宅空間

　　空間不只是社會關係的載體，更是社會關係的主體本身。從我們家只有一坪大的廚房空間到三房兩廳的住宅平面，從公寓大廈的住宅單元到都市住宅的集體消費，以及從國民住宅的住宅政策一直到私有財產制的住宅市場，就像層層的連環套，在在都顯示出空間對於女性家務工作處境的影響。甚至連住宅和工作地點之間的距離和方向，都可能影響婦女在廚房裡面的日常身體處境。女性主義建築學者將這些「性別化空間」（gendered spaces）的問題歸結為「男造環境」（"man-made" environment）的性別盲點與設計歧視（本書第二章將有深入的討論）。它不僅表現在廚房面積狹小的問題上面，也展現在廚房與其他室內空間的相對位置和比例關係，以及住宅空間在整個規畫、設計、營建、銷售的過程中，不同關係人對於這些空間的性別假設上。此外，在實際的日常生活當中，婦女及其家人如何營造、使用與維護這些居家空間，也反映出性別與空

間之間的微妙關係：究竟是複製及強化這些性別化的空間關係，或是修補與顛覆既有空間的性別意涵？這對身處都市公寓住宅裡面的家庭婦女尤其重要，因為崇尚空間效率和講求科技理性的男性建築思維透過大量興建、標準化的集合住宅，將公寓廚房變成一個美其名為「專屬於女性」的獨立生活天地，事實上卻把廚房空間變成囚禁婦女身心的「家庭工場」（Marcus, 2000）。這些空間生產／再生產的每一個環節，都可能是造成廚房油煙和影響女性肺癌的隱形殺手。

然而，「男造環境」的設計歧視絕非只是因為女性在以男性為主的建築設計領域裡面人數太少，或是女性使用者的意見在建築設計的過程中少受諮詢等因素就足以充分解釋。相反地，我們可能需要進一步檢視影響台灣現代住宅結構的各種制度環境，包括都市計畫、建築法規、建築設計、住宅營建、住宅銷售等，同時還得深入公寓住宅的生活空間和一般婦女的家庭生活當中，從「男造」住宅空間的生產過程和「女用」居家空間的使用過程找出二者之間的重大落差。因為這樣的空間實踐不僅在實質環境上框限了婦女的生活空間，也在社會關係上強化了「男女有別」的生活世界。

廚房科技

科技，也就是人類藉由知識和工具運用環境資源的方式，是人類和地球上其他生物的最大差別之一，也是締造人類文明與物質文化的重要媒介。但是，科技就像一把雙面刃，它一方面可以增進人類的生活福祉，另一方面也可能危害我們的生命和生存。如果沒有鋼筋、混凝土、鋼骨結構、強化玻璃、安全電梯等現代建材、工法和設施，台灣的住宅環境絕不可能在短短的幾十年間從鄉間的平面三合院和市鎮的二、三層樓街屋，歷經四、五層樓的樓梯公寓、七到十二層樓的電梯公寓，迅速發展為二、三十層的高樓公寓集合住宅。而且，如果沒有自來水、電力、天然瓦斯和污水下水道等民生基礎管線，即使有高樓

建築的技術，也不會發展出高樓的公寓集合住宅。問題是，當這些建築技術與民生科技以標準化的住宅平面和模組化的大量營造在狹小的都市地區有效地解決了大量的住宅需求時，它同時也造就出封閉、狹小的公寓廚房，禁錮和傷害現代婦女孱弱的身心。

同樣的情況，在現代都市的集合住宅和公寓廚房裡面還有各式各樣的科技產品，例如洗衣機、吸塵器、瓦斯爐和電冰箱等，被視為現代生活不可或缺的民生必需品。這些引發「家庭工業革命」的「生活好幫手」讓現代婦女在沒有佣人和其他幫手的情況下，可以更輕鬆、省力和有效地打理每日煩雜瑣碎的家務工作。也因為有這些家電科技的幫忙，婦女也才得以外出工作，兼顧事業與家庭。而這些家電科技的大量引進，究竟是福是禍，是功是過？還要看它們為婦女形塑出什麼樣的生活情境，以及人們如何使用這些科技設備而定。有趣的是，由於東西方國情不同，這些多半是由西方國家研發設計出來的家電產品與廚房設備，雖然被引進台灣的速度越來越快，甚至幾乎沒有時間上的落差，但是它們在台灣被接受的程度或是被使用的狀況，可能都和當初設計的目的和用法有相當大的出入。這些不易察覺的細微差異，將有助於我們了解婦女廚房生活的動態內容。這些大到都市基礎設施小到開罐器的生活科技，也是改造廚房生活與協商性別關係的重要媒介之一。

飲食文化

如果真如世界衛生組織所言，台灣和新加坡、香港、大陸東南沿海城市等地是目前世界上女性肺癌罹病率最高的地區，那麼從飲食文化的角度來看，廚房油煙和婦女肺癌的問題可以轉化為婦女在公寓集合住宅的狹小、封閉廚房裡，日復一日烹煮地方傳統菜餚所涉及的身體、空間、科技和文化之間的複雜問題。這些以米食為主的華人地區，具有相當類似的飲食文化和烹調習慣。而且，問題不在作為主食的米飯，而是作為副食的配菜──

油膩的熱炒。這些位處中、低緯度的華人社會，由於氣候溼熱，食物容易酸腐，所以多採即煮即食的熱食方式；也因為這些地區長期以來人口稠密，能夠用來炊煮的薪柴能源相對稀少，因此發展出煎、炒、蒸、煮等快速的烹煮方式以節省能源。不像中國北方或是西方溫帶地區，因為氣候嚴寒，需要花費相當多的能源在取暖上面，為了使能源發揮最大的效能，一般家庭的廚房設備和烹調方式是以配合取暖設備所發展出來的爐烤和燉煮方式為主，形成迥異於米食文化的麥食文化。

然而，這樣的飲食文化傳統在進入現代化的工商都市社會與公寓集合住宅的生活型態之後，表現在一般家庭的家常菜上面，究竟是如何延續與轉變的呢？一方面我們看到現代婦女因為兼顧工作與家庭所面臨的快速生活節奏，還有身處公寓住宅裡面狹小、封閉的現代廚房，反而強化了傳統大火快炒的煮食文化。尤其是拜現代科技之賜，隨時可以取用的水、電、瓦斯，以及可以精確控制火候大小和烹煮條件的各式廚具設備，讓婦女們在沒有幫手的情況之下，可以快速有效地做出一桌熱騰騰的飯菜。不過，這些為了適應現代生活所精簡調配的「新家常菜」，在內容和作法上，顯然會和有些講求細火慢燉的傳統家常菜有所出入，因為針對小家庭的飲食需求和僅容一人工作的公寓廚房，已經悄悄阻絕了現代廚房與傳統飲食之間的臍帶相連。問題是，有許多傳統飲食的精髓還是透過「有媽媽味道」的家常菜流傳下來。究竟是哪些家常菜的元素被保留下來？又是透過什麼樣的方式和機制被保留下來？此外，現代家庭的「新家常菜」又具有哪些特色？它們形成的條件等等，也都是反思婦女廚房生活時，值得探究的課題。

另一方面，當代台灣婦女廚房生活的改變，往往也是來自廚房和家庭之外的其他部門。除了婦女隻身在公寓廚房裡面炮製出來的「新家常菜」之外，各種現代化的飲食方式，包括工業化生產和商業化銷售

的各式加工食材、速食和熟食，甚
至大街小巷到處都是的餐廳和小吃
店，也在大舉入侵一般家庭的三餐
飲食。這些混雜了傳統與現代、東
方和西方的現代飲食，早已悄悄地
改變國人延續多年的飲食習慣和烹
調方式，也讓每個家庭和每位婦女
有更大的彈性來因應現代城市和工
商社會的生活方式。它們和一般家
庭飲食和家常菜的關係，將是我們
深入了解當代台灣婦女廚房生活的
重要環節之一。

身體與空間的廚房之舞

從廚房油煙和婦女肺癌的因果關係轉換為當代台灣婦女的廚房生活狀態，本書試圖在概念層面上將廚房空間視為一個社會關係的空間生產過程和身體空間協商的再生產過程所共同建構的性別、空間、科技與文化的廚房論述。在經驗層次上，我則是聚焦在戰後台灣都市公寓住宅生產的現代化歷程，以及婦女如何透過身體／空間的使用與安排，包括運用各種廚房家電和飲食資源，體現廚房生活的「活歷身體」（lived bodies）與「活現空間」（lived spaces）。

這樣的命題除了將我們帶回戰後台灣都市發展的經濟與社會脈絡，以及科技文明和飲食文化的歷史情境之外，更重要的是，它還引領我們進入每個婦女和每個家庭在身體空間上的具體生活處境，去理解台灣婦女在狹小、封閉的公寓廚房料理三餐的動態過程中，經常遭遇和不斷改變的物理環境與社會關係。換言之，我們重新面對的課題是透過性別、空間、科技與文化的廚房論述和聚焦在現代都市日常生活的身體／空間處境，所展現出來當代台灣婦女的廚房生活狀態。

然而，在把梳相關理論和蒐集實證資料的過程中，我發現既有的理論觀點尚不足以回應這樣的提問，其中的關鍵在於欠缺一個宏觀的理論架構。這個宏觀架構的理論缺位無法用整理和歸納目前有關婦女煮食家務的性別處境、居家空間作為「男造環境」的性別迷思、家電科技與家務工作的弔詭關係，以及現代生活與飲食文化的密切關聯等個別的理論觀點，加以建立。甚至，比較誇張地說，廚房油煙與婦女肺癌問題的產生，就是因為過去我們太狹隘地將許多關係密切的問題，例如老人安養與幼兒照料，住宅、就業與交通之間的時空關係等，切割成獨立的問題來看待和處理；同時，也因為我們太理所當然地將個人（individuals）視為思想獨立、行動自由的個體而沒有考慮到家庭、社區、機構等社會制度的網絡關聯，使得一些原本在傳統社會可以輕鬆解決的生活問題變成必須仰賴制度革新和耗用龐大資源的複雜問題。這種「見樹不見林」或是「見林不見樹」，以「綜合研究」取代「整合研究」的作法，在最好的情況下的確可以讓部分問題的症狀，獲得紓解；但是鋸箭療傷的自我蒙蔽和頭痛醫頭、腳痛醫腳的治標方案，反而容易模糊焦點和轉移問題，結果不僅浪費更多社會資源，甚至還會造成更大的個人傷害。為了避免重蹈覆轍，本書特別提出「人性尺度」（the human scale）和「制度網絡」（institutional webs）的整合概念，並且發展出日常生活地理學的宏觀架構，作為批判現代生活異化處境的理論基礎。此外，順著日常生活地理學的理論脈絡，本書也試圖提出身體─空間的社會經濟學分析取徑，用來填補傳統空間政治經濟學的分析盲點，具體內容將留待第三章討論。

日常生活的「人性尺度」

簡言之，日常生活的「人性尺度」是指社會關係的開始和終結，勢必得從個人身體與外部環境資源之間日復一日的主體性／客體化關係當中，加以理解。它不僅是個人意圖及其軀體和外在物質環境與器物設備之間有關大小、形狀、位置

和順序的靜態／動態關係，也就是景觀建築與工業設計強調的「人因工程」（ergonomics）；更重要的是，「人性尺度」還必須將人與整個制度環境的結構關係，包括時間、空間的關聯尺度和在場／不在場的社會鏈結，一併納入考量。這樣的概念可以追溯到德裔的英國經濟學家厄奈斯特‧舒馬赫（Ernest F. Schumacher）在1973年出版的一本經濟學經典《小即是美：一個在乎人的經濟學研究》（Small Is Beautiful: A Study of Economics as if People Mattered）。他看到西方工業資本主義領軍的科學技術和經濟發展以更快的速度和更大的幅度向前邁進的過程中，尤其是將大規模的生產制度移植到第三世界時，人與環境的各種關係都被簡化為投入產出和數字統計的工具理性，使得一些原本可以輕易察覺的切身問題變得遙遠而陌生，結果造成社會與環境的重大災害而不自覺。因此，舒馬赫在書中結合了佛教以蒼生為念的慈悲胸懷和基督教敬天畏神的謙卑教義，呼籲世界將人置於經濟、科技與社會發展的核心；並且強調現代發展應該特別留意科技與經濟的「人性面」，將人重新放回經濟理論的中心地位。讓人與人和人與物之間的關係可以產生適當的連結，以避免科技理性所產生的疏離異化。在科技與經濟快速膨脹的1970年代，通常這意味著縮小發展的規模和減緩發展的速度，也就是「小即是美，少即是多」的發展倫理。然而，或許是因為「小即是美」的書名太過響亮，給人墨守小規模生產和直接社會關係的錯誤印象，反而忽略了「人性尺度」的深刻意涵。例如英國的經濟學家懷厄弗雷德‧貝克曼（Wilfred Beckerman）就刻意以《小即是蠢》（Small Is Stupid, 1996）作為書名，挑戰舒馬赫及後來環保人士有關縮小及減緩大規模經濟與科技發展的主張。其實，「人性尺度」的核心價值不全是規模大小的問題，而是如《小即是美》書名副標題所揭櫫的人本概念──「一個在乎人的經濟學研究」。

從「在乎人」的基本角度出發，我們還可以從美國現象地理學者大

衛·西蒙（David Seamon）的日常身體處境概念來了解「人性尺度」的意涵。他用人們身體在空間中停歇、移動和遭遇的各種生活場合，包括有如「身體芭蕾」（body ballets）般的個人習慣動作和一群人在例行的時空場域中共同建構的「地方芭蕾」（place ballets）等概念，建構出生活世界（lifeworld）裡奠基於身體主體（body-subject）和情感主體（feeling-subject）的自在感（at homeness）與領域性（territoriality）（Seamon, 1979）。西蒙強調，這個以日常身體為依歸的經驗視野，是體察地方與環境的重要法門，也是營造空間和社會關係的核心基礎（Seamon, 1979: 9）。透過日常習慣中身體與外在環境的動態關係，我們就可以清楚地看到人與社會，以及社會與自然之間，環環相扣、彼此依存的生活關係。

更重要的是，「人性尺度」還可以從當下身體與空間的物質處境擴展和延伸為艾莉斯·馬利雍·楊（Iris Marion Young）所說的，肉身在階級、性別、族群等政治、經濟、社會與文化脈絡之下所體現的歷史社會處境——「活歷身體」（Young, 1990；2005）。在「活歷身體」的情境體現視野下，我們可以從截然不同的身體經驗中看到整個社會加諸在個人身上的社會處境；也可以從這些共同的生活情境中看到每個個體不同的順應或抵抗方式，以及因此形成迥然不同的生命意境。換言之，它讓我們看到活生生的血肉之軀是如何成為各種社會關係交疊的互動場域，還有人們如何在這些糾結的社會框架中安頓或脫逃的可能途徑。就像美國著名暢銷小說家麥克·康寧漢（Michael Cunningham），在被改編為好萊塢電影的同名小說《時時刻刻》（*The Hours*, 1998）中所描繪的當代英美中產婦女在不同的歷史時期和社會環境之下，普遍面臨的女性生活處境。這種貫穿不同時空的女性「共同經驗」（shared experiences），讓身處不同時代和不同性別處境之下的讀者也能夠產生「感同身受」的心靈共鳴。同樣的道理，我們希望從「活歷身體」的「人性尺度」出

發去探究戰後台灣婦女的廚房生活狀態，也有助於釐清個別婦女如何在現代生活和公寓廚房的共同處境之下，如何建構出如此相似卻又非常不同的身體空間經驗。

日常生活和「制度網絡」

要了解當代婦女廚房生活的共同生活處境，除了必須掌握身體空間的「人性尺度」之外，還必須掌握另外一個關鍵概念，那就是交織在身體空間上的「制度網絡」。簡言之，「制度網絡」的概念是指每一個人同時都生活在許多不同的社會關係當中；而不同的制度結構彼此之間也會經由個人的行動鏈結，產生直接或間接的關係。這些不同層次和面向的社會關係，必須透過特定時空場域的互動加以維持。一方面，日常生活中的各種人際互動需要面對面的接觸，是此時此地、時空俱現（time-space co-presence）的互動關係，例如面對面的人際互動和物質性的具體接觸。英國的社會學家安東尼‧紀登斯（Anthony Giddens）將這種「時空例行化」

（time-space routinization）的社會關係稱為「社交整合」（social integration），也就是各種圍繞在當下身體空間的生活場合與社會關係。另一方面，許多制度化的社會結構是「時空遠距化」（time-space distanciation）的結果，例如文字、法令、風俗習慣等，形成有如天羅地網般的制度環境，框限了不同時空和非特定個人之間的社會關係。紀登斯將這樣的結構關係稱為「系統整合」（system integration），也就是社會整體的制度環境。每個人的日常生活都是建構在這兩大交錯的社會關係之中，形成一種「社會整合」（societal integration）的整體關係（Giddens, 1984；Gregory, 2000b: 799）。

在傳統的農業社會或是早期的工業社會，各種社會互動比較仰賴時空例行化的社交整合關係，因此偏向自給自足的小型社會。但是隨著運輸、通訊、資訊以及各種生產技術的進步，尤其是在資本主義社會的現代化的過程中，整體的社會關係越來越倚重時空遠距離化

的制度性力量，例如從福特主義（Fordism）的大量生產進展到後福特主義（Post-Fordism）的全球經濟再結構，使得許多原本是例行化的日常生產與消費活動，逐漸脫離地方生活的時空脈絡，造成個人生活世界與整體社會制度之間的緊張關係，甚至造成各種經濟、社會與環境目標之間的「制度衝突」（institutional conflicts）。例如都市地區尖峰時刻的交通壅塞所造成的環境污染、能源浪費和社會壓力，就不只是單位時間之內道路面積和車輛數量之間的比例問題，而是涉及不同產業及住宅類型的區位安排，以及個人工作及居住地點之間時空關係的制度連結；是個人生活和社會制度之間制度網絡的整體關係。在全球化的時代，這種制度網絡的時空衝突甚至演變成曼威·柯司特（Manuel Castells）在《資訊城市》（The Informational City, 1989）一書中所揭櫫的流動空間（the space of flows）與地方空間（the space of places）之間的斷裂。

同理，從廚房油煙和婦女肺癌之間的關聯到當代台灣婦女的廚房生活處境，也都是涉及整體住宅結構、產業發展及其區位分布、家庭人口結構、家電產業技術，以及地方飲食文化、飲食工業化等各部門之間複雜糾結的制度關係。「制度網絡」的概念提醒我們在重視身體空間的「人性尺度」的同時，不能只將焦點放在個人單獨和立即的身心處境上面；而是必須看到現代婦女有形的血肉之軀，如何同時處在家庭、工作、鄰里等不同生活構面的社會關係之中，以及她們如何在物理與社會的時空限制之下穿梭於不同的身分和場合，以維繫個人日復一日的日常生活。也就是說，這些複雜糾結的制度關係是促成與限制個人行動的生活大舞臺。然而，我們也不要忘記，公寓廚房的生活戲碼最終還是必須體現在每一個生活演員一舉手、一投足的身體關係上面。這些細膩繁瑣的生活動作，也隱藏了四兩撥千金和滴水穿石的無形力量。因此，我們必須看到婦女同時作為人妻、人母的家庭角色，以及她們在工作場所、社區等

不同社會關係的場域裡面，如何縫
合工商社會和現代城市日漸擴大的
生活縫隙與時空衝突。否則，我們
即可能習焉不察地將這些現代生活
的異化處境視為理所當然的事情，
因而埋下日常生活裡的危險因子。
其後果的嚴重性絕不亞於人類整體
對於自然環境的破壞，以及大自然
反撲所造成的風險與災害。

章節安排

為了在概念上釐清婦女與廚房生活的關係，本書第二章將先回顧當代西方社會與婦女廚房生活相關的理論文獻，尤其針對廚房家務的性別角色、居家空間的設計生產、廚房家電的科技創新，以及家庭飲食的物質文化等不同面向，加以探討。這麼做的目的不在窮究西方學術界對於婦女廚房生活的所有觀點，而是試圖從不斷浮現的相關文獻裡面，找出共同的關注焦點，進而從中勾勒出有助於我們切入相關課題的理論脈絡。儘管它們關注的女性家務課題不盡相同，所抱持的理論觀點也互有差異，但是經由這些反覆出現的女性家務議題，可以交織出一個當代婦女共同面臨的性別家務處境。它一方面可以作為我們重新省視當代台灣都會婦女廚房生活的論述基礎；另一方面也凸顯出相關理論——尤其是以馬克思哲學為基礎的政治經濟學分析——的不足之處：政治經濟學的分析取徑聚焦在空間生產和性別支配的結構性力量上面，雖然有助於釐清和批判國家／資本／父權的「男造環境」思維，但是它卻疏於關照女性身體的適應、協商和抵抗過程，如

何維持與再造身體空間關係的創造性力量，自然也難以充分運用女性的思維模式，重新打造一個有助於兩性協商的「女子（好）情境」，以突破當前女性家務工作處境的困境與僵局。這意味著在傳統的政治經濟學之外，我們需要一個嶄新的社會經濟學的分析取徑。問題是，我們有適當的理論觀點和充分的概念架構來進行婦女廚房生活和家務處境的社會經濟學研究嗎？

為了解決理論不足的窘境，第三章將採取一個「理論迂迴」（theoretical detour）的策略：先回顧及整理一些和社會經濟學密切相關的理論觀點，以揭櫫本書從身體空間的性別處境來探究女性家務工作的分析視野——日常生活地理學（the geography of everyday life），進而建構出一個整合空間生產的政治經濟學和身體再生產的社會經濟學的宏觀視野。整個理論的耙梳將分為三個部分：第一部分先從認識論和本體論的角度出發，概要地回顧戰後迄今歐美有關日常生活研究的重要文獻，以確立日常生活作為理解與批判現代社會中，人與環境關係的基本視野。第二部分則是進一步將現代社會的日常生活批判觀點與列斐伏爾的「空間生產」理論，加以結合。藉由「日常生活空間的生產」和「身體空間的再生產」之間的結構化歷程關係，建構出日常生活地理學的理論架構。最後，本章試圖從方法論的角度思考日常生活地理學對於經驗研究和社會實踐的啟發性。在抽離與存疑的基本立場之下，日常生活地理學可以透過旁白解說的全景敞視、剪接並置的鏡面反射、拆解分析的放大透視，以及搖鏡跟拍的情境敘事等戲劇手法，有效地捕捉日常生活裡面，各種身體空間的情境脈絡。

第四章試圖從日常生活地理學的理論觀點重新出發，配合第一、二章回顧過的性別角色、住宅空間、廚房科技和飲食文化等情境元素和理論觀點，建構出「廚房劇場」的分析架構。一方面是用來導引分析戰後台灣婦女廚房生活處境的具體研究策略，同時也是回應本書第二章有關西方學界對於婦女廚房家務

處境的政治經濟學分析觀點。為了體現批判實在論所主張的社會科學研究精神——「具有理論觀點的具體研究」（a theoretically informed concrete research）和「切合實際的適當解釋」（a practically adequate explanation）（Pratt, 1994: 42；Sayer, 1992: 65-71），第四章的內容將區分為兩大部分：第一部分是從抽象概念出發的分析架構，主要是將傳統女性廚房家務工作的性別議題和日常生活地理學的理論觀點，重新整合成一個現代廚房生活處境的敘事模組，以展現從廚房空間生產到廚房生活再生產的結構化歷程關係。第二部分則是從經驗資料著手的研究設計，主要是透過研究對象的選取和研究方法的安排，讓當代台灣婦女的廚房故事，可以透過「擷取—翻轉」的敘事手法，清楚地呈現在讀者面前。希望透過理論演繹的操作化過程和經驗歸納的概念化過程，能夠呈現台灣婦女在戰後都市發展的歷史脈絡和資本主義社會的經濟結構之下，參差對照的廚房生活處境；同時，也希望藉由實際的家庭案例，展現出不同婦女在適應現代廚房生活的操作過程中，各種身體戰鬥和生活戰術所拉扯出來的「活現廚房」。

第五章將從公寓廚房的生產過程，來了解現代台灣婦女煮食家務及其性別化身體處境的環境框架。因為公寓住宅是當今世界各國都市住宅的縮影，也是戰後台灣最重要的住宅類型。而台灣公寓廚房的生產過程，則必須放到戰後台灣都市集合住宅發展的政治經濟學歷程中，才得以充分理解。因此，本章首先將就戰後台灣住宅發展的整體概況作一簡介。尤其針對不同時期的國家整體住宅政策以及當時住宅市場的重大發展加以說明，從而逐步釐清各個住宅發展階段，不同住宅類型的外部空間結構和內部空間形式，對於廚房空間安排和婦女煮食家務處境的潛在影響。除了釐清有關公寓住宅生產的空間實踐之外，本章還要進一步探究國家住宅政策背後的意識型態，如何透過住宅市場的商品邏輯和住宅生產的空間實踐，形塑出戰後台灣都市地區獨特的公寓結構。而這個從國家與

市場切入，有關公寓生產的政治經濟學分析，將為我們揭開台灣婦女廚房之舞的舞臺序幕。

　　第六章試圖從成功國宅的田野觀察和建築師及家戶訪談的資料當中，勾勒出一些和公寓廚房和婦女煮食家務再生產有關的重要議題。同時，本章也將對照第五章有關戰後台灣公寓廚房的空間生產過程，挖掘出傳統政治經濟學分析住宅結構、性別角色和科技文化等議題時未能企及的各種生活情境和動態過程。希望這些從日常生活地理學觀點出發，以及從社會經濟學角度切入的具體「發現」，可以呈現出台灣當代婦女在公寓廚房空間和日常家庭生活中的「共同處境」，以及她們結合生命戰略、生活戰術和身體戰鬥的「使用者再生產」過程，如何體現與再現公寓廚房的活現空間。本章的討論將分為四個部分：第一節試圖從公寓廚房的空間生產，跨越到住宅空間的使用消費，引導出生活空間再生產的社會經濟學面向。第二節將從台灣公寓廚房常見的烹調設備，以及它們和廚房

內外空間及婦女身體之間的協商方式，探討科技媒介的客體化過程。第三節則是嘗試呈現台灣婦女在日常煮食家務的例行化過程中，各種生活戰術和身體戰鬥的「廚房芭蕾」。最後，本章將從日常飲食和飲食工商化的文化觀點，來探討家常菜作為廚房與家庭生活具體內涵的改變和影響。

　　作為結論的最後一章分為兩個部分：前半部分重新回顧「廚房之舞」的各個環節，整理出全書最重要的幾項發現。後半部分則試圖從中找出一些可以鬆動和反轉公寓廚房命題的結構縫隙和生活皺褶，作為住宅改造和廚房革命的起點。

Chapter II
工業資本主義與女性家務處境

倦於思考的靈魂　脫繭　端視
蹲踞於火爐前　憚於家事的吸煙女人
餵養過男人與嬰孩的沉重胸脯
靜默地陪伴她
滋滋作響　燃燒著的是
布魯克的「二四一九及其他」
丈夫未進門前
她有個不屬於現世的名字
——詩人

張秀琪‧〈現實與真實〉❶

❶：這首短詩登載於1994年《中央日報》海外版的副刊上，確切日期不詳。原標題為〈詩人〉，經作者張秀琪修改為〈現實與真實〉，並同意本書引用，特此申謝。

　　當代台灣婦女的廚房生活是埋藏在住宅現代化與家庭現代化的西化歷史進程中，而西方婦女的性別家務處境則有如一部女性身處現代工業資本主義社會中的生活異化史。因此，本章先從歷史的角度出發，勾勒出當代西方女性在家務工作上的整體概況。接著，我們將從女性主義的批判立場切入，剖析性別角色和家務工作之間的性別家務處境。第三節聚焦在政治經濟學的觀點，探討住宅空間的「男造環境」和女性家務工作之間的辯證關係。第四節則是進一步從廚房科技和飲食文化的發展，包括家電和廚房科技所造成的「家庭工業革命」，以及伴隨著「零售業革命」而來的飲食工業化／商業化發展，來看它們對於女性家務處境的影響。最後，本章將用「活歷身體」（lived body）的情境體現知識，來總結當代西方婦女的性別家務處境，並且從中尋找出可能的理論皺褶和分析縫隙，進而為性別家務處境的分析開闢一個身體—空間社會經濟學的新視野。

太太的歷史：「看不見，做不完」的家務工作史

在英美的學術文獻裡面有不同學者分別從家務工作的性別角色、男造居家環境的設計歧視、家庭科技的家庭工業革命，以及飲食工業化的文化變革等不同面向，來探討和女性廚房生活有關的社會經濟脈絡。美國歷史學家蘇珊·史崔瑟（Susan Strasser）以婦女生活史的整合觀點將這些不同面向的家務分析，整理成《永遠做不完：美國家務工作史》（*Never Done: A History of American Housework*, 1982）。史崔瑟認為家庭主婦和家務工作在當代歷史中幾乎是隱而不見（hidden from history），因而主張當代歷史研究的當務之急就是建立一個由下而上的家務工作史；並強調這些家務工作的日常事物和相關想法，也是檢視當代社會的關鍵視野（Strasser, 1982: xii–xv）。於是，史崔瑟從家庭科技的工業化歷程和家庭主婦與家務工作之間的關係，檢視了從19世紀初期到20世紀1970年代之間，美國家庭在日常飲食、烹調設備、能源供給、給水系統、洗滌清潔、傭人、家政教育、消費購物、自動化家電和外食等家務內容及社會觀念的演變，構成了一部

「看不見，做不完」（hardly seen, never done）的女性家務工作史。

簡言之，史崔瑟認為當代美國婦女的家務工作處境奠基於19世紀的工業化過程。現代科技和工業化的物質文明一方面減輕婦女家務工作的體力負擔，同時也不斷改變家務工作的內容和婦女的性別處境。和早期的農業社會相比，工業革命之後的婦女家務工作可以歸結為「分離領域」（separate spheres）的性別化家務工作處境和相關的意識型態——也就是「男主外，女主內」的性別分工，以及隨著進一步的社會分工而來的工作生產／家庭消費分化。

19世紀前，大規模的工業化生產尚未發達，一般家庭大部分的生活物資都是自給自足，有多餘的物資才相互交換買賣，所以生產工作和家務工作的界線並不明顯。男女雙方，包括老人和兒童，都必須分擔生產工作和家務工作。在這個統稱為「家庭手工業」（domestic industry）的前現代階段，性別分工的差異只在於體能和技術的限制，而有「男耕女織」的家庭內部性別分工。工業革命之後，尤其是都市地區，大部分的男性和部分未婚女性逐漸脫離家庭手工業的工作方式，進入以工廠為代表的工業組織生產方式。一些原本由家庭製作的日常用品也逐漸變成工廠製造、市場販售的工商產品；一般家庭也從結合生產與消費的生活場所，演變成以再生產為主的消費場所。由於成年男性白天必須出外工作，所以家務工作就變成需要婦女一肩扛起的性別工作。於是，美國家庭開始脫離家庭手工業的前現代狀態，正式進入男性工作場所（workplace）和女性家庭（消費）場所（homeplace）二分的「分離領域」階段。史崔瑟發現早在1825年的通俗文學作品裡面，就出現已婚婦女接受家務工作是「女性本分」（woman's sphere）的觀念（Strasser, 1982: 5）。在往後的150年間，這種從「分離領域」衍生出來的「賢妻良母」的性別化家務思維，深深地影響了美國婦女的家務處境和性別認同。

為了有助於了解工業化對於女性家務處境的影響，本書將西方家務工作的現代化歷程粗分為三個大的歷史階段：（一）家庭及社區女性互助的「共同家務勞動領域」（shared domestic labour sphere）時期、（二）家庭主婦獨立承擔家務的「孤立家務領域」（isolated domestic sphere）時期，以及（三）職業婦女兼顧家庭與事業的「跨領域協商」（cross-sphere negotiation）時期。

婦孺與老人的「共同家務勞動領域」時期（1800-1910）

工業革命之後，生產工作逐漸被收攏為資本家為獲取利潤所組織而成的「男性領域」，出外賺錢養家也變成一家之主的「男性本分」。當男性出外工作時，家中的各項工作自然成為婦女、老人和小孩等家庭成員共同分擔的家務勞動。尤其是婦女，更是承擔這些家務勞動的主力。由於當時工業化的技術和制度都未臻成熟，所以這個時期的工業化對於家務工作的影響主要是性

別領域的工作分化，由兩性共同分擔生產與家務工作的男耕女織型「家庭性別分工」演變成男主外，女主內的生產工作和家務工作二分的「社會性別分工」。相較於「分離領域」中受到較多社會關注和理論分析的「男性領域」——工作場所及有給工作的生產事業，無給的家務工作也就順理成章地成為以再生產為主的「女性領域」。

不像農業社會的婦女必須和丈夫一樣從事生產勞動，工業時期的妻子最主要的責任就是順從並滿足丈夫（賢妻）、維持孩子的身心健康（良母），以及為了扮演好前兩項角色所必須從事的各種家務勞動。但是這些順應「分離領域」的社經制度變革所「剩下來的」的家務勞動，可一點兒都不輕鬆。這個時期的家務專家也不斷灌輸婦女一個觀念：家庭是她的責任，而且是她一個人的責任。殊不知要婦女同時扮演好家庭中各種不同的角色，包括溫柔婉約的妻子、慈祥呵護的母親和勤勉體健的傭人，不僅彼此的界限模糊，甚至相互衝突。尤其是在

工業化還未藉由消費產品深入家庭的19世紀，由於家務工作所需的工具和能源還停留在家庭手工業時期的低度發展狀態，而作為承擔家務工作主力的婦女受限於先天體型和體能的限制，以及生育、哺乳的女性本分，很難獨力完成所有粗重和繁瑣的家庭勞務。因此，除了主婦本身之外還需要額外的幫手，才可能勝任這些繁重的家庭勞務。例如清洗衣物的日常工作，因為當時還沒有輕便的給水系統和機電化的洗衣設備，必須將衣物帶到溪邊或社區共有的井邊洗滌，或是需要挑水或引水到住家院落。不論是哪一種方式，光是運送和清洗衣物的簡單工作，就相當耗費體力和時間，往往不是婦女一個人可以勝任的。類似的家務工作也常常需要兒女或女傭的協助，或是鄰里婦女之間的彼此幫忙，而且必須花上大半天的時間才能完成。

因此，這個時期家務工作的「女性領域」，主要是在家人和鄰里之間，以婦女們為主，小孩與老人為輔，以共同互助（communal and shared）的半團體方式從事耗費體力的家務勞動。這是當代婦女家務處境的第一個階段，也是比較耗費體力的女性「共同家務勞動領域」階段。由於這個時期整體都市環境和一般家庭的衛生條件較差，而且每個家庭生養子女的數目也較多，有三、五個小孩是稀鬆平常的事情，所以身體和體力的負擔是當時女性家務勞動的最大考驗。因此，一些經濟上過得去的中上家庭就以雇用僕人的方式來打理烹飪、洗衣、打掃和照顧子女等日常家務，而「女主人」的責任就是指揮和監督這些僕役的「管家」工作。不過，一般家庭的婦女可就沒這麼幸運，只能靠自己和子女來共同承擔這些繁重和費力的家務勞動。有些窮苦人家的婦女，甚至得放下自己的家務，到有錢人家幫傭，以賺取微薄的薪資。

家庭主婦與「孤立家務領域」時期（1900-1960）

從19世紀末期到二次世界大戰前後，尤其是在1890年代到1920年代美國社會快速躍進的「進步時代」（the Progressive Era），整個西方社會的工業化進入泰勒主義（Taylorism）的科學管理階段，工業化也由單純的技術層面深化到整體工業生產的制度層面。大量生產和大量分配的規模經濟思維讓自來水、電力、瓦斯等民生基礎設施帶領家庭科技蓬勃發展，而洗衣機、瓦斯爐、吸塵器等家電用品的創新研發也讓原本由家庭與社區婦女共同分擔的「共同家務勞動領域」，演變成由個別家庭主婦利用新發明的家電設備在自家空間完成家務工作的「家務領域」（domestic sphere）階段。加上20世紀之後，義務教育的普及讓英美社會的兒童必須上學接受教育，還有核心家庭的盛行也讓家中不再有「閒置」的老人可以幫忙，婦女正式成為專門從事無給家務工作的家庭主婦。由於這些新興的家庭科技主要是省力

的半自動化機械產品，雖然可以讓婦女省卻幫手的人力，但是在操作的過程中往往需要全程的看顧照料。因此，全職的家庭主婦也就成為20世紀前半葉，人數最為龐大的「社會族群」。

更重要的是，從1920年代末期美國經濟大蕭條之後開始的「新政」（New Deal）時期，一直延續到二次大戰結束之後的1950年代，美國都市郊區化發展的空間區位和獨棟的單一家庭住宅，又進一步將上述個別家庭主婦的「家務領域」推向郊區家庭主婦的「孤立家務領域」（isolated domestic sphere）。就物質層面而言，家庭科技和家電產品的大舉進入家庭的確讓郊區婦女在家務「勞動」上，省卻不少體力的負擔；因此，她們的家務工作比起19世紀婦女的家務勞動，真的是「幸福」許多。然而，郊區的家庭主婦卻必須獨自面對孤立的家務工作，工作時沒有人可以聊天、訴苦，在心裡上的寂寞和孤立感比起前一個階段的女性「共同家務勞動領域」，也嚴重許多。由於缺乏

了解與溝通，許多婦女陷入莫名的恐懼和絕望。整個20世紀的上半葉，女性的家務處境可以說是由半自動化家庭電器陪伴全職家庭主婦的「孤立家務領域」時期。美國當代婦女運動的領導人貝蒂·傅瑞丹（Betty Friedan）在1960年代洞悉了郊區婦女孤立無援的性別家務處境，為她們發出「無名難題」（the problem that has no name）的不平之鳴並且獲得廣大的迴響，也預告了下一階段婦女家務處境的新趨勢（Friedan, 1963）。

職業婦女與「跨領域協商」時期（1950-迄今）

美國的女性研究學者瑪莉蓮·亞隆（Marilyn Yalom）在《太太的歷史》（*A History of the Wife*, 2001）一書中，曾經探索從古希臘、羅馬時期一直到20世紀末，西方婦女在婚姻關係中的性別處境。她認為，從1950年到2000年這半世紀是西方社會中妻子角色變化最大的歷史階段。主要是因為從二次世界大戰開始，英美婦女為了因應戰局，被迫投入後方生產工作的「男性領域」，因此開啟當代婦女家務處境的新階段。

以美國為例，在1940參戰之後，原本支撐產業生產的青壯男性勞動力紛紛投入戰場；於是，政府開始號召女性投入後勤補給的生產行列，為婦女就業帶來前所未有的改變。二戰期間，美國女性就業人口增加了650萬人，其中有370萬人是已婚婦女。這也是美國史上頭一遭已婚就業女性人口超過單身女性就業人口。大戰方酣之際，全美有四分之一的婦女投入生產行列；35歲以上的婦女就業率增加了50%，而且育有6歲以下幼兒的母親也大量投入工作（Yalom, 2003: 429-432）。起初，婦女們還很擔心身兼工作和家庭兩個重擔，在時間調配和身體負擔上是否吃得消？但是，受到愛國心的感召和戰爭津貼不足以養家活口的經濟壓力，婦女們發現透過適當的安排，例如鄰居和工作夥伴之間的互相幫忙或是各種托育和餐飲設施的提供，尤其是當小孩上學時，要兼

顧生產工作和家務工作並非不可能
的事情。而且，她們在工作場所和
生產工作當中也開始體會到家務工
作無法提供的成就感和社交生活。
到了戰爭後期，這些初嘗工作甜美
滋味的女性工作者也心知肚明，一
旦戰爭結束，她們就得回歸妻子、
母親和家庭主婦的「女性本分」，
因為戰後返鄉的退伍軍人面對可能
失業的憂慮，勢必要求女性交還
原本屬於他們作為「一家之主」
（breadwinners）的「男性本分」。

　　有趣的是，大戰結束之後，戰
時婦女就業的特殊狀況不僅沒有恢
復戰前的「正常」水準，反而愈演
愈烈。除了戰後初期和1950年代，
因為戰時有為數不少的美國大兵迎
娶了英、法、義、德等歐洲新娘和
中國、日本等亞洲新娘，加上大戰
前後有一波為了躲避戰亂而移居美
國的歐洲移民潮，這些移民婦女暫
時稀釋和延緩了婦女就業的社會趨
勢，讓1950年代的女性就業率維持
在戰時的水準。問題是，體驗過經
濟獨立和工作成就的美國婦女，怎
麼可能就此心甘情願地回到封閉、

單調和孤立的家務生活呢？再加上
戰後各種現代化家庭產品的支持，
包括更多、更好、更便宜的家電製
品和更方便、味美的調理食品，使
得家務工作不再那麼需要婦女的全
時投入和體力負擔，因此，已婚婦
女的就業比率逐漸上升：從1950年
的四分之一，增加到1960年的三分
之一，1980年提升到二分之一，
2000年則上升到五分之三。如果
只計算母親（不論已婚或是單親）
的就業率，更高達五分之四的比例
（Yalom, 2003: 436-437）。換言
之，1950年之後，美國婦女開始面
臨一個女性家務處境的新局面──
職業婦女和必須兼顧工作和家庭的
「跨領域協商」階段。

　　亞隆認為，儘管在這十幾、二十
年間是女性意識高漲和已婚婦女就
業的高峰期，但過去半個世紀以來
美國女性處境的巨大變化，卻非始
於動盪的1960年代或是女性主義當
道的1970年代，而是從19世紀以
來西方社會工業化的整體歷程。尤
其是從1960年代末期開始，微電腦
的發達讓家庭科技緊跟著工業生產

的技術發展,從單純的「機械化」和「電動化」時代,邁入更精緻的「自動化」階段。不僅在工廠裡面有越來越多的工作改由自動化的機械操作,使得更多的家庭用品和個人消費品被納入工業生產和市場銷售的經濟範疇;同時,有許多家庭製品也隨著工業科技的進步,朝向迷你化的家庭自動化機械發展。另一方面,由於製造業逐漸由勞力密集提升為技術密集的生產方式,整體產業結構也逐漸朝向適合女性特長的服務業發展,因此在家中受夠了封閉、單調和孤立家務處境的家庭主婦在自動化家電的輔助之下,既迫於現實的經濟壓力(絕大部分的生活用品需要花錢),又為了追求更大的自主性,紛紛投入職場。在2000年時,有高達60%的美國家庭是雙薪家庭,只有30%的家庭是男主外、女主內的傳統家庭,另外10%則是沒有工作或是只有一份兼職工作的家庭。

對於多數的已婚美國婦女而言,這是一個結合「職業婦女」(working mother)和「消費主婦」(Mrs. Consumer),以及必須穿梭於工作和家庭之間跨領域協商的嶄新家務階段。雖然婦女在工作場所的整體地位還是不如男性,但是差距正在逐漸縮小當中;人們也逐漸理解,女性在職場上的表現未必輸給男性。相反地,在居家場所的「新性別分工」上面,男性投入家務工作的意願和程度顯然沒有跟上工作場所「兩性合作」的步伐,也造成職業婦女在面對日益繁瑣和無形的家務工作時,需要花費更多的時間和精力來安排和協調自己的生產和消費活動,以便照顧不同家庭成員的生活需求,形成「第二輪工作」(the second shift)的沉重負擔(Hochschild and Machung, 1989)。眼看「分離領域」的性別分工方式已經逐漸瓦解,而平等分擔家務與工作的性別合作模式卻遲遲未見成形。可以確定的是,只有職業婦女需要「跨領域協商」的性別家務處境絕非長久之計,也不是一個性別平等的文明社會該有的家

務安排方式。我們有理由相信，職
業婦女的「跨領域協商」不應是女
性家務處境的歷史終點，也不會是
女性自我實現的終極出路。至於要
如何解決當前女性家務工作的歷史
處境，則有賴進一步檢視家務工作
和性別角色之間的關係。

順從或抵抗？：家務工作與性別角色

英國社會學家雷普波特夫婦（Rapoport and Rapoport）在1969年率先提出「雙職家庭」（dual-career family）一詞，用來描繪大量婦女外出工作之後形成雙薪家庭的社會趨勢（Rapoport and Rapoport, 1969；cited in Gilbert, 1993: 4）。由於工作場所的公共性，使得婦女在職場上所受到的諸多不平等待遇，例如行業別、職等、薪資、工作內容和性騷擾等問題，相對容易得到社會的重視，並且透過立法、勞資協商、社會運動和教育等方式，逐步改善女性在職場的不平

等地位。相反地，由於家庭向來被視為私人領域，家務工作也一直被認為是「女性本分」，因此學術界對於女性家務處境的關注，起步相對較晚。英國的社會學家安‧奧克里（Ann Oakley）可以說是最早主張應該將女性家務工作和男性生產工作等量齊觀的學者之一。她在1974年出版的《家庭主婦》（*Housewife*）一書中指出，在「男主外，女主內」的傳統性別分工思維下，家務工作和女性（femininity）被理所當然地劃上等號。和男性一樣辛苦勞動卻沒有

報酬的家務工作，只因為發生的地點是不易檢視的家庭私領域，而從事家務工作的婦女也沒有支領薪水，所以家務工作就變成沒有經濟價值，不被視為「工作」看待，自然而然地也就看不見婦女「在家工作」的各種議題。因此，奧克里強調，除了要讓不被看見的婦女與家務工作受到正視，更極力主張應該在賢妻良母的性別角色之外，進一步建立婦女作為一個「家務工作者」（domestic worker）的社會角色（Oakley, 1985: 1-3）。

將「雙職家庭」與「家務工作」合起來看，我們將會發現，當現代婦女的家務性別角色從20世紀上半葉的「全職」家庭主婦轉換到20世紀下半葉的「雙工」職業婦女時，就婦女的身體負擔和性別認同而言，其實是處於一種身心分離的撕裂狀態：當大規模的婦女就業和第三級產業的蓬勃發展攜手打破「男性領域」的性別工作神話時，過去深植於家庭主婦腦海當中的傳統「女性本分」性別認同觀念，至今卻依然盤據在許多職業婦

女的身上。即使有部分自我意識強烈的現代女性從薪資工作中獲得理想實現的自我認同，卻因為丈夫與家人並未俱備同樣的認知，一時之間也還無法完全擺脫家務工作的額外負擔。加拿大的社會學家梅格·洛克斯頓（Meg Luxton）認為，由於女性對於家人的關愛和傳統對於性別角色的認知，即使婦女們出外工作，她們仍然認為（也被認為）家務工作是自己份內的事，所以男女雙方都將家務工作視為女性無怨無悔的「愛的勞務」（a labour of love）（Luxton, 1980）。不論是哪一種情形，現代婦女在身體上所承擔的性別角色和在心理上建構的性別認同之間，的確存在著相當程度的落差，需要倚靠婦女自己善用各種協商的手段來彌補、縫合。

然而，洛克斯頓也指出，婦女們的家務工作不只是心甘情願的「愛的勞務」，更是工業資本主義社會不可或缺的重要環節。家庭作為經濟再生產的場域，一方面代表了工業產品最終的銷售市場，是工業再生產的資金來源；另一方面，透過

洗衣、煮飯、養兒育女等家務勞動，它又代表了勞動力和整個人類生存的社會再生產（Luxton, 1980: 11-13）。換言之，從家庭主婦到職業婦女的性別角色轉換讓我們看到無給的家務工作絕非無關緊要的生活必需（daily necessity）；更重要的是，這些和各種再生產息息相關的維生工作也不必然是專屬於婦女的「女性本分」。相反地，正因為家務工作在日常生活中的必要性和重複性，以及它在社會再生產上的關鍵地位，我們更需要深入了解當代女性在家中默默奮鬥的辛酸過程。其實，從19世紀初期工業資本主義造就了「分離領域」的社經結構和性別意識以來，世人對於女性家務工作和性別角色的反思就不曾間斷過。例如19世紀末、20世紀初美國的凱薩琳·畢契爾（Catharine Beecher, 1800-1878）、梅露西娜·皮爾斯（Melusina Fay Peirce, 1836-1923）、夏綠蒂·吉爾曼（Charlotte Perkins Gilman, 1860-1935）等女性家政先驅，以及20世紀中葉法國的西蒙·波娃（Simone de Beauvoir, 1908-1986）和美國的

貝蒂·傅瑞丹（Betty Friedan）等現代女性主義大將們，都是一再喚醒世人重視婦女家務工作和性別處境的關鍵人物。我們接著就簡單回顧一下這百年來，西方女性主義對於家務工作和性別角色的觀念轉變。

女性家務領域（本分）的初步反思

從19世紀下半葉開始，家庭科技工業化的發展就將諸如燃料、照明、食材、衣物等原本是家庭生產的民生用品，次第移轉到工業生產的專業領域；之後，家電產業又陸續發明各種方便、省力的家電製品來分擔家庭主婦的家務負擔。於是，家務工作逐漸從家務的體力勞動變成家務服務的商品消費。這樣的發展趨勢不僅使得「分離領域」的性別鴻溝越來越深，女性家務工作的「價值」也大不如前。所以早在1860年代，美國家務專家和女性教育家凱薩琳·畢契爾就主張女性應該「從不榮譽中恢復女性的專業」（redeeming woman's profession from dishonor），灌輸婦女要肯定

自己對於家務工作的光榮使命，並且將家庭主婦定位為精通大小雜務的「家務大臣」（minister of the family state）（Strasser, 1982: 185）。由於處理龐雜的家務工作需要講求效率、規畫和秩序，畢契爾進一步主張應該在學校傳授「家政」（home economics）課程，以專業訓練來培養專職的家庭主婦。對於女子教育而言，她和當時大多數的女性代言人都認為家政教育應該優先於其他形式的教育，因為女人的角色是丈夫的幫手和管家。所以，當時的女子教育被視為通往婚姻之途的教育，旨在培育未來家庭的賢妻良母。史崔瑟將畢契爾這種謹守「分離領域」性別意識，但是又強調提升婦女自我認同與社會地位的家政思維稱為「家務女性主義」（domestic feminism），是重視兩性平權的現代女性主義意識萌芽之前的「準女性主義」（quasi-feminism）（Strasser, 1982: 192）。

到了20世紀初期，受到泰勒化科學管理的啟發，家政學者克莉絲汀·腓德列克（Christine Frederick, 1883-1970）又進一步提出「家務工程」（household engineering）的觀點，將家務工作視為一門應用工程，並主張婦女應該仿效工廠操作最適化的標準動作，來提升家務工作的效率（Strasser, 1982: 213-214）。弔詭的是，家務工作的內容和要求因人而異，而且家庭主婦因為必須獨自負擔所有的家務工作，所以往往必須同時做好幾件事情，根本不適用生產線的「分工」效率。因此，「家務工程」的思維只能假設家庭主婦可以有無數個分身，擷取時間─動作分析（time and motion study）的合理化操作程序，讓婦女可以妥善安排自己的家務工作。但是這樣的主張更凸顯出家務工作龐雜繁瑣的零散特性，以及家庭主婦必須兼顧家中大小事情，造成分身乏術、左支右絀的家務窘境。

相對於家務工作的專業化思維，還有另外一派強調將家務工作完全轉化為工業生產和商業服務的激進主張。同樣是在1860年代，一位哈佛大學教授的妻子梅露西娜·皮

爾斯不滿於女性作為家庭主婦的附屬地位，極力主張家務工作的合理化應該是將它們轉化為公共事業或是商業經營，讓家庭完全成為休憩與消費的私人領域，同時也鼓勵婦女經營慈善、醫療、教育、女性報紙和零售業等適合發揮女性特長的事業（Strasser, 1982: 198）。這樣的主張一方面打破了工作場所／家庭場所和生產工作／家務工作對立的性別化空間概念，另一方面也賦予「分離領域」截然不同的詮釋觀點。這種對於傳統家庭價值與女性家務角色不以為然的性別觀點，造就了19世紀末期「新女性」（New Women）的時代形象（Yalom, 2003: 361）。只是這樣的女性觀點在當時僅限於極少數高教育水準的獨立女性，而且往往被視為離經叛道的荒唐行徑。藉由這群少數女性菁英持續不斷抵抗社會主流的性別意識，歷經整整一個世紀，這樣的「新女性」主張在二戰之後才被提倡走出家庭與廚房的第二波女性主義發揚光大。不過，不論是將家務工作轉化為女性就業的新場域，或是將家務服務變成工商經營的女性

事業，性別分工的界限依然明顯；只是「女性領域」的範圍和性質從無給家務工作的「女性本分」，擴大為家庭內外的有給勞務。

1898年，作家兼社會改革者夏綠蒂・吉爾曼出版了《女性與經濟學》（*Women and Economics*）一書，探討工業化的社會演進和「分離領域」的觀念如何造就女性必須依賴男性的經濟不平等結構，使得女性的社會地位遠低於男性。這本書比法國當代女性主義先驅西蒙・波娃的《第二性》（*Le Deuxieme Sexe*, 1949）整整早了半個世紀。吉爾曼認為女性外出工作是工業革命的必然結果，因為工業化的高度發展最終會將家務「工作」全部轉換成家庭產品與服務的家務「消費」，所以從繁重的家務工作中解放出來的家庭主婦也終將投入經濟生產的行業，在經濟上擺脫對於男性的依附。她因而主張家務工作並非一種特定的工作「類型」，而是整體工作發展的一個「階段」（Strasser, 1982: 221–225）。

儘管有皮爾斯和吉爾曼這些激進的女性觀點／家務主張，二次世界大戰之前美國社會主流的觀念仍處於積極捍衛「分離領域」的性別思維。像是《仕女家庭雜誌》（*Ladies' Home Journal*）和《好管家》（*Good Housekeeping*）等創立於1880年代並深受中產階級婦女喜愛的女性雜誌，它們的立場依然是極力阻攔女性投入職場，同時頌揚那些試圖將家務當作工程科學，極力提升家務工作水準到更高層次的家庭主婦（Yalom, 2003: 385）。有趣的是，歷史似乎是站在皮爾斯和吉爾曼這邊，只是她們的預言竟然是透過二次世界大戰的觸媒作用才逐漸發酵，並且在戰後有如野火般地蔓延開來，終於打開婦女就業的大門，也徹底改變家庭主婦孤立的性別家務處境。

「第二性」與家務工作的維持

法國存在主義暨女性主義思想家西蒙・波娃在1949年出版了開啟當代女性意識最關鍵的經典著作之一──《第二性》。她從社會處境的角度出發，主張回歸人的基本面，重新檢視女性處於男性社會規範之下淪為他者（第二性）的不利處境。波娃認為，沒有永恆的女性氣質或是女性宿命；「性別」多半是社會建構的，是對於處境的一種反應。即使是決定生物雌雄的因素，往往也是環境處境的產物（de Beauvoir, 1999: 30）。因此，要了解當代女性的性別處境，就必需看她如何在身處的社會當中形成其意識（鄭至慧，1996：87）。

波娃最常被引用的名言就是「女性不是生為女人，而是變成女人」（One is not born, but rather becomes, a woman.）（de Beauvoir, 1953: 301，引自鄭至慧 1996：73）❷。她深信只要女人無法擺脫

❷：在《第二性》中文譯本中，該句話則被譯為「女人不是生就的，而寧可說是逐漸形成的」（de Beauvoir, 1999: 274）。

生育的束縛,同時在經濟上必須仰賴丈夫,就會永遠屈從於「第二性」的家庭禁錮(Yalom, 2003: 484-485)。所以當家務工作作為當代女性的性別處境時,賢妻良母的社會角色往往讓女人成為消極的情慾對象和繁衍工具,以及伴隨而來的養育、照料、烹煮、清潔等家務勞動者,而非自我命運的積極創造者。波娃指出,從以前的傳統社會到現代的資本主義社會,女性在兩性分工中分配到的工作大部分是重複的維持性工作,而男性多半從事富於冒險與創造性的工作。在「男性創造/女性維持」的社會框架之下,女性照料家庭的家務勞動和男性謀取生活資源的生產勞動比較起來,就會被貶抑為無足輕重的附屬工作。因此,男女兩性的社會處境,並不對稱:男性被視為建設社會的生產者,是外在超越的化身;而女性的任務就是延續物種和料理家務,是內在維護的守護者。

> 清掃是為了消除灰塵,整理是為了消除混亂⋯⋯許許多多的女人有的只是這種不會戰勝灰塵的永無休止的鬥爭〔掙扎〕⋯⋯幾乎沒有什麼工作比永遠重複的家務勞動更像西緒福斯(Sisyphus)所受的折磨:乾淨的東西變髒,髒的東西又被搞乾淨,周而復始,日復一日。家庭主婦永遠在原地踏步中消耗自己⋯⋯永遠只是在維持現狀(de Beauvoir, 1999: 425)。

由於女性本分的內宥性(immanence)和家務維持工作的消極性,很難被賦予和生產、營造等男性工作同樣的積極評價,經年累月,這種沒有薪水的「老媽子」(wife servant)生活,很容易讓女性產生自我否定的認同弔詭(de Beauvoir, 1999: 65)。就以日常煮食為例,相較於清掃,煮食家務已經是非常主動、令人愉快的創造性工作。操弄爐火的女性有如神奇的魔術師,屢屢讓生冷腥羶的食材搖身變為香味四溢的熱食。但是和其他家務工作一樣,反覆的日常操持很快就會破壞煮食的樂趣。因為煮食家務的勞動成果不斷被消耗掉,還衍生出一堆待被清理的杯盤狼藉。家務勞動的價值和可貴之處只有在欠缺和失去的時候,例如沒有

熱騰騰的食物可吃和沒有乾淨的衣物可換時，才會彰顯出來。當女性和整個社會都被籠罩在這樣的性別意識之下時，女性為家人自我犧牲的家務工作非但沒有為她們帶來自主性和社會地位，反而被貶抑為對社會沒有積極貢獻的次等工作。因此，波娃主張女性應該自我覺醒，走出生育和家務工作的限制，和男性一樣投入經濟生產的行列，如此方能正視女性的自我價值和創造女性自我的生命意義。

波娃在《第二性》中用「他者」的性別處境觀點指出資本主義父權社會對於女性生存、發展的諸多限制，即使在半個世紀之後來看依然深具啟發性。但是她呼籲結合性別階級與無產階級，要女性「拋家棄子」地走出生育和家務工作等性別枷鎖的主張，也常被批評同樣陷入男性優越和經濟化約的迷思，反而間接驗證了女性是「第二性」的附屬、次等地位（Evans, 1985: 57，引自鄭至慧，1996：101）。關於這一項指控，我認為應該設身處地的回到波娃當時所處的社會情境當中，

才能體會她為什麼要用這麼激烈的思想主張和實際行動來證明女性和男性一樣有生產開創的能力，進而要求社會必須賦予女性追求自我的權利。換言之，這樣的激進策略更反映出當時備極艱辛的女性處境。也由於這樣的歷史處境，有一段時間家庭和家務工作也被女性主義污名化為阻礙兩性平等的一大障礙，甚至有不少身體力行的女性主義先鋒還為此付出很高的個人代價❸。另一方面，這群勇敢的女性主義實踐家也被父權思維濃厚的主流社會價值抹黑為破壞傳統家庭關係與兩性和諧的激進分子。其實，正因為社會對於兩性角色的觀念是如此根深柢固，我們更要看到性別作為一種隱性社會階級的女性處境是如何框限女性的生命機會；但是，也不必因此全然抹殺生育和家務工作的創造性價值，因為這是兩性必須共

❸：我在研究所開設女性主義地理學的課程，修課的同學絕大多數是女生，她們在讀過一些女性主義的經典著作之後，都覺得深受啟發，但又非常害怕有了性別意識之後，會和這些女性主義先鋒一樣，得到不婚／離婚或孤老一生的悲慘下場。這的確是令人非常沮喪的事情。

同分享與承擔的家庭生活。更重要的是，除了女性本身不斷思考與摸索跨領域協商的各種可能，我們必須讓長期置身事外的「他者」——男性，也一起面對兩性關係的共同課題，這樣女性才有可能走出「第二性」的社會處境。

女性迷思與婦女家務處境的「無名難題」

儘管波娃的《第二性》在思想上啟迪了當代婦女深入思考性別處境的切身問題，但是更明確地指出家務工作作為性別處境的具體課題，則要歸功於美國當代婦女運動的領導人貝蒂·傅瑞丹。她在1963年出版的《女性迷思》（*The Feminine Mystique*）一書中，以敏銳的觀察力和深刻的反省力，一語中的地道出當代美國婦女在居家生活中的性別困境。她將這種醫生們稱為「家庭主婦症候群」（the housewife syndromes）的現象命名為「無名的難題」（the problem that has no name），用以描述美國郊區家庭主婦的身心處境：她們擁有辛勤工作

的丈夫、乖巧的子女、寬敞舒適的住宅、現代化的汽車和先進的家電設施，過著不必出外工作的富裕生活和身處令人稱羨的幸福家庭；然而，她們卻覺得孤獨無助、了無生趣，心中有著無以名之的苦悶又不知該如何傾吐，甚至產生倦怠、不適等生理症狀。

為什麼原本人人稱羨，宛如人間仙境的美好生活會變成美國郊區婦女的夢魘呢？傅瑞丹進一步探究造成這種無名難題的根源後指出，這是由企業和國家等男性意識型態所創造形塑，再透過大眾媒體的推波助瀾，最後被社會及女性廣為接受的「女性迷思」。這種以男性為主體的意識型態將婦女的社會角色定位在賢妻良母的附屬地位：女性的價值就是在家裡照顧好丈夫和子女，只有透過後者的存在，女性才有存在的價值。在社會功能論（functionalism）的概念之下，女性本身並非一個真正的「人」，而是作為妻子、母親、管家的性別角色。美國的女性主義學者喬安·威廉斯（Joan Williams），將這種指

摘發出「無名難題」感嘆的美國郊區家庭主婦是「身在福中不知福」的女性迷思，稱為「快樂家庭主婦的迷思」（the happy housewife myth）（Williams, 2000）。因為人們認為，尤其是男性，在這麼優渥的物質條件之下，家庭主婦既不必外出工作又有各種現代化的省力家電代勞，應該覺得幸福美滿並努力扮演好賢妻良母的角色才對，不該滿腹牢騷。即使婦女出外工作（通常是秘書、護士、店員等輔助性的工作），她們的身分仍然被界定為家庭主婦，工作只是貼補家用。這樣的「女性迷思」讓婦女的生活圍繞在孩子、廚房、家務等輔助和修補性的事物上面。儘管獨棟的住宅寬敞舒適，但是郊區的孤立環境和安全、隱私的住宅設計幾乎斬斷了原本婦女在傳統鄰里之間豐沛的人際網絡；唯有透過子女在學校的親師會，才勉強建立起一些稀疏的家長網絡。另一方面，雖然美國郊區的獨棟住宅寬敞舒適，但是細究屋內的空間安排，除了廚房和洗衣間等家務工作的空間之外，幾乎沒有婦女獨處的自主空間。白天的時候，偌大的宅第全是她一人的工作範圍；晚上全家團聚的時候，卻只能緊守廚房的工作空間，成為名副其實的「灰姑娘」。就是這種有如「水煮青蛙」❹ 的生活環境妨礙了女性向外探索和自我實現的追求，讓婦女們感到窒息、苦悶，卻又無以名狀。換言之，被傅瑞丹形容為「舒適集中營」（the comfortable concentration camp）的美國郊區住宅，正是造成家庭主婦「無名難題」的「情感貧民窟」（the emotional slum）（Johnson and Lloyd, 2004: 121）。有趣的是，現代化的省力家電大量減輕家庭主婦的體力負擔後，孤立、封閉的郊區家庭生活反而藉由「無聊」（boredom）的身心狀態，讓廣大的家庭主婦們開始思考女性自我實現和家務生活之間的性別處境問

---

❹：科學家做過實驗，將青蛙放在以冷水逐漸加溫到沸騰的鍋子中，由於水溫的上升是持續和緩慢的，所以青蛙在死亡的過程中不會出現強烈和積極的反抗動作。

題，進而尋求突破和解放的出口。這表示女性在心智各方面絕不亞於男性，只是長期以來的性別處境讓她們沒有太多自我探索和實現夢想的機會。

經由傅瑞丹的點醒，美國婦女在1960和1970年代展開追求女性自我實現和兩性平等的性別運動，要求社會正視女性存在的根本價值。其基本的策略思維還是延續波娃在1940年代後期所主張的性別平等策略，鼓吹婦女從家庭主婦的從屬地位走出來，進入職場，爭取和男性平等的工作權利，以彰顯她們獨立於男性、婚姻和養兒育女之外的身分。繼20世紀初期英、美社會爭取女性平等投票權的第一波女性主義之後，爭取婦女在工作和經濟上和男性平等的性別意識成為第二波女性主義的基本立場。第二波女性主義者認為女性要自我覺醒，要意識到自己的家庭生活受到哪些限制與壓迫，並對自己的生活有主見；所以她們將傳統家庭主婦視為被洗腦的他者，並主張有反省性的現代女性必須在家庭和工作之間，作一抉擇：不是全職的家庭主婦，就是全職的專業女性。然而，不論婦女選擇家庭或是工作，女性運動以這種決絕的方式來追求性別平等，注定是一場兩敗俱傷的家庭悲劇。儘管不少婦運先驅是以離婚或是不婚為代價來換取工作權利和經濟自主，但是至少她們證實了家庭、兩性和親子之間的角色，以及家庭和經濟的關係並非恆常不變，而是隨著科技和社會的演進不斷調適和改變。她們慘烈犧牲的代價，讓「無名難題」的性別困境露出一線轉變的曙光。

「女超人迷思」和性別家務處境的「協商難題」

經過戰後一、二十年的努力，美國婦女紛紛以投身職場的實際行動來化解「女性迷思」所造成的「無名難題」。到1980年代初期，有超過一半的美國已婚婦女成為職業婦女。但是，從家庭主婦變身為職業婦女並不表示這些美國的現代女性可以像波娃一樣，完全捨棄家庭主婦的傳統工作。英國的社會學家凱

薩琳·哈金（Catherine Hakim）認為，1960年代之後，當一些重大的社會變遷讓女性有機會在家庭和工作之間選擇自己喜歡的生活型態時，只有少部分的女性是完全以家庭為主或完全以工作為主的極端選擇，大多數的婦女是視個人情況和家庭需要，在人生的不同階段「調適性」（adaptive）地徘徊於家庭和工作之間（Hakim, 2000）。換言之，在固守家庭主婦的傳統性別角色或是勇於投身專業婦女（career woman）的新女性角色之外，現代婦女往往「選擇」（或是被迫接受）一條更為艱鉅的妥協之道——既是家庭主婦又是專業女性的「職業婦女」（working wife/mother）。

在這樣的性別家務處境之下，一個新的無名難題又應運而生，那就是如何兼顧家務工作與專職工作的「協商難題」。問題是，如果婦女想要兼顧母職與事業，既無愧於家人又專注於事業，恐怕只有極少數體力、毅力與能力超強的「女超人」（superwomen），才可能同時做好「賢妻良母」和「女強人」的雙重性別角色。但是這樣的性別家務處境，卻營造出一種現代女性必須十項全能的「女超人迷思」（the superwoman mystique）。即使大多數婦女無法在家庭和事業上面面俱到，而且女性自己和社會也能夠接受某種程度的妥協，但是女性必須加倍付出的「女鐵人迷思」（the iron-woman mystique），還是像鐵鍊般地纏繞在婦女身上。不論從社會分工或是兩性平等的角度來看，這樣的性別處境都不應該只是體質相對羸弱的女性必須單獨面對的難題，而是兩性和所有家庭成員必須共同承擔的家庭責任。傅瑞丹從自己的親身經驗也逐漸體會到，這些年來女性運動的一大盲點，在於她們認為婦女平等和家庭之間有一種無可避免和難以化解的對立關係；唯有走出家庭，才可能追求女性的自由和平等，結果反而為婦女帶來更大的負擔。因此，傅瑞丹開始修正婦女運動的路線，邁入兩性平權運動的「第二階段」（Friedan, 1981）。其要務就是重返家庭，將家庭視為兩性協商的公共領域，

擴大男性對於家務工作的認識和參與，讓家務工作不再只是「女人本分」的性別領域，也讓跨領域的「協商難題」成為兩性必須共同面對和處理的家庭議題。

1980年代之後，女性主義逐漸修正過去向男性生產工作靠攏的平權觀念，重新體認到女性的自我和自我實現是一種「關係中的自我」（self-in-relationship）；除非正視家庭生活和公領域之間的整體關係，否則是無法抽象和片段地達成自我超越的目標（Gilligan, 1982）。因此，在「後女性主義」或第三波女性主義的現階段，兩性關係的重點已從男性和工作的單一觀點，調整為工作與家庭和兩性之間的共同生活處境。換言之，這個階段的性別意識已經由強調男／女、工作／家庭、公共／私人等「非此即彼」（either/or）的二分概念，向前推進到「彼此得兼」（both and also）的協商整合概念。當女性共同分擔男人賺取家用的經濟負擔之後，社會也必須用一個更寬廣的視野重新看待過去由女性一

肩擔起的家務工作和性別處境。這樣的思維不只是讓男性消極地參與和分擔清潔、烹飪和照顧子女等過去由女性承擔的家務工作而已；而是要在家務協商的過程中，將性別平等的溝通場域和協商平臺從工作場所拉回居家空間，讓女性處理日常生活瑣事和家庭關係的思考方式與行為模式可以被充分理解。甚至透過家庭教育和學校教育將這樣的思維模式擴展到男性身上，進而提升兩性在工作和家庭生活裡的夥伴關係。

在《第二階段》（The Second Stage, 1981）一書中，傅瑞丹借用史丹佛國際研究所彼得‧史瓦茲（Peter Schwartz）描述男性 α 型領導模式的語彙，將這種女性的思考與行為模式稱為 β 型的女性領導模式。前者是以分析、理性化、數據化的思考為基礎，仰賴權威的階級關係和著眼於特定問題的決定性解答；後者則是以綜合、本能、質化的思考方式和關聯式的權力關係為基礎。換言之，β 型的女性領導模式著重比較複雜、開放和不

確定的現實關係。它關切的不是單一任務而是整體表現，注重成長和生活品質，講求內在資源的分享和建立相互依賴、彼此支持的適應關係（Friedan, 1981: 243-249）。傅瑞丹認為這種著重協商整合的女性思考方式和行為模式必須加以概念化，甚至提升到意識型態的層次成為內在性別協商的橋樑。這樣才有可能藉由男性生活領域的擴展——進入維護家庭的實質內容——將女性從家庭與工作的「協商難題」中解放出來，也讓家庭從兩性戰爭的舊戰場變成兩性協商的新舞臺。

從第二波女性主義到第三波主義之間之所以有這麼大的立場轉折，是因為身為第二波女性主義實踐者下一代的第三波女性主義者，親身體驗到母親輩為了追求自我實現所付出的重大代價之一，就是他們無可取代的成長過程。因此，第三波女性主義強調結合女性自我實現與家庭生活，以及協調有給工作和家務工作所楬櫫有關現代性、日常生活和無聊的整體問題，也是我們從新理解兩性關係的核心議題

（Johnson and Lloyd, 2004: 3）。有趣的是，從1969年雷普波特夫婦率先提出「雙職家庭」的概念之後，理論上兩性又回到「分離領域」之前共同生產和分享消費的性別分工模式，而且這次是站在兩性平等的時代基礎之上。只是原本結合生產與消費的家庭場域將生產功能完全移轉到家庭之外的工作場所，讓家庭成為再生產和消費的主要場所，形成只有生產／消費二分，但是沒有男性／女性對立的「新分離領域」。而且，當歐克里在1970年代提出「家務工作」是一種工作類屬（genus work）而非女性家務（femininity or domesticity），以及家庭主婦是家庭的工作者而非沒有工作的女性等概念時，第二波的女性主義者便急於將原本無給的家務工作「升等」為有給的經濟活動：一方面出外工作以追求自我實現的性別認同，同時也以雇用家務工的方式將烹飪、洗衣、打掃和照顧子女的家務工作外包出去。然而，這麼做的結果除了讓原本的家庭主婦分化為出外工作的專業女性和到別人家裡工作的女性家務工之外，家

務工作是「女性工作」的困境，似乎沒有多大改變。

更糟的是，在現實生活裡大部分雙職家庭的女性還是繼續承擔較重的家務工作，成為女性運動在迎接黎明之前最黑暗的時刻。因為從1980年代到現在，「新分離領域」的性別分工並沒有如預期般地改變當代女性的家務處境。造成家務工作理論與現實脫節的原因之一，可能是個人思想觀念和行為模式的調整一時之間還跟不上整體制度環境的改變，通常需要一、兩代的時間。因此，可能還需要藉由其他方式，例如政治議題、學校教育、社會運動等，重新調整性別角色和家務工作之間的平衡關係。尤其是從1980年代之後，電腦和通訊技術的突飛猛進，造就了一群利用網路和電話等遠端通訊技術在家工作的「居家就業族」（Small Office, Home Office，又稱SOHO族），多少又打亂了「新分離領域」的時空布局，但也因此凸顯了未來可能的家務處境趨勢：生產工作和家務工作的內容和界線變得更加零碎和模糊，甚至衍生出各種截然不同的生活型態。而且，個人與家庭再生產的家務消費，也不像過去那麼直接和單純，可能需要花費相當的時間和心思來打理，因此也會回過頭來重新定義產品的屬性和生產模式。換言之，除了將家務工作和生產工作等量齊觀之外，如何正視消費方式和再生產的客體化過程，可能也是重新理解和積極改變女性家務工作處境的重要課題之一。而且，可以確定的是，在性別家務的調整過程中，由於職業婦女對於家庭經濟的實質貢獻大幅提升，因此女性就有更大的協商空間來要求男性共同分擔家務。繼「新女性」和「新妻子」之後，從近年來「新好男人」（good new man）、「家庭主夫」（househusband）、「超級奶爸」（big daddy）等名詞的相繼出現，也可以看出父職觀念正在改變：男性慢慢開始接受必須分擔家務工作的「新男性本分」（new man's sphere）。

「男造環境」的住宅迷思

從1960年代美國郊區家庭主婦的「無名難題」到1980年代職業婦女的「協商難題」，當代的女性主義者意識到必須深入居家空間的實質環境和住宅空間生產過程，才能充分理解當代婦女從孤立、單調演變到緊張、疲憊的性別家務處境；並且主張從性別化的實質空間改造來實現兩性平權的社會理想。這些在1980、1990年代陸續出現於歐美社會的女性主義空間觀點有一個共同的立場，可以統稱為對於「男造環境」（man-made environment）的性別批判，他們認為歐美住宅的現代化過程充滿了資本主義的父權思維。這些具有強烈性別意識的空間批判分別從地理學、人類學、建築史和社會運動等不同角度來探討「男造環境」的住宅迷思，並指出核心家庭的現代化想像和工業資本主義的「分離領域」思維，將現代住宅和廚房空間變成禁錮女性心靈與戕害婦女身體的家務牢籠。不論是郊區的獨棟住宅或是市區的公寓住宅，都反映出家屋是「男人的城堡／女人的工場」的弔詭特性。因此，這一節將以美國、英國加拿大和澳洲為例，簡單地回顧西方女性主義者對於當代住宅空間的性別批判。

「偉大家務革命」與
「美國夢」的住宅空間反思

在1981年出版的《偉大的家務革命》（*The Grand Domestic Revolution*）一書中，美國建築師暨規畫學者桃樂思‧海頓（Dolores Hayden）從住宅、社區和都市建築史的角度，回顧了19世紀末到20世紀初美國女性主義先鋒如何爭取女性在居家空間和家務工作上面平等權利的過程。她發現當初有許多「偉大家務革命」（grand domestic revolution）功敗垂成的原因之一，在於1930年代美國政府和產業攜手打造的郊區化單一家庭獨棟住宅主導了當代美國住宅發展的模式，也箝制了其他住宅類型的發展空間。

海頓將這些從19世紀末期到20世紀初期的美國婦女運動先驅稱為「物質女性主義者」（material feminists），因為她們主張婦女性別認同的身心處境有很大一部分是取決於居家空間和家務工作的物質基礎。物質女性主義者挑戰當時整個社會對於「女性領域／女性本分」（woman's sphere）和「女性工作」（woman's work）的性別認知，並且追溯造成婦女坐困家庭的「女性領域」和從事無給家務的「女性工作」的社會根源，在於工業資本主義將家庭的生活空間和生產的公共空間區隔開來，又將家庭經濟和產業經濟加以切割，使得原本由兩性共同分擔的農業及小型工商業的家庭式生產活動，被化約成以工廠為代表的男性生產勞務和以家務工作為主體的女性消費勞務。因此，他們結合了社會主義的階級觀點和女性主義的性別觀點，並從政治、經濟、社會和空間的整合概念出發，企圖以都市集合住宅的社區尺度和有別於傳統住家的空間安排來改善女性家務工作的孤立狀態；同時，他們也提出各種家務合作模式，試圖創造家務工作的經濟報酬，以爭取婦女的平等權益。

這些早期的物質女性主義者有兩大訴求：（一）正視婦女家務工作的貢獻，並給予合理的經濟報酬；（二）將私人的家庭工作空間，例如廚房、洗衣間、育嬰室等，改造

成公共的社區工作空間。在不同的
地區和時期，她們積極提倡和實際
嘗試過幾種不同的作法，包括成立
由產業雇主提供餐飲、兒童照料的
企業合作社，由社區婦女共組餐
飲、清潔和兒童照料的社區互助合
作社，以及由家庭主婦協力發展的
小型家務服務事業等措施；部分比
較激進的婦女運動人士甚至主張應
該由國家提供各種家務服務的福利
設施。整體而言，這些「偉大家
務革命」的嘗試是朝向無廚房住
家（kitchenless homes）、公共廚
房（public kitchens）、社區食堂
（community dinners），以及社區
育嬰中心、托兒所等方向發展，希
望藉由家務工作空間和家務服務形
式的轉換，讓婦女擺脫沉重的家務
負擔，並且在工作的自我實現和經
濟收入上獲得和男性相同的平等地
位。

但是，這些即使在現在看起來都
算得上激進、前衛的「偉大家務革
命」卻不敵美國經濟大蕭條時期國
家和產業聯手推動的人口與住宅策
略——以都市郊區核心家庭為對象

的大規模房地產開發，以及由國家
補貼的長期住宅貸款政策所帶動整
體的經濟復甦。這些在都市郊區如
雨後春筍般出現的新住宅代表了無
數的商機，包括地產開發商、營造
產業、銀行、汽車廠及家電製造商
等，都蒙受其利。在這樣的產業─
住宅關聯之下，身為一家之主的男
性勞工會因為長期的住宅貸款而不
敢輕易罷工或更換工作，所以產業
都大力支持這種能讓男性勞工既勤
勉又溫馴的住宅政策。而執政者更
積極鼓吹傳統的家庭價值，包括努
力工作、賺錢顧家的「男性本分」
和養兒育女、辛勤持家的「女性本
分」，以維持經濟繁榮、穩定社會
秩序的既得政治利益。因為誰也不
敢擔保，婦女大量進入原本由男性
主導的勞動市場之後，會造成什麼
不可預期的後果？

在這樣的政治經濟思維之下，
短短的幾十年間郊區單一家庭的
獨棟住宅（suburban single-family,
detached house）就搖身一變成為
美國當代最重要的住宅地景，也造
就了傅瑞丹所說的那種郊區家庭主

婦的家務困境——「無名難題」。事實證明，這種結合國家政策和產業力量所打造而成的住宅環境，最終還是難以抵擋女性就業的時代趨勢。然而，大規模發展的郊區單一家庭獨棟住宅對於經濟、社會和環境所造成的傷害，可能還會延續好幾個世代也難以平復。尤其是對於女性身體和精神的折磨，在女性出外工作之後，非但沒有減緩，反而愈演愈烈，由孤立、單調的「無名難題」擴大為在職業工作和家務工作之間穿梭奔波的「協商難題」。同時，這樣的住宅型態和居家環境在無形之中也框現了男性的生活世界和生命經驗。因此，海頓在回顧了早期物質女性主義者功敗垂成的「偉大家務革命」之後，極力呼籲有性別意識的建築師和規畫者要共同打造出嶄新的住家和社區，讓女性能夠獲得和男性一樣的生活空間，也讓男性有機會擴展他們在住家裡的生命經驗。

在1984年出版的《再造美國夢》（*Redesigning the American Dream*）一書中，海頓更進一步從工作和家庭生活的整合面向來反省美國住宅發展的過去與未來。她在書的一開頭就指出，為了安置二次世界大戰時返鄉的士兵和戰後快速增加的嬰兒潮，美國從1940到1980年代的整體住宅發展趨勢是以郊區單一家庭獨棟住宅為主的大規模新市鎮開發計畫。到1980年為止，美國為數超過八千萬戶的所有的住宅單元中，有四分之三是1940年之後的新建住宅。若從住宅類型來看，則有三分之二的住宅是單一家庭的獨棟住宅（Hayden, 1984: 12）。這種追求個別家庭生活的住宅形式成為代表美國移民社會富足進步的「美國夢」，但是這種以白人核心家庭為基礎的住宅結構卻也和當代美國社會人口結構的整體發展趨勢，包括單親家庭、個人家庭和老年家庭背道而馳。於是海頓回頭去探究近代美國住宅演進的歷史過程，試圖釐清造就這種住宅形式興起背後支撐的住宅理念。

海頓指出，1870-1920年代最快速工業化的半個世紀裡，西方社會至少有三種家庭與住宅的理念萌芽：

第一種住宅理念稱為「避風港模式」（the haven strategy），這也是美國在二戰之後迄今，最主要的住宅型態。它是由家政專家凱薩琳・畢契爾和安德魯・唐寧（Andrew Downing）從1840年代開始透過婦女雜誌和小型建商所聯手推動的一種住宅理念。畢契爾在1869年將這種以照料丈夫和子女為目的的住宅原型命名為「美國婦女之家」（The American Woman's Home）。郊區單一家庭的獨棟住宅被塑造成由婦女掌控、展現女性專業的女性專屬家務工作場所，家庭主婦被比喻為「模範家庭王國」（model family commonwealth）裡的內政大臣，她的責任就是讓男性在農業耕作和工業生產的事業開創上無後顧之憂。

郊區獨棟住宅的避風港理念在1890年和1920年之間受到美國內政部門的重視，曾在多次勞資協商和產業政策規畫的場合中，導入住宅議題。產業界最後接受政府的意見，同意良好的住宅和較高的工資一樣，是維持勞動品質穩定和刺激消費的必要手段──男性在房貸壓力之下會更加賣力工作，女性則成為開拓消費商品市場的主要對象。1931年胡佛總統（Herbert Hoover）主政之後，結合「自有住宅先生」（Mr. Homeowner）和「消費者太太」（Mrs. Consumer）的概念，將大規模開發郊區單一家庭自有獨棟住宅列入國家主要住宅政策，作為對抗經濟大蕭條的手段之一。到了二次世界大戰之後，包括產業技術、金融機構、貸款制度、道路系統等各方面的發展日臻成熟，郊區單一家庭獨棟住宅的美國夢才全面起飛，造就了當代美國最重要的住宅地景。

海頓認為這種「避風港模式」的住宅型態延續了18世紀末年美國立國初期傑佛遜總統（Thomas Jefferson）所主張的「一農一舍」（each farmer on his own farm）的私有財產精神，同時也深受19世紀西方工業革命之後男女性別分工和公私空間有別的「分離領域」觀念影響。表現在建築的美學象徵上，這種原始、神聖的獨立家屋有如一

座座的家庭祭壇，每天在火爐前上演煮食和滋養的神聖家庭儀式；而自來水、電力和各種家庭電器的陸續引進，則成為婦女料理家務的得力幫手。經過了整個20世紀的現代化發展，這種郊區單一家庭的獨棟住宅形式，反而受到當代建築師、規畫者、環境生態和女性主義人士的諸多批評。建築師認為這種住宅發展鼓勵有天分的建築師從事個別住宅的創意發揮，卻限制了他們思考各種不同住宅策略的可能性，尤其是社區尺度和集合住宅的整體設計；規畫者批評這種住宅結構助長了市區的凋敝和郊區的蔓延；環境生態人士批評郊區長距離的汽車通勤耗費了大量能源和造成環境污染；女性主義者則指責工作與家庭的分離不僅孤立了女性的家務處境，也貶抑了女性家務勞動的價值和女性應有的地位。

第二種住宅策略稱為「產業模式」（the industrial strategy），以德國的馬克思主義者奧古斯都・貝博（August Bebel, 1840-1913）為代表。這種住宅思維主張徹底廢除家務工作，將其納入工業化的生產體制，讓女性可以從私人無給的家務勞動中解放出來，和男性一樣成為工業生產的勞動力。由「產業模式」思維所發展出來的住宅形式就是結合工業化的整體設計和大量營造，具有餐飲、托兒、洗衣等公共設施的高樓集合住宅（high-rise, mass housing）。而其背後的建築美學則是將住宅視為集體消費的生活機器。羅伯特・歐文（Robert Owen）和查爾斯・傅立葉（Charles Fournier）等英、法社會改革者的工人福利住宅，堪稱「產業模式」的住宅原型。蘇聯推翻帝俄之後，這種帶有公社色彩的集合住宅大量出現在蘇聯和東歐等社會主義國家。而西方社會深受這種著重生產效率和整體設計（total design）住宅理念啟發的建築與規畫學者，首推瑞士的建築大師科比意（Le Courbusier）。根據他對於機械時代的現代城市想像，科比意以巴黎右岸為對象，提出了「光輝城市」（radiant city）的規畫構想：矗立在廣大公園綠地裡的超高建築群，彼此之間棟距

很遠，以高架道路系統加以連結
（Le Corbusier, 1971）。雖然光輝
城市的構想並未在巴黎實現，但是
科比意還是設計了一些他稱為「生
活機器」（machines for living）的
現代集合住宅，其中又以位於馬賽
的船形公寓最為著名。在這座原先
是為公務員設計的集合住宅裡面，
除了標準化的住宅單元和整體設計
的家具設施之外，大樓內部還有商
店街，頂樓則設有托兒所。由於科
比意的名氣，這棟大樓裡的公寓已
經成為時尚居家的熱門住宅。二戰
後，美國將科比意的集合住宅概念
加以修改，作為都市地區大規模夷
平貧民窟之後，安置居民的計畫國
宅（project housing），造就了許多
設備簡陋、景觀單調的國民住宅。

　　第三種住宅策略是由梅露西
納・皮爾斯（Melusina Fay Peirce）
率先提倡的「鄰里模式」（the
neighborhood strategy），這也是海
頓本人最心儀的住宅方案。「鄰里
模式」的住宅思維試圖透過社區鄰
里的社會網絡，將女性的家務工作
社會化，以矯正「避風港模式」和

「產業模式」這兩種住宅策略對於
女性家務工作在社會與經濟價值上
顧此失彼的問題：前者重視女性家
務工作的價值，但並未給予婦女實
質的經濟報酬；後者支付婦女家務
工作的報酬，但否定了女性家務工
作的神聖性。因此，「鄰里模式」
的具體作法就是建立社區的生產者
合作社（producer's cooperative），
讓女性共同經營社區的餐飲、洗
衣及托育等服務設施。一方面希
望消除婦女獨自在家中操作家務
工作的孤立處境，另一方面也可
以避免家務工業化的生產異化。
落實在建築美學上，則是低矮的
複合式家庭住宅（low-rise, multi-
family housing），是一種以村莊和
修道院為原型的半團體生活模式。
皮爾斯及其追隨者相信構成私密空
間的住家必然還需要其他半私密、
半公共及公共空間的投入，還有這
些不同空間在經濟、社會和環境上
的適當連結，才可能營造出鄰里社
區的和諧生活。除了皮爾斯本人從
1868年起陸續推出的各種合作社
形式的模範鄰里實驗之外，20世紀
初期英國規畫家埃伯尼澤・霍華德

（Ebenezer Howard）提出的田園城市（garden city）、1920年代美國建築師暨規畫家克羅倫斯‧史坦（Clarence Stein）設計的超大街廓（superblock），乃至1960年代之後強調完善設施與大樓管理的都市公寓（condominium），都是延續這種鄰里模式的住宅思維。

海頓指出，在整個住宅發展的歷程中，這三種住宅模式都曾經相互借用彼此的建築語彙，也都各自有過成功和失敗的案例，但是這三種住宅模式似乎都理所當然地將家務工作視為女性的工作，完全忽略了男性在家務工作上可能扮演的角色。在真實生活裡，美國整體的住宅發展還是偏向郊區單一家庭獨棟住宅的避風港模式。這個事實更反映出19世紀以來工業資本主義「分離領域」的意識型態是如何地和政治經濟掛帥的「家務迷思」共同打造出這種「男造環境」的住宅空間。為了正視性別化空間的居家迷思並扭轉美國當代住宅的偏差發展，海頓主張應該要將工作和家庭生活納入住宅議題，作整體性的思

考，因為這些問題是不可切割的。同時，針對美國的郊區化發展，她也呼籲應該將郊區住宅和整個都市空間放在一起思考。除了將家務工作公共化之外，也需要將「都市空間家庭化」（to domesticate the city），使都市的公共空間能夠照顧到女性的特殊需求。如此，才可能消除「分離領域」和「男造環境」對於女性造成的層層限制，讓兩性平等落實在跨越公共／私人空間的生活層次上。

「母體環境」（Matrix）的新女性建築運動

當海頓從物質女性主義的觀點切入，期許美國的建築與規畫專業能夠發動新一波的「偉大家務革命」時，在大西洋對岸的英國也有一群由建築師、大學教授、家庭主婦、記者及住宅專業經理人等共同組成的女性主義設計團體——「母體環境」。他們延續英國在1970年代的「新建築運動」（New Architecture Movement），將關注的焦點放在建築、都市空間和女性之間的關係

上，尤其是婦女最切身的住宅空間。「母體環境」的成員們認為現代的住家環境裡面幾乎沒有女性的自主空間：不像男性離開工作場所之後，回家就是理所當然的避風港和休憩地；職業婦女下班之後，還有一堆未了的家務工作等著她們。家裡上上下下的空間都是她們清潔打掃的「責任區域」，卻很難找出專屬於她們自己的自主空間。更諷刺的是，大多數人認為「專屬於」女性的居家空間，正是許多婦女認為最辛苦的廚房空間（Marcus, 2000: 227）。「母體環境」發現：在住宅規畫、興建、購買和設計的過程中，各階段的重大決策往往掌握在男性手中。而住宅市場作為投資標的和政策工具的政治經濟導向，也反映出住宅空間不只是家庭消費和再生產的「女性領域」。

為了從女性觀點和女性參與的角度來理解和改變婦女在居家環境中的性別處境，「母體環境」的成員在1984年出版了挑戰主流男性父權建築的重要著作——《造空間：女性與男造環境》（*Making Space: Women and the Man Made Environment*），試圖從建築史的角度來回顧19世紀中葉到20世紀1970年代之間，英國平民住宅在建築形式、大小和格局的演進過程中，建築設計準則如何回應工人階級和中產階級婦女對於住宅空間的需求，以及住宅演進背後婦女聲音如何遭受漠視和女性參與不足的深層問題。為了避免陷入英國當代住宅史的細節當中，我以第二次世界大戰作為分水嶺，將超過150年的現代英國平民住宅發展史粗分為（一）現代前期和（二）現代後期兩大類型。二戰之前，現代前期英國都市地區一般家庭的住宅主要是以一種前後狹長、高二到三層的連棟街屋（terraced house，又稱為row house或town house）為主。這種都市住宅的形式從17世紀就開始出現。在工業革命時期，一般工人階級的家庭不論煮食、用餐、睡覺及休閒，幾乎都在同一個房間進行，與日益進步的工廠空間和緊追在後的都市公共空間，落差越來越大。以意識流風格著稱的英國作家維金尼雅·吳爾芙（Virginia Woolf），在她啟

迪人心的性別名著《自己的房間》（*A Room of One's Own*, 1929）中曾經提到，19世紀初期中產階級家庭多半只有一間起居室，如果女性要以寫作為業，她也只能在與家人共用的起居室中寫作（Woolf, 2008: 117）。因此，吳爾芙主張：一個婦女一年得有500英鎊的收入，以及一間可以鎖上門的房間，她才有足夠的閒暇和自由從事文學創作（Woolf, 2008: 176）。由此可見，即使是中產階級的家庭，女性在家裡也完全沒有屬於自己的空間，更遑論一般工人階級的家庭。

為了改善工人階級和一般家庭的住宅環境，當1851年首屆萬國博覽會在倫敦舉辦時，大會特別規畫了一個工人階級的「模範住宅」（model dwellings）（圖03）。在這個現代化的工人住宅裡面，除了有獨立的臥房、廁所和設有自來水和清洗槽的洗滌間（scullery）之外，整間房子就只剩下一間全家人共用的起居室（living room）。當時並未規畫獨立的廚房，烹調用的爐具是擺放在起居室裡面，和取暖用的火爐結合在一起。「模範住宅」的空間雖然不如中產階級的獨棟住宅寬敞、氣派，但是小而美的空間安排讓一般工人階級也可以享有一個舒適、體面的居家環境。在當時而言，「模範住宅」的空間安排相對於恩格斯在1845年出版的《英國工人階級的生活狀態》中所描述一般工人住宅的恐怖景象，已經算得上是革命性的進步。加上20世紀初期英國政府積極的住宅政策和蓬勃的住宅產業，這樣的空間格局才逐漸成為後來英國國民住宅（council house）室內格局的基本雛形。到了1930年代，全家共用的起居室又進一步分化為前廳（front room，又稱為客廳，parlour）和後廳（back room，又稱為起居室，living/kitchen area），但是廚房的空間也還未完全獨立出來，依然位於後廳的起居室裡面，和暖爐及餐桌結合在一起。

1930年代之後，隨著家庭科技的進步，日常煮食的爐具脫離暖爐獨立（下一節會有較詳盡的說明）；同時，為了增進居家生活的「與共

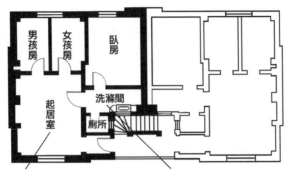

烹調的爐具和餐桌也放在起居室內　　　　洗滌間有食物櫥櫃、自來水和排水管，
　　　　　　　　　　　　　　　　　　　　使衣物和食物的清洗、處理方便與衛生

圖03：1851年倫敦萬國博覽會「模範住宅」平面圖
資料來源：Maxtrix, 1984

感」（togetherness），原本用來接待客人或以男性休閒為主的前廳和原本以起居用餐及婦孺休閒為主的後廳，逐漸整併成開放式的大起居室；煮食的爐台則是和洗滌間合併成廚房。至此，現代英國平民住宅的基本格局，已經呼之欲出。二戰之後，為了重建戰時被敵人砲火摧毀的都市住宅，同時為了迎接大量自戰場返鄉的戰士，英國政府採取了廣建國民住宅的住宅政策。在建築的設計規範中，又進一步將沒有隔間的大起居室劃分成客廳（living room）和飯廳（dining room）兩個獨立的空間，據說是為了矯正工人階級習慣蹲坐在火爐旁用餐，不使用餐桌的粗鄙文化。另外，兼具煮食、洗衣和儲藏功能的廚房空間則維持不變，正式形成現代後期客廳、餐廳加上廚房的L-D-K（Living room-Dining Room-Kitchen）住宅模組（圖04）。這種L-D-K的住宅模組，後來隨著大英國協的殖民網絡（例如新加坡、香港的屬地關係），以及世界各國相繼仿效英國的國民住宅政策和建築設計，逐漸散布到世界各地。這樣的空間格局，也是台灣目前公寓住宅的基本空間配置模式。

「母體環境」的成員認為，在英國住宅的現代化過程中，儘管各個時期的政府在訂定住宅政策時或多或少都有納入相當比例的女性成員，並且設法聽取工人階級或是一般婦女的意見，但是從不同時期實際住宅平面圖上所顯示的空間結構可以看出，婦女在家庭裡面的家務空間處境，有越來越狹小和越來越孤立的趨勢。尤其是結合烹調和洗衣的獨立廚房的出現，也間接宣告婦女必須獨力負擔大部分家務工作的性別家務空間處境。

在二戰前以連棟街屋為代表的兩進式平民住宅裡面，雖然婦女在家庭中主要的生活和工作空間是位於住宅背面的後廳或起居室，但是這個包含煮食、用餐和休閒的複合空間，基本上還是全家共同使用的生活空間，包括家務工作、用餐和家庭娛樂；而且這個時期的住宅多半有方便運送食物和柴火的邊門，形成社區婦女們私下往來或串門子

的重要管道。自然而然地，婦女在家中工作和休閒的主要場所——後廳，也就成為非正式接待鄰居和與送貨小販閒聊兩句的接壤空間。相反地，二戰之後以高層國宅公寓（high-rise council flats）為代表的現代化公寓住宅，對於一般婦女的家務處境反而越來越不利。除了整個住家的清潔打掃之外，婦女在家中的工作區域被限縮在集洗滌、烹煮和儲藏於一室的廚房空間。雖然婦女在廚房的工作效率因為各種家電的進駐和工作路徑的縮短而有所提升，但是狹小的廚房空間和單人的動線安排卻讓其他家庭成員很難一起在裡面工作。於是，現代廚房也就順理成章地由名義上是全家人共用的公共空間變成實際上是婦女一個人單獨操作的家務空間。加上從工業革命以來「分離領域」的思維將家務工作等同於女性家務工作的「女性迷思」和「家務迷思」，使得國家的住宅政策誤將提升女性家務工作效率的「工具理性」當作住宅現代化的重要指標，而未理解到減輕女性家務工作負擔才是住

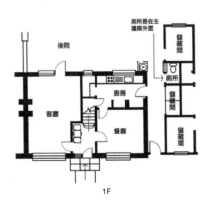

1F

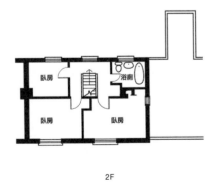

2F

圖04：英國戰後 (1949) L-D-K模組式國民住宅平面圖一例
資料來源：Matrix, 1984: 7

宅政策必須追求的「目的理性」。所以，當戰後英國政府以大量興建國民住宅和透過L-D-K標準化的住宅模組來實現住宅現代化的政策目標時，固然讓合理化的空間功能區分滿足了以都市集合住宅作為核心家庭「生活機器」的現代化想像，然而，在住宅現代化的過程中，標準化的高樓住宅單元也因為缺乏社區生活所需的公共空間，加上收音機、電視等家庭休閒的普及，讓婦女的生活空間由地方鄰里的社區平面逐漸退縮到高樓住宅的室內空間。而狹小、孤立的一人廚房，也變成禁錮女性的「家務牢籠」（a prison in her own home）；更讓繁瑣的女性家務工作，變成家庭後臺隱而不見「女性家務領域」（feminine sphere）（Matrix, 1984: 122）。

從戰後大西洋兩岸的住宅發展趨勢看來，不論是美國郊區單一家庭的獨棟住宅，或是英國都市地區密集的高樓國宅單元，可以發現讓女性覺得孤立、失落的「無名難題」竟然是同時困擾許多英美婦女的家務共同處境。儘管英美住宅在空間區位、住宅類型和內部平面的空間結構都不一樣，但是二者具有一個共同的基本前提——對於核心家庭的現代化想像。有趣的是，不只海頓注意到美國社會的家庭結構逐漸脫離核心家庭的單一類型，「母體環境」也批評以核心家庭為主的住宅單元忽略了當代英國家庭的真實現況——核心家庭的比例只占英國所有家戶類型的四成（Matrix, 1984: 79）。其他包括單親家庭、老年家庭、獨居家庭和各種不同情況的複合家庭，可能需要完全不一樣的住宅空間。因此，這種對於核心家庭的家戶想像，也是讓婦女處於窘迫的性別家務處境的一種「家庭迷思」（family mystique）。根據這樣的家戶想像所設計出來的住宅空間排除了其他家庭組成的可能性，也不容易因應家庭生命週期改變的空間需求。在這種情況之下，原本可以分擔家務工作的成員，例如家中的長者、未婚的成年人等，也因為無法共同居住在一個屋簷下，而讓婦女必須獨力負擔所有的家務工作。

「男造環境」
與設計的性別歧視

進一步深究造成這種女性家務困境的「家庭迷思」，除了可以歸咎於國家政策和產業資本的政治經濟干預之外，整個「男造環境」建築設計過程中有意、無意的性別歧視，也扮演相當程度的角色。「母體環境」的成員相當肯定英國政府和建築專業早在一百多年前就開始思索未來的住宅空間形式，以及它對家庭生活和家務工作的影響。除了在許多住宅政策的制定過程中設法讓女性建築師參與其中，同時也用各種方式讓婦女的聲音可以被聽到。然而，「母體環境」也批評這種表面上是以女性需求為對象的住宅設計，骨子裡還是男性父權的住宅想像。否則不會在便利和效率的假象之下，規畫出只容一人使用的工作廚房。因此，進一步探究住宅設計中各種錯誤的性別假設，將有助於了解「男造住宅環境」所造成的不平等性別家務處境。

也是「母體環境」成員之一的馬利雍‧羅伯茲（Marion Roberts），她在1991年出版的《活在男造世界：現代住宅設計的性別假設》（*Living in a Man-made World: Gender Assumptions in Modern Housing Design*）書中借用英國文化研究學者雷蒙‧威廉斯（Raymond Williams）社會再生產（social reproduction）的文化概念，指出家庭不只是勞動力再生產和生育的空間，更是再現包括性別意識在內的各種社會關係的重要場域（Roberts, 1991）。羅伯茲認為造成目前這種「男造住宅環境」的原因之一，是女性在建築設計和規畫專業裡面的人數比例太低。在1990年代初期，英國只有7%的建築師是女性；可想而知，她們在以男性為主的專業訓練和實務環境裡面，很難建立和發揮具有性別意識的建築理念（Roberts, 1991: 1）。更重要的是，她認為根本的問題在於建築規畫的男性專業領域和整體社會對於女性的錯誤刻板印象。這種設計的性別歧視充分表現在英國政府強調母職價值的住宅政策上面——女

性是理所當然的家務工作者和家庭用品消費者——進而強化核心家庭性別分工的男性父權思維；而且，這樣的住宅理念又和工業資本主義強調「分離領域」的產業思維不謀而合。不難想像，女性在整個家庭性別文化的社會再生產過程中，想要掙脫「男造家庭環境」的性別框架，是非常困難的。

從波娃、奧克里、傅瑞丹、海頓、「母體環境」到羅伯茲，我們可以歸納出性別、性別化的家務工作和性別化的居家空間，往往都是社會建構的產物。在這樣的前提之下，美國的女性主義建築師列絲麗·坎尼斯·威斯曼（Leslie Kanes Weisman）在1992年出版的《設計的歧視：「男造」環境的女性主義批判》（*Discrimination by Design: A Feminist Critique of the Man-Made Environment*）一書中，利用二分法（dichotomy）和領域性（territoriality）的概念，進一步分析「男造住宅環境」的性別歧視。她認為空間是社會關係裡面不可或缺的基本向度，各種上下、左右、

前後二分的空間位置，通常都蘊含著和性別有關的社會價值。男性往往被賦予拓展、宰制、開放的空間領域，女性則常被連結到內斂、順從、保守的空間領域，形成性別化的社會空間和空間中的身體政治。在當前的英美住宅體制之下，國家的住宅政策和住宅市場的大量生產等由上而下的政治經濟干預，造就出充滿性別歧視的住宅設計。

威斯曼試圖從住宅空間的理想形式和社區化的家務服務這兩個面向，去思考改變男造住宅環境設計歧視的具體策略。她認為當大部分的住宅及社區的設計、建造、融資，以及法令規定等，都支持以男性為戶長的核心家庭型態時，這樣的住宅空間和社區環境是無法滿足不同婦女和多數家庭的實際需求的。因此，威斯曼強調必須先拋棄以下兩種先入為主的家庭觀念：（一）核心家庭才是正常的家庭型態，（二）女性是理所當然的家務工作者。其次，她主張未來理想的住宅型態，應該具備性別協商的空間彈性，能夠拆卸、重組、具有多

重功能和與時俱進，以符合不同類型、不同家庭生命週期和不同家庭成員處境的家庭需求。傳統封閉、固定的居家空間，例如客廳、飯廳、廚房、臥室、浴廁等，以及配合這些特殊空間用途的水、電、瓦斯、空調、污水設備等，除非大興土木，否則很難適時地變更為其他用途。各個房間的大小、相互關係和使用方式，必須具有彈性。廚房和其他家庭工作區域，也需要設計成可同時容納二至三人同時操作的空間模式，各種器具和物品的擺放位置也盡可能讓每個人都看得到、拿得到。如此，家庭成員才能夠共同分擔家務和共享家務勞動的成果，而不是由婦女獨自承擔。

除了從住宅內部的空間結構加以思考之外，威斯曼還主張彈性的住宅空間應該擴大到社區的尺度，藉由集合住宅的彈性規畫和相關設施與服務的提供，就近滿足單身者、同居者、單親家庭、老人、行動不便者等不同類型的家庭需求。這些強調人性、生態、社會、心理層面的女性住宅設計思維，和從效率、擴張、科技、經濟層面切入的男性住宅設計思維，截然不同。這樣的設計主張結合了傅瑞丹「第二階段」婦女運動所強調的「跨領域協商」精神，以及海頓以住宅空間革命解放女性家務工作的「偉大家務革命」理念。在女性建築師的人數有限，以及社會整體的性別意識不是一朝一夕可以扭轉過來的現實情況下，這樣的住宅理想不知道多久之後才能夠實現？在性別平等的新時代到來之前，女性又該如何承受與化解這些住宅設計的性別歧視和性別化的家務負擔呢？

開放廚房：
女性家庭空間的桃花源？

在前面兩小節中，我們已經分別從美國和英國的住宅現代過程中逐一檢視家庭空間形式和女性家務處境之間的關係。接著我們將進一步從加拿大住宅內部的空間形式，尤其是廚房的空間結構，來看女性的煮食家務處境。

加拿大歷史學家彼得‧瓦德（Peter Ward）在1999年出版的《家庭空間的歷史：隱私與加拿大的家庭》（*A History of Domestic Space: Privacy and the Canadian Home*）一書中，從隱私（privacy）的觀點探討18世紀迄今300年間歐、美移民在加拿大建立家園的過程中，一般住宅形式和家庭生活的演變情形。有趣的是，雖然加拿大和移民母國的英、法地區及緊鄰的美國在自然環境和風俗習慣上並無天壤之別的巨大差異，但是加拿大的住宅形式，尤其是和廚房空間的使用情形，卻和英、美兩國的一般住宅，有相當程度的出入。這樣的對照剛好可以提供一個新的思考面向，幫助我們釐清住宅空間和女性家務處境之間的關係。

在18世紀初，加拿大歐洲移民的房子主要是一種面積只有4x5公尺（大約6、7坪），內部毫無隔間的木造小屋；吃飯、睡覺、工作、休閒，都在這個僅有的空間裡面。這種小木屋的住宅形式一直延續到19世紀中期。從18世紀末開始，法屬加拿大的農村住宅逐漸變大，屋內的空間也分化為三個區塊：（一）日常居家與工作的生活空間，（二）睡覺的空間，以及（三）會客的正式空間，但這僅限於比較富有和空間寬敞的家庭。這個時期的加拿大住宅並沒有一個專門作為「廚房」（cuisine）的空間，大部分的家庭活動都在一間稱為salle commune（common room）的起居室裡進行，通常這是家裡最大的房間，其中有一半的功能是作為廚房使用。有些人家的起居室裡還有坐臥兩用「小床」（day bed），可以用來午睡或是當作招待客人的椅子，鄰居之間的往來也多半從後門進出起居室。

到了19世紀上半葉，起居室又分化成延伸出去的簡易廚房（summer kitchen）和稱為沙龍（salon）或是客廳（parlour）的正式空間。當然，有錢人家的宅第會有更多不同用途和名稱的房間，也只有富裕人家會將廚房設在地下室，因為那是純粹給傭人使用的工作區域。在整個19世紀，加拿大城市地區最

普遍的住宅形式是一種源自英國城鎮的二、三層樓連棟街屋（row house）。它的格局狹長，從前門到後院的一樓內部空間依序是客廳、餐廳和廚房；樓上則是臥房和浴室。在1930年代之前，連棟街屋是加拿大工人和中產階級最主要的住宅形式。也因為連棟街屋的興起和普及，狹小、擁擠的住宅才開始被視為和貧窮、衛生有關的都市問題。有趣的是，連棟街屋的廚房空間多半和餐廳空間相連，形成家人一起用餐、聊天和接待親友、鄰居的居家休閒空間。這種「生活廚房」的傳統一直維持到現在，形成加拿大住宅的一大特色。

20世紀之後，一種源自美國加州，屋外圍有平臺、室內空間較寬敞的別墅住宅（bungalow）開始被引進加拿大。由於空間大又節省成本，很快就流行開來。別墅住宅的一樓主要是客廳（living room）和包含用餐區在內的複合廚房（kitchen & dinette），可能還有一間臥房，二樓以上則是臥房和浴室。就內部空間的比例而言，別墅住宅的廚房不像18世紀鄉村住宅的起居室那麼大，因為有部分面積移作客廳或臥房之用；但是縮小的廚房空間還是保有餐桌的位置。到了1960年代之後，因為戰後嬰兒潮和都市土地成本日漸升高的住宅供需壓力，高樓公寓如雨後春筍般地在加拿大的都市地區出現。雖然許多公寓還是維持客廳、餐廳和廚房獨立（L-D-K）的現代公寓基本格局，但是客廳和餐廳之間，經常只是象徵性的區隔，形成LD-K的開放設計（客廳和餐廳連在一起，只有廚房是分開的）。有些面積較小的套房公寓（studio apartment），在客廳、餐廳和廚房之間，甚至完全沒有隔間，只有一個像船艙廚房（galley kitchen）般的狹小廚房區，形成客廳、餐廳和廚房合而為一的LDK開放平面（open plan）。在1970年代之後，加拿大更興起一陣夏季小屋（summer cottage）的度假風潮，不少都市居民開始每年定期到空間狹小、光線不足、設備落伍的夏季小屋度假。這段重回物質匱乏的「度假」期間，常常成為一家人最親密的快樂時光。

在加拿大近三百年的住宅演進過程中，室內的住宅空間相對於幅員廣闊的戶外空間，顯得格外狹小。而且，從18世紀初歐洲移民的小木屋到20世紀末的公寓套房，兜了一圈的加拿大的住宅格局本身，似乎也沒有太大的變化。最有趣的是，結合煮食、用餐和休閒社交的起居室雖然在不同時期、不同地區和不同社經背景的家庭裡，有過或大或小的改變，但是它作為一個全家人共同使用的「生活廚房」，已經成為加拿大住宅與家庭生活的一大特色。主要的原因是加拿大地處高緯度，早期暖氣、照明和煮食都是仰賴同一來源，因此必須將這三項需求安排在同一個居家空間才符合經濟效益。也因為有這樣的歷史淵源，在20世紀初中央暖氣、電燈和現代爐具日漸普及之後，加拿大家庭並沒有像鄰近的美國和大西洋對岸的英國那樣，轉向客廳、餐廳和廚房完全獨立的L-D-K空間模組，依舊保留了「生活廚房」的居家傳統。即使晚近的公寓住宅因為婦女就業、家電科技進駐和加工食品出現等家庭現代化的都市歷程，大幅

限縮了公寓廚房的空間，但是廚房和其他居家空間的適度結合讓加拿大婦女並未完全陷入英、美婦女所面臨的封閉、孤立的家務處境。

對於傅瑞丹、海頓、「母體環境」、羅伯茲、魏斯曼等女性主義者而言，這樣的居家環境有沒有可能是社區食堂或公共廚房之外的「家庭桃花源」呢？誠如瓦德所言：「現代未必較好，進步不一定是改善，退步也不見得是剝奪」（Ward, 1999: 78）。更重要的是，空間的實際使用未必完全遵照原初的命名（Ward, 1999: 62）。當加拿大從歐洲和美國引進新的住宅形式時，從連棟街屋、別墅住宅到公寓住宅等，即使沿用原始的平面設計和空間名稱，但在實際使用過程中反而不斷延續加拿大特殊的居家傳統，形成一文多義的文化差異。加拿大的「生活廚房」讓我們理解到，不論是住宅的空間形式或是婦女的家務處境，皆非一成不變的結構限制。這也是我們在探究婦女的廚房生活和家務工作的性別處境時，必須謹記在心的重要線索。

從「男造環境」到「女想空間」：家務與性別的現代性協商

從美國的郊區獨棟住宅、英國的國民住宅到加拿大的生活廚房，我們可以看到當代女性家務工作處境在不同社會環境和空間尺度裡的相對差異。然而，不論廚房空間的大小、開放程度，還有它對婦女煮食家務與整體家庭生活的影響，這些居家空間的生產過程大部分還是深受父權思維和科技理性掌控的「男造環境」。即使有來自不同地區與時期的女性主義批判，到目前為止依然難以撼動「男造住宅環境」的基本結構。在本節最後，我試圖借用澳洲戰後住宅發展的經驗，來發掘女性在家務處境上因應與突破「男造環境」的一些可能性。

澳洲女性研究學者蕾絲麗·詹森（Lesley Johnson）與賈絲汀·洛伊德（Justin Lloyd）在2004年出版的《日常生活的無期徒刑：女性主義與家庭主婦》（*Sentenced to Everyday Life: Feminism and the Housewife*）一書中，援引1940、1950年代婦女雜誌、電影、廣播等資料，探討戰後期間澳洲婦女面臨家務工作和自我實現的兩難時，如何透過理想住家的規畫與布置，來調和傳統家庭主婦和現代女性之間的潛在衝突。二戰之後，澳洲和英、美等國一樣，面臨住宅短缺和都市更新的問題。因此，政府與民間透過婦女雜誌和以婦女為對象的廣播節目，呼籲家庭主婦發揮女性細心和務實的特長，為家人勾勒及規畫出理想的「夢想家園」（dream home）。這種結合流行文化的住宅政策巧妙地避開第二波女性主義者將創造工作的自我實現與家務工作的性別壓迫視為互不相容的矛盾處境，將女性對於家務現代化的空間想像及規畫布置，轉化為扭轉「男造環境」偏差與開創女性自我的性別主體實踐。這樣的家庭空間論述和規畫實務將原本屬於私人領域的家庭空間提升為住宅政策的公共場域，也賦予持家（home-making）創造的積極性和性別的能動性。

　　戰後澳洲婦女對於理想家園的想像之一，就是希望擁有比過去大約12英尺見方（4坪左右）的傳統廚房更大、更開放的廚房空間，以及結合現代化科技的家電設備。這樣的廚房願景構成開放平面與系統廚房的現代住宅雛形，使得包括煮食與清潔在內的性別化家務工作變得既透明又可見（transparent and visible）。這項改變讓過去由家庭主婦一肩承擔的家務工作，從廚房的家務後台向前推移到類似加拿大「生活廚房」的複合式家庭空間，也使得家務工作有趣和迷人的非勞務面向，變成兩性與家人可以共享的生活樂趣。

　　詹森與洛伊德對於戰後澳洲家庭主婦參與住宅空間規畫與安排的觀察和討論，的確為一度停滯膠著的女性自我意識和性別家務處境的衝突開啟了一扇紓解的窗口，也為傳統「分離領域」的兩性對立搭建了一座協商的橋樑。然而，這種由「女想空間」來調整改善「男造環境」住宅結構的作法，究竟能否徹底扭轉女性家務處境的不利地位？

還有待進一步的釐清。

工業化與性別化的煮食家務

工業資本主義除了經由集中式的工業生產制度創造出「分離領域」的家務意識型態，以及透過國家和產業聯手打造出核心家庭住宅的「男造環境」之外，近代西方社會的工業化進程還藉由科學技術在家庭器具上的廣泛應用，大幅改變婦女家務工作的內容和操作方式。美國人類學家法蘭西斯卡·布雷（Francesca Bray）在研究傳統中國社會科技與性別之間的權力結構時體會到，唯有深入日常生活的社會脈絡，才能夠理解科技系統如何透過日常身體習慣的物質經驗構成其

文化與社會意義。換言之，科技與性別的關係並非局限在產品技術的物理特性上面，而是反映在日常器物使用的物質實踐，以及透過器物使用的身體經驗形成性別主體性的轉換過程裡（Bray, 1997: 11-17）。同理，當代婦女的性別家務處境也有一個深埋（embed）在物質生活和體現（embody）在身體經驗中的微觀層面。

這一節我試圖從煮食家務的烹調工具和飲食內容，來探討從19世紀末以來快速發展的工業化過程如何

透過現代科技的家庭消費,穿透到女性家務的身體空間。一方面聚焦在新興的家庭科技產品上面,去看這些「男人發明,女人使用」的現代家電如何影響婦女家務工作的內容;另一方面則是透過日常飲食的食物製作和家庭消費,來探究大量工業化生產和商業化銷售的加工食品如何改變婦女煮食家務的操作過程,進而了解工業資本主義的結構性力量究竟滲透到家庭空間和婦女身體的何種程度?

「家庭中的工業革命」:家電科技與女性家務工作

前面提到的加拿大歷史學家瓦德,他在探討當代加拿大住宅形式的演變時曾指出:當中央暖氣、電燈及爐具等現代科技產品被引進家庭時,連帶地改變了住宅空間的使用方式,以及家庭成員的作息時間與互動關係(Ward, 1999: 48-51)。同樣地,各種家電科技的普及也大幅改變家務工作的內容和操作方式,進而影響當代女性的家務工作處境。美國的社會學家魯絲・史瓦茲・柯望(Ruth Schwartz Cowan)在1983年出版的《帶給母親更多的工作:從開放式爐台到微波爐的家戶科技諷刺》(*More Work for Mother: The Ironies of Household Technology from the Open Hearth to the Microwave*),特別深入探討這些「家庭中的工業革命」是如何大幅改變美國婦女家務工作的形式和內容。柯望認為,當生產技術的工業化讓以男性為主的生產分工越來越細時,家庭科技的工業化卻讓家務工作越來越集中在單一女性身上,變成大小家事都要包辦的「家庭萬事通」(Jane-of-all-trades)。而且當越來越多的省力家電普及之後,女性的家務負擔非但沒有減少,反而使「母親的工作」越來越多。乍聽之下,這樣的論點似乎有違常理,因為有各種「省力」家電的介入,家務工作應該越來越輕鬆才對,而且幾乎每一樣家電產品的廣告也都是以此為訴求。但是,柯望從家務工作的微觀過程和家庭科技系統的宏觀角度,讓我們了解家務科技的進步,如何形塑出當代婦女孤立、繁重的家務處境。

在工業革命之前的傳統農業及家庭手工業時代，家庭既是生產單位也是消費單位。所有的家庭成員，包括夫妻、老人和小孩都要分擔家庭裡面的工作。儘管有「男耕女織」的性別差異，但是農忙的時候女性也要下田工作，或是平日男性也要做砍柴、磨穀子、擠牛奶等家務工作，小孩也要幫忙做一些像是提水、摘菜等簡單的家事。所以，家庭分工的方式主要是以體力和技術為主，性別和年齡反而是其次的考量。工業革命之後，許多粗重的生產工作陸續從家庭移轉到工廠，家庭也逐漸成為再生產的場域，包括生育兒女的家庭再生產，飲食、休息的勞動力再生產，以及商品消費的社會再生產。但是，要維持這些家庭再生產的基本需求，仍然有許多家務工作要做。由於男性白天必須外出工作，大部分家務工作自然落在女性身上，也形成了男性的工作場所和女性的家庭場所，二者截然劃分的「分離領域」。然而，一些粗重的家務工作還是要等男性回家之後，由男性負責。因此，要將洗衣、烹調、清潔、照顧子女等大小家務工作通通變成為女性「專屬」的「女性本分」，還有賴家務科技發展帶動的「家庭工業革命」。

柯望舉煮食為例，在19世紀之前，美國一般家庭的三餐飲食是非常簡單和缺乏變化的，只是在壁爐上架一個鍋子丟入蔬果肉類做成「大鍋煮」或「大鍋燉」（one-pot cooking or stew）。但是，這個看似簡單的煮食動作卻需要動員全家的成員和花費相當多的力氣準備，包括成年男性要砍柴、砌爐、屠宰、磨穀子，小孩子要提水、擠牛奶、準備碗盤，然後女性要摘菜、洗滌、烹煮，和負責餐後的清理等等。19世紀上半葉鑄鐵爐（cast-iron cooking stove）的發明，讓傳統「大鍋煮」的家庭飲食產生相當大的變化。鑄鐵爐上方有四到八個開口，可以同時煎、煮不同的菜餚，而爐身下面也有兩、三個爐口，可以取暖和烘烤食物。就能源效率和烹煮功能而言，鑄鐵爐比壁爐進步許多，也開啟了家務科技和家務工作現代化的序幕。

1830年代之後，兼具烹煮和取暖功能，體積碩大的鑄鐵爐又分化成煮食專用的烹煮爐（cook stove）和取暖專用的暖爐（heating stove）。同時，燃燒效率更高的煤炭也被用來取代傳統的柴火。1865年的美國南北戰爭之後，分離式的烹煮爐和暖爐已經成為一般家庭的基本設備。廠商也在報紙和雜誌上刊登廣告促銷，可以說是最早的「消費耐久財」（consumer durable）之一。然而，柯望指出，像是鑄鐵爐之類的家庭科技的確節省勞力和增加便利，但是對於兩性的家務投入，卻有非常不一樣的效果。因為節省的勞力主要是男性砌爐、砍柴之類的家務勞動，增加的便利卻是女性烹煮家務的工作便利。於是，以前簡單的「大鍋煮」或「大鍋燉」開始演變出不同的菜餚，同時容易生鏽的鑄鐵爐也需要每天清潔和定時上油，這些衍生出來但相對「輕便」的家務工作，反而順理成章地落在女性身上。

19世紀下半葉，以工廠為主的工業化生產過程更是大步邁進，許多原本是家庭手工製造的日用品，包括鞋子、皮革製品、麵粉、衣服、肥皂、蠟燭等，都逐漸移轉到工廠大量製造，然後再透過商業銷售賣回家庭。這項改變不僅重新定義了家庭生產和家務工作的內容，也讓「剩下來」以消費為主的家務工作，完全落在女性身上。到了20世紀初期，正式確立家務工作是「女性領域／女性本分」的社會規範。男性只要負責外出工作，賺錢，購買原本需要自己製作的生活日用品，年輕的男孩也不再有機會從父執輩身上承傳這些原本屬於男性的家務技能，而是到工廠學習謀生所需的一技之長。這些額外增加的家務負擔讓許多女性吃不消，尤其是刷洗衣物等費力的工作，所以中產階級的家庭多半會雇用女傭，或是將這些費力的工作外包出去。此外，一般家庭的女孩子在未出嫁之前，還可以留在家裡幫忙和見習這些已經完全被歸屬於女性的家務工作。至於比較貧窮的家庭，即使家中有女孩也多半會被送到有錢人家當傭人。在缺乏人力的情況下，當時的婦女只好降低家務工作的標準。

　　柯望把這段從19世紀中葉到20世紀初期，將傳統家庭手工製品移轉到工廠專業化生產的工業化過程，稱為現代家庭科技的第一階段。到了1910年代和1920年代，包括縫紉機、電冰箱、吸塵器、洗衣機、洗碗機在內的各種現代化家庭用品，有如雨後春筍般地大量出現，開啟了家庭科技工業化革命性的第二階段。由於這時候絕大多數的家務工作已經是家庭主婦的「女性本分」了，所以這些省力和便利的現代化家電主要是為了提升婦女家務工作的效率，並減輕她們的體力負擔。但是，當科技和其他更複雜的經濟、社會和文化因素結合之後，這些現代家電便像孫悟空頭上的緊箍咒，緊緊地束縛著婦女的身心，讓婦女必須一肩擔起的家務處境，逐步陷入孤立、疏離的幽暗狀態。柯望進一步藉由各種和家庭有關的科技系統，說明為什麼這個時期家務科技的突飛猛進，反而讓婦女的家務負擔更為沉重。

　　柯望指出，除了上述有形的家電產品之外，家電科技至少涉及了食物、衣服、醫療、水、電、瓦斯和石油產品等八個面向的科技系統。食物、衣服和醫療的供給由家庭移轉出去之後的確讓婦女輕鬆一點，但是水、電、瓦斯、石油的工業生產，反而將更多的家務工作，帶進家裡。由於它們使得家務工作的效率大幅提升，連帶也使得家務工作的項目和標準大幅提升。例如：清洗衣物的次數、衛浴設備的清洗、開車接送小孩及購物等等，都讓婦女的家務負擔不減反增。尤其是這些家電產品和科技系統，讓婦女可以獨立完成原本需要兩、三個人才能勝任的家務工作，所以女傭也逐漸被淘汰，因為中產階級的婦女覺得沒有必要在購買昂貴的省力家電之後，同時又花錢雇請女傭來使用這些高級的家電設備。加上教育普及和性別平等的風氣漸開，原先只能留在家裡幫忙的女孩也和男孩一樣，在接受完基礎教育之後，繼續升學或出外工作。不少都市女孩在出嫁之前，除了洗碗之外唯一接觸到的「家務工作」，反而是學校家政課程規定的縫紉、烹飪等「家庭作業」（home work）。因此，有

了大量現代化科技幫忙的女性家務工作讓婦女成為名副其實的家庭主婦，也讓內容越來越繁雜的現代家務工作成為禁錮婦女身心的科技牢籠。

二次世界大戰之後，這些作為幸福幫手的家電科技不僅出現在比較富裕的中上家庭裡面，即使是工人階級或是貧苦人家，也少不了洗衣機、電冰箱、瓦斯爐等現代家電，以及水、電、瓦斯等基本民生設施。就物質生活水準而言，戰後的美國家庭開始全面進入富裕社會的現代生活。只是，富裕的物質生活往往也伴隨著日益增加的家務負擔，因為省力家電大幅提升婦女家務工作的效率，使得全職家庭主婦的「女性本分」越來越龐大，也越來越沉重，包括家務工作內容的增加，以及家務工作標準的不斷提升。然而，因為維護家庭溫飽、清潔和整齊的例行家務具有「看不見，卻做不完」的消極特性，所以儘管婦女們的整體家務工作的績效越來越高，她們自我肯定和性別認同的程度卻沒有等幅提升，才會出現傅瑞丹在1960年代觀察到的女性「無名難題」。另一方面，由於現代家務科技的普及，使得一些已婚婦女除了增加家務工作內容和提升家務工作標準之外，還得以「兼顧」家庭和事業，投入有給的職場工作。1970年代之後，同時擁有家務工作和職場工作的「職業婦女」取代全職的家庭主婦，成為美國婦女的主流身分。儘管1970年代之後雙薪家庭的職業婦女平均花在家務工作的時間已經比1930年代的家庭主婦少了一半，從每週60個小時降到低於30個小時，但是家務工作還是得花費時間和精力。如果加上每週40小時的工作時間，現代職業婦女實際「工作」的時間，比起上一個世紀的婦女，其實是不減反增。

從過去150年來美國家務科技的發展歷程，可以看到家務工作的項目、內容、操作方式和所需的體力負擔，有非常大的改變；隨之而來的家庭關係和婦女處境，也有幡然巨大的變化。工業化初期的工業化生產讓家務工作被窄化成為「女性本分」，接著家電科技的大舉進入

家庭又讓家務工作的內容和標準不斷提升，加上現代婦女大量進入職場工作，家務工作逐漸從煮食、洗衣、吸塵等單純的「家務勞動」，演變成包括理財投資、接送小孩上下學、輔導子女家庭作業、關注家人身心健康等既勞力又勞心的「持家工作」（home-making）。對於多數婦女而言，這些繁瑣的家務工作是維繫家庭關係和深具情感價值的具體表現，如果沒有做好，她們會感到內疚和自責（Cowan, 2004: 120–121）。因此，從以前到現在，雖然不斷有各種不同的家務工作替代方案推出，例如洗衣店、外送的食物，社區食堂、公共廚房、互助托嬰等商業或合作性質的組織，多數家庭和婦女在隱私和自主性的考量下還是選擇單一家庭的住宅形式和自己動手做的女性家務方式，即使家務工作變得越來越龐雜和繁瑣，她們多半也會勉力為之。這些現象絕非單單工業資本主義和父權體制的壓迫就足以完全解釋的（Cowan, 1983: 147–148）。在這種情況之下，女性勢必得發展出一套特殊的因應之道來協調這些細碎

繁瑣的家務工作，才可能騰出足夠的時間兼顧家庭和事業的雙重負擔。必須再次提醒的是，在雙職家庭的前提下，這樣的協商難題不該只是婦女必須單獨面對的性別家務處境，而是需要兩性相互理解和共同承擔的家庭責任。

從廚房到工廠的工業化飲食烹調

相較於衣服、家具、能源等各種家庭必需品，日常飲食的工業化發展，速度最慢，也最不完全。然而，它對家庭具體生活內容和社會意義的影響，卻最為廣泛也最深遠。尤其是婦女的家務工作處境，也因為不同程度的飲食工業化發展，影響了家庭飲食的內容和廚房家務的操作方式。英國的社會人類學家傑克·古迪（Jack Goody）在1982年出版的《烹調、飲食與階級：比較社會學的研究》（ *Cooking, Cuisine and Class: A Study in Comparative Sociology* ）一書中，對於當代西方社會飲食工業化的發展歷程，有相當扼要的說明。他

在書中指出，工業化的烹調飲食（industrial cuisine）和工業化的農業生產，是當前世界食物供給的主要模式，而支持工業化烹調飲食的條件包括（一）食品保存的技術，（二）機械化生產，（三）零售業革命，以及（四）交通運輸的發達。這些影響現代飲食的重大改變是探究工業資本主義如何透過日常飲食的生產與消費，影響女性煮食家務工作的內容和處境的重要線索。

食物的保存方式，一直是維繫人類生存發展的重要因素。中古歐洲保存食物的方式不外乎風乾、醃漬和天然冰凍等家庭手工作法。18世紀末和19世紀初，歐洲各國因為大規模的殖民戰爭和航海探險，需要大量加工保存的食物作為口糧。英國在19世紀上半葉興起的餅乾產業，可以說是最早開始的現代工業化食物之一。當時已經發展出一種介於麵包和餅乾之間的「乾糧」（hard-tack），是庶民百姓出遠門時取代麵包的食物，和肉乾、乳酪、啤酒一起食用。1830年代，英

國發明了切割和印模的餅乾製造機器。同一時期，又有餅乾商人研發出讓餅乾保持酥脆的錫製餅乾盒。到了19世紀下半葉，餅乾已經成為旅人、探險家和軍隊在長途征戰的旅程中不可或缺的基本食糧；更是一般大眾在正餐之外最普遍的佐茶點心，大家也樂於購買現成可食又便於保存的盒裝餅乾。然而，點心畢竟不是正餐，餅乾只是增加日常飲食的趣味和變化，真正讓現代工業化飲食大步邁進的發明，則是罐頭和人工冷凍的技術。

1795年，法國為了解決拿破崙軍隊遠征歐洲的糧食供給問題，發明了罐頭的裝瓶技術，並於1804年首度設立罐頭工廠。最初的罐裝食品是使用玻璃瓶罐；直到1812年，法國才研發出錫鐵的罐頭製法。英國很快就引進法國的罐頭技術，提供北極探險隊的食物補給；並且在1817年之後將相關技術傳到美國。1820年代，美國開始生產鮭魚罐頭，歐洲也在同一時期開始生產沙丁魚罐頭。1830年代之後，罐頭食品開始在一般商店販售，只是價格

昂貴，並非一般家庭佐餐的食物。這個時期，美國也開始出口罐頭食品到歐洲和南非。1861至1865年的美國南北戰爭期間，開始大量使用罐頭食品作為軍隊的伙食，尤其是在戰地不易補給和處理的肉類食品。德國在第一次世界大戰期間，也大量配給肉罐頭給前線的部隊。從此，罐頭和餅乾口糧就成為各國軍隊在戰時的基本食物。至於民間飲食部分，大約也是從19世紀下半葉開始，罐頭食品透過商店的陳列和販售，逐漸成為歐美社會大眾飲食的一部分。

在冷凍技術方面，早在1806年美國波士頓地區就有人開始販售冰塊，並從1836年起外銷到世界各地。只是當時使用的冰塊是取自冬季湖中冰凍的天然冰塊，而非加工製作的人造冰塊。1851年，世界上第一輛載有冰櫃的火車從美國紐約州的奧登斯堡（Ogdensburg）開往波士頓。不久之後，英國沿海的新鮮漁產，也經由相同的方式銷往內地。但是，最早的人工冷凍製冰機則是英國的詹姆士·哈里遜（James

Harrison）在1850年發明的，10年之後才由法國工程師加以改良推廣。1872年，美國的人工冷凍肉品正式銷往倫敦，開啟了一個與罐頭食品截然不同的飲食革命。

然而，光有冷凍技術還不足以帶動整個工業化的飲食趨勢；這時候還需要交通運輸的配合，來連結與縮短產地和市場之間的時空距離。19世紀中葉之後，剛好也是歐美各國鐵路交通運輸蓬勃發展的關鍵時期。飲食工業化和鐵路運輸的結合，加速了食品供給由地方經濟擴展為區域經濟和全球經濟的速度，同時也大幅影響日常飲食與烹調的習慣。例如，在19世紀下半葉和20世紀初蓬勃發展的餐飲業，就是因為率先使用人工冷凍的設備，才得以一年四季供應採用新鮮黃瓜製作的三明治，並且大受歡迎。餐飲業的發達讓都市地區的中、上階層可以隨時享用新鮮的精緻食物，也間接促成家庭女傭的沒落。

除了裝罐和冷凍技術之外，乾燥脫水則是另外一項食品加工的重要

技術，也是現代飲食的特色之一。現在一般家庭早餐食用的速食麥片（cereal），就是最好的例子。它最早是在1850年代由美國的一個素食團體研發出來的，利用溫火將燕麥、小麥、玉米等穀物脫水而成。也是該團體成員之一的約翰‧加樂（John Kellogg），更進一步在麥片中添加營養素，並且利用廣告的手法將速食麥片打造成簡單方便的「營養食品」。到了1890年代，一些現在常見的速食麥片種類和製造方式，就已經全部發展出來了。由於速食麥片食用簡便，深受一般家庭喜愛，尤其是父母都出外工作的雙職家庭。再加上許多速食麥片的廣告都以兒童作為訴求對象，使得銷售狀況更加暢旺。

另一方面，早在1830年代，法國就發明了將肉汁萃取乾燥的技術，製成高湯塊。這項在當時不甚起眼的食品技術，一直要到20世紀後才逐漸顯現它對現代飲食風貌的強大影響力。19世紀下半葉，結合東印度公司的香料進口和化工食品的技術研發，發展出各種風味獨特的調味醬，深深影響一般家庭的飲食口味，也連帶改變了許多傳統菜餚的準備方式。20世紀之後，這些原本以製造醬料為主的食品工廠更進一步發揮食品加工的整合力量，讓食物調理從家庭廚房逐漸移轉到工廠的生產線上，製造出各種罐頭、冷凍、乾燥的加工食品；同時透過品牌、包裝、廣告及各種行銷手法，大力推廣即食或即煮（ready to eat or ready to cook）的工業化食品。配合冰箱、烤箱、微波爐等家電產品的普及，各種加工食品大量入侵家庭；加上二戰之後婦女就業的社會趨勢，飲食的工業化同時促成與見證了當代婦女煮食家務處境的巨大轉變。

從餅乾、罐頭、冷凍食品到速食麥片、調味醬料等，工業化烹調飲食的發展主要是得力於機械化的普遍應用，包括農業耕作的機械化、食物製作過程的機械化，以及罐頭裝瓶的機械化等。另一方面，19世紀以來幾波零售業革命的推波助瀾，更推廣和加速了日常飲食工業化的程度。在英國，第一波零售業

的革命是發生在伊莉莎白女皇一世時期（16世紀下半葉），商店逐漸和市場並駕齊驅，成為食品銷售的主要場所。到了19世紀，原本銷售各式食材的商店，開始分化成獸肉鋪、禽肉鋪、魚鋪、麵包店、雜貨鋪（grocers）等販售不同食材項目的專門商店。其中雜貨鋪更兼營各種乾貨和加工食品的進口批發，進而與銷售奶油、乳酪、培根等天然食材（provisions）的食品店分道揚鑣，成為專門販售包括罐頭、果醬、穀類、玉米粉、蘇打粉、調理包等各種加工食品的商店。從19世紀末開始，原本在格拉斯哥經營雜貨鋪的立頓（Lipton）商號，率先採用連鎖經營的模式，不到幾年的功夫，就在英國各地開設250家左右的分店，並大作廣告，銷售價格低廉的加工食品。業界群起效尤，使得加工食品真正成為平民化的日常食品。

整體而論，經由商業化的大力推廣，工業化的烹調飲食使得個別家庭和不同地區的日常飲食，開始跨越家庭、地區，甚至穿越國界，朝向混雜與同質的大眾消費方向發展。不論是勞工階級或是中產階級，住在山巔或是海邊，喝的可能都是同樣的茶包、吃的是同樣的麥片、用的是一樣的調味料。1970年代之後，這種飲食工業化的發展趨勢又因為新一波的零售業革命──亦即由大型的連鎖超級市場或量販店逐步取代小型的個別商店（參閱Wrigley and Lowe, 1996；2002）──和各式廚房家電與汽車的普及，更擴大及加速工業化烹調飲食的影響。這使得工業化的日常飲食進入大量生產（mass production）、大量分配（mass distribution）和大量消費（mass consumption）的「3M時代」。這些因素又和職業婦女的就業趨勢結合，不僅使得越來越多原本是新鮮食材、需要現場烹調的家庭飲食陸續變成食品工廠大量製造、標準化生產的工業食品，也使得許多原本是煮食家務的基本烹調步驟，例如清洗、處理、調味等，在食物進門之前就已經加工處理完畢，連帶地使得食物烹煮的方式、使用的器具和食用的方法，起了巨大的轉變。

有越來越多的食品買回來之後，只要簡單加熱一下就可以食用，而且味道和口感也不輸新鮮製作的食物。有一些食品還附有裝盛的容器，吃完之後連洗碗的工作也全免了。有些工業化生產和商業化銷售的加工食品甚至標榜「老奶奶的家常食譜」（Grandma's home-made recipes），吃起來也的確有幾分神似，更讓手工家常菜的意義與價值開始動搖起來。

從日常飲食的家庭消費來看，工業化的烹調飲食和現代化的家電科技的結合，大幅縮減並模糊了煮食家務的「女性領域」和加工食品生產的「男性領域」之間的距離和藩籬。它一方面節省了許多烹調食物的繁瑣過程，剩下來非得自己動手的煮食工作也可以大量仰賴自動化的家電設備，例如有定時溫控的烤箱或微波爐，讓女性料理廚房家務變得更為輕鬆省事，連男性和小孩也可以自己準備食物，因此提升了兩性家務平等的可能性。另一方面，這樣的飲食與家務發展趨勢也潛藏了喪失家庭飲食意義與地方飲食文化的危機。原本代代相傳、家家戶戶不同的家常菜文化極可能在飲食工業化的「3M時代」日漸式微。而各種地方菜餚的特殊口味也蛻變成食品工業標準化生產的獨家配方或是商品廣告的噱頭。這些飲食文化的改變更讓三餐飲食在凝聚家庭意識的社會意義上，產生鬆動與淪喪的危機。在煮食家務的性別不平等還未消除之前，歷經無數世代、經年累月所承傳下來的家庭飲食文化，極可能在未來數十年間逐漸崩潰瓦解。這個問題是我們在探究當代女性家務工作的性別處境時，也必須一併思考的課題之一。

「活歷身體」的情境體現與
性別—空間的協商認同

在本章最後，我想借用美國女性政治哲學家艾莉斯‧馬利雍‧楊（Iris Marion Young）的「活歷身體」（lived body）概念，來填補本章上述以政治經濟學為主的女性家務處境分析的不足之處，同時也作為下一章以日常生活和身體空間的整合觀點重新概念化性別家務處境的理論起點。

2006年去世的楊，在生前集結出版的論文集《像女孩那樣丟球：論女性身體經驗》（*On Female Body Experience: "Throwing Like a Girl" and Other Essays*, 2005）一書中，從日常生活中女性的各種身體經驗，來檢視當代社會「體現」（embody）在女性身上的性別處境。她延續現象女性主義學者克莉絲汀‧貝特斯比（Christine Battersby）對於「女性」（female）和「陰性」（feminine）的區分，指出前者是指生物構造與身體特性的物質性，後者則是強調社會文化賦予女性特質的情境性，但是更強調二者糾雜、曖昧的整體關係——「身為女人」的限制性和可能性。楊認為，男性宰制的父權社會

經常強加給女人一種規範性的期待，將照顧的工作指派給女人，使她們遠離權力和權威的行使，進而蒙蔽和貶抑了女性身體的原始事實（Young, 2005: 5-6）。這樣的觀點和另外一位美國女性主義社會學家茱蒂斯·芭特勒（Judith Butler）的觀點相當類似，只是芭特勒比較強調如何扭轉刻板性別關係的積極論述，而楊則是比較著重如何掌握性別處境的身體社會脈絡。

芭特勒在1990年出版的《性別麻煩：女性主義與身份認同的顛覆》（*Gender Trouble: Feminism and the Subversion of Identity*）一書中，試圖以性別展演（gender performativity）的變裝（drag）概念，超越生物雌雄和社會陰陽的性別二分簡化本質論點。她認為女人之所以為女人是因為在他們在男性主導的異性戀框架中扮演女性的職責，而且這個性別展演的社會關係不只是社會角色的面具裝扮而已，還包括背後權力關係與身體物質性的如影隨形。因此，如果我們可以鬆綁社會的性別框架，男人或

女人的定義也隨之成為可塑、流動的性別概念，進而得以開創出一個嶄新的性別化生活方式——一個由內而外自我解放，重新協商與定義的差異性別認同。雖然芭特勒（1993）在後續的作品《重要的身體：論「性」的論述限制》（*Bodies That Matter: On the Discursive Limits of "Sex"*）修正了先前對於性別展演的論述，承認身體的物質性（materiality）在性別身分與主體認同上的限制性，但是她重申身體的物質性只是性別身分與認同論述的開端，而非終結。相反地，身體的物質性反而給予性別主體性一個穩固的基礎，讓性別展演性可以由外而內地奠基在肉體的流動關係上。這樣的觀點不僅呼應了楊有關活歷身體的流動體現，也讓波娃的性別抵抗策略有了新的轉機。

另一方面，為了釐清女性身體處境的社會脈絡，楊回到存在現象學「活歷身體」的物質情境基礎，讓分處於不同肉身經驗，但是又圍繞在整個社會歷史結構脈絡之下女性處境，得以獲得共鳴的理解，同

時也保有個別差異的模糊空間。對於楊而言，「活歷身體」是一個統合的概念：在特定社會文化脈絡中，肉身是處於行動和體驗中的狀態，它是一種「處境（或情境）中的身體」（body-in-situation）。而處境則是事實性（facticity）和自由的共同產物：人總是面對身體和既定環境的物質現實（處境）；同時，人也是一個行動者，可以建構自己和物質現實之間的特殊關係（情境）。換言之，身體處境是個人計畫在社會和物質環境中所體現的事實狀態。因此，「活歷身體」的性別處境可以避免自然與文化二分的性別化約，同時將種族、階級等不同層面的生活經驗含納進來，進而呈現出女性處於特定的社會結構之下，如何面對肉身處境的限制與機會，在人生和歷史的舞臺上，活出自己的位置（Young, 2005: 15-18）。透過「活歷身體」的情境體現概念，我們就有可能找出父權社會情境體現在女性身體處境上的結構縫隙和身體皺褶，再配合芭特勒的性別展演論述，建立一個兩性平權的身體關係與社會情境。

根據「活歷身體」的性別處境概念，楊重新回顧了波娃探討女性身處於現代父權經濟、社會、歷史與文化的獨特處境：一種存在於內宥性（immanence）與超越性（transcendence）之間的緊張關係。它具有三項女性活動力（feminine motility）的特殊狀態：曖昧的超越性（ambiguous transcendence）、被禁止的意向性（inhibited intentionality）和不連續的統一性（discontinuous unity）。綜合來說，是指女性身體本來具有不輸於男性的開創性，但是限於父權規範的禁制規訓，所以只能以一種局部開放的片段整合，來實現她們在重重限制之下的人生目標。而且，這些社會關係的體現，將銘刻在日常生活的身體經驗上面（Young, 2005: 32-39）。這樣的概念和傅瑞丹所說的重協調的 β 型女性領導模式，或是魏斯曼強調有彈性的女性空間思維，可謂相互呼應。但是，楊不僅指出女性生活空間是被男性界定了的封閉限制，而且更強調女性將己身視為行動客體的不利處境。換言之，楊的「活

歷身體」所代表的性別處境,是將「身體—空間」(body-space)的概念,從「身處空間」(body-in-space)的客體處境關係,擴展到「身為空間」(body-as-space)的主體情境關係。如果再帶入芭特勒的變裝展演的積極主張,身體—空間的情境體現也意含著利用「身體作為空間」來反轉「空間中的身體」的可能性和顛覆性。

將「活歷身體」的情境體現概念放到女性家務工作和家庭空間的具體情境當中,楊指出,現象學與存在主義學者馬汀·海德格(Martin Heidegger)在談論人類安居(dwelling)的存有現象時,過度強調男性建造(building)的創造性活動,卻相對忽略女性保存(preservation)的維護性活動。這不僅貶抑了女性家務工作的價值,也限制了女性生命經驗的可能性。在這樣的存有思維之下,男性被視為築造者,女性只是滋養者,使得女性缺乏自我支撐的主體性,「在家存有」(being in the home)的自在認同(identification in itself)

也變成「為他存有」(being-for-him)的自為認同(identification for itself)。這種自我否定的身體處境,讓家務維持的女性勞動價值被低估和貶抑,也使得「家庭主婦」一度成為連婦女自己都羞於啟齒的「抑下階級」(underclass)(Young, 2005: 124–130)。接著,楊進一步論到,商品化之後的住宅市場,尤其是在都市地區,除了多數人被迫棲身在惡劣的住宅環境,少數人藉機發了炒作房地產的橫財之外,女性的家務處境非但沒有扭轉,甚至更形惡化。因為單靠男性外出工作的單一薪資,已經負擔不起越來越昂貴的都市住宅,女性也被迫投入勞動市場,由專職的家庭主婦變成職業婦女,共同分擔購屋和家計的生產責任(Young, 2005: 131–133)。換言之,當築造的安居動作由男性手中轉換到住宅營造的商品化生產時,築造的工作也變成兩性共同分擔的家計工作。問題是,在這居家安歇的避風港之後,女性的家務處境由週而復始、反覆循環的家務身體勞動,擴大到必須兼顧創造與維持的持家身心勞動。

另一方面，在郊區化的現代都市環境裡面，安居的家園（homeplace）也逐漸從街坊鄰里、村莊社區的戶外空間，縮小到住宅本身的室內空間，更加限制了女性的生活空間，形成傅瑞丹所描述的美國郊區婦女的「無名難題」。

由此觀之，楊的觀點融合了波娃、傅瑞丹等婦運先鋒的女性社會處境觀點，以及海頓、母體環境等物質女性主義的性別空間觀點，並且強調女性身體作為一個物質空間的延展性和女性自覺的主體行動性之間，有不可分割的整體關係。因此，「活歷身體」的整合觀點既可以避免前者專注在女性角色的社會處境，卻忽略性別處境的物質性問題，又可以跳脫後者太過強調性別空間的物質性，卻忽略性別角色的社會性問題。最重要的是，有別於波娃和第二波女性主義者以走出家庭和投入男性職場作為積極抵抗的性別主體建構，楊主張從持家的女性處境重新出發，以性別主體性的角度來探討房子和家庭對於女性的意義。

對於楊而言，家是女性身體在日常活動的延伸，也反映出日常生活中的身體經驗是主體認同的物質體現。藉由累積的過程，物質環境所構成的家逐漸成為日常身體的延伸及反映，同時也使得物質產生意義。因此，持家的日常活動會賦予物質在生活上的意義，讓它們各就其位，幫助主體達成生活與生命的目標。在這樣的居家實踐過程中，家中的許多東西和空間本身，都承載了個人在生活歷程中逐漸累積的生命意義。持家維護的女性家務工作有如對於古蹟、歷史、文化的維護，是日積月累、持續不斷，既固定又流動，兼具保守與開創的多重意義。所以，透過和家人與空間事物的關係，女性在家中是有可能流動和轉變的主體。因此，楊主張女性應該試著從女性在家的負面意義中，釋放出正面的價值。讓家成為能動性與流動多變的具體定錨，是女性覺得安全、穩定、自在、受到肯定與認同，一個真正能夠做她自己的地方（Young, 2005: 138-145）。

雖然我們無法從「活歷身體」的概念直接演繹出兩性和諧的家務分工模式，但是可以從楊對於女性身體處境和家務工作的分析，歸納出幾個關鍵性的概念，幫助我們理解婦女在廚房生活中的性別處境，以及她們如何透過柔韌的身體行動，營造出生活情境的可能性。首先，她將身體和空間都視為一種「流體」（fluid），是一種具有能動性與流動性的體現關係。透過安居的存有活動，人們不斷創造與維持人、事、時、地、物之間的和諧關係。也就是將己身安置於物理與社會的外在環境當中，尋求主客體與人我之間和諧共處的動態過程。其次，這樣的安居存有經由空間以及空間中事物的持續利用（appropriation），也就是日常家務操持的維護性創造，賦予身體—空間生活秩序和生命意義。它讓安居存有成為「自為且自在的客體化過程」（objectivation in-and-for itself）。換言之，楊的性別論述超越了自然／文化、生產／再生產、主體／客體、宰制／抵抗等二元對立的僵化框架。相較於西方社會主

客體分離的身心概念，「活歷身體」的概念更有助於我們理解女性所處的物質與社會處境，以及後續作為兩性協商的概念平臺與實踐場域。它是女性在特定社會文化脈絡中行動與經驗的肉體，是一種結合身體處境、社會情境與生命意境的統合概念，展現出女性如何在社會結構的機會與限制之下，用自己的方式活出自己的生命。第三，反映在時間性上，楊所強調的「維護」工作是一種例行反覆的日常性，以及從日常反覆中不斷再現的維護性。這種有別於築造生產的安居維護是傳統政治經濟學分析疏於關照的再生產面向。即使是國家和資本等父權思維和宰制力量所塑造的性別牢籠，也必須透過婦女的順從和實踐來維繫其「男造環境」的制度結構。換言之，身體與空間的情境體現是一體兩面的必然關係。女性在持家的日常維護過程中，是有可能反轉男性宰制的父權壓迫和重新建構性別認同的生命價值。

因此，當前最迫切的研究課題之一，就是深入了解女性在「分離領

域」和「男造環境」的家務處境當
中，如何翻轉生活內涵與建構生命
意義的體現動態，進而找出理論認
識與行動實踐的可能性。這意味著
我們需要某種從日常生活著手的整
合觀點，以及從身體─空間出發的
社會經濟學分析取徑，這也是下一
章要探討的重點。

Chapter III
「身體—空間」的日常生活地理學

規訓是一種有關細節的政治解剖學，……
是一種支配人體的微觀物理學，……
人體是權力的對象和目標，……
其主要宗旨是增強每個人對自身肉體的控制……
其目標不是增加人體的技能，
也不是強化對人體的征服，
而是要建立一種關係，
要通過這種機制本身來使人體在變得更有用時變得更順從，
或者因更順從而變得更有用。

米契爾・傅柯（Michel Foucault）　《規訓與懲罰》

在前一章中，我們分別從社會分工的性別角色、隱含在「男造環境」內的設計歧視、家庭科技的現代化和日常飲食的工業化等不角度來探討國家／資本的父權思維，如何透過它在空間生產和性別支配上的結構性力量，造成當代婦女在家務工作上的艱困處境。但是，這樣的政治經濟學分析取徑卻疏於關照女性身體在適應、協商和抵抗的過程，如何再現或扭轉煮食家務空間特性與性別關係的潛在力量。因此，也容易錯失運用機巧靈活的「女補情境」（woman-mended situation）來修補「男造環境」（man-made environment）的大好機會。而欲促成此一重大的社會變革，最根本的事情就是讓男性充分理解當代女性的家務處境，以及她們跨界協商的活歷經驗，尤其是以身體作為空間延展與性別協商的體現過程。這意味著在性別關係與空間生產的政治經濟學分析之外，我們必須發展出一個身體與日常生活再生產的社會經濟學分析架構。

為了解決理論不足的窘境，在進一步檢視當代台灣婦女廚房生活的家務處境之前，本書將採取一個「理論迂迴」（theoretical detour）的策略：先回顧和整理一些和社會經濟學有關的理論觀點，以釐清本書從身體—空間的生產／再生產過程看待女性家務工作的分析視野，進而建構出一個日常生活地理學的理論架構，以作為理解當代台灣婦女廚房生活的概念起點。整個理論的耙梳將分為三個部分：

　　第一部分先從認識論和本體論的角度出發，概要地回顧戰後迄今有關日常生活研究的重要文獻，尤其是昂西‧列斐伏爾（Henri Lefebvre, 1901–1991）、米契爾‧狄塞托（Michel de Certeau, 1925–1986）、亞佛雷德‧舒茲（Alfred Schutz, 1899–1959）、阿格涅斯‧赫勒（Ágnes Heller）等人的日常生活論述，以確立日常生活作為理解與批判現代社會中身體與空間動態關係的基本視野。整體的問題意識是從例行化的生活世界切入，進而揭舉現代資本主義社會高度混雜、零碎和異化的神秘化過程。第二部分則是將日常生活批判的觀點與列斐伏爾的「空間生產」理論，加以結合，試圖藉由「日常生活空間生產」和「日常身體空間再生產」之間的結構化歷程關係，建構出日常生活地理學的理論架構。最後，本章試圖從方法論的角度思考日常生活地理學在經驗研究和社會實踐上的可行性，希望能夠有效地捕捉日常生活裡面各種身體與空間的情境脈絡。更重要的是，我期待日常生活研究「反學科規訓」（anti-disciplinary）的基本特質和「改變生活即是改造世界」的基進理念，能夠讓傳統政治經濟學的社會關懷進一步發展為更人性化的社會經濟學。

後學科時代的「日常生活轉向」

從19世紀末迄今，橫跨整個20世紀的「現代」社會科學發展歷程可以概括地分為兩大階段：前半時期是以實證科學作為主軸的學術分化階段，諸如政治、經濟、社會等專殊化的學科紛紛成立，並於1960-70年代達到巔峰。另一方面，二戰之後，一些跨學科的整合風潮也藉由諸如「語言轉向」、「文化轉向」、「空間轉向」和「環境轉向」等整合性議題，重新搭起不同學科之間的對話平臺，也奠定了「後現代」的理論基礎。在這段由「現代」朝向「後現代」，由學科分化朝向學科整合的社會思潮演進過程中，陸續出現許多關於日常生活的反省批判，零星漂浮在歷史、地理、社會學、人類學、心理學等不同領域的思潮暗流當中。其中不乏各個領域的大師，例如心理學的佛洛伊德（Sigmund Freud）、歷史學的布勞岱爾（Fernand Braudel）、社會學的齊美爾（Georg Simmel）、布爾迪厄（Pierre Bourdieu），以及人類學的威廉斯（Raymond Williams）等等（有關日常生活研究的名家例子，可參閱Highmore, 2002a；

2002b）。這些日常生活理論文獻的零散和分歧，充分反映出「日常生活」作為一種理論視野的備受忽略。除了學科本身特別關注日常生活事物的文化人類學／社會人類學之外，其他學科通常只將「日常生活」視為一個理所當然的社會脈絡或經驗背景，是科學活動之外的現實世界。唯有當日常生活裡的某些現象或議題因為具有政治或是經濟價值，抑或威脅社會和諧或是族群延續時，才會被當作研究的課題。就像時間和空間在被納入社會理論的核心之前，也有很長一段時間只是被視為社會互動的刻痕和容器（Thrift, 1983；Giddens, 1984: 110），這樣的僵化觀點甚至還普遍存在於目前台灣的歷史和地理學科當中。

20世紀中葉之後，隨著人類整體物質生活的高度發展，有關建構日常生活理論的必要性才逐漸受到重視。原先散落在不同學科裡面片段的日常生活觀點，有如拼圖般地逐漸浮現出輪廓，匯聚成一股「日常生活轉向」（the quotidian turn）

的思想浪潮。作為一種社會分析的整合觀點，日常生活研究除了可以填補傳統社會科學各個學科之間疏於關照的理論縫隙，它著重個人行動與社會結構之間的結構化歷程關係，以及深層機制、客觀事實和主觀經驗之間的必然／偶然關係，也宣示了「後學科」時代的到來——由學術分工開始，經由學科整合，邁向反學科規訓的學術思潮歷程。

然而，作為學術主流的英美學界，一直到20世紀末才「發現」日常生活作為整合的理論視野和學科的對話平臺之重要性。其中幾個比較重要的指標包括：（一）知名的學術期刊開始針對日常生活的議題出版專刊，例如：1989年《當代社會學》（*Current Sociology*）的第37期、1998年《反論》（*Antithesis*）的第9期、2000年德國建築期刊*Daidalos*的第75期，還有2000年《跨文化詩學》（*XCP – Cross-Cultural Poetics*）的第7期等。（二）歐陸一些有關日常生活的重要理論在出版多年之後，從1980年代開始相繼被翻譯成英文，

例如：列斐伏爾的《日常生活批判，第一卷：導論》（*Critique of Everyday Life, Volume I, Introduction*, 1947，第二版1958年，英文譯本1991年）、赫勒的《日常生活》（*Everyday Life*, 1970，英文譯本1984年）、狄塞托的《日常生活實踐》（*The Practice of Everyday Life*, 1980，英文譯本1984年）、狄塞托及其弟子紀亞德（Luce Giard）、梅勒（Pierre Mayol）合著的《日常生活實踐》第二卷（1994，英文譯本1998）等。而列斐伏爾《日常生活批判》的第二卷（1961，英文譯本2002）、第三卷（1981，英文譯本2005）和未竟的辭世之作《節奏分析：空間、時間與日常生活》（*Rhythmanalysis: Space, Time and Everyday Life*, 1992， 英文譯本2004）等，都是在2000年之後才被翻譯成英文。（三）英國文化研究學者班・海姆（Ben Highmore）蒐羅和整理了有關日常生活的理論和經驗課題，於2002年出版了兩本引介日常生活研究的讀本——《日常生活讀本》（*The Everyday Life Reader*）和《日常生活與文化理論》（*Everyday Life and Cultural Theory*），讓日常生活研究藉由跨領域的文化研究，暫時找到一個棲身之地。（四）1990年代之後，有越來越多以日常生活為對象的學術研究出版，例如：Vaneiqem（1994），Nippert-Eng（1996），Mackay（1997），Lamphere et al.（1997），Terry and Calvert（1997），Miller and McHoul（1998），Nettleton and Watson（1998），Storey（1999），Gardiner（2000），Bhaskar（2002a；2002b），Scheibe（2002），Nystrand and Duffy（2003），Johnson and Lloyd（2004），Light and Smith（2005），Moran（2005），Paterson（2006）等，使得日常生活研究得以從社會科學的經驗素材，逐漸提升到社會理論與哲學思想的概念層次。

在反身現代性的社會思潮之下，這些越來越多以日常生活作為理論觀點和研究課題的趨勢顯示，社會科學的「日常生活轉向」極有可能繼後現代的差異觀點之後，成為連

結各種社會反思和批判觀點的理論平臺。因為後現代強調差異處境和地方觀點的多元聲音打破了國家、資本與父權宰制的單一論述，讓不同性別、階級、族群、文化和其他弱勢處境的「他者」有了現身／發聲的管道和自我認同的正當性；但是，後現代觀點的最大問題在於從「他者」出發的差異處境往往激化了對立的衝突矛盾，同時也弱化了「他者」之間混雜、類同（hybridity and affinity）的可能性。這時，日常生活所代表的殘缺性和複雜性正好提供了一個對話的平臺，讓日常生活中許多深沉和固著的元素得以獲得深刻的反省和批判，以及重新協商、建構的可能性。這樣的日常生活觀點將是我們探討當代女性家務處境和檢視台灣婦女廚房生活最需要的理論視野。

問題意識：從意識日常生活到批判日常生活

前面列舉的一些看似零散、分歧的日常生活研究背後有一個共同的歷史脈絡：西方社會從18世紀末工業革命以來一直延續到現在的「現代生活」。簡言之，這種具體展現在工業資本主義都市社會裡的現代化日常生活，是一種在生產和消費過程裡逐漸遠離自然環境和人類基本需求的「異化」（alienation）狀態。因此，要理解現代生活中從生產延伸到消費的異化現象，必須先釐清什麼是「日常生活」？現代社會的日常生活，具有哪些特徵？這些日常生活的特徵，代表什麼樣的社會意義？最重要的是，從現代生活的異化分析當中，我們可以獲得哪些社會實踐的啟發，進而以行動來改變生活和改造世界？

本節將從本體論和認識論的角度來探討日常生活的本質，以及它作為一種理論視野的重要性，以便我們後續用日常生活的角度來理解當代女性的家務處境。

日常生活：一個反覆、殘存、不定型的零碎整體

英國的文化研究學者海姆在《日常生活讀本》導論的一開始就指出，「日常生活」是一個曖昧模糊、充滿問題的辭彙（Highmore, 2002a: 1）。對於一般人而言，「日—常生活」（day-to-day life）代表每天反覆出現、讓人覺得熟悉、理所當然和不言自明的一般事物，以及和這些日常事物有關的想法或作法；也就是知其然，但不知其所以然的常規事物和相關心態（Highmore, 2002a: 4–8）。法國哲學家兼社會學家列斐伏爾更進一步指出，從日常生活的形式和內容來看，它是一種剩餘（left-over）和殘存（residual deposits）的整體現象，是「所有能夠被特別加以分析的特殊、優越、專門和有結構的活動**之外**，剩餘的事物」（Lefebvre, 1991a: 97，本書的強調）。「日常生活」代表了所有專業領域之外，各種零星、瑣碎、平凡、重複的小事，但是卻又和人類具體生存的所有事項，息息相關。它是所有社會關係的產物，也是最後剩下不可化約的具體沉澱——一種零碎、片段和不均衡的整體現象，一種缺乏整體形式、不定形（unformed）的殘餘事物（Lefebvre, 2002: 57）。換言之，如果一件一件單獨去看日常生活裡的事物，它都無關緊要：既被框限了，卻又有些轉圜的餘地。但是，整體來看，這些微不足道的細瑣小事也布滿了整個社會，形成一個整體現象——一個零碎的整體性（a fragmented totality）。

由於這個零碎、片段的整體現象是如此貼近我們的身心，日復一日地反覆出現，所以在「習慣成自然」的常規化過程中，日常生活中的各種事物也就順理成章地成為理所當然的「第二天性」（the second nature）。奧裔美籍的存在主義社會學家舒茲將這種先於科學知識、一般人相互了解、不言自明的生活事物稱為「日常生活世界」（everyday life-world）或簡稱為「生活世界」（life-world）。它是社會生活裡面最根本和最真實的部分，是一個互為主體性的

社會情境，是人們不斷透過行動來適應和改變自然及社會的生活舞臺（Schutz and Luckmann, 1973: 3-6）。對舒茲而言，生活世界最重要的結構特徵是人們將某些事物視為自然而然和理所當然的「自然態度」（natural attitude），也就是無須思索便自然接受的生活經驗。而自然態度之所以廣為一般人所接受是因為這些生活世界的慣常模式是從日積月累的生活經驗中逐漸形成，除非有特殊狀況，否則過去、現在和未來碰到這些熟悉的事物，多半會依照這些既有模式處理。而且，受自然態度主宰的生活世界並非少數個人的主觀經驗世界，而是大多數人共有的類似經驗和態度所形成的社會習慣和常識（common sense）。

這個人們共同熟悉的經驗世界可以進一步從生活知識──也就是常識──的內涵，以及它的獲取過程，加以理解。舒茲認為，生活知識永遠都和具體的情境有關，是主觀經驗的累積和學習過程，包括有用的身體動作、工作技能、

技術知識等例行知識或是習慣知識（routine knowledge or habitual knowledge）。這些生活事物在剛開始接觸時都是新奇、陌生的感官經驗和肢體挑戰，需要不同程度的嘗試、摸索、學習和練習，才能夠適應。一旦駕輕就熟之後，人們便毋需細思日常活動的每一個步驟，也都能夠輕鬆自在地操作這些例行事物（Schutz and Lcukmann, 1973: 105-111）。

這些例行、習慣和實用的生活知識充塞在我們日常生活周遭所有的事物當中，尤其是身體對日常器物和生活環境的「使用」過程，例如走路、閱讀、吃飯、穿衣、睡覺等。因為絕大多數的人都有類似的身體經驗，而且不像需要專業知識／技術和特殊工具／技巧的生產工作，所以往往被視為理所當然而遭漠視，也就很被難當作「問題」提出來討論和作研究。法國社會學家狄塞托則指出，在日常生活實踐過程中有許多被認為是被動遵循既有規則的使用方式和消費行為，其實是非常具有協商性和創造性的「消費者生產」（consumer production）。因為同一種「產品／產物」（product），不管是工業生產的商品或是社會關係的空間生產，往往會因為不同人和不同場合而有截然不同的使用方式；就其社會意義而言，也就「再生產」出不同的產品用途和空間意涵（de Certeau, 1984: xi–xxiv）。就像庶民大眾並非語言的發明者，但是他們在聽、讀、說、寫的語言使用過程中，不僅維繫了整個語言系統的基本結構，甚至在偶然和特殊的情況下悄悄地改變了部分的用法，因而形成個人特殊的語言／文字風格，也間接促成了語言文字再生產的動態演化。同理，工業資本主義社會的商品生產並非全然表現在有形的「產品」上面；消費過程中的各種使用方式和操作技巧，也是體現產品內涵和商品價值的最終「消費者生產」。換言之，大多數人在既有處境之下雖然沉默無聲，但是各有巧妙不同的戰術因應，也是維繫與再現整體生活文化和結構特性的充分條件。它是族群繁衍擴散的生存之道，也是構成社會文化的重要基石。

從社會心理學的角度來看，在日常生活中反覆出現、習慣成自然的例行事物，主要是受到「實踐意識」（practical consciousness）掌控的一種本體安全感（ontological security）。也就是對於可預測的例行事物所產生的身體調控自主性；尤其是一些可以感受得到、做得來，卻未必能夠用言語說清楚的一般事情（Giddens, 1984: 49–50）。這是介於推論意識（discursive consciousness）的理性思考和無意識（unconsciousness）／潛意識（sub-consciousness）的肢體動作之間的中介場域。因此，日常生活涉及的不單只有社會結構的框架性，也不只是生活實踐的易變性，而是結構和行動、必然機制和偶然關係之間，相互拉扯和協商妥協的核心場域，是一種生成（becoming）的社會產物和空間過程：它不只是既成的「現實」（reality）結果，更是「實現」（realizing）的動態過程。由於這種不定形的開放特性，讓看似非常細瑣、零碎的日常生活，潛藏著一股改變創新的革命力量。

就本體論的觀點而言，日常生活所代表的社會實體（social entity）既非以韋伯（Max Weber）的意志論（voluntarism）為代表的微觀社會學，抑非以涂爾幹（Émile Durkheim）的具體論（reification）為代表的宏觀社會學，而是更接近當代英國社會學安東尼·紀登斯（Anthony Giddens）在1980年代所提出來的結構化歷程（structuration）概念（Giddens, 1984）。簡言之，結構化歷程理論是一種關於行動的脈絡理論（the contextual theory of action），描述社會結構在日常生活的過程中如何不斷地被行動所重構：一方面，人類行動構成社會結構作為社會互動的基本脈絡；另一方面，人類行動也不斷反映和重建這些社會結構。換言之，社會結構是不斷呈現的物質**條件**，也是人類行動持續再現的**結果**（Bhaskar, 1989b: 34-35，原作者的強調）。而紀登斯本人也引述馬克思和恩格斯的名言——「人類創造歷史，但並非在其自由選擇情境之下的結果」（Men make history, but not in circumstances of their own choosing）——來描述結構化歷程的精義（Marx and Engels, 1960: 115, cited in Giddens, 1984: xxi）。用比較通俗的話來比喻，就是「時代考驗青年，青年創造時代」的動態關係。換言之，社會結構並非完全如結構主義所言，是一種自發的社會「形態」（patterning）和行動「限制」（constraining），而是在過去和當前人類行動不斷推進過程中的動態處境關係（Carlstein, 1981: 41）。這種行動與結構交織而成的結構化歷程關係充分體現在制度化（institutionalization）的動態過程中；它同時也是構成社會生活不可或缺的具體脈絡（contextuality）：社會制度的結構特性是個人行動所仰賴的重要媒介，同時也是人們行動不斷累積的實踐結果。

透過結構化歷程的觀點，紀登斯更進一步結合時間與空間的概念，發展出區域化（regionalization）的脈絡化理論架構（圖05）。一方面，在時空共現（time-space co-presence）的社會場合，人們透過面對面的社會互動和例行化的生

活實踐，構成了社交整合（social integration）的行動脈絡；另一方面，當社交整合的社會關係跨越了時空限制而產生時空延展（time-space distanciation）的制度化效果時，就形成一種系統整合（system integration）的結構特性（Gregory, 2000b: 798-801）。現代社會的日常生活脈絡就蘊藏在社交整合和系統整合之間，個人行動與社會結構相互拉扯、調適的動態情境之中。從這個觀點來看資本主義社會的各種問題時，例如環境污染、資源耗竭、社會不公、貧富不均等，會發現其深層的根源之一在於例行化的個人生活和制度化的社會結構之間落差越來越大的「時空衝突」，以及因此產生的各種「社會永續」（social sustainability）和「物質永續」（physical sustainability）無以為繼的再生產問題（吳鄭重，2001：70-72；Jarvis, Pratt and Wu, 2001: 128-141）。遺憾的是，許多由上而下的政策方案往往只看到政治經濟面的制度結構，卻忽略了個人日常生活實踐可能產生的反制效果。在「上有政策，下有對策」的實踐過程中，政策績效往往大打折扣，甚至產生本末倒置的情況。因此，了解日常生活的基本特性和建立日常生活的理論視野，將是建構社會理論和落實民生政策的首要任務之一。

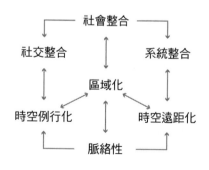

圖05：區域化的空間模組
資料來源：Gregory, 2000b: 799

和結構化歷程理論相通，但更貼近日常生活脈絡性的概念就是法國社會人類學家皮耶·布爾迪厄（Pierre Bourdieu）所提出的「慣習」（habitus）概念（Bourdieu, 1977；1990）。它是一種介於個人行動和社會結構之間的動態關係和實踐邏輯：存乎於內，就是一種「理所當然」的生存心態；表現在外，則是一種「習慣成自然」的行為模式。而且，這樣的實踐邏輯不僅適用於單獨的個人行為，同時也是社會大眾普遍接受的行為準則。於是，日常生活的「慣習」就成為社會當中眾人皆知、理所當然的生活「常識」。也由於生活常識是大家都知道，也都這麼做的事情，所以反而說不出來，或是不會刻意去談論。儘管它和所有的學科都有關係，卻沒有一門學科專門處理日常生活的問題，而是將它摒除在科學的知識領域之外，包括通識教育在內。在最好的情況下，這些知其然，但未必知其所以然的日常生活知識被歸屬為常識的範疇；但因為缺乏正式的科學研究，有時候這些在經驗上行得通卻講不明白的事

物，也會被視為愚昧、迷信和不理性等負面的「反智」愚行。

法國社會學家米契爾·梅佛索里（Michel Maffesoli）認為，我們的日常生活存在，是一種零碎片段和意義分歧（fragmentary and polysemic）的整體關係。在真實的生活裡，這許許多多看似不理性（irrational）但未必不合乎邏輯（non-logical）的零碎「小概念」（mini-concepts），有如大榕樹錯根盤結的蜷伏根莖，根深柢固地貫穿了我們生活的每一個部分。它是生活實踐的重要依據，也是構成人類生存的基本條件（Maffesoli, 1989: 1-9）。然而，傳統實證科學過度拘泥於理性邏輯的嚴謹性和價值中立的客觀性，往往忽略了生活實踐的使用過程中看似混亂實則有序的人性考量。而許多制度規範與空間設計更因為局限於抽象理性而漠視這些活生生的切身經驗，反而成為阻礙生活實踐的結構限制。這種單一、狹隘的科學思維無法充分展現多元分歧的生活經驗所建構而成的社會真實（social reality），

也反映出實證科學在認識論上的褊狹困境。因此,社會科學有必要從個人生活的內部經驗描繪出社會結構的整體輪廓,這是無可忽略的社會真實。換言之,我們需要的不只是將日常生活的瑣碎內容作為研究的素材,而是要將日常生活的「普通知識」(ordinary knowledge)視為一種社會理論的生活視野。也唯有透過日常生活社會學的建立,才能夠真正落實社會學作為一門「人性的科學」(human science)(Maffesoli, 1996: 134-137)。

更重要的是,日常生活的理論視野還具有社會關懷的倫理價值:它是有意識地讓被邊緣化的社會大眾和他們受壓迫的無言歷史,浮上臺面。這些無名小卒(everyman and nobody)和匿名大眾(anonymous majority)的共同處境及其順應與協商的生活經驗,正是社會科學研究最需要關懷和關照的對象。然而,正因為日常生活零碎、但又彼此牽連的整體特性,使得日常生活的研究並不因為研究對象的具體、熟悉而落入微觀分析的框架

(de Certeau, 1984: xi;Maffesoli, 1996: 161)。相反地,它所需要的理論視野是一種整體現象的情境分析,強調埋藏在具體行動裡面的社會結構,以及在社會結構媒介之下的具體行動。換言之,日常生活是一種連結行動與結構、個人與集體、身體與心靈、主體與客體、理論與現實的整體關係,無法化約成個別和片面的社會層面(Bhaskar, 2002b: 125-126)。日常生活的理論視野代表一種複雜、具有不同本體深度(ontological depth)的社會觀。用批判實在論的話來說,社會實體至少涵蓋三個不同的重要層面:(一)感官無法直接觀察,事物之間因果機制的內部深層「實在」層面(the real);(二)感官可以觀察和量測的事物外部物理特性的「實際」層面(the actual),以及(三)人們身體與內心對這些事物關係體驗和感知到的「經驗」層面(the empirical)(Bhaskar, 1997: 56-57)。日常生活所承載和反映的正是這種開放系統(open systems)的複雜關係。根據英國實在論者安德魯‧賽爾

（Andrew Sayer）的觀點，社會科學的目的不應該只是找尋某種類似定律的結構規則，也不應該只是單純記錄個人處境的經驗細節，而是要在複雜糾結的歷史情境中，耙梳出必然的結構特性和偶然的情境因素之間微妙的關係，藉由「承載理論的具體研究」（theory-laden concrete research），對處於開放系統之中的社會現象提出「切合實際的適當解釋」（a practically adequate explanation）（Sayer, 1992: 72–79）。

這種強調用心體驗和動腦批判現實情境的日常生活研究，不僅需要摒棄西方從18世紀以來現代主義以自我為中心，建築在抽象普遍性（abstract universality）和單一線性（unilinear）上的褊狹科學觀，也需要超越後現代主義強調差異、相對和多元觀點，但是不重視普同性的片段立場（Wu, 1998: 52–54）。這意味著日常生活研究非但不能局限在某一個特定的學科領域之內，還必須刻意打破傳統學科分工的藩籬。它不是過去「多

學科」（multi-disciplinary）或是「跨學科」（inter-disciplinary）的綜合觀點，而是更接近一種「反學科」（anti-disciplinary）的整合觀點（Highmore, 2002b: 4）。唯有打破行動理性和結構功能彼此對立、互不相容的封閉思維，對現代社會和日常生活的「常識學」（commonsensology）採取更為包容和開放的探索態度，並用「神入」（empathy）的社會同理心去體認和解開社會結構的生產和再生產關係（Maffesoli, 1996: 152–153）。更重要的是，在解密（demystify）日常生活的反思過程中，如果我們不斷對這些習慣成自然的常規化生活採取「反規訓」（anti-disciplinary）的批判態度，那麼就有可能在批判的過程中匯聚出一股顛覆既有秩序的龐大能量，從最細微的日常瑣事當中發動日常生活的「文化大革命」（cultural revolution），進而形成「後學科」（post-disciplinary）時代的新的認識論觀點。

馬克思主義的日常生活批判：
現代資本主義社會的生活異化

在過去半世紀裡，最早對日常生活作有系統的反省批判和理論建構，影響也最為深遠的學者首推法國的哲學家、社會學家和被逐出共產黨的馬克思理論學家列斐伏爾。他被視為開啟當代「日常生活轉向」的先鋒人物，甚至有「日常生活批判理論之父」的稱號（吳寧，2007：9）。列斐伏爾是一個傳奇性的人物。活了90歲（1901-1991），幾乎橫跨整個20世紀；生前出版了60多本書（如果連死後出版的書一併計入，則超過70本），被翻譯成20多種語言，另外還有300多篇論文，是一位相當多產的學者。近年來，也有越來越多專門研究列斐伏爾理論和思想的專書出版（例如：Burkhard, 2000；Elden, 2004；Elden, Lebas and Kofman, 2003；Gardiner, 2000；Shields, 1999；Merrifield, 2006等），是20世紀引領當代社會思潮最重要的學者之一（劉懷玉，2006：1–8）。列斐伏爾畢生致力將馬克思主義的

批判哲學建構成分析現代社會的基礎理論，同時也不斷將相關理論應用在具體的生活情境和實際的政治行動當中；他是20世紀西方都市生活的最佳見證者，也是現代資本主義社會最嚴厲的批判者。

和大多數的馬克思主義信徒一樣，列斐伏爾對於資本主義社會的分析和批判主要是建構在改造社會和改變生活的革命理想上面。除了從1947年開始直接以《日常生活批判》作為書名的三冊專論之外（另兩冊分別於1962年和1981年出版）❶，其他和日常生活批判相關的著作還包括1968年出版的《現代世界中的日常生活》（*Everyday Life in the Modern*

---

❶：《日常生活批判》共分三卷，第一卷遲至他去世前的1991年才有英文譯本問世，整整比1947年的法文原版整整晚了44年，也比1958年的第二版晚了33年。第二卷和第三卷分別在第一卷出版之後15年（1962）和34年（1981）之後才出版，而第二卷和第三卷的英文譯本則分別在2002年（比法文原版晚了40年）和2005年（比法文原版晚了24年）才問世。至於他在去世前尚未完稿的第四卷，法文版在列斐伏爾去世的隔年（1992）以《節奏分析》（*Rhythmanalysis*）作為書名在法國出版，該書的英文譯本則是在2004年出版，比第三卷的英譯本還早了一年。

World）（英譯本1971年）和1970年出版的《都市革命》（*The Urban Revolution*）（英譯本2003年）等。儘管間隔的時間很長（從1947年的《日常生活批判》第一卷到1992年的《節奏分析》前後長達45年），這些著作都有一個共同的主題——圍繞在現代性和異化所交織而成的日常生活批判。甚至連列斐伏爾在整個學術生涯裡的巔峰之作——《空間的生產》（*The Production of Space*, 1974，英文譯本1991年），都可以視為相關理論的延伸和集大成。儘管書中涵蓋建築、都市計畫、城市史、自然與環境、意識型態、知識論、馬克思主義、尼采哲學等相當龐雜的內容（這也是列斐伏爾一貫的寫作風格），但是它的中心主旨還是在強調：西方資本主義的現代化過程所生產出來的特殊社會空間，不論是巴黎郊區的國民住宅或是地中海岸的度假沙灘，甚至連接這些地方的高速公路和捷運、機場等，都是現代資本主義社會下，某種單調、僵化和疏離的都市狀態。

綜觀列斐伏爾生前和死後超過半個世紀所出版的日常生活批判著作，大致可用1960年作為分水嶺區分為前、後兩個階段，呈現出他對資本主義、都市社會、現代性等日常生活批判的整體思路（劉懷玉，2006：41）。前期是以1947年初版，1958年再版（增加了篇幅很長的導論，英文譯本的導論頁數多達97頁，幾乎與原來的正文一樣長）的《日常生活批判》第一卷為代表。主要是提出對日常生活批判的基本發問，並且重拾青年馬克思《1844年經濟學哲學手稿》的人道主義精神，建立以馬克思哲學為基礎的日常生活理論，試圖扭轉當時古典和教條馬克思主義重經濟政治、輕社會文化的理論與道德危機。後期則是以《日常生活批判》第二卷（1962）、《現代世界中的日常生活》（1968）和《空間的生產》（1971）等書為代表，將早期馬克思對於資本主義生產的勞動異化和商品拜物的異化理論，延伸到新資本主義時代的消費異化，完備馬克思思想在社會再生產分析方面的不足；並嘗試建立日常生活批判

的社會理論，進而達到將馬克思的哲學批判轉化為日常生活文化革命的實踐目標。有關列斐伏爾日常生活批判理論的詳細內容將不在本書詳述，此處僅就列斐伏爾這兩個時期有關日常生活批判的重要觀點，扼要說明。

人道馬克思主義的
日常生活哲學批判
————

作為一個馬克思主義的信徒，列斐伏爾看到歐洲正統馬克思學說只聚焦在生產關係的科學分析，因而面臨理論貧乏的論述危機，而上蘇聯、東歐等社會主義國家過度強調階級衝突的政治鬥爭醜態，更讓馬克思主義陷入僵化的教條口號。於是，列斐伏爾轉向青年馬克思，試圖從更具人道主義精神與哲學思辨企圖的馬克思早期著作中汲取養分，尤其是和現代資本主義社會及都市日常生活有關的異化理論，從而開啟了20世紀下半葉西方社會理論的「日常生活轉向」風潮。

首先，列斐伏爾指出，在資本主義社會條件之下的日常生活，已經變成那些受到獨特、優越和專殊化的生產活動所框限的殘餘事物；它是一種充滿了勞動異化、商品拜物和空虛不滿的生存狀態。但是，人們又必須忍受這些日常生活的異化狀態，否則日常生計可能就難以維繫。換言之，日常生活是先於一切存在，無人得以擺脫的基本狀態；人類存在的本體就是日常生活的事實。問題是：日常生活零碎片段和渾沌曖昧的基本特性，以及人們因為過度熟悉而逐漸麻木不察的日常生活態度，反而讓它淪為資本主義制度宰制的對象。也唯有當日常生活遭到巨大變革、無以為繼的時候，人們才會認真思考日常生活的目的和手段，甚至爆發革命性的激烈行動。因此，有問題的不是日常生活本身，而是遭到資本主義控制和扭曲的生活狀態／生存態度。列斐伏爾認為重拾青年馬克思有關勞動異化的批判哲學，將有助於從隱匿在日常生活中最細微和最繁瑣的異化現象中，以人道精神和哲學思維來對資本主義進行徹底的分析

和批判。他認為當代哲學的純粹理性與現實生活的斷裂本身，就是一種日常生活的異化現象。馬克思主義的出發點既非精神亦非物質，而是活生生的人——人道主義才是其思想核心。因此，列斐伏爾認為馬克思主義必須先關注資本主義在經濟、政治、社會與文化宰制中最為隱蔽也最普遍的日常生活，而非局限在抽象的經濟科學分析或是狂熱地跳入政治鬥爭的革命行動當中，因為這兩者經常背離個人及社會最具體而微的日常生活。也就是說，如果馬克思主義要有效地達成改造社會和改變生活的革命意圖，就必須超越資本主義生產模式和階級衝突的政治經濟學分析，重新回到日常生活的具體批判。因為馬克思主義的革命口號就是「改造世界」，而「世界」最終還是得落實到身體經驗和物質存在的「日常生活世界」。「日常生活」是兼具手段與目的的本體存在，也是個人活動與社會制度結構之間最深層和最緊密的連結點；它是一切文化現象的共同基礎，因此也是發動「日常生活文化革命」的關鍵環節。

接著，我們就來看看列斐伏爾如何審視馬克思對於資本主義生產過程中勞動異化的相關論點，並轉換成他對資本主義社會日常生活的哲學批判。列斐伏爾指出，資本主義社會透過商品、貨幣和資本，在商品製造的生產過程中造成社會關係的經濟異化：在大規模、專業化和機械化的社會分工之下，生產分工進一步讓個別勞工和整個生產過程、讓個別勞工與其他生產者，以及讓生產和消費、流通和交換等資本循環過程之間，產生疏離的異化關係。勞動者被化約成不同職業和技能的勞工，而各種勞工又被轉換成更抽象的生產元素——以工時計算，可以在市場上買賣交換的勞動力。它和機器、原料一樣，都是工業生產的投入元素，是資本循環的中介要素。這時候，不再是勞工支配勞動條件，而是勞動條件支配勞工。這樣的異化狀態具體表現在工廠裝配線上惡劣工作環境、長時間單調的工作內容，還有工作之外，剩下僅得溫飽、貧乏的家庭生活。同時，這種生產的經濟異化又透過意識型態的「神秘化」

（mystification）過程，被轉化為資本主義社會的工作倫理。它不僅被強加在出賣勞力的工人階級身上，連資本家和小資產階級本身也奉行不渝。這個在馬克斯・韋伯（Max Weber）眼中與基督新教倫理關係密切的資本主義精神（Weber, 1958），造成工作與家庭生活的分割、斷裂，也助長了資本主義社會的「分離領域」意識型態。所以，列斐伏爾在反思什麼是日常生活批判的目的時，提出一個發人深省的問題：如果把專殊化的職業從人們身上拿掉，那我們還剩下什麼（Lefebvre, 1991a: 86）？這是人類社會過度強調生產活動在個人和社會生存上的重要性所產生自我物化／工具化的異化現象。因此，與其批評馬克思主義的歷史唯物論有經濟化約論和科技決定論的傾向，還不如回頭反省，為什麼我們會陷入這種自我剝奪、分裂和疏離的異化狀態？

除了延續馬克思對於資本主義生產模式的勞動異化論述之外，列斐伏爾也將異化批判的矛頭指向都市生活表面化、數量化和物質化的商品交換過程和日常消費上面。他將馬克思有關商品、貨幣和資本的拜物理論（fetishism）延伸到日常生活中人與人之間、人與物質環境之間，還有人與自然環境之間的客體化關係（objectivation）。簡言之，在人類的本真需求被資本主義化約為商品、貨幣和資本循環的物質關係之後，物品的使用價值也被商品的交換價值所蒙蔽：資本主義私有制度的虛假拜物需求更讓人類生存所需的「物用」（the appropriation of things）關係被化約為排他的占有關係，結果人和器物、商品之間的關係，也從使用商品的「役物」關係變成「役於物」的身體殖民（Lefebvre, 1991a: 178-181）。也就是說，在資本主義的邏輯之下，人與人之間的社會關係被化約成以物為主體的物質關係──人除了在生產過程中被物化成生產要素的勞動力之外，在商品交換的市場經濟裡面，人也被物化成資本循環的消費過程，全面地被資本主義的商品消費所殖民。在由生產轉向消費的經濟全球化浪潮下，原本已經

存在於工業化生產過程中的不均衡發展，更擴大為生產和消費之間的不均衡發展。尤其是在一些生產技術相對落後，但商品消費需求卻不斷攀升的新興社會裡面，這種讓廣告、行銷牽著鼻子走的消費文化造就出一種被商品殖民的拜物異化。而且，消費與生產脫節的異化關係，更表現在商品價值的進一步分化上——由使用價值、交換價值，衍生為象徵價值的符號消費。有關消費異化的論述構成了列斐伏爾日常生活批判後期的理論核心，也確立了從人道立場出發的馬克思哲學批判作為當代社會思潮「日常生活轉向」的領導地位。

被商品殖民的消費社會：
受到官僚組織控制的「恐怖主義」
————

從1958年《日常生活批判》第一卷再版之後，列斐伏爾開始將日常生活的哲學批判深化為日常生活批判的社會理論。透過《日常生活批判》第二卷（1962）和《現代世界中的日常生活批判》（1968）等書，可以將他第二階段的日常生活

批判歸納為現代資本主義社會中，日常生活消費被有組織的官僚制度所控制的「恐怖主義」（a terrorist society under bureaucratically controlled consumption）。不像早期以開拓海外殖民地作為擴張生產手段的資本主義，戰後以資本集中、技術發達的跨國企業為代表的新資本主義回過頭來以廣告、行銷等手段，無孔不入地設法干預和操控日常消費的過程，因而創造出許多虛妄的物質需求，使得日常生活變成被慾望符號所奴役的商品殖民地。

有關消費異化的論述，除了列斐伏爾本人之外，他的弟子尚·布希亞（Jean Baudrillard）在《擬仿物與模擬》（*Simulacra and Simulation*, 1981, 英文譯本1994年）、《物體系》（*The System of Objects*, 1968, 英文譯本1996年）和《消費社會：迷思與結構》（*The Consumer Society: Myths and Structures*, 1970, 英文譯本1998年）等書中，也延續列斐伏爾對消費異化的拜物批判，深入分析現代社會

的消費邏輯。布希亞指出，商品拜物的象徵價值與符號系統導致許多俗濫的模仿物（sham object）、粗糙低俗的劣等貨（kitsch）和中看不中用的道具（gadget）充斥，使得許多日常生活的商品消費逐漸被符號消費的虛假需求所蒙蔽，並與真實的使用價值脫鉤。這樣的物用關係又進一步導致人與人之間社會關係的扭曲。加上20世紀之後，收音機、電視機等家庭娛樂的普及，讓現代社會的大眾休閒退縮到家庭空間的私人世界裡面。這種逐漸和生產、社區及其他社會關係脫節的私人化生活，表面上看來像是高度自由的個人化選擇，事實上卻是和本真的日常生活逐漸脫節的被動狀態，是一種從現實生活中被剝奪的（deprived）的私人生活（Lefebvre, 1991a: 149）。資本主義對於日常生活的控制不僅表現在生活物資的生產和消費上面，甚至深入到人們的精神文化和心理層面。在這個資本循環和「物體系」反客為主的消費社會裡面，人們反而成為實現生產與消費循環的工具。各種推陳出新的科技產品和流行文化無一不想盡辦法說服人們，唯有更新更好的產品才能提升生活的品質和生命的福祉。列斐伏爾將這種受到流行文化的符號價值和消費主義的意識型態所控制的消費社會稱為受到官僚控制的「恐怖主義」。這裡的「恐怖主義」並不是恐怖分子武裝暴力的生命威脅，而是消費者害怕跟不上流行、害怕落伍過時、害怕年老色衰、害怕奇怪突兀等受到廣告、技術操弄的消費價值觀（Lefebvre, 1984）。此外，人們為了擺脫日常生活的單調、束縛，往往尋求各種休閒活動的慰藉。在消費受到官僚控制的恐怖社會裡，這些休閒活動也同樣受到商品消費的制度控制。大眾媒體的符號消費，包括音樂、電影、電視、雜誌等脫離現實生活的想像，儼然成為日常生活的基本消費。而以各種燈光和裝飾打造而成的「夢幻地景」（fantasy landscapes）也充斥在都市社會的每一個角落，使得現代生活充滿了戲劇化與魔幻寫實的奇觀效果。甚至連「旁觀」（spectate）運動競技也凌駕運動本身，成為大眾化的休閒活動；還有大量被挖掘、編造

的新聞事件，不斷透過報紙、電視和網路，傳送給廣大的消費者。這些由大量消費符號所堆砌而成的流行文化，構成了國際情境主義學者蓋‧迪波德（Guy Debord）所描繪的「奇觀社會」（the society of the spectacle）──一個從勞動異化演變為消費異化的生活殖民。在這個生活異化的過程中，人們也由生產消費的主體淪為被動操控的客體（Debord, 1994）。

列斐伏爾在未竟的辭世之作《節奏分析》（2004）裡面，除了延續消費異化的日常生活殖民論述之外，還進一步從信號控制的觀點來反省現代日常生活片段化的時空異化。他是從人體活動的時空場域出發，將身體的生物節奏、社會活動的社會節奏和大自然的律動節奏一起放到日常生活的實踐平臺上分析。他發現在資本主義的現代社會，尤其是西方社會的都市環境裡，各種交通號誌的控制、上下班的規律、土地利用的規定等等，在社會秩序的制度框架之下反而會將個人的日常生活切割得支離破碎。

這樣的觀點也呼應他在《日常生活批判》第一卷中所提到的生產工作、家庭生活和休閒娛樂的時空分離（Lefebvre, 1991a: 31）。換言之，資本主義的現代社會不再只是以生產為主的政治經濟整體，而是包括各種受到消費控制的日常生活次體系在內的零碎整體（劉懷玉，2006：267）。由於日常生活具有恆常迴轉的惰性，以及瞬間超越的革命性，這個零碎、糾結和曖昧的日常生活整體，正好可以作為探討現代資本主義社會的一種「層面」（level）。將前述傳統資本主義生產的勞動異化和現代資本主義社會的消費異化結合起來，列斐伏爾歷時半個世紀所建構而成的日常生活批判，適切地提供一個檢現現代資本主義社會全面異化的歷史與社會處境。對列斐伏爾而言，日常生活代表了現代性的無意識（吳寧，2007：45），而日常生活批判的目的就是要用哲學批判和社會理論來喚醒及改變這些習焉不察的生活異化。

然而，資本主義社會分工的勞動異化和追求符號價值的消費異化，並非全然負面和毫無價值。前者是社會進步所必需的客體化過程，也是人類利用環境資源以謀求生存的必要條件；後者也有可能是情感經驗與自我實現的物質昇華，或是人類自我超越的藝術表現。只不過資本主義過度講求工具理性的擴張邏輯忽略了人類生存發展的目的理性，使得資本主義生產和消費的經濟異化脫離了個人與社會再生產的人性面。馬克思主義的基本精神是追求個人自由和人類整體發展的人道主義，而其實踐的必要途徑之一在於導正妨礙自我身心發展與人類群體發展的生活異化。同樣地，日常生活的零碎整體性也具有消極和積極的雙重面向：一方面現代社會的日常生活是受到資本主義支配的異化殘缺，使得我們在習慣成自然的規訓過程中逐漸喪失批判與反省的力量；另一方面，日常生活所展現的恆常迴轉惰性，有如水分子柔韌、不定的包容特性，往往也是暗潮洶湧和沉默抵抗的巨大能量。換言之，日常生活是人類行動和社會制度之間最緊密的交接場域，也是發動生活革命和改造世界最佳根據地。因此，列斐伏爾呼籲，應該設法打破資本主義社會生產與消費異化的虛矯神秘，從資本主義異化生活中找回統合、本真的「全人」（total man）；讓身體與心靈、人與社會，以及人與自然之間的客體化關係能夠透過日常生活的基本存在，維持和諧、統一的關係（Lefebvre, 1991a: 64-68）。改造世界的最終解放並非體現在經濟結構或是政治權力的幡然巨變，而是要落實在日常生活中最細微的點點滴滴。這才是人道馬克思主義的終極目標，也是從日常生活著手改造世界的基本理念。

日常生活批判與婦女廚房生活的家務處境

我們身處的現代社會是馬克思在世時所想像不到的資本主義高度發達的都市社會，而藉由都市狀態、現代性和生產／消費的異化批判，列斐伏爾所掀起的「日常生活轉向」風潮大幅擴展與延續馬克思

主義對於資本主義社會的批判力量。他將傳統馬克思主義著重在勞動異化和商品拜物的政治經濟學擴大到日常消費和身體殖民的社會經濟學。列斐伏爾精闢地指出，現代資本主義擴張生存的戰場不再只是海外殖民的生產擴張，更是以日常生活身體殖民為戰略的消費控制。也唯有釐清個人生活的消費實踐和資本主義擴張邏輯之間的必然關係，才可能發動日常生活的微觀革命，去除現代生活的多重異化；進而重建人與環境之間的和諧關係，回歸本真自在的「全人」存在。這樣的社會經濟學取徑，正是我們探究當代婦女廚房生活和家務處境所需要的理論視野。從「分離領域」的性別意識和「男造環境」的空間實踐來看女性「看不見，做不完」的家務工作處境，以及它所隱含的零碎、剩餘、糾雜、難解的日常特性，充分反映出現代資本主義社會生活異化的性別處境。列斐伏爾也認為，在資本主義社會的日常生活當中承受最大壓力，也最為敏感的就是現代的家庭主婦（Lefebvre, 1984: 73）；研究現代婦女的生活

處境也就必然涉及整個資本主義社會的整體問題（Lefebvre, 2002: 86）。他最喜歡引用的例子就是巴黎婦女上街買糖的生活瑣事。它所涉及的議題不只是這名婦女個人的生活插曲而已，還涵蓋她的家庭環境、階級背景、工作性質、經濟狀況、飲食習慣等等，以及和整體市場狀態有關的超級結構，包括巴黎的經濟環境、法國和殖民地之間的政治經濟糾葛、跨國企業在原料供給與商品市場的全球操控、法國屬地移民在巴黎就業與生活的社會文化適應等等（Lefebvre, 1991a: 57）。

日常生活消費異化的身體殖民最常發生在家庭空間和女性身體上面。女性不僅被各種行銷廣告物化為青春、美麗等物質轉換的慾望投射，同時也是許多消費產品直接訴求的販售對象。其中最為弔詭的莫過於「男造環境」的居家空間，以及家務工作所需的各種省力家電。因為這些表面上是滿足女性對於維持家庭生活日常需求的「消費」產品，同時也是讓女性為整個資本主

義生產制度服務的自我異化。當家庭主婦終日忙碌於清潔、煮食與照料家人的生活瑣事時,或是職業婦女奔波於家庭和工作的分離領域時,她們往往因為習慣成自然而誤以為這些性別處境的社會壓迫是理所當然的生活常態和天經地義的「女性本分」;甚至當身體與精神難以負荷的時候,也只能以「無名難題」來描述這些性別壓迫和生活異化的身心困境。因此,對於女性家務工作處境的日常生活批判,正是分析資本主義消費異化與身體殖民的關鍵課題之一。

更重要的是,當代婦女運動比各種社會運動更關注日常生活的異化處境,以及對於日常生活的積極改造。這樣的社會運動目標和列斐伏爾日常生活批判的人道馬克思主義精神,可謂不謀而合。而且,這種看似微不足道的日常生活文化革命,往往比激進的政治改革和激烈的經濟變革,更為艱困。但是一旦實現,它的影響也將更為深遠。問題是,列斐伏爾花費畢生精力所建構而成的日常生活批判觀點,只能

算是為當代社會思潮的「日常生活轉向」開啟了一扇窗口。如果要用來探討當代婦女廚房生活的家務處境,還必須進一步結合其他日常生活的社會理論。這是本章後半部要探討的主題。

理論建構：「身體—空間」的日常生活地理學

在前一章回顧西方婦女家務工作的性別處境時，本書特別指出艾莉斯・楊有關「活歷身體」的情境體現概念有助於我們體認當代婦女在工業資本主義社會之下的生活異化。而且，晚近職業婦女的大量興起和她們需要協商與整合家務工作和有給工作的持家活動（homemaking），也呼應了列斐伏爾「零碎化整體」的日常生活狀態。然而，「活歷身體」的性別處境概念和「零碎化整體」的日常生活批判都是比較抽象的哲學論述，難以直接應用在生活實踐的具體分析上。有鑑於國家與市場對於個人生活的干預和操控往往是經由各種空間實踐的媒介，而且個人的生活實踐也必須透過身體與物質環境和社會空間的客體化過程，因此，本章接著將從列斐伏爾另外一個重要的理論脈絡——「空間的生產」——導引出「身體—空間」的日常生活地理學（body-space: the geography of everyday life）概念，作為進一步分析女性煮食家務處境結構化歷程的理論架構。

「身體─空間」的日常生活地理學是先從以政治經濟學為基礎的「空間生產」概念出發，提擬出一個「日常空間生產」的三元辯證架構，作為「身處空間」（body-in-space）的政治經濟學分析，用來呈現身體行動所處社會空間結構的生產過程──空間生產的政治經濟學。接著，再將焦點轉移到政治經濟學相對忽視但日常生活批判特別強調的消費（再生產）面，加入阿格涅斯‧赫勒（Ágnes Heller）社會再生產的日常生活觀點（Heller, 1984）、亞佛雷德‧舒茲（Álfred Schutz）和大衛‧西蒙（David Seamon）等現象學者的生活世界觀點（Schutz and Luckmann, 1973；Seamon, 1979），以及米契爾‧狄塞托（Michel de Certeau）有關生活實踐的戰術操作觀點（de Certeau, 1984），建構出一個「日常身體再生產」的三元辯證架構，作為「身為空間」（body-as-space）的社會經濟學分析，用來探究處於社會空間結構限制之下各種身體行動不斷再現的社會空間關係──身體再生產的社會經濟學。

在此必須說明的是，日常生活地理學所關注的「生產」和「消費」（再生產）不是狹義的商品生產和消極的商品消費，而是個人生活和族群生存的客體化過程中，營造與使用環境資源的身體─空間關係與行動結構歷程。因此，它是一個社會關係的生產／再生產過程，包括個人勞動力的再生產和維繫整體生產制度與資本循環的社會再生產，以及二者之間的動態關係。在批判實在論複雜本體論（complex ontology）和結構化歷程理論的共同前提之下，日常生活地理學試圖打破和重新結合傳統社會學分析中結構與行動對立的二元論述（dualism）、巨觀和微觀分化的理論藩籬，代之以日常「身體─空間」情境體現的動態脈絡觀點：人們（包括個人和不同組成的社會團體）及其生活環境（包括人際互動之間的社會關係和人與自然環境相互依存的物質關係）之間相互限制、促成，以及不斷衝突、協商的制度化過程（institutionalization）。

　　它包含兩個不相統屬，卻又密切關聯的社會空間關係。第一層關係是日常生活空間的生產關係，聚焦在支持與牽制個人行動背後的社會空間結構，包括社會空間實踐的物質實體、隱藏在空間實踐背後的知識基礎與意識型態，以及人際互動和人地互動所活現出來的社會空間形態；這是傳統間政治經濟學關注的焦點。然而，上述社會空間的制度化過程並非完全靜態、固定的結構關係，也不僅限於空間營造的生產關係；它同時也是一個動態、變化的生成歷程，以及不斷使用、改造的消費過程，著重在結構限制之下的行動張力，以及這些行動經驗所產生的意義和價值。這個以身體為平臺的行動歷程涉及了個人重大理性的生命決策、例行反覆的肢體動作，以及必須不斷協商與縫合日常生活中各種衝突、破綻的生活戰術；這是新興身體社會經濟學試圖挖掘的神秘地帶。結合起來，身體—空間的日常生活地理學同時關注沉默大眾異中存同的共同生活處境，以及不同個體在社會整體處境下同中有異的因應之道。這種從空間歷程和身體動態去審視社會關係的「日常生活稜鏡」（the quotidian lens），是理解和批判現代資本主義社會生活異化不可或缺的理論視野之一，也是我們分析和了解台灣當代婦女廚房生活的重要依據（圖06）。接下來，本節將分別探討有關「日常空間生產」和「日常身體再生產」等重要概念。

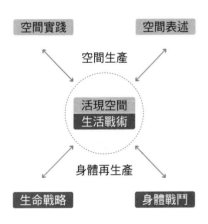

圖06：日常生活地理學的雙三元辯證

日常生活空間的生產：空間性的三元辯證

日常生活空間生產的概念，主要是借用列斐伏爾《空間的生產》（1974，英文譯本1991年）書中有關資本主義社會空間生產的論述觀點。他認為空間是資本主義發展邏輯的必要條件；要徹底了解資本主義的制度結構，就必須深入了解資本主義的空間生產模式（Lefebvre, 1991b）。而空間性（spatiality）的三元辯證（trialectics），則是列斐伏爾用來理解資本主義空間生產的核心概念（Soja, 1996, chap. 2）。

簡言之，「空間生產」的基本概念是：不同歷史時期和不同地域文化的社會，皆有其特殊的空間結構。這些空間結構是社會的產物，因此也有其獨特的歷史脈絡與生產過程，也就是人們利用空間的方式。空間不僅是所有社會關係理所當然的載體，更是這些社會關係所形塑出來的主體；它是社會的產物，也是社會再生產的憑藉。但是，過去對於空間的理解，不論是抽象／具體、絕對／相對、實質／精神等空間概念，皆無法適切地掌握空間在形塑社會關係裡面的核心地位及其動態過程。所以列斐伏爾提出「社會空間」的概念，作為釐清與銜接各種傳統空間概念的整合觀點。他認為，每一個社會都會因為它特殊的生產模式、主宰的意識型態和政治統理的組織結構，形構出不同的空間結構。然而，以社會空間為核心的空間知識，也就是理解各種社會力的空間作用，卻是馬克思歷史唯物論疏於關照的重要面向。因此，除了將注意的焦點從歷史時間拉到社會空間，仔細研究存在於空間裡的相關事物之外，還必須深入空間生產背後，探究其複雜的歷史過程與社會脈絡。換言之，要了解現代社會的空間特性，就必須深入了解資本主義的生產模式、資產階級的意識型態和主權國家的政治權力所共同形構的社會空間及其歷史過程。

列斐伏爾用來闡述資本主義社會空間生產過程的基本概念，也是《空間的生產》一書最廣為人知的

理論架構就是社會的空間生產（作為空間產物）和空間的社會再生產（作為空間化過程）之間的三元辯證關係。它包含三個相互關聯的空間要素（spatial moments），也是空間生產過程中三種處於不同時間歷程的社會階段（social moments）：

（一）在日常生活和社會實踐過程中，一般人的感官得以感知（perceived）的空間實踐（spatial practice）。它是構成當下社會特殊位置與空間安排的空間產物，也是具有特定效果以達成既定目標的物質空間，例如：住在由國家補貼的出租國宅裡面的住戶生活，包括住宅空間本身和住戶的空間行為，所反映出生活現實（工作、休息、通勤、休閒等例行生活）和實質空間（辦公大樓、國民住宅、鐵公路、超級市場等建成環境）之間的密切關係。這是一個個體感知的實質空間和身體力行的空間行為共同組成的空間實踐。

（二）在實質和具體的空間實踐背後，為了達成某種社會秩序和權力關係關係，人們用理性和想像所構思（conceived）而成的空間表述（representations of space），尤其是掌握知識和權力的專業人士或決策者所具備的空間知識和意識型態。它是主政者、資本家、規畫者和技術官僚等聯手打造出來的空間藍圖，是一種想像的心智空間（mental space）；它同時也是一種具有符號象徵意義的宰制空間。例如：在都市中心商業區裡面占據核心位置和具有地標意義的摩天大樓，以及規畫和建造這些空間背後的信念。這是一個由知識和理念構思而成的抽象空間。

（三）使用者在真實的日常生活中持續利用（appropriate）❷空間的動態過程，尤其是透過適應、修

---

❷：appropriate作為動詞的中文常常被翻譯為「挪用」，容易給人一種「不當使用」的錯誤印象。更精準的意義是為了達到某種目的而如是使用，雖然未必得到他人的允許或是遵循既有的規定。如果再對照它作為形容詞的解釋「適宜的」、「適當的」，那麼在本書中也許將appropriate譯為「善用」或「利用」，可能更為妥適。

改、協商、抵抗等方式周旋於感知的實質空間和構思的心智空間，所體現出來具有代表性的生活空間（representational lived spaces）。另一方面，它也可以是文字、影像等藝術創作為了反映社會生活隱諱、神秘、複雜的象徵意義，所再現出來某種典型的社會空間。這是一個透過身心體驗的象徵空間。

這三個空間要素彼此附和（echo）、反彈（repercussion）與映照（mirror）的辯證關係，共同交織出社會空間的整體特性。逐一檢視這些空間元素的內容，分析它們之間的關係，就可以從具體的空間產物推演到空間生產的動態過程，進而掌握空間生產背後的社會機制，也就是一個社會如何制度化的空間結構。用動畫來比擬，空間生產的分析過程就像閱讀漫畫書中一格一格的靜態畫面。透過連續的閱讀動作，這些靜態的單一元素逐漸在腦海中建構出動態的情節關係。也唯有藉由這三種空間概念之間的動態關係，我們才得以了解現代資本主義社會的空間生產過程，

以及它豐富、深刻的歷史、文化與社會意涵。

從空間生產的三元辯證中可以看出現代資本主義社會所生產出來的生活空間，基本上是服膺資本主義擴張邏輯的抽象空間組構，因此造就出生活實踐與制度環境之間的異化關係。表現在具體的空間實踐上，則是生產、居住與休閒空間的時空分離，以及為了連結這些分離的生活場域，所興建的各種交通網絡、通信設施和相關的公共及私人運具。然而，這些有助於資本主義擴張的空間結構，往往和以個人身體和當下時間為主的生活空間背道而馳。為了修補個人生活空間和資本主義社會空間之間的縫隙落差，一連串沉默無聲的例行化生活實踐所再現出來的空間特性，例如連接都市中心商業區和郊區集合住宅之間的道路壅塞和每天車禍傷亡的人數、公寓頂樓的違章加蓋和占用騎樓、人行道空間等，活生生地展現出資本主義社會裡面不斷拉扯的空間符碼。這個人們不斷運用自己身體來適應資本主義空間邏輯的活現

空間，也反映出個人生活與整體生活環境之間的異化關係。

回到日常生活批判的議題，列斐伏爾強調，如果無法生產出適當的空間，那麼「改變生活，改造世界」的日常生活批判目標，也將淪為無法實踐的空話（Lefebvre, 1991b: 59）。因此，他提出策略性假說（strategic hypothesis）的理論實踐概念，主張應該將感知的空間實踐和活歷的代表性空間納入知識體系和意識型態構思的空間表述裡面，並且將這些社會習慣的日常語彙轉換成科學知識的語彙，然後再據此提出可能的空間替案，以重新建構去異化的社會空間（Lefebvre, 1991b: 60；Lefebvre, 2002: 105–117）。有關策略性假說的概念，本章稍後還會再進一步說明。此處的重點在於，要生產出能夠剷除生活異化的社會空間，必須回歸生活空間的「人性尺度」和重視行動與結構之間的「制度網絡」。除了縮短生產與消費（還有流通、交換）的時空落差之外，更須正視使用消費的身體再生產在空間生產過程中

的核心地位。這意味著，除了資本主義宰制的生產空間之外，我們還必須聚焦在體現個人及社會再生產的身體空間，以及不同身體空間共同牽連出來的生活處境——制度網絡。換言之，日常生活空間的生產過程必然隱含了身體空間的再生產面向。它就像月球表面未被日光照到的陰暗面，或是舞臺表演中不為觀眾所見的後台空間，雖然不容易直接看見，卻是構成日常生活空間不可或缺的充要條件，是一種使用／消費過程的沉默生產。

至於要如何勾勒出沉默大眾因人而異的生活方式所再生產出來的共同處境，則需要借用赫勒從日常生活與社會結構關係切入的社會再生產觀點，同時加入以舒茲的「生活世界」為代表的現象地理學概念，以及狄塞托強調「消費者生產的戰術性操作」的日常生活實踐邏輯，另外鋪陳出日常身體再生產的三元辯證關係，作為填補生活空間生產的三元辯證和完備日常生活地理學理論的重要概念。

日常身體的再生產： 從個人生活到社會生活的空間 再生產

1977年移居澳洲的匈牙利哲學家阿格涅斯・赫勒（Ágnes Heller）是馬克思主義大師喬治・盧卡奇（Georg Lukács, 1885–1971）的學生。盧卡奇和列斐伏爾一樣，對於青年馬克思的人道主義和異化理論有相當大的熱情，因此也就不難理解赫勒為何對於日常生活研究如此關注。有趣的是，赫勒在1970年以匈牙利文出版的《日常生活》（*Everyday Life*，英文譯本，1984），儘管在概念上和列斐伏爾的《日常生活批判》及《空間的生產》有許多相似之處，但因為冷戰時期東歐和西方世界的巨大隔閡，使得她的理論思維自成體系，可以視為用馬克思哲學批判資本主義社會日常生活的東歐版本。書中的理論鋪陳幾乎全是哲學式的思考模式，甚至比列斐伏爾的哲學批判更為艱澀深奧。這也使得她所提出來一些重要的日常生活分析觀點，更罕為英美學術界所熟知。赫勒在

1984年《日常生活》英文譯本的序文中提到，她試圖結合現象學的研究取徑和亞里斯多德的邏輯分析程序，建構一個有關日常生活的哲學理論，進而對日常生活的既成世界展開一連串的質疑、探索、思考和分析（Heller, 1984: ix）。或許是處於東歐當時特殊的政治和學術環境，赫勒雖藉助於現象學的日常生活理論，也和舒茲《社會世界的現象學》（*The Phenomenology of the Social World*, 1967）書中所提出自在客體化（objectivations in-itself）的日常生活世界（everyday life-world）有許多相似之處，但是她對於日常生活的整體探索又比舒茲的現象學觀點更為宏觀，使得我們對於日常生活的理解更為全面，也更徹底。

赫勒延續黑格爾和馬克思的觀點，認為日常生活是人在環境中求生存的客體化關係。它是個人再生產要素加總起來所構成的社會再生產，也就是獨特的個人生活在共同的社會條件下的總體關係（Heller, 1984: 3）。沒有個人的再生產，社

會就不可能存在;沒有社會的再生產,個人也無法存活。換言之,日常生活就是人與周遭環境(人性化的自然)的客體化關係,是人作為一個主體,透過對於環境的各種利用方式,逐漸外在化的連續過程;同時,作為主體的個人也在這樣的過程中不斷被重造(Heller, 1984: 47)。人從呱呱落地開始,就生存於一個外在的既成世界。除了生存的基本物資之外,人必須透過各種器物、習俗、語言和其他制度,才能夠在這個世界生存下去。在這個客體化的連續過程中,人們也必須不斷順應和改造環境,才能夠維持自身與社會的再生產。

赫勒的基本提問是,我們可以從日常生活去領略社會的整體結構,以及這個社會結構在人類發展歷程中所代表的階段嗎?她認為人類的整體發展無非是眾人生活的總和。儘管現代社會中個人日常生活的內容和方式相當分歧,但是這種個人生活的異質化發展往往具有一種社會整體的共同前提。藉由這些社會條件的媒介,個人獨特的生活目標才得以實現。所以,日常生活和社會結構的生產/再生產關係,也就是人類利用環境資源的客體化過程,是人類生存的根本之道,亦即人類的物種本質(the species-essence)。赫勒指出,人類物種本質的客體化過程(species-essential objectivations)具有兩種不同的層面:「自在」的類本客體化(species-essential objectivations "in itself")和「自為」的類本客體化(species-essential objectivations "for itself")。

「自在」的類本客體化是個人在既成世界中自然而然重複實踐的客體化關係。這是人們日常存在的必需(necessity)層面,是以工具器物、風俗習慣和日常言語為主的生活世界。它提供現成的物質基礎讓人們得以在日常的社會環境中實現自我再生產的基本需求。這個以個人生存/生活為主體的自在客體化反映出日常生活「知其然」的實用價值與常識觀點。它是我們在日常生活的反覆實踐過程中,一點一滴和世代相傳所累積起來的直覺經

驗，是人類存在的必要條件。所以，它也是最頑強和最難以動搖的日常思維（everyday thinking）。

此外，日常生活還有一個為了追求人類整體自由與幸福的「自為」客體化層面，這是人類有意識的創造性活動，像是科學、藝術、宗教等，是以謀求社會條件整體發展為前提的非日常思維和實踐。它是「知其所以然」的知識層面，是從機構和制度面出發的創發性思維（inventive thinking）。這種自為客體化的社會再生產是現代社會的重要特徵之一。赫勒認為，一個人類全面發展的文明社會必須以社會再生產的自為客體化作為普遍條件，來實現個人謀求自我再生產的自在客體化──這是一個「自為且自在」（in-and-for-itself）的和諧狀態。

如同馬克思、盧卡奇、列斐伏爾等人嚴厲批評資本主義社會生產過程的勞動異化和商品拜物的消費異化，赫勒也指出現代資本主義社會的異化生活將原本獨特、自在的

個人再生產變成普遍、工具性的自為客體化；而原本只是作為發展手段的社會再生產的自為客體化，反而變成為生產而生產、為成長而成長的自在客體化。這種本末倒置的社會關係造成原本具有獨特意義的個人再生產被化約為勞動力和購買力的物用價值；而且，當這樣的日常思維和生活實踐變成整個社會再生產的基本價值時，我們的日常生活也就逐漸變成一種單面向、機械化和零碎化的異化生活。因此，赫勒呼籲我們應該有意識地認知和反省日常生活的異化問題，並且在政治、經濟、社會等自為客體化的生活範疇裡，重新建立起一個「為大我存在」（being-for-us）的人性社會。

將赫勒有關自在客體化、自為客體化和自為且自在客體化等日常生活再生產的概念，和列斐伏爾感知的空間實踐、構思的空間表述及有代表性的生活空間等空間生產的概念對比，可以發現二者在思想內容和概念架構上，相當類似。只是，列斐伏爾的空間生產分析聚焦在空

間性的辯證關係上,比較偏向空間和
生產的結構面向,並未深究隱藏在生
活實踐裡面的再生產面向。而赫勒則
從日常生活的行動邏輯去關照社會結
構再生產過程的哲學分析,雖有助於
釐清日常生活實踐和整體社會結構之
間的結構化歷程關係,但她非常哲學
式的思辨論述又過於抽象和隱晦,難
以直接作為經驗研究的理論依據。換
言之,如果單獨使用列斐伏爾或是赫
勒的日常生活概念作為探討生活空間
和日常實踐的理論架構,恐怕都難以
釐清糾結、複雜的日常生活問題,反
而會使日常生活的概念變得更加模
糊。相反地,如果可以有效地整合這
兩組概念,同時加入適當的中介理論
來填補社會空間生產和社會生活再生
產之間的理論空隙,就有可能建構出
身體—空間的日常生活地理學理論架
構。因此,接下來從身體和再生產的
角度切入,深入活現空間背後日常生
活再生產的層面,對照空間生產的三
元辯證,提出一個以身體為主軸的日
常生活實踐三元辯證概念,作為了解
現代生活處境與完備日常生活批判理
論的補充構架。

日常生活再生產的脈絡性:生命戰略、生活戰術和身體戰鬥的三元辯證

從赫勒社會再生產的客體化日
常生活概念中,我們發現身體—空
間的再生產關係也存在著和空間生
產類似的三元辯證關係 —— 自在的
個人存在、自為的社會存在,以及
自為且自在的全我存在。透過這三
個日常性的再生產關係,可以映照
出空間生產過程中不易察覺的生成
動態(becoming)。美國地理學者
愛德華‧索雅(Edward W. Soja)
將感知的空間實踐、構思的空間表
述和有代表性的生活空間,這三
個空間生產要素之間的關係稱為
空間性的三元辯證(the trialectics
of spatiality),代表著揉合真實
(空間實踐)與想像(空間表述)
的地方空間(活現空間)(a real-
and-imagined place)。同時,空
間性、歷史性和社會性的辯證關
係則構成了日常存在的三元辯證
(the trialectics of being),它是
空間生產背後的客體化再生產過程
(Soja, 1996: 70–82)。本書試圖

將這些概念加以整合，再借用列斐伏爾在《日常生活批判》第二卷裡面對於戰略（strategies）和戰術（tactics）的討論（Lefebvre, 2002: 106-107）、狄塞托在《日常生活實踐》裡面進一步闡述列斐伏爾在《日常生活批判》及傅柯在《規訓與懲罰》（Discipline and Punish, 1977）等書中提到的身體與空間的戰略部署和戰術因應關係（de Certeau, 1984: 34-39），以及舒茲和西門對於日常生活世界中身體習慣動作的戰鬥操演（combats）概念，進而提出一個「生命戰略—生活戰術—身體戰鬥」（life strategies - living tactics - live combats）的三元辯證架構，來作為重新詮釋赫勒日常生活再生產概念的具體脈絡，以填補列斐伏爾在《空間的生產》和《日常生活批判》等書中對於身體行動的理論空缺。

其中「生命戰略」是指日常生活中關係重大、影響深遠，需要運用理性智慧來安排、解決的重大決定（material decisions）。和抽象構思的空間表述一樣，生命戰略是預先安排、尚未入場，抽象理性的生活藍圖，例如就業、結婚、購屋等「非比尋常」（extraordinary）的重大生活布局。儘管生命戰略在日常生活中發生的頻率並不頻繁，甚至決策本身也未必完全合乎理性邏輯，可是一旦決定之後，影響的層面和持續的時間可能非常廣大和深遠。生命戰略在心理上屬於推論意識（discursive consciousness）的邏輯層面，也是深受科學知識和意識型態影響的心靈主體（the mind-subject）。相反地，「身體戰鬥」則是日—常生活（day-to-day life）當下不斷重複的肢體動作和例行活動，例如開車、走路、吃飯、說話等，一般人在正常狀態之下無須多加思考的生活瑣事。它相當於日常生活中感知的空間實踐，是一切自在存在最基本的物質基礎。雖然身體戰鬥都是一些瑣碎細微的生活小事，單獨來看，是無法和重大偶發的生命戰略相提並論的，但是因為身體動作的反覆操作，以及身體再生產的物質性，身體戰鬥的點點滴滴，反而是構成日常性（the everydayness）的重要

基礎。它在心理上是屬於無意識（unconsciousness）或潛意識（sub-consciousness）的層面，唯有在身體戰鬥無法順利運作的特殊情況之下，我們才會警覺到它的存在和重要性。例如：腳扭傷時才知道日常行走肢體平衡的複雜性，或是交通號誌故障時才發現井然有序的行車秩序並非理所當然的事情等。

然而，現實生活中如果只有重大決策的生命戰略和日常實踐的身體戰鬥，勢必會產生許多衝突、無奈的困境和僵局，亦即傳統社會學理論和社會實踐在結構／行動和收編／抵抗之間，那種「非此即彼」（either/or）的二元對立（dualism）困境。因為生命戰略和身體戰鬥屬於不同本體論深度的行動範疇，彼此之間有著一個不可共量（incommensurable）的傳導落差，必須藉由適當的中介元素來溝通、協調。就像人類生命並非組織細胞（作為個別元素）和人體（作為整體系統）之間的統屬關係而已，而是必須透過各種身體器官和生理系統的複雜關係才得以運作和

維持的多重結構化歷程。在日常生活身體─空間的再生產過程中，這個失落的關鍵環節就是消費者生產的「生活戰術」，它也是整體人類社會看似卑微實則至高無上的「生存伎倆」（survival ruses）。套用索雅的話，它代表一種「生三成異」（thirding-as-othering）的生成力量，是連結主體重大決策與身體機械動作的中介機制；也是一個不定型的協商場域（an unformed field of negotiation），一個可以讓每一天生活繼續過下去的轉圜力量（Soja, 1996: 61-70）。就像具有代表性的生活空間，生活戰術的協商因應是一種同時涉及己身、他者和外在環境的主、客觀情境。它在溝通、協商的生成過程中，也再生產了個人的日常生活和作為生活環境的社會制度。例如：透過機巧「變一通」或是因地「制一宜」的替代措施（making-do），可以發揮四兩撥千金的槓桿力量，巧妙地逆轉原本無法化解的戰略僵局（用比較粗俗的話講，就是想辦法把事情「搞一定」）。有時候外在戰略性的結構力量太過強大，人們也會用調整

心態和改變行為模式的方式來適應和妥協；甚至許多原本在心理上難以接受的結構限制（例如軍事命令、學校規範和監獄規定等），透過肢體動作的反覆實踐，不知不覺中也就變成理所當然的生活慣習。生活戰術在心理上屬於實踐意識（practical consciousness）的層面，是日常身體—空間再生產最具調適性，同時也隱藏最多可能性的中介場域。

在現實生活中，由於日常生活不斷重複的熟悉特性，使得我們對於身體—空間再生產這個充滿衝突、矛盾、妥協和適應的生成過程變得麻木不仁；也因為它的內容捉摸不定、過程動態曲折，所以相關的理論建構亦多流於零碎、片段。因此，日常生活地理學的目的就是要打破這種知其然卻不知其所以然的常識盲點和容易顧此失彼的理論化約，改從現代社會空間生產和日常生活身體再生產之間的動態關係切入，開啟一個具體而微的宏觀視野。這樣的日常生活觀點充分呼應紀登斯、貝克等社會學家所倡導的「反身現代性」（reflexive modernity），希望藉由反身意識（reflexive consciousness）的情境抽離和自我批判來反省與統合推論意識、無意識和實踐意識所構築而成的生活全貌；從理解生活（正）、批判生活（反），進入改造生活（合）的理論／實踐辯證。而日常生活地理學的理論核心，也是未來改變生活的關鍵場域，就在於「活歷身體」和「活現空間」所交織出來的「身體—空間」。它除了可以帶領我們宏觀認識生活空間生產過程中空間實踐和空間表述之間的辯證歷程，以及深入了解日常身體再生產過程中生命戰略和身體戰鬥的協商關係，更有助於打破科學知識與生活常識截然二分的僵化思維，是解開資本主義社會神秘化和化解現代生活異化所需的關鍵視野。

為了進一步釐清日常生活整體性的動態過程，尤其是那些難以用言語清楚表達的「日常身體再生產」，接著我將聚焦在「身體戰鬥」和「生活戰術」上，讓日常生活地理學的概念可以更完整地呈現。

身體戰鬥：自然態度與身體主體的「生活世界」

「日常的生活世界」（everyday life world），或簡稱為「生活世界」（life-world），是現象學關注的焦點之一，尤其是奧裔美籍的哲學及社會學家舒茲。他不僅採用愛德蒙・胡賽爾（Edmund Husserl）的現象學觀點來描述和分析日常生活的構成內容，也深受韋伯意志論的影響，傾向從個人生活和行動來理解社會的整體關係。在《社會世界的現象學》（*The Phenomenology of the Social World*）（Schutz, 1967）、《生活世界的結構》（*The Structures of the Life-World*）（Schutz and Luckmann, 1973）和《舒茲論文集》（*Collected Papers*）（Schutz, 1992）等書稿中，舒茲試圖藉由日常生活世界的範疇、它的多重性、生活世界的知識，以及這些生活知識與社會整體關係的探討，來釐清日常生活的基本結構。

對於舒茲而言，生活世界是一個深受「自然態度」（natural attitude）統轄的經驗世界，亦即無須思索便視為自然事物加以接受，並納入生活實踐的常識範疇。它是一個先於科學、理所當然和不言自明的現實世界。除了是個人直觀的生活經驗之外，它也預設了他人亦作如是觀的社會經驗，因此也是個人與他人互為主體的社會世界（social world）。而美國的現象地理學者大衛・西蒙（David Seamon）更延續舒茲有關生活世界的思考脈絡，進一步探究身體—空間的情境關係。他在1979年出版的《生活世界的地理學》（*A Geography of the Lifeworld*）一書中批評傳統認知科學的理性空間決策概念和行為主義「刺激—反應」的行為模式不足以充分解釋日常生活世界中身體和空間的互動情境，並藉由移動、休息和遭遇等日常生活情境來釐清日常生活經驗世界的典型處境與共同特徵。西蒙認為，人類的安頓／安居（dwelling）和生活環境之間有著密不可分的關係。但是，當現代科技讓人們更容易克服各種實質空間的障礙時，也使得無家（homelessness）與異化的不

自在感，與日俱增（Seamon, 1979: 9）。因此，他主張應該回頭審視日常生活中人與生活環境的動態關係。

西蒙借用法國現象學者莫里斯·梅洛龐蒂（Maurice Merleau-Ponty）的知覺現象學詞彙，提出「身體主體」（body-subject）的概念（參閱 Merleau-Ponty, 1962）。西蒙指出，身體在日常生活裡面反覆操作、習慣成自然的常規化過程中，逐漸具備了前意識（pre-conscious）的主體智慧，讓人無須經過意識的思考也可以輕鬆完成許多例行化的習慣動作，也讓大腦的主體意識有較多的餘裕來處理日常生活當中比較重大或是偶發的例外事件（Seamon, 1979: 40–43）。同時，這些因為習慣成自然的身體姿態也會讓人們的舉手投足呈現出一種特殊的韻律和節奏——自動、習慣、不自主、近乎機械般的「身體芭蕾」（body ballets），就像熟練的工匠能夠駕輕就熟地展現出對於一般人或生手而言有如神乎其技的身體特技。除了工作場合之外，每個人在重複、

瑣碎的家庭生活中也會展現出不同習慣特性的身體芭蕾，例如：家庭主婦在處理家務時的靈巧動作和敏捷身手便是日積月累的習慣動作所造就出來的身體姿態。

身體主體和身體芭蕾的身體空間概念，還可以進一步擴大為社會空間的生活場域。不同人例行性地的在特定時空聚集、互動的身體芭蕾，共同構成一個更複雜的「地方芭蕾」（place ballets）。它可以發生在各種不同的實質環境裡面，從室內到室外，從住家到工廠，從市場、街道到學校，形成一種制度化的社會空間（Seamon, 1979: 54–56）。這樣的概念和紀登斯時空區域化（time-space regionalization）的「場域」（locales）概念，相當類似：它不只是社會行動的舞臺，也是構成社會行動的本體（參閱 Giddens, 1984: 118）。而且，這些社會空間的生活場域並非一成不變的空間組構和物質環境，還包括個人生活實踐和整體社會結構共同交疊出來的情境脈絡（Simonsen, 1991: 428）。換言之，這些個人

例行化的身體芭蕾和眾人常規化的地方芭蕾共構出生活世界的日常戲碼。藉由人與人、人與環境之間不斷互動的過程，人們心裡對身體主體熟悉的時空事物也會產生自在與依附的「情感主體」（feeling-subject）。這種親切的心理感覺和地方之舞的身體實踐進一步交織出「地方感」（sense of place）和「地方認同」（place identity）的集體記憶；這是個人在日常生活中安頓感的重要來源，也是各種社會團體自我維繫的情感鏈結。

現象地理學從自然態度、身體主體、身體芭蕾到地方芭蕾、情感主體和地方認同等一系列的身體—空間概念，為生活世界的身體戰鬥提供了一個「常識學」的解釋觀點，也讓一些原本被視為迷信或是主觀的生活習慣和風土民情得到合理的科學解釋。這個日常身體戰鬥的空間概念，更是景觀、建築和都市設計、都市計畫等空間規畫和設計專業必須精確掌握的「人性尺度」。不過，存在未必合理，熟悉未必知悉。在生產和消費皆高度異化的現代都市社會，這些例行化的身體戰鬥往往是受到資本主義制度結構和意識型態操控、宰制的結果，也是造成個人生活單調乏味和身心疲憊的主要來源。現象地理學對於生活世界的探索分析，只是揭開日常生活之謎的第一個步驟。人對生活環境的適應是高度複雜的心智活動與身體實踐，在創造性的發明建造和適應性的操作維護之外，還有賴許多機動性的戰術協商才得以順利完成個人和社會再生產的類本客體化。這是實踐生命戰略的具體步驟，也是活用身體戰鬥的創造成果。換言之，如果只有心靈主體的理性思考和身體主體的自然態度，將不足以完全彰顯個人在日常生活裡的能動性，以及生活實踐和社會結構之間的關聯性。這時後，我們就需要進一步探討日常生活中許多「一兼二顧」和「生三成異」的生活戰術。

生活戰術：
機巧協商的消費者生產

除了生活世界的身體戰鬥之外，另一個和日常身體再生產有關的行動邏輯就是法國社會學家米契爾‧狄塞托的「戰術操作」（tactical operating）概念。他在《日常生活實踐》（*The Practice of Everyday Life*）英文譯本的序文中指出，研究日常生活實踐邏輯的目的是為了將日常事物及其獨特的生活情境連結起來，以建構一個日常行動的「獨特性的科學」（a science of singularity）（de Certeau, 1984: ix）。所謂「獨特性的科學」是指每個人在日常生活中會因為個人因素或是所處的特定情境，呈現出一種因人而異但又反映出某種共同社會處境的使用方法／操作模式。這種人類利用環境資源的客體化過程就像所有生物在各種環境之下的「生存技倆」，是一種既包含個別差異又具有普同特色的「生活戰術」。如果從理性思考和意識主體的心智抽象程度來看，生活戰術的因應之道可能遠不及生命戰略的精

心部署那麼高遠宏觀和深刻細膩，但是它卻反映出人類整體在現實環境之下最為柔韌的生存之道。因為將這些從個別行動上看來微不足道的戰術因應匯集起來，往往形成一種足以扭轉全局的顛覆力量。就像大海裡集體行動的沙丁魚群，或是草原上一起奔馳的羚羊群，反而讓掠食者暈頭轉向，不易得手。它又像「野火燒不盡，春風吹又生」的無名小草，總是能夠抓住每個生根發芽的微小機會。這正是宇宙萬物生生不息的根本之道，也是構成社會文化的重要基石。因此，在各種日常生活情境脈絡之下的生存戰術，將是我們深入了解日常生活實踐邏輯的關鍵線索。

和列斐伏爾的日常生活批判一樣，狄塞托的日常生活研究也是聚焦在資本主義的都市社會和生產／消費的相關議題。但是，狄塞托並不是從生產異化和商品拜物的角度來看受到工業化生產制度和資本擴張邏輯宰制的被動消費，而是從消費者在商品消費和空間使用過程中所展現的積極性和創

造性來看待日常生活再生產的結構化力量。他認為，商品的各種消費方式和日常空間的習慣用法代表著一種隱匿、無聲的再生產過程。在不同的消費者手中或是不同的場合之下，商品的使用模式未必會完全遵照原始設計的用途和操作方式。因此，消費者實際使用的操作過程也是部分決定產品最終屬性的關鍵因素之一。正如同語言的存在並非只靠文法和聲韻等語言學的規則，還必須透過聽、讀、說、寫等不斷實踐的使用過程，才能夠完全體現和不斷再生一個語言系統的動態結構。狄塞托認為這些因人而異、因地制宜，甚至隱而未見的使用過程及操作方式，是另外一種（再）生產，他稱之為「消費者生產」（consumer production）（de Certeau, 1984: xii-xiii）。唯有透過消費者不斷的使用／利用／挪用（appropriate），甚至不經意的誤用，才真正展現出空間或產品的特性。因此，沉默的消費者生產既是社會結構裡最頑強的慣性抵抗，也是日常行動中最沉潛的顛覆力量。

消費者生產的力量表現在兩方面：一方面，空間生產和商品生產最終必須透過空間使用和商品購買的消費過程才得以實現。這是統治者和資本家展現權力的技術細節，亦即傅柯所說的「權力的微物理學」（the micro-physics of power）——落實在身體規訓和操作過程的技術細節（Foucault, 1977）。例如，許多繁複的禮節或精巧的商品包裝就是刻意營造這種支配或是價值的效果。另一方面，那些為數眾多，但處於弱勢地位的空間使用者和商品消費者在面對國家和市場鋪天蓋地而來的宰制力量時，往往發展出各種戰術操作的因應之道來化解。從逆來順受到陽奉陰違，從假公濟私到取巧造假，在在顛覆了既有的權力關係，也重新定義了空間和商品的實質意義。這些在現實生活處境下因人而異、因地制宜的戰術操作是一種「沉默的生產」（silent production）；它是一種受制於環境的生存之道，也是個人和社會再生產的重要環節（de Certeau, 1984: xxi）。相較於大環境的結構性力量，這些個別的因應

作為從表面上看起來軟弱無力，而且因應的方式千奇百怪。但是，細究這些各自發揮的戰術操作，又可以看到一種近乎原始的柔韌力量，和小花、小草在惡劣環境下適應生存的原始本能類似。從族群延續的宏觀角度來看，這些微不足道的生存戰術反而是一種足以和環境相抗衡的巨大力量。因此，消費者生產的戰術操作正是無名小卒（anyone and nobody）和庶民百姓（ordinary people）過日子和討生活的生存之道，也是日常生活實踐不可或缺的協商場域。

沉默大眾在日常生活中協商因應的生存戰術和權力部署的生命戰略不同。用軍事行動來比喻，生命戰略是意志和權力對於空間的掌控方式，是將無形的權力關係以有形的空間布局加以展現，是一種「不在場的全景敵視」。但是生存戰術只能利用、操弄和移轉這些被部署的空間，是一場敵我在戰場上遭遇的真實情境。日常生活中的無名小卒和庶民百姓，就像被指揮官丟入戰場的士兵。他們不是戰略的制定

者，只能在隨時可能會與敵人遭遇的不確定環境當中充分利用自身和環境的資源，設法生存。同樣的道理，一旦進入日常生活的戰場，高高在上的戰略布局就退居戰爭情境的既成結構，改由戰術操作的動態情境接管。面對瞬息萬變的臨場狀況，戰術操作必須當機立斷、隨時變通。其成功的執行，又有賴平時反覆訓練的身體戰鬥和戰術操演。這種動態的社會過程也很像籃球、足球等球類競賽，比賽過程中一波波的攻擊和防守都必須以教練的整體戰略和個別球員的戰鬥表現為基礎；但是每一次傳球和投籃（射門）的戰術執行，都是場上球員攻守之間的臨場表現。

這樣的概念又和德國社會學家諾爾伯特・愛里亞斯（Norbert Elias）以運動競賽的動態關係來思考現代社會和文明進展的形構社會學（figurational sociology）相當類似。愛里亞斯認為運動競賽和戰爭一樣，是由相互依賴、合作和敵我關係所交織而成的衝突緊張，而且其過程也摻雜了喜悅、痛苦的情感

經驗和理性、非理性的行為舉動，是真實社會的最佳縮影（Elias and Dunning, 1986: 19）。形構社會學主張社會是一個不容切割的整體動態關係，需要一種「全面」（in the round）的分析觀點，不能分解成政治、經濟、社會、文化等不同的局部面向和化約成唯物／唯心、理性／經驗、行動／結構、意志論／決定論等片面的二分觀點。這個在1930年代末期就被提出來的理論觀點遲至1970年代才因為要反制結構主義的過度強勢而受到重視，也間接促成1980年代以紀登斯為代表的結構化歷程理論的興起。簡言之，形構理論是指一群在不同層次、以不同方式相互依存的人際組合所形成的一種開放、連續和動態的社會形態，其中涉及了各種人我之間的權力張力。如何維繫這些相互依存的權力關係，就成了穩定社會關係促進和諧發展的關鍵議題。

愛里亞斯舉足球為例，說明社會形構的動態關係具有「雙重約束」（double-bind）的內、外張力：內部張力是指為了達到攻擊致勝的團隊目標所形成的小我與大我之間的「依存鏈結」（interdependent chains）——也就是一般經濟學所說的生產分工或是社會學所說的角色分化；外部張力則是進攻和防守的敵我關係所構成的生存競爭（Elias and Dunning, 1986: 10–14）。所有人都必須依賴其他人的競爭和合作，維繫個人和社會的生存狀態。審視運動競賽中雙方球員在運動規則限制下攻守求勝的形構張力，亦即控制張力下的群體形構（groups-in-controlled-tension），有如檢視社會進展過程中不同個體看似各自獨立，但又相互鏈結的計畫與行動，這是群體在控制合作與衝突張力之下的動態關係（Elias and Dunning, 1986: 194–200）。

日常生活的生存戲碼，亦是如此。即使在日常生活中被視為最被動的收看電視，也潛藏著許多戰術操作的空間。從表面上來看，一般觀眾無法自己製作電視節目，只能在既有的節目頻道中選擇，被動地收看，所以媒體宰制了觀眾。狄塞托認為，這種說法忽略了觀眾「使用」電視的各種可能性，以及因此

所產生的效果。例如,用電視來「招待」訪客,以減少缺乏話題的尷尬;或是,觀眾在收看節目時會依自己的經驗、目的和想法來詮釋電視內容的情節和意義等。這些結果可能會和原先製作節目的企圖,有所出入。就像許多政令宣導的節目常常弄巧成拙,造成反效果。所以,狄塞托強調,日常生活實踐的主要邏輯不是戰略性的理性決策,而是因人而異、因地制宜的戰術操作。它在利用／挪用時間、空間和社會資源的「因應／制宜」(making-do)過程中,集體再現,甚至改變了整個社會制度的結構特性(de Certeau, 1984: 34-42)。

英國物理學家馬克·布肯南(Mark Buchanna)將這種在動態情境之下戰術操作的實踐邏輯稱為「社會物理學」。他認為人類的心智活動受到兩套系統的控制:一個是理性邏輯的心智活動,但是它的速度緩慢,而且必須集中精神才不易出錯。另一個是本能反應的心智過程,它能快速掌握環境情境裡的關鍵細節,依據非常簡單的決策規則迅速採取行動(Buchanan, 2007: 86)。在資訊不足的情況下(這也是最普遍的社會現實),我們最常採取的戰術決策就是模仿他人的從眾行為,從而擴大行動的效果和改變環境資訊的內容,尤其是當群體遭遇共同的外在威脅時,這種再簡單不過的行為模式就成為延續族群命脈的生存法則。

換言之,日常生活中沉默大眾的消費者生產充分展現了一個社會生活文化的具體內涵,也回應了布爾迪厄對於生活「慣習」(habitus)的精闢見解(Bourdieu, 1977: 72-95)。它既是個人在特定社會結構之下,看待事物和具體行動的基本方法,也是這些內化的實踐邏輯所產生的外在實踐(Ward, 2000: 2)。換言之,日常生活的生存戰術,反映的是個人的身心主體、人與人之間互為主體,以及人利用環境資源的客體化關係三者之間,不定形和生成的動態連結。因此,要徹底了解現代社會的整體樣貌及其形成的動態過程,其關鍵不只是資本主義的生產過程和最終的商品形

式而已，還包括社會大眾在強勢的經濟秩序之下如何藉由商品使用的消費者生產來達成自己生存發展的個人再生產，以及眾人的沉默生產所集體展現的社會再生產。就像法律的體現不只是法律條文、警政機構、司法制度和檢警的勤務而已，更重要的是人們如何「遵守」法律，以及許多遊走於法律邊緣的模糊地帶。這些隱而未見、難以劃分的動態情境，才是解開真實生活神秘面紗的關鍵要素。

換言之，日常生活實踐的探索必須設法呈現出市井小民在強勢的生產力量和社會秩序所壓制的規範陰影之下，如何善用時間、空間、身體和各種社會資源以順應或反轉局勢的「微小抵抗」和「微小勝利」。因為在各種結構限制與制度衝突之中，或多或少都潛藏著一些轉圜的空間。而且，不論可以協商的空間是多麼微小，藉由日常生活的戰術操作，至少可以讓日常生活暫時維繫。而這些短暫、不定型的局勢變化，如果數量龐大，而且反覆出現，也就逐漸形成一股強大的結構化力量。這正是日常生活和庶民文化的本質──最細微柔弱，卻也最堅韌不摧的生活戰術。消費者生產的戰術操造是傳統政治經濟學疏於關照的重要面向，因為後者總是圍繞在生產和商品本身的物質性上面，關注最終產品的被動消費、銷售數量的增減、市場占有率的變動等等；馬克思主義的相關語彙也多半圍繞在剝削、齊一性、大眾文化和異化等宰制力量，卻忽略了消費使用的積極面，尤其是戰術操作的創造性和革命性。從這個角度來看，狄塞托所強調的日常生活戰術操作，不啻是對現代性的權威和規訓的另外一種無聲抵抗──沉默的消費者生產。它提醒我們，除了空間生產的政治經濟學之外，日常生活地理學也必須同時關注消費者生產的社會經濟學。此外，以日常生活的身體─空間關係作為批判當代社會的理論視野和研究課題，也凸顯出日常生活地理學結合日常生活和地理學研究的「反學科／反規訓」特質，這將是本書探究台灣當代婦女廚房生活處境的基本立場。

身體再生產的社會經濟學：逼近日常生活的方法論啟發

在探討過當代社會思潮的日常生活轉向、從人道馬克思主義的異化觀點對現代資本主義社會的異化生活進行哲學批判，以及整合空間生產的政治經濟學和零碎的日常生活概念重新建構出身體—空間的日常生活地理學架構之後，本章最後將從方法論的角度切入，進一步思索該如何利用日常生活地理學的觀點來對現代資本主義的都市生活展開具體的經驗研究。思考的面向包括：（一）日常生活研究的方法論省思，（二）研究假說的重新界定，以及（三）日常生活地理學對田野工作和研究方法的啟發。

社會科學是和現實社會與日常生活密不可分的「人性科學」（human science）。但是，當前的學術風氣似乎依然存在著理論與現實脫節的異化現象：有關社會現象的哲學批判經常耽溺於抽象的形上思考，而社會現象的經驗研究往往又局限在既有的理論觀點和研究取徑裡面，同時整個「學術研究」也常常自外於日常實踐和社會革新的具體行動，使得越來越多的學術生產不自覺地淪為「為學術而學術，為出版而出版」的異化狀態。因此，有關日常生活地理學的方法論

探討除了作為本書實際分析台灣當代婦女廚房生活的指導方針之外，更是完備日常活地理學整體理論的必要工作。

逼近日常生活：
從置身其中的「存而不論」到反身抽離的「存疑」批判

前一節曾經提到，日常生活的身體再生產是由生命戰略、生活戰術和身體戰鬥所共同構成的沉默生產──一個除了理性決策之外，還深受自然態度和戰術操作影響的「身體─空間」，包括「身處空間」和「身為空間」的情境體現／協商關係。由於日復一日的生活場所、時間規律和生活內容構成了例行、熟悉的生活世界，人們對日常事物的想法和作法也習慣成自然地成為理所當然的「第二天性」。在各種科技產品不斷推陳出新的現代資本主義社會，這樣的「第二天性」更使得一般人在來不及細究這些日新月異的商品和制度的道理之前，就自然而然地將這些現代社會的產物納入自己的日常生活當中；

並且在實用和操作的層次上，快速地發展為普遍的生活常識。例如，手機和網路的運用在台灣幾乎已經成為現代生活的「必需品」，不分男女老少都被迫適應這些高科技的商品，其中不乏許多完全不明瞭這些科技原理和內涵的使用者。這種「知其然，卻不知其所以然」的日常現象，正是我們對於現代生活的認知盲點。這也是列斐伏爾對於現代資本主義商品殖民的消費異化，最引以為憂的事情。他引述黑格爾的話指出，「熟悉的事物，未必是熟知的事物」（the familiar is not necessarily the known）；而且，他認為越是熟悉的事物，越不了解的部分可能越多（Lefebvre, 1991a: 132）。因為在日常生活當中，越是熟悉的事物，反覆出現的頻率就越高，也就越容易被視為理所當然。而且，越是習慣成自然，也就越不會去深入探究原因，結果反而越不了解，變成只知其然，卻不知其所以然。就像空氣之於人類，水之於魚，唯有失去或是特殊的狀況下，我們才會體會到這些日常生活的必要條件有多麼重要。

因此，對於現代資本主義社會異化生活的辯證批判，必須先從日常生活世界的「自然態度」中抽離，有意識地重新看待身體戰鬥的無意識動作和生活戰術的實踐意識作為，然後才可能從日常生活的「解密」過程中發動日常生活的「文化革命」。用現象學的語彙來說，就是要對「理所當然」的日常事物採取一種「存疑」（epoche）的態度：對於經驗和熟悉事物**暫時停止相信**（suspension of belief in the experience or experienced thing），讓內化為無意識的「自然態度」能夠重新回復到意識的狀態（Schutz and Luckmann, 1973: 27；Seamon, 1979: 20，本書的強調）。這種對日常生活經驗現象「存疑」的主張，是德國哲學家胡賽爾現象學裡面的核心觀點。Epoche一詞，源自希臘文，意思是「中止評斷」（suspense of judgment）。也就是說要捐棄成見，暫時先承認事物的現象一如事物本身所呈現的樣貌，然後再追問它們如何呈現這樣的樣貌；是一種對事物由「是什麼」（what）轉向「如何」（how）的

存疑態度（Hut, 1998）。換言之，這種把事物暫時「括弧起來」（to bracket）的概念，並不是「終止評斷」（end of judgment），毫不質疑地接受既有現象的意思。然而，有關現象學的中文譯本，通常都將epoche一詞翻譯成「存而不論」，顯然曲解「存疑」的原意。否則，對日常生活世界的自然態度「存而不論」，極可能變成存在現象學家馬汀·海德格（Martin Heidegger）所批判的那種「凡夫俗子」（common man）的一味盲從：沒有親身用心體驗具體的經驗世界，只是大量仰賴他人轉述的經驗和看法，來作為自己日常生活實踐的依據（Vycinas, 1961: 42, cited in Seamon, 1979: 140）。這種趨附流俗的結果就是生活的異化和本我的喪失。

換言之，現象學的「存疑」動作正是日常生活批判設法「去異化」的第一步，這也是日常生活地理學除了空間生產的政治經濟學之外，特別關注身體再生產的社會經濟學的主要原因。「存疑」的前提是開

放的心胸、細膩的觀察和深刻的反省，但是要做到這些事情並不容易。所以，要讓日常生活能夠成為一種洞悉現代社會的理論視野，必須先讓熟悉的事物變得「陌生」，才能夠重新看到因為過度熟悉反而視而不見的日常事物。接著才有可能意識到日常生活中的各種問題，進而加以分析和謀求改變的策略。列斐伏爾認為這種讓熟悉事物變得陌生的「陌生化」（to estrange）動作，是意識異化和從異化中獲得解放的重要步驟（Lefebvre, 1991a: 20）。但是，列斐伏爾的「陌生化」概念並非直接來自現象學的「存疑」動作，儘管二者有異曲同工之妙，而是得自於他在20世紀中期和一些超現實主義前衛藝術家和理論家密切交往的靈感啟發。例如，列斐伏爾在《日常生活批判》第一卷中曾經多次提到德國劇作家貝托爾特‧布萊希特（Bertold Brecht）的「史詩劇場」（epic theater），以及它在理論和實務上所產生的「陌生化」效果。按照布萊希特的看法，傳統的戲劇所呈現的多半是一些固定戲碼，觀眾就像被催眠般地被動觀賞導演安排好的劇情。但是，布萊希特認為戲劇應該帶給觀眾貼近生活及反思生活的藝術行動，因此劇本的安排必須讓觀眾產生陌生感，讓熟悉的事物被重新看到和加以反省，進而達到改造社會的目的（Brecht, 1964: 144；Lefebvre, 1991a: 14-25）。

同樣地，對於現代資本主義社會的日常生活批判也需要一種和日常生活保持距離的陌生感，但是又不能遠離具體的日常事物，否則便會產生疏離的冷漠感。這種抽離但不疏離、見樹又見林的存疑動作，和舒茲所主張的現象學研究取徑——他稱之為「旁觀者」（the stranger）的研究位置——相互呼應。舒茲認為，社會科學研究有三種基本的研究位置和態度：第一種是「製圖者」（map maker）的客觀描述，其問題在於過度疏離，見林不見樹，以至於看不到個人的經驗層面；第二種是「當局者」（people on the street）的主觀經驗，其問題在於過度投入，見樹不見林，以至於無法掌握整體客觀環

境;第三種則是「旁觀者」的近距離觀察,是將自己從「當局者」的置身情境中抽離出來,但是又沒有退到「製圖者」的疏遠距離,因此得以見樹又見林地理解日常生活的異化處境(Schutz, 1943;quoted in Smith, 1998: 16-20)。法國童書《小王子》借用充滿赤子之心的「外星人」觀點來質疑許多世人習以為常的價值觀和行為模式,就是對日常生活存疑和陌生化的最佳例證(參閱de Saint-Exupéry, 1999)。這種以陌生化的新鮮觀點和抽離但不疏離的反身視野來審視因為習以為常而變得平庸無奇的日常事物,會產生有如布萊希特史詩劇場般的戲劇效果,進而引導我們以不同的角度重新思考日常生活的切身問題。這正是研究日常生活所需要的基本態度,也是揭開日常生活神秘面紗的首要步驟。

而對日常生活存疑的戲劇性思考,對於日常生活的具體研究至少提供了兩個面向的啟發:一個是策略性研究假說的建立;另一個則是研究方法的選用和設計。前者讓研

究者意識到日常生活沉潛柔韌的特殊性,進而設法在概念上產生足以鬆動和反轉日常生活的創新思維;後者則是有關具體的研究步驟和資料蒐集/呈現的手法,是再現和改造日常生活的實踐過程。這兩個關於日常生活研究方法論的具體探討,也是試圖回應列斐伏爾以哲學的辯證批判來引發生活革命的實踐企圖。接著,就一一加以說明。

策略性假說:從「歸納—演繹」到「辯證轉繹」的邏輯轉換

米契爾·崔比瑟(Michel Trebitsch)在《日常生活批判》第一卷英譯本的序言中指出,該書是繼馬克思之後,對於異化理論最重要的分析。而其主要的貢獻之一,就是將馬克思主義抽象的辯證哲學轉化為具體的批判行動(Trebitsch, 1991: x)。日常生活的批判,不只是了解有關日常生活的批判知識,批判知識的目的還包括改變日常生活的行動力量。而其關鍵就在於將辯證哲學轉化為批判行

動的「操作化過程」。列斐伏爾認為，批判現代資本主義社會的生活異化不能只有客觀事實的經驗歸納（induction）和抽象機制的演繹推論（deduction）。因為這兩種邏輯思維只是在獨特性和普遍性的關係裡面打轉，缺乏辯證唯物論的基本精神：開啟新意識和發動新行動的可能性。

列斐伏爾批評，傳統的科學研究經常局限在歸納和演繹的封閉邏輯裡面：歸納只是將事實轉換成法則，將獨特的變成普遍的，將偶然的歸結為必然的；反之，演繹則是將普遍的延伸到獨特的，將確定的轉換成啟發的，將必然的因果機制放到偶然的情境關係裡面。因此，歸納和演繹只是描述既有社會現象的一體兩面，難以觸發新的概念思維和具體行動。相反地，列斐伏爾認為，日常生活研究和一般的社會研究一樣，都始於對既有現象的批判提問，也就是將其視為有問題的「存疑」動作，產生所謂的「問題意識」（the problematic），進而利用辯證批判的思維去發明「策略性

的假說」（strategic hypothesis）。它是一個虛擬的對象（a virtual object），是從既有的條件和過程去想像新的或未知的可能性。「策略性假說」好比一種社會學的轉導物質（sociological transducer），是在研究過程中逐步開啟社會改造之門的重要關鍵。列斐伏爾將這種利用已知的現實去建構可能的概念知識，進而實現新的社會事實的研究過程稱為「轉繹」（transduction）（Lefebvre, 2002: 117–118）。在生物學和基因工程上，transduction的原意是轉導作用，意指某些特殊的病毒在侵染過程中會將寄主細胞（生活環境）的基因特性整併到自己的基因裡面；然後，在另一個侵染過程中將新的病毒基因帶到別的寄主細胞裡。這種病毒的轉導作用後來被應用於基因工程，作為治療疾病和品種改良的方法之一。應用在社會科學的日常生活研究上，「轉繹」代表著辯證批判所帶來從現實到可能、從現在到未來的跳躍性思考。它強調正、反對話之間和正、反關係之外「一兼二顧」和「生三成異」的曖昧性和可能性，

這是策略性假說所仰賴的開放邏輯。

本書特別將策略性假說的開放邏輯稱為「辯證轉繹」（dialectical transduction），一方面強調辯證批判在建構策略性假說上的重要性，另一方面則是強調轉繹邏輯在引發生活革命上的基進性。它讓日常生活研究，甚至整個社會科學的經驗研究，從歸納、演繹邏輯的機械操作，換為情境理論的創意工程。這種舉一反三的跳躍性思考，也是未來知識經濟和文化產業深所倚重的創意思維（吳鄭重，2008：42-44）。其實，這樣的研究實踐早就存在於許多自然和社會科學的理論創新當中，只是策略性假說的辯證轉繹在理論建構中的關鍵作用常常被大量的實驗操作、機械化的邏輯推理和制式化的報告格式所掩蓋，因而被歸結為「科學天才」或是「理論大師」的個人才能。其實，這樣的思維能力應該是科學教育和學術訓練必須傳授的基本能力。此外，由於日常生活殘存、零碎和例行的整體特性，往往讓日常生活變得特別頑固和難以改變，因此在研究的過程中更要有意識地強調辯證轉繹的引爆作用，才可能從日常生活實踐中挖掘出身體戰鬥所呈現的身體／地方芭蕾、生命戰略所部署的行為科學、生活戰術所體現的情境知識，以及這三者共構而成的日常生活再生產。

蒙太奇的「生活劇場」：探究日常生活的非常手段

有了抽離存疑的問題意識和辯證轉繹的策略性假說之後，我們就可以對現代資本主義社會的日常生活展開具體考察和實質批判。但是，如何有效掌握考察和批判的對象，則有賴我們進一步檢討傳統的研究策略。因為日常生活具有剩餘、零碎和例行的沉潛鈍性，往往需要非常手段的戲劇效果才能夠有效地呈現出日常生活的情境脈絡。而列斐伏爾、狄塞托和梅佛索里等人在建構日常生活的批判知識過程中，或多或少都提到如何捕捉日常生活情境的「戲劇手法」。因此，本書試圖從戲劇性的陌生化角度出發，藉

由一些戲劇手法的挪用來凸顯日常生活空間生產和日常身體再生產之間的情境關係。接下來我試著從故事情節、舞臺背景、布景道具、演員角色等基本的戲劇元素和慢轉放大的戰鬥特寫、搖鏡跟拍的情境敘事和超現實民族誌的反諷倒影等常見的戲劇手法，來思考如何建構出足以反映現代資本主義社會的「生活劇場」。

掌握日常生活脈絡的戲劇架構

加拿大社會學家厄凡・高夫曼（Erving Goffman）是最早成功地將戲劇元素和相關概念用在社會分析的社會學家之一。他在1956年出版的《日常生活中的自我表演》（*The Presentation of Self in Everyday Life*）一書中，延續符號互動論（symbolic interactionism）的社會角色觀點，並借用舞臺表演的戲劇元素，將人際互動的社會角色擴大為身體空間的社會情境。他藉由舞臺前台、後台（front stage and back stage）的區域化概念，將日常生活的人際互動視為一種符號交換的自我展現（表演）。對於日常生活的具體研究而言，高夫曼的戲劇觀點將身體和空間從社會關係的中介角色，提升到理論核心的地位。

高夫曼指出，現代的西方社會是一個以室內為主的社會關係（Goffman, 1992: 115）。大多數的社會生活是發生在這些有明確邊界的空間場域裡，就像舞臺上的戲劇表演，一幕幕地展現出人與人之間微妙的社會互動。因此，一些舞臺戲劇的表演元素，包括舞臺設備、布景道具等前台、後台及台上、台下的舞臺環境（setting），以及個人肢體、言語和表情的行為舉止，剛好可以用來分析這些以室內人際互動為主的社會情境。也就是說，在日常生活中，人們往往因為不同的社會角色和不同的區域場合，表現出截然不同的行為模式和社會關係。同樣地，日常生活中由身體和空間所構成的各種生產和消費的行為模式及社會關係，也可以借用日常生活自我展現的表演概念，加以分析。

我特地將高夫曼有關日常生活自我展現的戲劇概念，和前面列斐伏爾借用布萊希特史詩劇場的陌生化效果，拆解成劇本／情節、背景／舞臺、布景／道具、以及演員／角色等基本戲劇元素，作為重新呈現日常生活身體與空間生產／再生產關係的敘事模組。透過理論觀點的適當投射和具體事物的重新聚焦，這樣的「生活劇場」正好可以作為本書分析台灣當代婦女廚房生活處境的分析架構。有關這些戲劇概念如何轉換成具體的分析架構，將留待下一章探討。

捕捉日常生活內容的戲劇手法

除了用戲劇表演的構成元素來剖析日常生活的情境脈絡之外，要在經驗研究上對我們已經習以為常的日常生活展開具體的批判分析，則需要藉助適當的戲劇手法來凸顯平凡生活裡面的非凡之處，以產生存疑批判所需要的抽離、但不疏離的「陌生化」效果。在專業的戲劇研究和實務裡面，不斷有各種關於戲劇效果的創新嘗試和理論歸納，

但是本書一時之間沒有能力將議題的觸角延伸到那麼遠的地方。相反地，我只是想藉由日常生活研究的相關著作當中——尤其是狄塞托和列斐伏爾最具代表性的作品——對於如何逼近日常生活所作的方法論思考更具體地加以歸納整體，以作為後續經驗研究的參考。至於有興趣發展日常生活研究方法的讀者，不妨自行參考相關的戲劇理論，並且針對自己的研究議題研擬出獨特的研究策略，相信會有相當豐碩的收穫。此處只作粗淺的探究，將不一一列舉各種可能的戲劇手法。

首先，狄塞托認為，日常生活研究的目的在於建立一個「獨特性的科學」，也就是將個人在社會結構限制之下如何生存適應，進而改造整個社會結構的戰術操作，作系統性陳述的「生活敘事」（narration of the everyday）。這種具有科學精神的「生活敘事」融合了真實故事的描述臨摹（descriptive tableaux）和理論差異的分析臨摹（analytical tableaux）。它既不是包羅萬象和鉅細靡遺的詳實描述，也不是

只空談抽象概念的大理論（grand theory），而是要開啟一個關於獨特個體的實用科學（a practical science of the singular）（de Certeau, 1984: 77-78）。因此，各種戲劇手法都可能是從事日常生活科學研究會用到的方法論線索。這種有關日常生活的情境分析必須是結合科學論述（scientific discourse）和述說藝術（art of saying）的「生活敘事」。它讓沉默大眾隱而未顯的操作過程，以及融合了共同情境和特殊處境的生活整體，得以完整地呈現出來。「生活敘事」的精神充分展現在《日常生活實踐》中的獻辭裡（de Certeau, 1984: iv）：

向庶民百姓致敬，
向走在街頭無以數計的無名英雄致敬……
這些無名英雄……
此刻正蹲踞在科學的舞臺中心……
喃喃訴說著……
社會學和人類學的關注，
正聚焦在匿名和日常的事物之上，
伸縮鏡頭擷取到……
不屬於任何人……
但卻代表人類整體的──生活細節。

其次，為了掌握生活敘事兼顧描述臨摹和分析臨摹的要領，狄塞托曾經參考傅柯和布爾迪厄的研究策略，針對日常生活中戰術操作的消費者生產提出一個「生活解剖學」的研究步驟（de Certeau, 1984: 62-64）：第一個步驟是「擷取」（cutting out）的民族誌孤立動作（ethnological isolation），也就是將某些特定的日常生活實踐從未被定義的生活環境中擷取出來。將其視為分離的母體，進而形成一個異於周遭環境的整體，就像傅柯在處理診所、精神病院和監獄等「異質地誌」（heterotopology）一樣（參閱Foucault, 1965；1973；1977）。這時候，許多隱藏在日常生活裡面的個別事物，就會因為集中和聚焦的特殊處理而集體現身。第二個步驟則是將擷取的研究對象加以「翻轉」（turning over）的邏輯反轉（logical inversion），讓原本隱而未顯的事物內裡被翻出來檢視。就像巡視餐廳的廚房或是劇場的後台，讓原本看不到的操作程序和原料細節，能夠一一呈現。

此外，為了仔細檢視日常生活內容中不容易被看到的細節，我們還可以在概念上借用一些常見的戲劇拍攝手法。例如，分別從不同的角度取景、運用快慢不同的播放速度，以及局部特寫、廣角鏡頭和全景敞視等特殊技巧，讓原本平凡無奇的生活舉動，產生戲劇性的陌生化效果。此外，我們也可以借用側錄和「幕後花絮」的方式來呈現生活過程背後的辛酸，甚至集結NG鏡頭的失敗例子，來凸顯看似「稀鬆平常」的日常生活，其實是「得之不易」的生存鬥爭。在此特別強調，這些由戲劇影視所發展出來的影像手法，不僅可以作為擷取、呈現日常生活神秘內容的方法論啟發，它同時也提醒我們，影像資料對於重現生活內涵的重要性。這是傳統以文字為主的學術研究長期忽視的重要課題，有待我們進一步深思。

相較於狄塞托強調用鏡頭調度來凸顯社會結構下生活行動的寫實手法，列斐伏爾的日常生活批判則強調從零散的個人行動中彰顯其身處的社會脈絡，也就是日常生活零碎化的整體現象。所以，列斐伏爾試圖從不同的當代文學與戲劇作品中，尋找辯證批判日常生活的戲劇靈感。除了布萊希特的史詩劇場之外，查爾斯·波特萊爾（Charles Baudelaire）、安德烈·勃勒東（Andre Breton）、馬賽爾·普魯斯特（Marcel Proust）等人的作品，甚至超現實主義和非日常的節慶、嘉年華，都是他用來建構日常生活批判理論的思想借鏡。在這裡，我只舉一個列斐伏爾在《日常生活批判》第一卷再版序言中特別提到的例子──默片時代的喜劇之王查爾斯·卓別林（Charles Chaplin）城市電影系列中的「反諷」手法（Lefebvre, 1991a: 10-13）。

卓別林在《城市之光》（City Lights, 1931）、《摩登時代》（Modern Times, 1936）等描寫20世紀初期資本主義社會都市生活的喜劇電影中，利用鄉巴佬進城的流浪漢角色和誇張的衣著、肢體動作，透過劇中人模仿工業資本主

義都市社會中布爾喬亞階級的生活舉止和價值觀，卻老是弄巧成拙所呈現出來的「生活倒影」（reverse image），讓觀眾從螢幕上看到取材自真實社會的熟悉場景和我們習慣的舉止舉動，因此呈現出強烈的反諷效果。卓別林在劇中的標準裝扮——禮帽、手杖、寬鬆的褲子、大皮鞋和外八的步伐，雖然誇張到不真實的地步，卻是當時倫敦布爾喬亞階級的標準裝扮；而我們覺得冷酷無情的劇中現實，也正是當時多數人在機械時代和資本主義的生產與消費邏輯之下的思維模式。透過卓別林近似戲謔的反諷表演和觀眾的笑聲，讓我們突然理解到真實社會的荒謬無情和疏離異化——我們就是電影裡面的丑角。只是我們在電影院外的真實生活當中，往往渾然不覺，甚至已經麻木不仁。港星周星馳的許多「無厘頭」電影，也可以視為是對資本主義社會倒影反諷的現代中國版（可參閱周星馳的 fan 屎，2004）。

最後，列斐伏爾對日常生活的批判觀點也和一些超現實主義、前衛藝術的批判觀點非常契合。不論是超現實主義所呈現的那種因為過於貼近真實而失焦扭曲的「超級現實」（surreal），或是前衛藝術將不相干的日常生活事物加以拼貼所造成的「蒙太奇」（montage）效果，都被視為是凸顯和質疑現代生活異化本質和荒謬特性的基進手段。從這個角度來看，利用戲劇性的手法來檢視和批判現代生活也應該被視為一種以哲學的「超異化」來「去異化」的學術創作。唯有當科學、藝術和生活的理論與實踐能夠合而為一，我們才有可能重新找回「全人」和本真的日常生活。

Chapter IV
廚房劇場：分析架構和研究方法

我今年六十四歲，原本住在鄉下，
老來時和兒子一起住在台北民生社區某一個大樓裡。
我是一位嚮往大自然的老人，最喜歡看天上的雲。
沒事時，我就站在窗前凝望著天上的雲。
看著朵朵白雲自由自在的在天空輕飄遊行時，
我的心也跟著輕鬆起來。

受過日本教育的我，不會流暢的中文。
儘管如此，我還是喜歡提筆以國字來亂寫。
尤其是心裡愈煩悶，我愈想動筆。
每當我把煩惱事寫出來時，
就如雨過天晴般地心情好了起來。

雲！我是多麼盼望你當我的筆友。
希望你耐心傾聽我這老人家說說我的愚痴，
陪伴著我愉快地走完我人生的旅程，好嗎？

范麗卿，《天送埤之春》

　　本章試圖從日常生活地理學的理論觀點出發，一方面重新凝聚第一章有關台灣女性廚房生活處境的問題焦點，另一方面則是具體回應第二章有關西方學界對於婦女廚房家務處境的政治經濟學分析，進而建構出「廚房劇場」的分析架構，以便在經驗層次上深入探究戰後台灣婦女在公寓廚房裡面的身體空間處境。

　　為了體現批判實在論所主張的社會科學研究精神——「具有理論觀點的具體研究」（a theoretically informed concrete research）和「切合實際的適當解釋」（a practically adequate explanation）（Pratt, 1994: 42；Sayer, 1992: 65-71），本章將區分為兩大部分：第一部分是從抽象概念出發的分析架構，主要是將女性廚房家務的性別議題和日常生活地理學的理論觀點，重新整合成一個現代廚房生活的敘事模組，藉以展現從廚房空間生產到廚房生活再生產的結構化歷程關係。第二部分是從經驗資料著手的研究設計，主要是透過研究對象的選取和研究方法的安排，讓當代台灣婦女的廚房故事可以透過「擷取／翻轉」的敘事手法，清楚地呈現在讀者面前。希望透過理論演繹的操作化過程和經驗歸納的概念化過程，能夠映照出台灣婦女在戰後都市發展的歷史脈絡和資本主義社會的經濟結構之下，參差對照的廚房生活處境；更希望藉由一些實際的家庭案例，了解不同婦女在各種生命戰略、身體戰鬥和生活戰術的拉扯之下所體現出來的「生活廚房」。

分析架構：身體與空間的廚房劇場

在台灣當代婦女廚房生活處境的問題意識之下，以日常生活地理學的理論觀點來分析廚房空間生產和廚房生活再生產的結構化歷程關係，可以為反身現代性的日常生活批判開啟一個「複雜本體論」（complex ontology）的論述方式。藉由結構性的歷史片段（historical moments）和零碎的生活片段（life moments）之間的切割和連結，可以產生有如漫畫般的分鏡、停格和接續等動態效果，進而形成類似「大時代，小故事」的敘事效果。

在歷史片段方面，我們將藉由集合住宅和公寓廚房的空間實踐、住宅和家庭現代化的空間表述，以及一些具代表性的公寓平面和廚房空間，來了解戰後台灣公寓廚房的空間生產過程。在生活片段方面，我們試圖透過一般家庭在購屋、就業等居家安排的戰略決策、婦女日常煮食家務的身體戰鬥，以及她們如何利用空間、科技、身體和飲食等生活戰術的協商安排，來了解廚房生活所體現出來的生活廚房。更重要的是，日常生活地理學的現代性批判強調從已知到未知、從現實到

可能的辯證轉繹也代表一種連結思想和行動、從生活到革命的「策略性假說」，它除了具有社會病理學的分析功用之外，也潛藏著空間生理學的理論價值：透過理論觀點的歸納整理、田野工作的經驗分享，以及分析討論的層層對話，會淬鍊出理論和經驗的「共同語言」。一方面將看似微不足道的「常識學」提升至學術和專業的研究範疇，另一方面也讓學術和專業的理論觀點散布到學術期刊和專業社群之外的廣大群眾。這麼做將有助於達到設身處地和心領神會的溝通效果，讓相關議題受到學術界、專業社群和社會大眾的重視與討論。現代社會日常生活批判的最大挑戰之一，在於如何建立這三者對話的平臺，這也是本書嘗試突破的學術限制。

有鑑於第三章曾經提到過，對於現代社會的日常生活批判需要運用適當的戲劇手法來製造「陌生化」的效果，才會警覺到許多習慣成自然的生活情境其實是高度異化的身心處境；因此，本書嘗試將當代台灣婦女的廚房生活視為一齣在公寓舞臺上演的廚房劇場，利用舞臺／背景（stages/settings）、布景／道具（scenes/props）、演員／角色（actors/roles）和故事／情節（stories/scenarios）等基本戲劇元素，以及狄塞托觀察日常生活實踐時所發展出來的擷取／翻轉的「生活解剖學」的研究技巧，配合旁白解說、定格特寫和詰問對談等生活敘事的簡單手法，來呈現台灣婦女在每日的廚房生活當中，身體與空間的結構化歷程關係。這樣的分析架構將有助於拆解廚房空間生產背後複雜糾結的社會脈絡和歷史情境，使公寓住宅空間生產背後「隱身的男性」現身，同時也有助於呈現日常身體再生產過程中婦女們靈活機巧的因應之道，讓被框限在公寓廚房裡面「無聲的女性」發聲。不過，在進出公寓廚房空間生產的歷史敘事過程中和穿梭於不同的廚房生活故事時，我發現自己過去的生活經驗，包括從小到大作為一個旁觀者看著母親在廚房和工作之間周旋，還有我在國外念書期間及母親過世之後親身體驗到的各種的廚房情境，都讓我在田野觀察和

訪談的過程中扮演類似「靈媒」的角色，傳達「不在場者」的幽靈聲音，不論是理論的、經驗的、自身的，或是他人的，甚至有不少可能是我母親的廚房心聲。希望這種混雜了客觀事實、主觀經驗和模糊回憶的對話方式可以梳理出一個既具條理（以回應理論觀點）、又具故事性（以回應經驗素材）的故事架構，來呈現當代台灣婦女的廚房生活處境。

公寓廚房生產的政治經濟學

在第二章回顧西方婦女家務工作處境的文獻時曾經提到，英美家庭主婦坐困家務困境的「無名難題」，或是職業婦女奔波於工作和家庭之間的「協商難題」，都必須放到整個住宅環境的規畫與營造過程中，才能夠充分理解當代婦女在國家和產業主導之下的「男造環境」裡面，單調、孤立和無助的性別家務工作處境。同樣的情形，戰後台灣婦女的家務工作處境，也和當代台灣最主要的住宅形式——都市地區的公寓住宅——關係密切。

而台灣的公寓住宅發展大體上是承襲英美現代住宅的基本模式，包括英國國民住宅的空間結構和美國住宅市場的私有財產制度精神。換言之，公寓集合住宅的發展歷程代表著台灣戰後住宅現代化／西方化的歷程，自然也繼承了不少當代西方社會的住宅問題。

在美國，造成婦女「無名難題」孤立家務處境的「男造環境」，主要是和經濟大蕭條之後，國家和產業聯手在郊區打造出來的單一家庭住宅有關。一方面政府為了穩定社會，創造就業機會，於是以各種獎勵辦法吸引開發商到土地成本低廉的郊區規畫、興建大批的住宅社區，同時提供長期低利住宅貸款鼓勵人民購買住宅，造成大量婦女身陷郊區住宅的孤立處境。在大西洋對岸的英國，從19世紀以來就以背對背的連棟街屋，提供了大量的工人與市民住宅。到了20世紀，尤其是二戰結束之後，英國政府為了安置大量自戰場歸來的退伍軍人和從殖民地遷徙過來的新移民，在都市地區興建了許多廉價的出租國宅。

雖然這些位居都市地區的公寓大樓沒有美國郊區住宅的孤立問題，但是隨著1960-70年代大量婦女投入就業市場之後，婦女必須同時兼顧薪資工作和家務工作的時空衝突，「協商難題」的性別困境，也應運而生。而空間相對狹小的英國國民住宅特別強調空間理性和使用效能的設計原則，將烹調、洗滌和儲藏的室內空間統整在獨立的廚房空間，讓婦女穿梭於不同家務工作的肢體動線更有效率。可是，當先生和小孩輕鬆和樂地坐在客廳看電視時，這種「L-D-K」的住宅模組卻將婦女一個人留在廚房裡面工作，成了名副其實的「現代灰姑娘」。儘管英美兩國的住宅型態並不相同，但是二者卻有如出一轍的「家庭迷思」——以核心家庭為主的家庭想像，以及以婦女作為家務操持者的家務性別分工。

女性主義建築學者認為，這種由國家和產業所主導的「男造環境」的設計歧視強化了資本主義社會自工業革命以來逐漸形成的「分離領域」父權思維。但是，當有越來越多的婦女和男性一樣負擔起家庭經濟時，女性的家務工作負擔非但沒有減輕，反而因為各種現代家電的發明而變得越來越吃重。因此，從19世紀末西方女權運動開始萌芽迄今，不斷有女性學者和婦運人士主張「開放廚房」、「無廚住宅」和「社區食堂」等試圖打破核心家庭住宅形式和婦女家務工作框架的「偉大家務革命」。遺憾的是，這些激／基進的住宅／家務主張，除了在女性主義的研討會上或是婦女運動的聚會場合裡有較一致的共識之外，似乎並未獲得社會的廣大迴響。在建築專業和住宅政策的操作過程中，女性總是處於人單勢孤的弱勢地位；是手握政治與經濟大權的男性充耳不聞？或者是這些女性主張言過其實、危言聳聽？然而，和這些問題切身相關的婦女群眾和她們的丈夫、子女們，又是如何看待這些事情呢？更重要的是，在台灣住宅現代化的過程中，台灣婦女所面對的又是一個怎麼樣的「男造住宅環境」？

因此，首先我們要問，目前台灣都市地區以公寓大樓為主的住宅形式，究竟具有哪些特色？它們的發展歷程為何？與英、美現代住宅之間，存在著什麼樣的關係？尤其是廚房和其他居家空間之間的安排，是否和西方住宅的情形類似？又是哪些因素造成這些相似或相異的情況？其次，我們要進一步追問潛藏在這些住宅結構背後，是什麼樣的意識型態和住宅理念？國家和市場又分別扮演什麼樣的主導角色？它們如何透過具體的政策、法規、市場機制和行銷手法來推動這些住宅現代化的想像？第三，在現實的公寓生活中，有哪些具有代表性的廚房形式？這些活現的廚房空間完全遵照國家住宅政策和民間住宅市場的規畫設計嗎？如果不是，有哪些項目是難以撼動的結構限制？又有哪些是可以鬆動，甚至是需要顛覆的空間元素？這些有關廚房空間生產的政治經濟學，是本書在探究戰後台灣婦女廚房生活的家務處境時，想要釐清的第一個面向。

婦女廚房生活再生產的社會經濟學

從日常生活地理學的觀點來看，由國家和市場所主導的公寓住宅和廚房空間的生產固然是影響婦女廚房生活相當深遠的生活舞臺，但是並非構成「廚房之舞」的唯一要素。就像日本作家吉本芭娜娜《廚房》一書裡面的女主人翁——櫻井，她在侷促的小公寓裡不得不以緊臨冰箱的廚房一隅作為睡覺的地方，因而對冰箱隆隆作響的馬達聲產生一種規律、熟悉的安全感（參閱吉本芭娜娜，1999）。因此，制式的住宅空間不只是框限個人身心處境的限制因素，也是體現個人生活的重要憑藉。也就是說，個人的生活實踐並非全然被動地任由這些制度結構和物質環境所擺布，它還會回過頭來重新塑造這些制度結構和物質環境：透過家家戶戶例行反覆的使用過程所體現出來的生活空間。

換言之，每一個婦女的個人行動都潛藏著反轉和顛覆既有制度結

構和物質環境的可能性，這正是活歷身體和活現空間的精神所在。然而，在微觀社會學的傳統下，行動者的能動性常常被化約為只受理性主宰的意圖行動，而忽略了無意識的身體行動，這是傳統行為科學的最大問題。現象學注意到日常生活世界當中有許多例行化的肢體行為是維繫社會關係的重要面向，因此嘗試以身體主體、身體芭蕾和地方芭蕾等概念來解釋這些奠基在身體空間上面的社會關係。這樣的觀點的確有助於擴展我們對於日常生活世界的認識。不過，在真實日常生活中的各種行動絕非純然習慣動作或是純粹理性思維這兩種截然二分的身、心狀態可以全然解釋的。其實它涵蓋了更多可能的動態過程，包括人云亦云的盲從迷信、協商妥協的機巧變通，甚至單純為了追尋意境與展現美感的生活美學等。這些結合了被動處境、動態情境和生活意境的整體關係，才是實現與連結身心和外在環境的關鍵界面。因此，在探究現代台灣婦女廚房生活的過程中，除了掌握廚房空間的規畫思維與營造歷程之外，我們還需要從婦女廚房生活中身體與空間的動態關係來了解公寓廚房的真實樣貌，並且細究這些活現的廚房空間究竟是如何再現出來的？

換言之，本書借用活歷身體的概念，將婦女身心及其牽動的空間關係視為一個情境體現的社會場域。這個「身體—空間」的客體化關係包括：（一）日常生活中重大決定的生命戰略 —— 理性思考的「自為客體化關係」（the objectivation of strategic thinking for itself）；（二）日常生活中例行性的身體戰鬥 —— 身體主體不假思索的「自在客體化關係」（the objectivation of body practice in itself）；以及（三）日常生活中協商變通的生活戰術 —— 連接生命戰略和身體戰鬥，需要隨機應變的「自為且自在的客體化關係」（the objectivation of tactical operation in-and-for itself）。透過這三種日常行動之間的巧妙連結，婦女在維繫三餐飲食的家庭關係時，無形中也再生產出具有代表性的生活廚房。這個以生活實踐體現身體空間的動態過程，

在空間生產的理論光譜當中搓揉出
一個生活面向的理論皺褶,可以用
來分析公寓廚房作為活現空間的形
塑過程。

這個由空間利用的操作過程所
重新定義的社會空間,剴切地指出
傳統政治經濟學分析所忽略的消費
面向,其實也是空間生產的關鍵要
素,只是它被巧妙地隱藏在活現空
間的體現過程中。從個別的廚房生
活來看,每一個婦女所能夠產生的
力量似乎都難以撼動國家和市場聯
手打造的住宅結構;再者,婦女們
在不同情境之下的作法更是南轅北
轍,要形成一股整合的反制力量更
是難上加難。這也是為什麼傳統的
政治經濟學把個別消費過程當作微
不足道的事情,甚至將其併入商品
交換的買賣過程,以購買和占有的
存有狀態代替消費和使用的動態過
程。但是,當這些不盡相同的微弱
力量被當成一個族群的生存戰術來
看待時——就像被鯊魚追逐的魚群
或是被獅子追趕的羚羊群——一個
個柔弱順應的肢體動作反而匯聚成
一股有如海底暗流的強大力量,瞬

間翻轉和改變整體的追逐和攻守局
勢。

本書將這種在消費過程中,由
各種操作方式所形成的再生產力量
稱為「身體—空間的社會經濟學」
(the social economy of the body-
space)。一方面是為了和空間生產
的傳統政治經濟學加以區分,以強
調身體作為社會的空間場域的核心
性,以及消費過程中不同操作方式
所具有的開創性,這是過去只關注
國家主導力量和產業生產過程的政
治經濟學難以企及的生活實踐面。
同時,這樣的區分也是為了和政治
經濟學再結合,以強調社會再生產
的連續性。這也是國家和資本自我
再生產不可或缺的關鍵資源和必要
歷程——選票和鈔票的持續支持。
更重要的是,這種體現在身體空間
上的消費過程和使用方式正是批判
現代社會生活異化的生活戰場,也
是將來以改變生活來改造社會的行
動起點。

將這樣的觀點應用在台灣婦女的
廚房生活處境上,就可以看到她們

在公寓廚房的空間限制和工商社會
的制度框架之下，如何利用各種方
式來重塑和改造身體一空間的處境
／情境／意境關係，包括住宅空間
的選擇、室內空間的安排、器物設
備的擺放位置和使用頻率，以及烹
調時間與操作方式的重新設計和隨
機應變等等。這些暗藏在消費過程
中的身體再生產，將是我們探究當
代台灣婦女廚房生活的另一重要面
向，也是本書在構思研究設計的基
本前提之一。

研究設計：台北市成功國宅的家戶訪談

為了彰顯國家和市場在形塑台灣當代廚房空間過程中的強大力量，同時也展現現代婦女如何在這些物質條件的限制之下體現出本體生命的廚房生活，本書嘗試以台北市大安區成功國宅社區的住戶為例，利用家戶訪談和現地觀察的方式挖掘出潛藏在國宅公寓中，廚房空間生產和婦女身體再生產之間的結構歷程化關係。由於本研究的目的並非為了找出最具代表性的「典型」家庭，也不是要窮盡所有家庭型態和煮食類型，而是希望能夠呈現出一般公寓和普通家庭共通的生活處

境，以及他們在各種情境之下不同的因應作法。因此，在樣本選取的數量和方法上，並未嚴格遵守統計抽樣的所有規定，而是在「異中存同」和「同中求異」的大原則之下，盡可能豐富田野對象的生活故事，並且讓整個田野工作的進行維持在系統性和效率化的合理範圍。

之所以選擇成功國宅的住戶作為研究案例，主要是基於下列四點理由：

（一）成功國宅建於1980年代初期，這是政府自從1975年制定「國民住宅條例」以來，廣建國宅的巔峰時期。從1976年開始的行政院「六年經濟建設計畫」，政府就將廣建國宅列為國家重大施政目標；並且延續到1980年代的「十二項經濟建設」。這段期間也是戰後台灣民間公寓住宅大量興起的關鍵階段，奠定了現在台灣都市地區公寓住宅的基本架構。

（二）成功國宅是台北市政府國宅處和國防部眷管處共同合作，首宗由眷村改建成國宅的成功案例；它開啟了整個1980年代以眷村改建國宅為主的國宅興建模式。除了少部分住宅單元配售給原眷戶和作為出租的女性單身國宅之外，由平面眷舍變為立體國宅所大量增加的住宅單元則是出售給一般社會大眾，以實踐「住者有其屋」的國宅政策目標。然而，依據〈國民住宅條例〉的規定，不論是原眷村的配售戶或是登記購買的一般市民，承購戶在購買居住滿兩年之後就可以自由轉讓出售。唯一的限制就是出售

的對象必須具備承購國民住宅的資格，也就是自己和家人名下沒有自有住宅的非單身市民。由於成功國宅位處台北市的大安區，是兼具商業、文教與住宅等多重功能的核心區位，加上國宅的售價又比同區位裡的一般民間公寓便宜一到兩成，而且成功國宅的開放空間和公共設施，又比一般市售公寓好上許多，因此，成功國宅的房子在一般的中古屋市場是頗為搶手的熱門商品。從1983年完工之後，距今已經超過二十多年的時間，其中有不少單元已經多次轉手，幾乎與一般市售的民間公寓無異。而且，從2002年底〈國民住宅條例〉第19條修訂之後，國民住宅的承購人在居住滿一年之後，就可以將房屋出售給不具國宅承購資格的一般市民，更讓國宅與一般公寓的界線變得越來越模糊。2005年立法院通過〈公寓大廈管理條例〉之後，原本適用於「國民住宅社區管理維護辦法」的國民住宅，也逐漸回歸由社區居民自主管理的〈公寓大廈管理條例〉。所以，成功國宅在整個國家住宅政策的演變過程中，同時具有國民住宅

和市售公寓兩種身分,可以充分反映出國家與市場在住宅供給所扮演的關鍵角色。

(三)成功國宅的基地內共有38棟7至19層樓的各式大樓,超過2,300個住宅單元。每個住宅單元的室內面積從19坪到33坪不等,共有9種大小不同的坪數。房子的平面格局也有兩房兩廳和三房兩廳兩種基本形式,共計16種平面配置的模組單元。這樣的住宅結構和平面形式非常符合目前台灣都市住宅型態的一般概況,可以視為典型的公寓住宅之一。

(四)由於上述三項因素,使得社區裡兩千多戶住戶的家庭背景,在家庭人口組成、收入、教育程度、職業、省籍各方面相對多元,但又不會偏離國宅公寓所設定的對象太遠,也就是一般收入的核心家庭。從單身戶到三代同堂的複合家庭,中中、中上、中下的家庭所得,本省、外省的族群背景,不同的行業類別,以及從新婚夫妻到空巢期等不同家庭生命週期的家庭,都可以輕易地在成功國宅裡面找到。這樣的樣本屬性雖然缺乏富裕頂層和勞苦底層兩種極端的家戶類型,卻更貼近庶民百姓的社會多數,相對而言會比較符合本書想探究的一般婦女廚房生活的共同處境。加上過去幾年我曾經在成功國宅附近的國立台北師範學院(後來更名為國立台北教育大學)服務,經常出入該社區,對於成功國宅的整體環境相對熟悉。而我現在服務的國立台灣師範大學也在大安區內,這樣的近便性對於田野工作的進行,有相當大的助益。如果再考量我出身於台北內湖眷村的成長背景,父、母親又分別是外省和本省籍貫,我目前居住的地方也是眷村改建的國宅,那麼選擇成功國宅的住戶作為訪談的對象,將更容易發掘出公寓廚房和婦女煮食家務之間的生活故事,也更能夠回應從我母親身上所引發的問題意識。

在選定研究區域之後,從2006年4月起,我開始展開為期兩個月包括基地調查、問卷設計、訪談題綱設計和實際田野測試(pilot study)

等工作在內的先期研究。同年6月正式展開密集的田野訪談工作，一直到8月底結束。連同先期研究階段，前後總共歷時5個月。如果加上後續的資料整理和追蹤的建築師訪談，那麼整個田野研究的工作期間共計7個月。在成功國宅的田野工作期間，我們總共投遞出214封探詢住戶受訪意願的「投石信」，成功地接觸到139戶成功國宅的住戶。其中有51戶受訪者表示願意接受進一步的訪談。透過在住戶家門口完成的篩選問卷，我們又從這51戶當中挑選出17戶不同類型的家庭，進行正式的深入訪談。訪談的對象主要是家庭中負責準備三餐的婦女，有少部分家庭是夫妻和家人（成年子女）一起接受訪談。在完成家戶訪談並做好訪談稿的初步整理之後，我們又挑選了三位有豐富國宅設計的建築師，在2006年的9月和10月進行個別的深入訪談。

先期研究

為了從成功國宅兩千多戶的住戶當中，找出既符合台灣地區與台北市一般大眾的家庭類型，同時也能夠反映出不同空間安排與煮食習慣的家庭，我們從2006年4月開始，透過各種不同的管道蒐集有關成功國宅的各項資料，以了解整個基地的歷史發展、建成環境，以及居民的屬性，作為選取受訪家庭的參考依據。其中包括早期由台北市政府國宅處出版的一系列國民住宅的簡介——《台北市成功國宅簡介》（台北市政府國宅處，1987），內容涵蓋了成功新村改建國宅的歷史過程、社區規畫的重點、整體建築物的平面配置等。同時，我們也參考了幾本有關成功國宅研究的碩士論文（例如樊美蒂，1999；歐家瑜，2000），並擷取成功國宅各社區管理委員會和相關單位放置在網頁上的社區簡介，作為了解成功國宅概況的初步準備。

接著，我們拜訪了成功國宅所在的大安區群英里辦公室，並且透過里長的引介，又拜訪了成功國宅中央區的管委會辦公室。經過長達兩個禮拜的連續拜訪，我們從管委會辦公室裡的相關書面資料和多次

的訪談，了解當時眷村改建國宅的情況，以及改建成國宅後各棟大樓住宅單元的權狀面積與室內面積。並且在管委會的同意之下，影印了當初台北市國宅處所晒製的建築藍圖。藍圖中詳細記載了成功國宅每一棟大樓，以及大樓裡每一個住宅單位的平面結構。

經過初步的整理分析，也對照過去台灣地區人口普查和住宅普查的相關資料，我們對於成功國宅的歷史發展、社區組織、建物結構及住戶組成，有了基本的認識。接著，我們根據本書所設定的研究問題——從公寓住宅的社會空間生產到廚房生活的身體空間再生產——展開研擬田野工作所需要的研究設計，包括訪談家戶的樣本選取方式和訪談的提綱內容等，正式展開家戶訪談的田野工作。

成功國宅社區概況

成功國宅位於台北市敦化南路、復興南路、和平東路和信義路等四大幹道所圍繞的精華地段。東起和平東路三段1巷，西至和平東路二段265巷，南至和平東路二段311巷43弄，北至四維路，占地面積3.1公頃。在行政區的劃分上，屬於台北市大安區的群英里。除了緊臨上述幾條主要幹道之外，基地附近並有台北捷運木柵線經過，最近的捷運站是位於復興南路上的「科技大樓」站，步行只要兩、三分鐘。以學區而言，成功國宅位於建安國小和大安國中的學區之內，鄰近還有多所台北市知名的各級學校，包括師院附小、立人小學、仁愛國中、和平高中、師大附中、國立台北教育大學等。在生活機能上，社區內規畫有中庭廣場、兒童遊戲場、運動場❶、噴泉造景、綠地庭園等公共設備，提供居民休憩之用。中央區一、二樓設有商店、郵局、警察局、幼稚園、超級市場、里民活動中心等公共設施。緊臨社區周邊還有軍公教福利中心、市立圖書館和

---

❶：在中央區第33和第35棟一樓空間設置羽球場兩處。

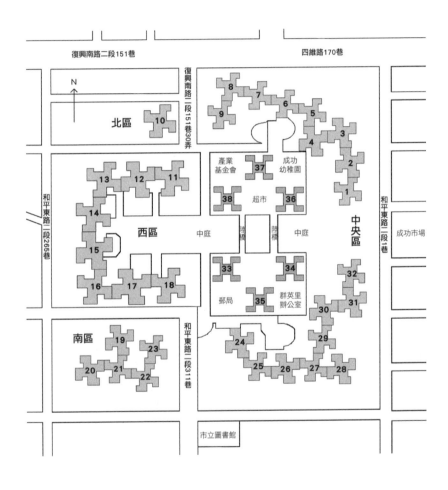

圖07:成功國宅基地圖

公有成功零售市場；位於敦化南路上的遠企百貨，也只需五分鐘的步行距離。整體來說，成功國宅位的交通區位和生活機能都十分便利（圖07）。

　成功國宅是台北市眷村改建國宅的首例。前身為成功新村，隸屬於陸軍。1960年為配合國防部將陸軍總部從鳳山遷至台北，由當時的陸軍總司令孫立人下令闢建安頓部內眷屬的眷村，命名為成功新村。鄰近還有空軍的正義東村、光復東村和隸屬於憲兵的憲光二村。這些早期的眷舍都是連磚式或半磚式的平房。1980年時，因為眷村逐漸老舊，改建的需求日漸浮現。1975年開始實施〈國民住宅條例〉，將興建國宅列為國家建設的重大目標之一，不過因為興建國宅所需要的都市土地取得越來越困難，成本也居高不下，所以進展緩慢。就在國防部缺錢、市政府缺地的情況下，由當時的陸軍總司令郝柏村和台北市長李登輝共同簽訂眷村改建國宅的合作計畫，將老舊窳陋的平面眷村

圖08：成功國宅一景

改建為現代化的高層公寓國宅。首批國宅（成功國宅西區）於1983年完工，全部配售給原先的眷戶，並於次年開始進住。接著，在1984年成功國宅南區和中央區陸續完工，並於1985年底開放市民登記購買，逐漸發展成一個完整的住宅社區（台北市政府國宅處，1987；歐家瑜，2000）。

整個社區是由38棟樓高7層到19層的電梯大樓所構成（圖08）。依據建築物在基地上分布的位置，共分成四個區塊：分別是南區（5棟）、西區（8棟）、北區（1棟）和中央區（24棟）。其中南區主要是配售給成功新村的陸軍原眷戶，5棟建築都是7層樓高；西區則是分配給空軍和憲兵的眷戶，8棟樓中17層樓和19層樓的建築各半。只有一棟8樓建築物的北區，是1993年時才增建的單身女子的出租公寓，由台北市社會局負責管理。而占地最廣，戶數最多的中央區，則是開放給一般民眾登記購買，樓高分別是15層（5棟）、17層（7棟）和19層（12棟）。就建築外型而言，

扣除作為出租國宅的第10棟之外，中央六棟（第33–38棟）是各棟獨立，類似工字型的平面結構；其餘各棟大樓都是呈現十字型的平面結構，兩兩相連。就平面配置而言，每棟大樓每層平面配置四戶住宅單元，但是室內面積和平面格局，未必戶戶相同。除了中央六棟的一、二樓規畫成116個店鋪單元和社區的公共設施之外，整個成功國宅共有2,352戶住宅單元。就樓層高度而言，成功國宅共有7樓（5棟）、8樓（1棟）、15樓（5棟）、17樓（11棟）、19樓（16棟）等五種不同的樓層高度。就室內空間而言，共有19坪（145戶）、21坪（340戶）、22坪（415戶）、23坪（209戶）、24坪（162戶）、25坪（455戶）、29坪（501戶）、32坪（34戶）和33坪（91戶）等9種不同的住宅單元面積；另外還有兩房兩廳、三房兩廳兩種基本格局，共計16種平面配置的不同坪型（表01；圖09）。

表01：成功國宅室內格局概況表

區別	樓號	樓層	宅單元數	室內坪數	格局
中央區	1	15	59	22 / 23	2B+LDK
	2	15	59	22 / 23	2B+LDK
	3	17	67	22 / 23	2B+LDK
	4	19	75	22 / 23	2B+LDK
	5	17	67	19 / 22 / 23 / 25	2B+LDK
	6	17	67	22 / 23	2B+LDK
	7	17	67	19 / 22 / 23 / 25	2B+LDK
	8	19	75	22 / 23	2B+LDK
	9	17	67	22 / 23	2B+LDK
北區	10	7	27	24	3B+LDK
西區	11	17	67	25 / 29	3B+LDK
	12	19	75	25 / 29 / 33	3B+LDK
	13	19	75	25 / 29	3B+LDK
	14	17	67	25 / 29 / 32	3B+LDK
	15	17	67	25 / 29 / 32	3B+LDK
	16	19	75	25 / 29	3B+LDK
	17	19	75	25 / 29	3B+LDK
	18	17	67	25 / 29 / 33	3B+LDK
南區	19	7	27	24	3B+LDK
	20	7	27	24	3B+LDK
	21	7	27	24	3B+LDK
	22	7	27	24	3B+LDK
	23	7	27	24	3B+LDK
中央區	24	17	67	25 / 29	3B+LDK
	25	19	75	25 / 29 / 33	3B+LDK
	26	19	75	25 / 29	3B+LDK
	27	17	67	25 / 29	3B+LDK
	28	19	75	25 / 29 / 33	3B+LDK
	29	19	75	25 / 29 / 33	3B+LDK
	30	15	59	19 / 22 / 23 / 25	2B+LDK / B+LDK
	31	15	59	19 / 22 / 23 / 25	2B+LDK / B+LDK
	32	15	59	19 / 22 / 23 / 25	2B+LDK / B+LDK
	33	19	68	21	2B+LDK
	34	19	68	21	2B+LDK
	35	19	68	21	2B+LDK
	36	19	68	21	2B+LDK
	37	19	68	19	2B+L+D / B+L+D
	38	19	68	21	2B+LDK
總戶數：2,352					

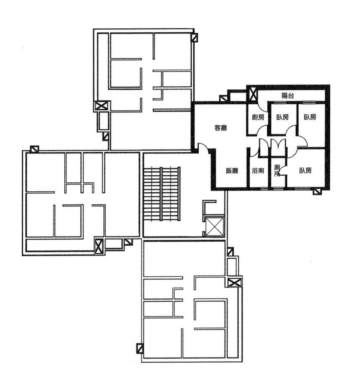

圖09：成功國宅基本格局一例（三房兩廳）

正式田野：「三顧茅廬」的樣本選取模式

為了反映成功國宅的建築型態，同時盡可能地找出不同類型的家庭接受訪問，本研究採取事前投信、家戶門口現場問卷篩選和半結構式深入訪談等共計三階段的訪談樣本選取模式。由於我們在先期研究階段就先拜會了里辦公室和各區管理委員會，對於社區和住戶概況有全盤性的了解，所以在樣本選取過程中我們先排除北區第10棟隸屬於社會局的單身女性出租國宅，以便鎖定社區內的一般家庭。接著，依照西區、南區和中央區的住戶背景、樓層高度、住宅單元面積、格局等因素，對照歷年台灣地區住宅普查資料，挑選出中央區第6棟（17樓，22/23坪，3⁻LDK）❷、第28棟（19樓，

25/29/33坪，3LDK/3⁺LDK）、第30棟（15樓，19/22/23/25坪，2⁻LDK/3⁻LDK）、第36棟（19樓，21坪，3⁻LDK）、第37棟（19樓，19坪，2⁻LDK），西區第17棟（19樓，25/29坪，3LDK）、第18棟（17樓，25/29/33坪，3LDK/3⁺LDK），以及南區第22棟（7樓，24坪，3LDK）等8棟大樓，總計超過500戶的住宅單元，作為選取訪談樣本的母體，正式展開家戶訪談的田野工作。

第一階段：「投石信」

為了讓潛在的受訪家庭可以事先大致了解本研究的目的和內容，以及降低住戶因為安全考量和面對突如其來的訪客不知所措而直接回絕的可能性，我們在實際拜訪住戶之前先擬定了一封預告田野拜訪的「投石信」。信的內容主要是表明我們的身分、說明目前正在從事的研究名稱和內容、需要成功國宅住戶協助的地方，以及整個田野工作進行的程序，並保證訪談內容的保密性，請住戶們先思考一下，是否

❷：3⁻LDK表示三房（但是房間偏小，24坪以下，含24坪）＋客廳＋飯廳＋廚房的空間格局，但是有些家庭可能會隔成較大的兩房。房間大小是以成功國宅所有住宅單元平均的房間大小為依據。所以，3LDK表示三房（房間大小適中，25–29坪）＋客廳＋飯廳＋廚房的空間格局。而3⁺LDK住宅單元（30坪以上，含30坪）裡面的大房間，還可以隔成兩個房間，變成四房兩廳的格局。

願意參與本研究的問卷和訪談（附錄一）。我們的設想是，無論受訪戶是否有意願參與我們後續的研究工作，「投石信」可以讓他們對於我們的登門拜訪有一些心裡準備，不會覺得太唐突；書面的徵詢動作也讓我們的登門拜訪顯得更慎重。因此，「投石信」是以印有學校系所地址、電話，並且加蓋系章的信封裝妥，直接投入預先選定大樓住戶的信箱裡面。而且，為了擴大實際訪談家庭的樓棟樣本來源，同時兼顧第二階段篩選問卷家戶拜訪的時間和天數以便安排第三階段的正式訪談，我們每次投遞「投石信」的數量大約控制在一棟大樓半數的住戶左右。以15樓為例，由於每層樓有四戶，共有60戶，所以一次大約投遞30封左右的「投石信」，但是會根據每次現場的狀況，略作增減。在整個田野工作進行期間，我們總共投遞出超過214封「投石信」。

由於每棟大樓信箱設置的位置不太一樣，有的是在大樓的大門外面，有的是在大樓的大廳裡面。同時，每棟大樓的管理方式也有差異，有的大樓白天有管理員，有的大樓不設管理員，讓住戶自行用鑰匙進出。因此，在每一棟大樓投遞「投石信」的過程，並不完全相同。在田野進行初期，我們主要是在下午時段進行「投石信」的投遞工作。由於我們在先期研究階段，已經取得所有大樓的平面圖，所以事先知道每棟大樓裡面各戶的面積和坪型配置，因此盡可能依照坪型配置的比例，隨機投信。但是，在進行三棟大樓的田野工作之後，我們發現這種隨機投遞的方式比較容易碰到空戶、合租戶、單身戶等特殊的住戶，連帶地影響到第二和第三階段的樣本選擇。因此，從第四棟大樓開始，改為晚間投信。而且，在投信之前，我們會先在戶外觀察大樓「亮燈」的比例，作為研判住戶在家的情形。如果原本預先選定投信的大樓「亮燈」的情況不盡理想，我們就會改選同區裡，樓層高度和室內格局相同，但是比較多戶在家的大樓作為投信的對象。同時，我們也捨棄完全隨機的投信方式。在考察亮燈狀況並確定投信

的大樓之後，我們在投信之前會先設法進入大樓，從頂樓開始一層一層往下觀察各戶門口的情形，試圖從門牌、鐵門、鞋櫃、鞋子、腳踏車、雨具等雜物，猜測一下裡面住戶可能的家庭型態，以便排除空戶、合租戶或是辦公室等非一般家庭的住戶。經過勾選註記之後，才到一樓大廳或門外的信箱投信。

原則上每一棟選定的大樓，從投遞「投石信」開始，到完成選定住戶的深入訪談為止，是一個「田野梯次」，通常得花費10天到兩個禮拜左右。當一個田野梯次三個階段的工作都完成之後，才繼續進行下一個梯次的田野工作。不過，為了節省時間，在第三階段正式深入訪談的空檔時間，我們也會提早進行下一個梯次的投信工作。在整個田野工作期間，我們總共進行九個梯次的三階段家戶抽樣訪談，耗時3個月。

第二階段：家戶門口的篩選問卷

為了讓住戶在收信之後，有足夠的時間思考或是和家人討論，是否願意協助我們的問卷和訪談工作，我們會在「投石信」投遞之日起算的第三天，依照原先選定的住戶，一戶一戶地按門鈴拜訪，詢問住戶是否有意願協助我們的訪談工作。拜訪的時間集中在週間晚上的7點半到9點半之間，以免太早住戶還沒回家或是正在煮飯，降低了回收和正面回應的機率。太晚則怕耽誤到住戶休息的時間，也會影響正面回應的機率。每次拜訪時都是由我和女性的研究助理共同前往，並且由她負責按門鈴和自我介紹，再次說明我們的來意，以免應門的人因為沒看到我們事前的「投石信」而不明究裡。在徵得住戶同意之後，我們就開始進行口頭的篩選問卷。這部分的工作仍然是由助理主問，我在旁邊勾填記錄，必要時再由我補充說明。這樣一男一女的田野組合和拜訪方式，一方面是為了減少住戶的安全顧慮，提高應門的機率和同意參與的意願；另一方面也可

以確保田野工作時的人身安全，並且相互支援，增加臨場的應變性。如果沒有人應門，當天做完第一輪拜訪之後，在時間還允許的情況下，我們會進行第二輪的拜訪，否則隔天會再回來進行第二輪的拜訪。每一棟樓最多進行三天的篩選拜訪，如果三次拜訪住戶都不在或未明確回應，則視為無意願參與研究訪談，放棄後續的拜訪。

口頭問卷的內容包括：住戶家庭組成的基本資料（同住的家庭成員、年齡和工作或就學狀況等）、房屋居住的概況（在成功國宅住多久了、房子是買的還是租的、住宅面積、格局、有無重大的裝修、廚房的空間和設備等），以及三餐飲食和煮飯的情形（晚餐通常是幾點吃、一星期有多少天在家吃、平常是由誰負責準備晚餐、有沒有家人幫忙、早餐和午餐如何解決等）（附錄二）。篩選問卷的問題原則上是希望由受訪家庭中主要負責三餐的成員（預設為女性）來回答，以便有更多的資訊來判斷受訪者是否適合進行第三階段的深入訪談。

不過，由於我們很難掌控應門和受訪的人選，所以並不特別嚴格限定第二階段篩選問卷的受訪者，一定得和第三階段深入訪談的受訪者相同。也由於我們事前有投遞預告來訪的「投石信」，因此有意願參與的家庭，由婦女們出來應門的比例也比較高。而且，如果第二階段應門接受篩選問卷的受訪者是先生的話，通常他們也會陪同參與第三階段的深入訪談。不過，在整個田野工作期間，我們還是遭遇到三起因為第二階段的篩選問卷是由先生受訪，並且代為同意接受第三階段的深入訪談，但是實際負責煮食家務的婦女不願意接受訪問的情況，被迫取消正式訪談的案例。

在完成家門口的篩選問卷之後，我們會當下判定這個住戶是不是我們希望納入深入訪談的家庭類型。原則上我們希望涵蓋不同家庭組成結構、不同廚房空間安排方式，以及不同飲食及煮食習慣，但是又以「一般家庭」型態為主的住戶，也就是以夫妻和直系親屬組成的核心或複合家庭。因此，在助理進行篩

選問卷工作的時候，我也刻意和篩選問卷的現場，保持「一點點」的距離，退居勾填記錄和臨場觀察的第二線，以便就受訪戶回答的家庭組成狀況、廚房空間的安排，以及三餐飲食的習慣等內容，當下做出是否納入第三階段深入訪談的判斷。

當篩選問卷完成之後，接著便由我上前作「總結」的動作。如果對方是我們希望納入第三階段深入訪談的家庭，那麼我們會當場和他們約定正式訪談的日期和時間，並留下連絡的電話。通常正式訪談會排在篩選問卷完成之後的一個禮拜之內，受訪者方便的時間。如果對方不是適合進行正式訪談的家庭，例如是單身戶或是我們已經有的家庭類型，我們就會向他們說明不再進行正式訪談的原因，並且誠摯地感謝他們接受我們的篩選問卷。最麻煩的狀況是對方是我們極力想納入正式訪談的優先對象，但是對方並沒有意願或抽不出時間接受正式訪談。這時候我們會用電話或親自拜訪的方式，設法說服對方盡可能

地幫我們的忙。有些訪談的時間一改再改，最後才順利地完成第三階段的訪談。另外，也有些案例是多次約定時間，但受訪者一再更改時間，最後只好被迫放棄。其中有個例子甚至是我們三次依約到受訪者家中進行正式訪談，但是到達時受訪者卻三度表示家中臨時有事不方便接受訪談。最後沒有辦法，只好忍痛放棄。連同前述因為先生代為同意而未能進行正式訪談的案例，在第二階段優先選定的受訪戶中，共有六個個案因故取消第三階段的正式訪談。另外，在第二階段接觸到的受訪戶當中，還有五、六個原本適合進行正式訪談的受訪戶，也因為他們直接表明無法參與第三階段的正式訪談，使我們錯失不少精彩的故事。不過，這些都是田野工作一定會遇到的狀況，也是沒有辦法的事。所以，正式訪談對象的產生，多少還是有一點運氣的成分。在整個田野工作期間，我們總計共完成51份篩選受訪者的口頭問卷，並且從中選定17個家庭，進入第三階段的正式訪談和居家空間的靜態影像記錄。

第三階段：正式訪談與居家空間的靜態影像記錄

————

在排定正式訪談的時間之後，我會和研究助理共同前往拜訪。訪談的地點主要是設定在受訪者家中的客廳或飯廳。一方面是因為訪談的內容和受訪者的居家空間和日常生活息息相關，讓受訪者在自己熟悉的生活空間裡面聊三餐飲食的日常話題，比較容易在輕鬆的氣氛中暢所欲言；另一方面也是因為我們希望在訪談的過程中，能夠實際參觀受訪者家中的廚房空間，讓訪談的內容變得更具體，同時也讓訪談結束之後的拍照記錄，更為順理成章。不過，在總計17個深入訪談當中，還是有3個訪談並未在受訪者家中進行。其中兩位受訪者是在他們家樓下的一樓大廳接受訪問。第一位受訪者是因為當時家人還在用餐，而且受訪者不希望有一些敏感的問題在家人面前提起，所以把我們從家裡帶到一樓大廳。訪談結束後，我們仍與受訪者家中進行靜態影像的記錄工作。第二位受訪者則是因為最近要搬家，覺得家裡太

亂，堅持在一樓大廳進行訪談。我們推測，家裡太亂固然是原因之一，但是從訪談過程中，似乎也透露出受訪者比較重視個人隱私和居家安全，因此不希望有陌生人到家中來。由於受訪者的堅持，這個案例只進行口頭的訪談，並沒有住家與廚房空間的影像記錄。至於第三位受訪者，則是因為訪談當天家中臨時有訪客，故改至附近的泡沫紅茶店中訪談，因此也沒有居家空間的影像記錄。

深入訪談是採取半結構式的訪談方式，也就是我們有準備正式的訪談題綱，但是發問和對談的順序並不完全依照題綱排定的順序。尤其是當話題聊開來之後，往往需要配合當時談話的內容，調整談話的內容和提問的順序。為了掌握整個訪談的方向，同時也為了配合受訪者調整問題的順序和方便追問相關問題，所有的問題都是由我主問，研究助理則是負責核對訪談題綱，順便觀察受訪者家中的空間安排及物品擺放的位置，以便在適當的時機提出補充提問，並預先觀察靜態影

像記錄的重點。由於在正式訪談之前，我們已經從篩選問卷中得知受訪者的基本資料，所以每一個訪談都會根據受訪者家中的實際情形，適當地修改訪談提綱的內容，以及提問的順序。每次訪談的時間，也盡可能控制在一個小時到一個半小時之間。

此外，我們也都徵得受訪者同意，在訪談時進行錄音，以便製作訪談的轉錄稿。為了確保錄音的品質和資料的完整性，每次我們都同時使用兩種錄音工具來錄音：傳統的卡式錄音機和電子錄音筆。傳統卡式錄音機的好處是容易藉由錄音帶的轉動，確定錄音的進行和作為非正式的時間指標。由於我們使用的是90分鐘的錄音帶，所以訪談進行到45分鐘時，就必須翻面，剛好可以提醒我們注意訪談的進度。同時，使用傳統錄音機也方便事後利用轉錄器（transcriber）進行訪談稿的謄寫工作。不過，傳統「卡式」錄音機的缺點是偶爾會故障（卡住！），因而會錯失寶貴的訪談資料。我們就曾經碰到過兩次錄音機

轉動有問題的狀況。這時候，電子錄音筆就發揮了輔助的功效。此外，在做好訪談逐字稿的電子檔案之後，我們也會將它連同錄音的電子檔和影像資料的電子檔，合併成一個資料匣，以便利後續的資料儲存和管理。

正式訪談的題綱內容包括三大部分：（一）有關住宅環境、住屋決策、室內空間的使用、空間格局的調整等問題。包括受訪者對於成功國宅的鄰里環境、公寓大廈的生活環境、室內空間的大小和格局，以及整個都市的居住環境的整體感覺；購屋（或租屋）決策時的主要考量因素；室內空間裡有哪些個人專屬的使用空間；過去曾對居家空間做過哪些重大的調整；以及未來對於居家空間有無改變計畫等。（二）針對廚房空間的討論。包括受訪者對於現在家裡廚房位置、大小、格局、設備，還有相較於其他室內空間比例的看法；最常使用的廚房設備有哪些？較少使用的廚房設備有哪些？有無廚房延伸的空間？廚房裡有無非關煮食的其他東

西？有沒有調整廚房空間格局、設備內容和擺設位置的需求？（三）每日用餐和煮飯的實際情形。包括晚餐的用餐習慣，是家人一起吃，還是分開吃？大約幾點吃？是自己買回來煮，買熟食回家吃，還是在外面吃？另外，早餐和午餐的情形呢？如果開伙，是誰煮？如何決定要煮些什麼？怎麼買菜？怎麼處理？怎麼煮等等。有沒有家人會幫忙？如何分擔？受訪者對於婦女煮飯的看法？最後請受訪者描述最近兩、三天煮飯和用餐的情形，以及他們對改變煮食習慣的看法等（題綱內容請參閱附錄三）。

由於訪談的地點主要是在家中的客廳或飯廳，所以在進行到第二個題綱時，尤其是詳細探討到廚房空間和廚房裡面的設備及使用過程時，我們會請受訪者帶我們到廚房參觀，順便請她對廚房的空間、設備和使用過程，作簡單的介紹。這個動作也讓我們有機會對於部分受訪者在訪談過程中沒有提到的細節，就現場的觀察再提出問題。同時，這也是為訪談結束後，靜態影

像的記錄工作預作觀察和準備。在正式的深入訪談階段，我們共訪問了17個家庭，也對其中14個家庭的廚房、客廳、飯廳和後陽台，進行靜態影像的記錄❸。這17戶深入訪談家庭的概況，依照訪談時間的先後順序，整理如表02。為了維護受訪家庭的隱私，我們將進行田野工作的這八棟大樓的號碼改為英文字母，同時也將受訪家庭的姓氏，依照受訪時間的先後順序以趙、錢、孫、李等百家姓氏代替。

❸：在17戶深入訪談的案例中，共有三戶未能完成廚房及居家空間的影像記錄。有一戶是在一樓大廳訪談，受訪者堅持不讓我們進她家門，因此無法拍照。另外一戶是在附近的泡沫紅茶店訪談，當天家裡有客人，不方便我們前往拍照。第三戶也是在一樓大廳訪談，隨後雖然有進入客廳並拍照，但是女主人堅持不讓我們看她的廚房，所以無法拍照。

表02：深入訪談家戶概況

編號 (註1)	樓別代號 (依百家姓代稱)	應門受訪者	家庭成員 (工作狀況)(註2)	房屋狀況					飲食狀況		備註
				所有權 (居住時間/年)	面積 (權狀/室內)	建成格局 (屋主自述)	二次整建 (幾年前)	廚房整建 (幾年前)	內食/外食	煮食 (天/誰煮)	
1	A	趙先生	夫*(56,FT)，妻(54,FT)子(31,FT)子,(29,NW)	買(20)	30/22 (7/7)	3房2廳1衛 (3房2廳1衛)	—	—	內6/外1	6 妻	
2	A	錢小姐	父(?)，母(?)單身女性*(49,FT)，外傭	買(20)	25/19 (7/7)	2房2廳1衛 (2房2廳1衛)	—	—	內5/外2	5 傭人	
3	A	孫先生	夫*(51,FT)，妻(50,FT)子(26,MS)，子(25,ST)	買(20)	33/25 (7/7)	3房2廳1.5衛 (3房2廳1.5衛)	—	換廚具(-8)	內5/外2	3-4 妻	爐具移至陽台
4	B	李先生	夫父(73,RT)夫母(60,RT)夫*(37,FT)，妻(27,FT)子(2)	買(20)	42/33 (7/7)	3房2廳1.5衛 (4房2廳2衛)	-8	—	內7/外0	7 夫母	
5	D	周太太	夫(50,FT)，妻*(50,FT)女(18,ST)	買(20)	37/29 (7/7)	3房2廳1.5衛 (3房2廳2衛)	-2，-6	換廚具(-5)	內3/外4	4 妻	爐具移至陽台
6	E	吳太太	夫(54,FT)，妻*(49,NW)，子(25,FT)，子*(23,NW)	買(12)	37/29 (40/7)	3房2廳1.5衛 (3房2廳2衛)	-12	換廚具(-12)	內6/外1	6 妻	
7	F	鄭太太	單媽*(52,FT)子(25,ST)，子(23,ST)	買(20)	28/21 (28/20)	3房2廳1衛 (3房1廳1衛)	-4	—	內7/外0	7 單媽	
8	F	王先生王太太	夫*(39,FT)妻*(37,留職停薪)，子(2)	買(4)	29/22 (31/24)	3房2廳1衛 (2.5房1廳1衛)	—	—	內5/外2	3 妻	前任屋主裝潢
9	D	馮媽媽	夫*(89,FT)，妻(77,NW)	買(22)	37/29 (38/30)	3房2廳1.5衛 (3房2廳2衛)	-7，8	換廚具(-3)	內7/外0	7 妻	
10	D	陳先生陳太太	夫*(45,FT)，妻(42,VW)女(15)，女(13)，女(10)	買(20)	28/21 (30/25)	3房2廳1衛 (2房2廳1衛)	-17，-4	換廚具(-20,-4)	內5/外2	5 妻	曾經出租，4年前遷回自住
11	F	褚太太	夫(43,FT)，妻*(32,FT)	租(2)	28/21 (31/26)	3房2廳1衛 (3房1廳1衛)	—	—	內4/外3	4 妻	房子為屋主裝潢
12	F	衛太太	夫*(40,FT)，妻*(36,FT)女(10)，女(6)	買(-0.5)	28/21 (31/24)	3房2廳1衛 (3房1廳1衛)	—	換廚具(-0.5)	內0/外7	7 夫母	每天到夫母家吃晚餐
13	G	蔣太太	夫(45,FT)，妻*(42,FT)子(13)，女(8)	買(15)	26/19 (27/20)	2房2廳1衛 (2房1廳1衛)	-3	換廚具(-7,-3)	內5/外2	5 妻母	平日妻母過來煮飯，他有訪談
14	G	沈太太	夫*(50,FT)，妻*(50,FT)妻子(30,FT)，妻子(24,FT)夫友(21,ST)	買(20)	26/19 (26/20)	3房2廳1衛 (3房1廳1衛)	—	—	內6/外1	3 妻	妻也為住附近的夫女做飯，一週3次
15	H	韓太太	夫(48,FT)，妻*(44,FT)女(16)，女(13)	買(19)	33/24 (32/23)	3房2廳1.5衛 (3房2廳1.5衛)	-3	廚房移至陽台	內5/外2	5 妻	週末輪流至婆家和娘家吃飯
16	H	楊太太	夫(45,FT)，妻*(41,FT)子(15)，子(12)	買(3)	33/24 (35/27)	3房2廳1.5衛 (3房2廳1.5衛)	—	—	內7/外0	7 外傭	夫之父母與外傭住樓下
17	H	朱太太	夫(29,FT)，妻*(30,FT)子(1)	買(2)	33/24 (36/28)	3房2廳1.5衛 (3房2廳1.5衛)	—	換廚具(-2)	內0/外7	7 妻母	每天回娘家吃晚飯

註1：為保護受訪者隱私，樓別已轉成英文代號。
註2：「*」表示深入訪談受訪對象。

在訪談的過程中，有幾個有趣的現象值得提出來討論。第一個現象是受訪的女性，多半對於「家裡很亂」這件事情相當在意。當我們到達受訪家庭時，女主人在寒暄的話語中常常會出現家裡很亂，請我們見諒之類的客套話，這是可以理解的。因為當我們環顧四周時，會發現絕大多數的受訪家庭都整理得還算整齊、乾淨。但是當我們要求到廚房參觀和留下影像記錄時，就可以明顯感覺到受訪婦女們覺得「歹勢」的表情，甚至有的受訪者是用「哀求」的口吻，問我們可不可以不要拍照，因為她們會覺得「羞於見人」。其實，我們可以想像得到，有一些受訪家庭可能在我們到達之前就已經先收拾過客廳。而且，在我的印象當中，這些「家裡很亂」之類的客套話都是出自受訪家庭當中的女性之口，好像沒有一位男性作出類似的表述。這也讓我們看到，維持家中整潔的家務工作是「女性本分」（woman's sphere）的觀念，依然根深柢固地存在於絕大多數的女性心中。她們覺得家裡髒亂，是女性之恥。因此，我們也

懷疑前述有一位受訪者堅持不讓我們進家門，只願意在一樓大廳接受訪談，也是「女性本分」的觀念在作祟。

這又牽扯出第二個有趣的現象，那就是居家空間的區域化現象。在上述在一樓大廳訪談的案例中，除了「女性本分」的因素之外，家作為一個私密的私人空間，是屬於家人和親密朋友的生活「後台」，因此受訪者不希望陌生人登堂入室，是可以理解的事情。同樣地，在其他受訪家庭裡面，婦女們可能覺得客廳、飯廳是家裡對外開放給朋友、客人的生活「前台」，頂多只是需要整理一下，以便維持家庭和自己的「門面」。但是當我們要求進入像是廚房、後陽台之類的地方，也就是煮飯、洗衣服等例行性家務工作最密集和頻繁使用的生活後台，婦女們的反應是比較緊張的。原因之一，這是「專屬於」她們的家務工作場所，如果真的又髒又亂，她們會覺得「難辭其咎」。另一個原因是，這樣的家務工作場所由於經常使用，也的確更難維

持。再加上這些地方原本就不是開放給外人的生活後台，不難想像，當受訪婦女們聽到我們要到廚房現場參觀，還要拍照記錄的時候，內心有多「惶恐」！

第三個現象，也和居家空間的區域化現象有關，那就是除了廚房、後陽台的工作空間之外，婦女們在家幾乎沒有自己的專屬空間。即使是主臥室的梳妝台，常常也是和先生或家人共用的公共空間。她們只好設法利用其他的空間，來做複合的使用，例如在沙發上摺衣服、在飯桌上改作業（老師）等等。相反地，家中的男主人往往會有一個專屬於他們的空間，像是書房、客廳的電腦桌、外推陽台的搖椅等。因此，當我們和婦女們進行深入訪談的時候，除了坐在客廳的沙發之外，飯廳的飯桌上也是受訪婦女們喜歡使用的空間。這種複合空間的使用模式，更反映在部分受訪婦女在訪談的「同時」，會不經意地做一些其他事情，例如摺衣服、挑菜、看電視等。這並不表示受訪者不重視我們的訪談，而似乎是她們已經「習慣」同時做兩、三件事情。這樣的舉動充分反映出家務工作的零碎性，以及婦女們充分利用時間和空間的「生存心態」。即使是看電視，她們往往也閒不下來，會順便找一些事情來做。這也不是女性做事不專心，或是她們不懂得放鬆和享受，實在是因為這些瑣碎的家事最終都會落在她們身上，如果一次只專心做一件事情，即便是專職的家庭主婦，恐怕事情永遠做不完。因此，她們才會不知不覺地養成「隨時做，隨地做，隨手做」的家務工作習慣。

後續田野：建築師訪談

在第三階段的深入訪談中，我們發現受訪者對於成功國宅的空間結構，尤其是內部的空間，有各種不同的看法。同時，也有一半以上的住戶，曾經進行陽台外推、搭建雨庇、鋁門窗等增建、附加建物。甚至有多達四分之一的住戶在明知違反社區管理辦法的情況之下，大動作地敲掉原有隔間牆和修改管線、更動廚房位置和室內格局等。由此

可見，國民住宅的空間設計和住戶的空間使用需求之間，存在著一定程度的落差。為了探究公寓國宅空間設計的基本理念和生產過程，在做完成功國宅三階段、九梯次的田野訪談之後，我們透過台北市都發展局的住宅管理科，從歷年來曾經參與過台北市國宅設計的建築師中找到了三位經驗豐富的建築師，進行深入訪談。原本我們是希望能夠訪問到當初實際設計成功國宅的建築師，讓國宅公寓的空間生產和住戶廚房生活的再生產之間，可以產生直接的對話。但是在聯繫的過程中，我們被告知當初設計的建築師已經退休。在考量到同一個建築師事務所裡面年輕建築師的個人設計理念和實務經驗，可能都和當初負責設計的建築師不同，所以我們轉而從歷年來台北市國宅的設計案例中，尋找出三位適合訪談的建築師。

第一位受訪的建築師是一間知名建築師事務所的資深負責人。國內大學建築系畢業之後，在日本獲得建築碩士、博士學位，也曾經在日本執教多年；具有各種學校、醫院、行政中心等公共建築和大型集合住宅的設計經驗，同時也在大學的建築系所擔任兼任教職，還發表過多篇建築相關的研究論文。第二位建築師是另一間知名建築師事務所的經理，國內建築系所畢業，有20年建築設計和營造的實務經驗，也參與過多起國民住宅的設計規畫。第三位建築師是台北市政府都市發展局一位剛退休的資深主管。國內知名的建築系畢業，畢業之後一直在公部門服務。任職台北市國宅處期間，曾經親自設計過多起國宅建案，對於台灣整體國民住宅政策的歷史演進和國宅設計的具體內容，有非常完整的了解。

前兩位建築師的訪談是在他們的建築師事務所裡面進行，第三位建築師則是在其住家附近的咖啡廳裡訪談。訪談的主要內容包括：

（一）他們對於國民住宅和相關集合住宅的設計經驗；（二）他們對於住宅設計各種問題的看法；（三）他們對於國宅內部空間格局

的設計原則；（四）他們對於廚房空間的認知和設計；以及（五）建築師個人對於廚房和住宅空間的整體看法或其他相關想法。建築師訪談題綱的內容可以參閱附錄四。

成功國宅家戶居住與飲食概況

為了讓讀者對成功國宅的受訪家庭有一概括性的了解，同時也試圖描繪出目前台北市「一般家庭」在日常居家和飲食烹煮的概況，本章先就本研究第二階段成功國宅家戶門口口頭篩選問卷的內容，包括家庭型態與婦女工作狀況、住宅現況，以及三餐飲食和煮食習慣，作一扼要的歸納整理。至於第三階段的正式訪談分析，將留待第六章再深入討論。

家庭型態與婦女工作狀況

就家庭型態而言，在51戶接受門口篩選問卷的住戶當中，有14戶（27%）屬於狹義的核心家庭，也就是由夫妻和未成年子女所組成的家庭。但是，如果將新婚夫妻和無子女同住的夫妻家庭（共有6戶），以及有18歲以上成年未婚子女同住（或是單身成年與父母同住）的家庭（共18戶）納入，那麼就有多達38戶（75%）的家庭屬於廣義的核心家庭型態。另外，三代同堂以及父母和已婚子女同住的複

合家庭有8戶（16%），單身戶則有
5戶（10%）。此外，在這51戶家庭
裡面，有4戶（8%）雇用同住的外
傭。

在這14戶狹義的核心家庭中，有
3戶是子女未滿6歲的青壯家庭（25
至44歲），另外11戶則是有6到18
歲未成年子女的中高年家庭（45
至64歲）。在6戶無子女同住的夫
妻家庭中，有2戶為已退休的老年
夫妻（65歲以上），1戶為提早退
休的中高年夫妻，另外3戶為無子
女的青壯年夫妻。由於成功國宅各
棟樓裡面住宅單元的面積普遍不大
（室內面積19到33坪，格局也是
最常見的三房兩廳和少部分的兩房
兩廳），所以在樣本中，有四分之
三的家庭是標準的核心家庭加上由
夫婦或夫婦和未婚成年子女所構成
的準核心家庭或類核心家庭，是非
常合乎情理的。不過，其中有多達
18戶（35%）的家庭是夫妻和未婚
的成年子女同住，用西方國家的標
準來看，其實是屬於複合家庭的一
種。那麼，和另外8戶三代同堂及
父母和已婚子女同住的複合家庭加

在一起的話，就有26戶(51%)的家
庭屬於複合家庭的類型。

這種情形，一方面反映出傳統
家族和孝道的觀念在一般家庭中依
然維持的現象，尤其是成年子女接
父母同住以便奉養照料的孝心；另
一方面則是反映出台北市高昂的住
房成本，使得原本應自立門戶的成
年子女，目前仍和父母同住。另
外，從家中有6歲以下子女的青壯
年核心家庭在51個樣本中只占6戶
（12%）的低比率來看，可能有一
些經濟基礎還不穩固的年輕家庭，
選擇與父母同住，順便還可以請父
母幫忙帶孩子。因為，台北市的家
庭平均要不吃不喝10年才買得起一
間房子。因此，不論是因為子女有
孝心、房價太高，或是需要父母幫
忙帶小孩，如果類似的情況也普遍
存在於其他國宅住戶或是一般公寓
住宅的話，由於整個台灣地區公寓
住宅的面積和成功國宅的情況差不
多，那麼顯然這樣的住宅空間對於
這些有三、四個以上成年人或是兩
對夫妻同住的複合家庭而言，的確
是「擁擠」了一點。因為成年人對

於自我空間的需求程度較高，所以室內空間的擁擠情況，和有未成年子女的核心家庭的空間使用與容受情況，並不相同。

此外，在4戶雇用外傭的家庭中，除了有1戶是單身老人之外，另外3戶分別是一般核心家庭、成年子女與父母同住的類核心家庭（或準複合家庭），以及父母與已婚子女同住的複合家庭。由於屬於一般核心家庭的那一戶是和男方父母分別住在樓上、樓下，嚴格來說外傭是和長輩住在另外一間房子，所以與外傭同住的問題並不大，反而是家中多了一個全天候的幫手。但是，另外兩戶（準）複合家庭的住宅空間，原本就不大，再增加一名同住的外傭，勢必會變得更為擁擠。在其他有關台灣外籍家務工的研究案例當中，甚至不乏讓外傭睡儲藏室或是與小孩同睡的狀況（可參閱Lan, 2006）。

在婦女工作情形方面，在51戶家戶問卷當中，扣除3戶男性單身戶和1戶男性單親家庭，以及另外

3戶家中女性已是非常年長（80歲以上）的長者之外，剩下44戶家中有成年女性者，有32戶的婦女是有全職工作（包含自我雇用），占73%；另外有5戶的婦女已經退休。如果扣除這一部分可以不計入勞動市場的人數，問卷中婦女有全職工作的比例更高達82%。這樣的比例顯然遠高於近年來五成上下的台灣婦女勞動參與率。不過，這個數據也反映出都會地區，尤其是首善之區的台北市，婦女出外工作的普遍性。有可能是都會地區婦女的工作能力和意願較強，也可能是因為都會地區的家庭開銷負擔較重。總之，婦女外出工作的情形，一方面會增加婦女們為家人準備三餐的壓力，因為得在薪資工作之外，花費時間和精神煮飯做菜；另一方面，這樣的雙重壓力也迫使職業婦女採取更多應變的方式，以便兼顧工作和家庭的需求。

在39戶有勞動年齡婦女的家庭中，除了32位婦女是職業婦女外，還有7位是全職的家庭主婦，其中一位因為懷孕，所以留職停薪在家

待產；另外兩位，則在學校擔任義工。在這些全職的家庭主婦中，沒有人是因為缺乏一技之長或是沒有工作能力而被迫留在家裡的傳統婦女，反而是因為希望專心照顧家人，尤其是年幼的子女，所以刻意選擇無給的家務工作，才沒有出去工作。這和幾十年前已婚婦女理所當然就是家庭主婦的情況，已經不可同日而語。儘管現代家庭主婦的比例遠較三、五十年前降低許多，但是在職業婦女已經成為社會常態的時代，這個現象反而提醒我們必須重新看待家務工作的內容、方式和意義。

由於第二階段所選取的家戶樣本中，廣義的核心家庭和職業婦女的比例相當高，後續深入訪談和分析討論的重點，自然也落在這些家庭的婦女身上。這樣的「巧合」，剛好也呼應第二章西方文獻對於住宅空間及女性家務工作的探討。然而，台灣的特殊情況在於一般公寓住宅的家庭裡面，還有相當多各式複合家庭存在，包括有成年未婚子女同住的類核心家庭、與已婚子女

同住或是三代同堂的複合家庭，也有與外傭同住的家庭等。在我們的樣本中，這些家庭加起來也占總樣本的一半。因此，在台灣的社會脈絡之下，這些家庭型態也可以說是普遍存在的「一般家庭」。只是婦女在這種生活處境下的煮食家務工作，顯然有別於一般的核心小家庭。這也是值得我們深入探討的重要課題。此外，還有一些像是單身戶、合租戶，或是住家兼辦公室等「非典型」的家庭型態的居住空間和廚房問題，被我們刻意排除在分析討論的範圍之外，並不是因為它們的數量太少，或是覺得它們不重要。剛好相反，正因為它們的情況特殊，尤其是比例成長迅速的單身戶，反而更需要放到不同的情境脈絡當中探討，才能夠凸顯它們的特殊性，免得問題失焦。這是需要特別說明和提醒的地方。

住宅現況

就房屋自有率而言，在51戶問卷家庭中，有49戶的房子是購買的自用住宅，高達96%，遠高於2000

年台灣地區住宅普查中全台灣地區83%的自有住宅比例，更高於台北市76%的自有住宅比率（行政院主計處，2000a；2000b）。部分原因是成功國宅所在的大安區是台北市的中心區位，平均地價和房價比台北市其他地區高出許多，所以能夠住在這個地區的家庭，所得也應該較高。另外，不動產在台灣一直以來都是保值和投資的一環，所以在自有住宅比例已經很高的情況下，成功國宅裡的自有住宅比例更高，也是合乎情理的事情。不過，在深入訪談的過程中，有受訪戶提到成功國宅裡租屋者的比例頗高，在他們那棟大樓裡有高達三分之一的住戶是承租戶。姑且不論受訪者的說法是事實還是個人的印象，或者是每棟大樓的情況不同，但是問卷家戶中自有住宅比例偏高的情況，有可能是取樣過程中的一些人為因素所造成的。因為在第一階段投信的田野工作中，我們已經事先勘查過每一戶住家的門口，刻意選擇看起來「人氣較旺」的家戶投信。加上第二階段在住戶家門口進行口頭問卷的時候（晚上七點到九點半），

有人應門或是願意參與問卷和訪談的家庭，基本上比較可能是擁有自有住宅的一般家庭，而非學生族或上班族的合租戶，因此自有住宅的比例會特別高。另外還有一個原因，就是社區中西區和南區的國宅是配售給眷村改建的原眷戶，因此自有住宅的比例自然較高。不過，在台灣平均自有住宅比例已經這麼高的情況下，成功國宅抽樣家庭的超高自有住宅比例，剛好凸顯台灣地區社會住宅（social housing）比例明顯偏低的特殊現象，這和西方社會或是新加坡、香港和中國大陸等當代華人社會，截然不同。此外，高自有住宅率也代表住戶對於安排居家空間的自主權較高，比較可能按照自己的意思調整住宅的空間格局和內部設備，也比較願意在這方面投資。

就居住時間而言，除了北區作為出租國宅的第8棟是於1993年完工之外，成功國宅的各棟建築分別於1983年（西區）和1984年（南區和中央區）完工的，在51戶的問卷樣本中，有28戶（55%）的居住時間

超過20年（含20年），也就是差不多是從房子建好之後就購買進住的一手新屋。如果計算在此居住超過15年（含15年）以上的住戶，則增至37戶（73％），將近四分之三。換言之，成功國宅的住戶組成從一開始就維持相當高的穩定性，部分原因是和高自有住宅率有關。高自有住宅率和長時間的居住，意味著住戶們對於室內空間的調整需求會因為家庭生命週期的演進，以及住家設備因為長期使用因而逐漸老舊的情況，逐漸增加；同時，住戶們對於維修整建的自主性和動機，也會因為是自有住宅而提高許多。

然而，在51戶的篩選問卷當中，只有17戶（33％），也就是三分之一的住戶，在居住的過程中，有過至少一次比較重大的整建裝潢。這又可以分為兩種情形：第一種情形發生在居住期間較長的住戶。因為家庭生命週期的演進，例如子女成長、結婚、生小孩等，對於住宅空間的需求有一些改變，加上經過長時間的使用，像是門窗、地板、櫥櫃、衛浴設備、廚具、家具、油漆等，會有老舊耗損的情形，在居住相當長的一段時間，通常都是10年以上，會進行整修裝潢的工程。另外一種情形則是近10年之內才搬進來的住戶，由於買的是中古屋，所以在進住之前就將前任屋主的裝潢整個拆除，然後依照自己的需求重新設計和裝潢。也由於他們在購屋的時候，成功國宅已經是建好十多年的舊房子了，一些管線設施也陸續出現龜裂、漏水等問題，所以這些新搬進來的住戶也會利用重新裝潢的機會，整個更換冷熱水管、電線、插頭等基本設施，以免日後出問題還得大費周章地鑽地穿牆，破壞這些新的裝潢。

有趣的是，不論新舊住戶，即使是這三分之一曾經比較大幅度重新裝潢整修的住戶，他們的動作多半僅僅局限在美化修飾的「室內裝潢」和修理維護的「更新整修」層面上面，也就是更換地板（地磚）、門框、粉刷牆面、更新管線、重做酒櫃（書櫃）、衣櫥，更換老舊的馬桶、浴盆、廚具等，要不然最多就是將客廳的陽台和房間

的窗框外推,加裝雨庇和鋁門窗以增加室內的使用面積等,很少有住戶會增減修改原本的室內格局。換言之,絕大多數的受訪家庭,都遵照成功國宅原本設計的平面格局來安排他們的居家生活。只有3戶的受訪家庭表示,他們曾經更動過原先的房間格局。有幾個原因可以解釋為什麼大多數的住戶會默默地接受國宅設計的空間安排:

(一)平面結構和管線設施的限制,使得住戶很難自行更動室內空間的位置和大小。尤其是廚房和衛浴,涉及冷熱水管、瓦斯管、糞管、排水管等整棟大樓的管線安排,住戶很難調整這些空間而不動到整棟大樓的管線安排。

(二)成功國宅各區的管理委員會基於大樓的結構安全,在管理規則中也嚴格禁止住戶們破壞原有的空間格局。尤其是1999年九二一大地震之後,更是嚴格執行這項規定,許多住戶們基於自身生命和財產的安全考量,在有人裝潢施工時,也會幫管委會盯著,嚴防有人「暗渡陳倉」。所以,即使有住戶想

更動自己住家的隔間,也很難「盜壘成功」。(三)和台灣當代整體住宅文化有關,那就是一般家庭很少深入思考自己對於住宅空間的真正需求是什麼,然後依此規畫室內空間的布局安排。相反地,多數家庭會理所當然地相信建築師和室內設計師的「專家意見」,頂多是就地板的材質、家具的風格、收納的空間等細節,依造自己的偏好加以挑選,但很少有人質疑三房兩廳的制式格局和室內裝潢流行的居家風格,是否真正吻合自己的生活內涵。因此,在這些硬體結構、管理法規和習慣思維的重重限制之下,絕大多數的成功國宅住戶只能在既有的空間格局下生活,很難看到重大的空間突破。

儘管如此,在這51戶的受訪家庭中,我們還是發現有3戶家庭冒著被其他住戶檢舉和被管委會告發的風險,大幅度地更動了家中的隔間和空間使用的方式。其中有一戶是拆除客廳和廚房之間的隔間牆,重新安排客廳、飯廳和廚房之間的位置,甚至利用特別訂做的摺合拉門

將房間走道的空間機動作為子女們的書房，不過仍然維持原來的房間隔間。另外一戶是只更動房間的格局，將兩個小房間打通變成一個大房間，第三戶則是敲掉小臥房的門牆，改為和式的拉門，方便長輩出入和增加通風採光。除此之外，多數家庭的空間調整，都只是改變空間使用方式的「軟調整」，沒有動到硬體結構，例如，將後陽台改為廚房，或是將房間、浴室改為儲藏室等。

此外，我們也發現，在空間使用和裝潢整修的調整過程中，廚房設備的更新調整幾乎都是必動的項目之一。甚至在整個居住期間沒有重要整建裝潢的家庭，大概也都有過一次到兩次的廚具更換動作。有部分原因是因為廚具設備油膩難清，當其中有一兩樣設備因為長期使用而故障時，有的家庭乾脆整組廚具一起更換，一方面是新舊組合廚具之間因為技術和機型的演變，不容易搭配；另一方面也是因為舊廚具容易藏污納垢、滋生蟑螂，因此趁著裝潢家裡其他空間的時候，一併

汰舊換新。廚房設備的多次更換反映出除了衛浴設備之外，廚房可能是家庭中使用最頻繁的生活設施，也是公寓住宅中最密集使用的工作空間。由此可見，三餐煮食在日常家居生活和女性家務工作裡面所扮演的重要角色。因此，在整個公寓廚房面積相對狹小的情況下，有些住戶會設法擴展現有廚房的空間，例如，挪用部分後陽台和飯廳的空間，甚至將整個廚房搬到搭建雨庇和鋁門窗的後陽台，以便有寬敞和舒適的工作空間。在51戶接受問卷的住戶中，就有6戶擴充或變更了廚房的位置。這個現象也是後續深入訪談特別鎖定的課題之一。

由於一般都市公寓住宅的面積狹小且價格昂貴，所以我們也想了解一下一般住戶對於自家住宅面積的認知情況。儘管事前我們已經確切掌握成功國宅每一棟大樓所有住宅單元的實際面積，包括權狀坪數、公設面積和實際的室內坪數等，但是問卷發現，不同住戶對於自家房子的面積認知，往往和實際情況有相當程度的落差。不論是權狀坪數

或是室內坪數，有時候會差到三、四坪，差不多是一個房間的面積。在51戶的受訪戶當中，只有7戶人家正確地說出他們家的權狀坪數和室內坪數。一般而言，在這邊居住時間較久的住戶，對於住宅面積的描述，會比較接近實際的坪數。主要原因是其中有部分住戶是原來的眷村住戶，在重新配售國宅時，是以軍階高低作為配售的依據，因此他們對於住宅面積的認知和記憶特別清楚。而其他早期購買的住戶也因為是向當時的國宅處登記購買，對於基地內各棟建築的坪數和坪型有比較完整的認識，因此落差也不大。但是，在這邊居住時間比較短的住戶，不論是租的還是買的，在描述住宅空間面積的時候，落差就相當明顯，而且自我認知的住宅面積，通常都比實際的面積大。可能是因為他們購買時是透過房屋仲介，所以是他們的認知往往是仲介人員口頭上告訴他們的面積，也就是二手屋市場上常用把前後陽台外推的面積也計算進來 的「使用坪數」的說法，所以住戶認知到的空間大小會比實際的權狀和室內面積

大一點。不過，還是有一些住戶在回答住宅面積的問題時，他們所說的權狀和室內面積比實際的面積小兩、三坪。可能的原因是高樓公寓住宅戶數密集，而且室內的天花板較低所產生的壓迫感，讓人覺得居住空間狹小。由於做口頭問卷時，並沒有進一步告知住戶他們家實際的權狀面積和室內面積，並追問可能造成認知面積落差的原因，所以也無法排除認知面積和實踐面積之間的落差，可能只是人們對於面積的概念不清，加上記憶模糊，所造成的認知誤差而已。倒是住戶們對於室內格局的描述都非常準確，不論是兩房兩廳或是三房兩廳的格局，都和原始的設計一樣，表示住戶們幾乎都沒有更動國宅原先設計的基本隔間，也和上述居家空間調整的回答一致。

三餐飲食／煮食習慣

在日常飲食習慣部分我們只針對非特殊節慶或節日的平常飲食習慣，尤其是晚餐部分，請受訪者回答平均一週7天當中有多少天是

在家裡用餐？在51戶受訪家庭當中，有4戶（8%）是每天在外面用餐，另外有12戶（23%）是天天在家用餐。除了這兩種極端的情況之外，有35戶（69%）的受訪家庭，平日的晚餐是外食和在家用餐相互搭配，只是每家外食和在家用餐的比例不同。而且，在這4戶完全外食的家庭中，有一戶是先生在外用餐，太太則每天回離工作地點不遠的娘家吃飯，週末時則是夫妻一起到外面吃（有6歲以下幼兒的青壯年夫妻）。所以嚴格來講，並非完全外食的情況。其他3戶天天外食的受訪家庭裡，有一戶是中高年齡，沒有小孩的雙薪夫妻；一戶是夫妻都已退休，子女另立門戶的老年夫妻；另外一戶是有學齡子女的青壯年核心家庭。如果將所有受訪家庭在家吃晚餐的天數平均起來，一週7天中，平均每戶有4.6餐是在家吃晚餐，另外有2.4天是到外面用餐。如果考慮一般家庭週末有上館子打牙祭，或是家庭聚會之類的習慣和活動，那麼似乎可以推論，幾乎大部分家庭在非週末和非假日期間，都是在家裡用餐。不過，從

每天外食和每天在家用餐的極端案例中可以發現，這樣的平均數字，反而容易誤導每家用餐習慣的真實情況。舉例來說，有5戶受訪者表示，一週7天有兩天是在家裡吃晚餐。由於問卷沒有細問這兩天是週末還是非假日，所以無從得知這些很少在家用餐的家庭是不是週末才下廚煮飯的「休閒烹飪」（leisure cooking）類型。如果是的話，它顯然和非假日當中有兩天在外面吃晚餐的情況截然不同。可以確定的是，即使一般家庭一週裡大部分的時間還是偏向在家裡吃晚餐，這個平均每週2.4天的晚餐外食天數，依然是一個值得關注的數字。這種外食的趨勢，也可以從大街小巷各式各樣的餐館和路邊攤得到佐證。當然，我們也必須考慮到成功國宅位於台北市核心市區的特殊區位，以及這些受訪家庭的職業背景和所得水準，可能使得樣本家庭中外食的比例較高。但是，這也有可能和問卷的受訪家庭中，職業婦女的比例偏高有關。因為職業婦女的工作忙碌，她們累了一天回家之後，就可能選擇用比較省事的外食方式來

解決部分的晚餐，而且因為她們也有收入，也比較捨得花錢到外面用餐。

問題是，相較於婦女就業比例更高的西方社會，台灣家庭日常晚餐外食的情形，可能相對高於社經背景類似的西方家庭。因為西方職業婦女對於家庭日常煮食的因應之道，往往是採用罐頭、冷凍、乾燥等加工速食替代親自現做的方式，而不是採取出外用餐的方式。一方面這是因為美加地區郊區化發展的特殊住宅空間形態，使得出門用餐本身就是一件麻煩的事；同時也因為他們的人工成本太高，使得外食作為日常餐飲的經濟負擔過高。另一方面，台灣都市地區家庭外食的普遍現象，也反映出台灣民生餐飲業蓬勃發展的特殊性。如果我們將早餐和午餐也納入考量，就更加凸顯外食在日常三餐裡所扮演的重要角色。尤其是對職業婦女而言，就算外食無法完全取代親手下廚的家常菜，它絕對也是一項紓解煮食壓力和調節生活節奏的重要替案。

相反地，相對於51戶當中有3到4戶天天外食的極端案例，則有多達12戶（23％）的家庭表示，他們一週7天幾乎每天都在家裡吃晚餐。這些天天在家用餐的家庭，雖然涵蓋了大部分類型的家庭型態，包括夫妻家庭（2戶）、有6至18歲學齡子女的核心家庭（3戶，但是其中一戶，男方的父母住在樓上，且雇有外傭，另外一戶則是每天回到住在附近的男方父母家用餐）、與成年未婚子女同住的核心家庭（4戶）、三代同堂的主幹家庭（2戶），以及有看護外傭的獨居年長女性（1戶），但整體而論，家中有年長者的家庭，天天在家吃晚餐的機率較高。儘管天天在家吃，未必表示餐餐都是自己煮，也有可能搭配外帶的熟食，而且也未必餐餐都是女性下廚。不過，天天在家用餐的家庭裡，自己動手做，而且都由女性下廚的可能性會比較高些。那是因為這些年紀較大的住戶裡，有不少是夫妻都已退休的家庭，因此對於經濟、衛生、口味、用餐的氣氛、晚餐的儀式性等因素的考量，會比年輕的家庭更為重視，所

以自己煮食的比例會很高；而且這樣的家庭通常也比較傳統，所以由女性下廚的可能性也比較高。如果真是如此的話，可以想見，即使婦女們不再是必須同時忙裡忙外的職業婦女，但每天光是準備三餐，就是一項不小的負擔。

至於介於完全外食和天天在家用餐這兩種極端之間的35戶（68%）家庭，他們一星期當中或多或少會有幾天晚餐不在家吃。這又可以粗分成兩種類型：第一種是以外食為主的家庭（一星期有4到6天是在外面用餐），共有10戶（占35戶當中的29%）；另外一種是在家用餐為主（一個星期有1到3天是在外用餐），共有25戶（占35戶當中的71%）。如果將完全外食和天天在家用餐的極端情形包含近來，以外食為主的家庭共有14戶，占51戶受訪家庭的27%；以在家用餐為主的家庭共有37戶，占51戶受訪家庭的73%。換言之，不管是不是將極端的用餐類型納入，大約有七成的成功國宅受訪家庭是以在家吃晚餐為主；只有三成的家庭比較常以外食

的方式來解決晚餐。而且，在所有的受訪戶當中，有三分之二的家庭會採用外食和在家用餐這兩種方式解決晚餐；只是在家用餐的比率較高，大約是外食的2.5倍。所以，從這些一般家庭的晚餐型態可以看出，儘管「在家用餐」對於多數家庭而言仍然是主要的晚餐型態，不過外食已經在日常家庭飲食當中，擔負起將近三成的比例。

這種現象有幾種可能的解釋：（一）受訪的樣本家庭中，婦女就業的比例很高。對於身兼薪資工作和家務工作的職業婦女而言，雖然在家用餐還是最普遍的狀況，可是要天天都下廚煮飯，可能會是一項非常沉重的負擔，因此會因為偶發狀況，例如加班、太累等，或是只是為了轉換心情，而到外面去吃，省卻洗碗和清理剩菜及廚餘的麻煩。（二）某些家庭成員的工作時間較長或較不固定，有時候會比較晚下班，所以在上班地點就近用餐；也可能是下班之後有應酬或社交活動，因此沒有辦法每天都回家吃飯；通常這些情況比較可能發生

在男性身上。（三）和第二種情況有關，如果在家吃飯的人數太少，會難以達到買菜和煮飯的「規模經濟」，自然會降低在家自己做飯的意願，還不如到外面吃，更為經濟實惠，也不用花費那麼多的時間和精神。這也就指向（四）各種自助餐、麵店、餐館在台灣相當普遍，尤其是像成功國宅這種位於商業、文教和住宅區交會的社區，在住家附近絕對不乏各種口味和價位的餐館。因為像是小吃攤、小吃店和各式餐廳，往往是國人創業和自我雇用最常採取的模式之一。只要這家人不要太挑剔，外面隨時都有各式各樣的餐飲和小吃可以選擇。只不過外面的餐飲在清潔、衛生、口味、氣氛和花費上，往往不如在家自己動手做。因此，對於大多數的家庭而言，儘管不乏各種外食的機會，一般家庭還是比較常在自己家裡吃，外食則是屬於輔助性質。這時候，外食作為輔助性質的晚餐替案，有別於家常菜的種類和口味，反而成為吸引部分家庭出外用餐的重要因素之一。也就是說，對於絕大多數的家庭而言，自己煮和外食

之間已經不是如何取捨的問題，而是如何搭配的問題。

而且，即使在家裡吃，也不盡然所有的菜都是自己動手做。我們在第二階段的篩選問卷中，並沒有特別詢問受訪者在家用餐時，是不是所有的飯菜都是自己做的，或也會買些熟食回來「加菜」？因為這個問題不像外食或是在家用餐那麼明確，受訪者很難確切地說出有多少比例的菜是現成的熟食。而且，有些家庭會將熟食、罐頭、冷凍食品、微波食品和新鮮食物等不同的食材，在不同的情況之下，以不同的方式混合食用。例如，某一天可能買了半隻烤鴨，當天晚餐當作一道主菜食用，第二天則將沒吃完的鴨肉加入一些青菜拌炒，成為另外一道菜，因此更增添問題的複雜性。不過，在第三階段的深入訪談中的確有不少受訪者提到，有時候他們會買一些現成的熟食，像是燒雞、燒鴨、滷味或小菜等，來作為主食或豐富菜色。同時，他們也會利用罐頭、冷凍食品、微波食品、調理包等，來作為晚餐的主菜或配

菜。有時候,這些熟食或半熟食會單獨食用,有時候則是搭配其他新鮮食材,情況不一。有時候,甚至乾脆到燒臘店買便當或是到自助餐店「打菜」回家吃,這樣子可以兼具外食的便利性和在家用餐的舒適性,方便看電視或是和家人聊天,也不用煮得一身油膩膩。如果是用免洗餐具,連飯後洗碗的工作也免了。

至於住戶自己煮晚餐的話,男性和女性下廚的比例究竟如何呢?在51戶的問卷當中,扣除3戶完全外食的家庭和1戶是以外帶熟食回家吃的方式解決晚餐之外,在47戶或多或少會在用餐或親自下廚煮飯的家庭裡,有八成家庭是由女性負責家中的煮食家務。整體而言,大部分的家庭仍是由女性擔負廚房的煮食工作。不過,先扣除包括3戶男性單身戶、1戶單親爸爸家庭、4戶單親媽媽家庭,以及4戶雇有外傭的家庭,扣除這些「不得不然」或是「理所當然」的煮食家務模式,在家中同時有成年男性和成年女性的35戶受訪家庭當中,有84%的家

庭是由女性負責煮飯,有16%的家庭是由男性負責。可見在一般家庭當中,由女性負責煮飯的家務性別分工,依然相當明顯。在這35戶當中,只有3個家庭是夫妻共同或是輪流煮飯,另外有3個家庭是由先生負責煮飯,其餘29戶則是由完全由家中的女性負責煮飯,包括妻子(21戶)、婆婆(5戶)和岳母(3戶)。從這裡也可以看出,已婚婦女在廚房煮食家務中所扮演的吃重角色。

根據以上數據,又可以分為兩方面來說明:就比較年輕的婦女而言,即使她們多半和先生一樣具有專職工作,不過依然無法卸下煮飯這項傳統性別分工的家務工作。雖然我們缺乏資料佐證,這些家庭的男性也會分擔諸如洗衣服、打掃、接送小孩等煮食之外的家務工作,而整個社會上日漸普遍的兩性平權觀念讓我們相信,有越來越多的已婚男性會主動分擔各種家務,不過就算真的如此,目前這種由女性擔負主要煮食家務工作的現象,依舊反映出女性在家務工作當中的沉重

負擔。最主要的原因是煮食工作在時間上的急迫性和頻繁度，遠超過其他家務工作；而且，煮食過程的繁複程度和所需技巧的困難度也都比其他家務工作要來得高，當其他家務工作越來越容易由自動化的省力家電來分勞時，煮食工作依然是一件相當耗費時間和精力的家務工作。我們也因此可以理解，為什麼有許多家庭會用不同的方式結合外食、熟食和各種加工食品等，來減輕三餐煮食的生活負擔。然而，從受訪家庭中仍有這麼高比例的婦女在忙碌的工作之餘，還經常親自下廚，似乎反映出家常菜在家庭生活中無可取代的重要地位。

除了年輕婦女擔負家庭煮食重任的現象外，在第二階段的篩選問卷中，我們也發現由女性負責煮飯的家庭當中，有近三成（28%）的家庭是由家中年長的婦女負責煮飯的廚房工作。更特別的是，其中又有三分之一的家庭，是由女方的母親（也就是岳母）負責煮飯。在傳統以男性為主的家庭結構當中，我們比較容易理解由男方的母親（也就

是婆婆）負責煮飯的情況，尤其是三代同堂的主幹家庭。因為婆婆是傳統的家庭主婦，或是已經退休，兒媳婦必須出外工作，所以由原本可以享清福的婆婆「重操舊業」的務實作法也還說得過去。即使兩代家庭沒有住在一起，這種每天到婆婆家吃飯的情形也只是反映出公寓住宅無法滿足傳統家庭生活方式的折衷作法。但是，類似的情形也發生在女方母親這一邊身上，而且是由已婚婦女的母親每天到女兒家幫忙煮飯或女兒回娘家吃晚飯。在我們的研究當中，觀察到不少這種已婚婦女和原生家庭之間在日常生活上仍維持緊密關係的情形。這也讓我們體認到，從三餐煮食的日常小事到購屋決策的家庭大事，傳統的家庭觀念和兩性關係可能已經有了相當大的轉變。它更讓我們看到未來兩性關係的新的可能性。相關的細節將留待第六章再深入探討。在這裡，我們想強調，對於一些已經從職場退休的年長婦女而言，當兒女成家立業，眼看著就要「媳婦熬成婆」，準備含飴弄孫享清福的時候，反而還要「退而不休」，重新

投入廚房工作的現象，值得我們進一步深思。

　　整體而論，不論是年輕婦女或是年長婦女，就每日的時間分配和整個生命歷程而言，我們看到當代台灣婦女在煮食家務工作方面的性別處境似乎愈來愈艱困了。如果說這是性別意識提升和女權運動的結果，那麼婦女們所付出的代價未免也太高了吧！或是說，其實婦女們在這些煮食家務的轉變過程中，早已巧妙地發展出許多「四兩撥千斤」的生活戰術，因此才能夠從容應付一波又一波的新工作？抑或是，這樣的廚房生活其實和整個廚房系統的現代化過程，包括公寓廚房的空間結構、廚房家電的技術革新，以及各種替代飲食的產業發展，息息相關？本書接下來的部分，將一一探討這些問題。

Chapter V
公寓廚房的空間生產

即使在今日，女人已進入許多典型的男性活動，
在世上大部分區域，
蓋房子和其他建築物仍多屬男性活動。
在營造業裡，戴著安全帽的女人仍很罕見；
在建築業裡，女人也為數甚少。
更為重要的也許是，
男人仍宰制了能做建築決策的職階
——諸如董事、建築師、規畫師、工程師。
就算在一些最講求平等的家庭裡，
築造和修繕的工作也往往落在男人身上。
……
作為一個群體，
女人大抵依然被排除在這種建造結構以聚攏並顯現一個有意義的世界的活動之外，
只有當女人也同等參與世界的設計與創立，
才會有既屬於女人也屬於男人的世界。

艾莉絲・馬利雍・楊（Iris Marion Young），《像女孩那樣丟球》

　　公寓住宅，是當今世界各國都市住宅的縮影，也是戰後台灣最重要的住宅類型。本章將從公寓廚房的生產過程，來了解現代台灣婦女煮食家務及其性別化身體處境的環境框架。而台灣公寓廚房的生產過程則必須放到戰後台灣都市集合住宅發展的政治經濟學歷程中，才得以充分理解。因此，本章首先將就戰後台灣住宅發展的整體概況作一簡介，尤其針對不同時期的國家整體住宅政策以及當時住宅市場的重大發展加以說明，從而逐步釐清各個住宅發展階段，不同住宅類型的外部空間結構和內部空間形式對於廚房空間安排和婦女煮食家務處境的潛在影響。除了釐清有關公寓住宅生產的空間實踐之外，本章還要進一步探究國家住宅政策背後的意識型態，看它如何透過住宅市場的商品邏輯和住宅生產的空間實踐，形塑出戰後台灣都市地區獨特的公寓結構。而這個從國家與市場切入，有關公寓生產的政治經濟學分析，將為我們揭開台灣婦女廚房之舞的舞臺序幕。

公寓住宅的空間實踐：戰後台灣集合住宅發展簡史

在正式介紹台灣公寓住宅的空間生產過程之前，有必要先釐清一些有關「公寓」的基本概念。

一般所稱的「公寓住宅」，或是較為正式的名稱「集合住宅」，原本是西方社會在19世紀之後，為了解決工業革命的工業化和都市化所帶來大量以工人階級為主的住宅需求，因而發展出的一種由多個住宅單元所組成的住宅型態。由於住宅是勞動力再生產的重要基地，而勞動力又是工業生產所不可或缺的投入要素，所以國家和資本家都將住宅需求的集體消費視為需要介入干預的重大議題。而且安置的對象也從狹隘的工人階級擴大為一般社會大眾，成為一般薪資階級和低收入家庭負擔得起的平價住宅（affordable housing）。公寓住宅的提供者可以是企業主、國家、社會福利機構或是地產開發商，它的所有權可以是出租或是自有，而它的外型結構也涵蓋了低矮的住宅群落和高層的集合住宅。公寓住宅和傳統家屋或房宅（houses）之間的最大差別，就在於「住宅單元」的集合概念，它有別於將土地、建築物

和家戶（household）合而為一的家屋／房宅概念。公寓作為一種現代住宅設施的基本單元，主要是住宅空間標準化和大量生產的結果。

此外，「公寓」一詞在美國、英國、日本和台灣的用法和它所指涉的住宅內容，也有一些細微的差異。在美國和加拿大，公寓通稱為apartments，是指大廈裡面的住宅單元；由公寓組成的整棟公寓則稱為apartment buildings。依照所有權的差別，又分為出租公寓（rental apartments）和自用公寓（condominiums）。前者是由單一業主——可以是地方政府、社會福利機構或是私人業主——擁有整個公寓大樓的產權，再分別出租給個人居住；承租人則按週、月或按年繳納房租。有些19世紀下半葉興建的早期公寓，主要是較低樓層的老舊樓梯公寓，則稱為「廉價公寓」（tenements）。到了1930年代之後，這些廉價公寓聚集的內城地區（the inner-city areas），通常也是許多新移民落腳的地方，多半被標記為美國都市的「貧民窟」

（slums），成為政府優先拆除整頓的都市更新地區。二次世界大戰之後，美國政府為了拯救衰蔽的內城地區和安置「貧民窟」的居民，開始在都市外緣大量興建計畫住宅（project housing），也是以公寓住宅的形式興建。以公寓大廈形式興建的自有公寓則多半位於市區的精華地段，售價相對昂貴，是由個別住戶擁有住宅單元的獨立產權（包括緊臨住宅單元部分的公共設施），但大樓內所有住戶共同使用公共空間和公用設施，則是採取共同持分的方式擁有；住戶必須定期繳交管理費，作為大樓管理和維護的費用。

在英國，公寓被稱為flats。主要是指二次世界大戰之後在都市地區集中興建的「高樓住宅」（tower blocks）或「公寓大樓」（blocks of flats），以及一些由傳統樓房分割改建而成的「公寓單元」（converted flats）。另外也有一些兩、三層樓的低矮公寓，住戶共用入口和階梯，稱為「小公寓」（maisonettes）。這些各式各樣的

現代公寓，有別於19世紀英國工業城市普遍興起的工人住宅。後者是一種背對背（back-to-back）、二到三層的連棟住宅。如果每一棟是只住一戶人家的獨立住宅，則稱為連棟住宅（terraced house）或連棟街屋（row house）；如果不同樓層分屬不同的住戶，但是大家共用入口或樓梯，通常是出租住宅，則稱為廉價公寓（tenements）。

在日本，公寓的正式名稱為「集合住宅」。戰後台灣延續日治時期的用法，有關住宅與規畫的相關規定，也多沿用此一名稱。1960年代之後，在美援的資金和技術支持之下，國民政府開啟了以公寓集合住宅為核心的住宅政策。公寓和公寓大廈的用法，才陸續在建築、規畫專業和民間普及開來，逐漸地取代集合住宅的正式用法。由於早期興建的公寓住宅多為五樓以下的樓梯公寓，到了1970年代之後，有電梯的公寓大廈才逐漸普遍，因此民間也常常用「公寓」和「大樓」，作為區分低層樓梯公寓和高層電梯公寓大廈的簡稱。針對這種日漸普及，甚至主導當代台灣都市住宅地景的公寓住宅，政府為了加強對它的維護管理，提升居住品質，在1995年制定了〈公寓大廈管理條例〉，才確立了「公寓大廈」一詞在住宅法規裡的正式地位。條例中將公寓大廈定義為「構造上或使用上或在建築執照設計圖樣標有明確界線，得區分為數部分之建築物及基地」（〈公寓大廈管理條例〉，第三條第一款）。但是，早在1945年由內政部頒訂，迄今歷經72次修訂的〈建築技術規則〉，仍然沿用「集合住宅」的名稱，將集合住宅定義為「具有共同基地及共同空間或設備，並有三個住宅單位以上之建築物」（〈建築技術規則〉，「建築設計施工篇」第21條）。為了避免混淆，本書特別將集合住宅視為由結構相連的住宅單元組成的廣義住宅集合，包括一些連棟透天的住宅社區，還有早期的眷村、公教宿舍等。它們是以批次建造的住宅集合，在建築外觀和內部結構具有相當程度的相似性；同時，不同住宅單元之間，共同擁有社區共用的部分空間和設施。而公寓住宅特

別是指單棟建築物裡面具有三個以上的住宅單元,並且用「公寓」來指稱這些單一樓層裡面個別住宅單元的集合住宅類型。

從近代世界各國的住宅發展趨勢來看,自19世紀中葉以來,集合住宅已經成為從西方社會到全球各國,用來解決工人階級和社會大眾住宅需求的主要手段。尤其是在人口稠密、地價昂貴的都會地區,以公寓形式為主的集合住宅更成為現代住宅的主要類型。二次大戰之後,許多工業化和都市化快速發展的第三世界國家,包括台灣地區在內,公寓住宅成長的速度和普及的程度甚至凌駕於公寓住宅發展較早的西方城市。舉例來說,美國在2000年大約有26%的人口居住在公寓住宅裡;英國在2002年時約有27%的人口居住在連棟街屋或公寓住宅裡面(摘自Wikipedia, the free encyclopedia, "house" 條目)。在都市人口占總人口數八成以上的英美社會,如果考慮住宅形式的城鄉差距,應可推論至少有三分之一以上的都市人口是居住在公寓住宅,唯

個別城市的情況可能互有差異。例如,英國城市在二戰期間被德軍的砲火轟炸蹂躪,戰後由工黨主政,便以在各大城市廣建國宅為主的住宅政策,幫助居民重建家園。因此,城市裡公寓住宅的比例也就隨之升高,尤其像是倫敦東區(the East End)等歷史悠久的傳統製造業工人社區,更是以密集興建公寓住宅的方式來滿足當地居民對於廉價出租國宅的大量需求。相反地,腹地遼闊的美國城市在汽車產業的推波助瀾下,從1930年代開始就以郊區化的住宅發展,作為滿足都市地區住宅需求的主要手段,所以不論是便宜的出租公寓或是昂貴的自有公寓,都市地區的公寓住宅的比例就比較低。

反觀地狹人稠的台灣地區，2000年時有高達97％以上的人口是居住在不同樓高的公寓住宅裡；在首善之區的台北市，公寓住宅的人口更高達99.41％ ❶（行政院主計處，2000a；2000b）。儘管在主計處的住宅統計資料中，比例高達68.82％的二至五樓住宅當中，未能詳列獨棟透天厝、透天街屋和公寓住宅之間的比例，造成公寓住宅和部分透

天樓房之間的混淆。但是，如果以住宅的樓地板面積來看，2000年時，台灣地區共有62%（在台北市更高達75%）的家戶人口住在120平方公尺（不到40坪）以下的住宅空間。保守估計目前台灣地區應該有將近八成的人口居住在公寓住宅裡面，且集中在都市和城鎮地區。由此可見，公寓住宅已經成為戰後台灣快速興起的住宅類型，也是目前台灣都會地區最普遍的住宅形式。這是許多台灣當代住宅研究關切的焦點，也是探討當代廚房空間生產必須理解的重要課題。因此，本章接下來將先就戰後台灣集合住宅發展的發展歷程，尤其是和公寓住宅有關的現代化過程，作一扼要的歸納整理。

戰後台灣公寓住宅發展的現代化歷程

近年來，在建築、規畫與住宅相關的研究當中，對於台灣集合住宅的發展歷程有各種不同的分期方式。例如：王文安（1987）鎖定住宅市場的商品特性，提出邊陲地

❶：1995年以前的「人口及住宅普查統計」將台灣地區家宅區分為（1）中式獨院式、（2）西式獨院式、（3）五樓以下公寓、（4）六樓至十二樓公寓大廈、（5）十三樓以上公寓大廈和（6）其他等共計六類的住宅類型。2000年時，新的住宅統計方式將上述六種住宅類型改為純粹以樓高分類，整併為（1）平房、（2）二樓到五樓公寓、（3）六樓至十二樓公寓大廈、（4）十三樓以上公寓大廈等共計四類的住宅類型。其中最容易產生混淆的就是二到五樓的住宅類型（占台閩地區住宅類型的68.84％），混雜了盛行於鄉村地區的透天厝，依然存在於鄉鎮地區和舊市區的連棟街屋（可能是獨棟透天的店鋪街屋或是分層有獨立產權的改良式公寓），以及都市地區五樓以下的公寓住宅。因此，在住宅統計的資料當中難以區辨部分公寓（apartments）和樓房（houses）的住宅類型。不過，從實際的生活經驗當中不難發現，現在都市地區的住宅類型裡以住宅單元區分的公寓住宅，包括五樓以上的中高樓層和超高樓層的公寓大廈在內，加起來的數量絕對遠高於透天厝和連棟街屋的數量。

區仿效核心地區住宅型態的發展階段——包括台灣地區的都會住宅模仿西方工人住宅的型態，以及鄉村地區模仿城鎮地區的住宅型態——來說明當代台灣住宅發展的現代化歷程；米復國（1988）採用政治經濟學的觀點來看不同時期政府的住宅政策對於住宅市場干預的方式和影響；楊裕富（1991；1992）是以台灣的經濟發展階段作為主軸，來看各個時期的住宅政策、住宅法規和都市建地的供給對於住宅供給的影響，反映出住宅現代化和經濟現代化之間的連動關係；張哲凡（1995）是從集合住宅的建築形式著手，包括住宅的外部結構和內部平面，來探究住宅形式的演變和政治經濟局勢、國家的住宅政策以及住宅市場之間的關係；陳聰亨（2006）則是用住宅市場的商品類型，來分析不同時期住宅商品的流行趨勢、當時所處的經濟環境和政策局勢，以及各個時期所運用的建築技術等等。

　　儘管切入的角度不同，關注的焦點互異，這些住宅研究可以歸納出一個戰後台灣住宅的共同特徵，那就是公寓住宅作為台灣當代主流住宅類型的明顯趨勢，反映出公寓住宅內、外結構的演進過程，以及國家的住宅政策和住宅市場的商品邏輯如何建構出公寓住宅的時代特性。簡言之，戰後台灣的住宅發展歷程是以都市地區公寓式集合住宅為代表的住宅現代化過程。在公寓住宅的整體外觀結構方面，由小數量的住宅單位（三、五戶到七、八戶）、低矮的公寓樓房（四、五樓以下，無電梯），逐漸發展成大數量的住宅社區（從三、五十戶到百戶以上），以及中高樓層（七到十二樓），甚至二十層以上超高樓層的電梯公寓大廈。在公寓住宅的內部平面方面，則是以適合核心家庭居住的「三房兩廳」（3L-D-K），作為各種現代公寓住宅的「標準平面」。個別住宅單元的面積或許有大、有小，房間的數量也或多、或少，甚至也有少部分沒有隔間的「小套房」，或是挑高樓層、立體分隔的「樓中樓」；但是，面積在26至30坪之間的三房兩廳「標準平面」，幾乎已經成為

現代台灣公寓住宅的代名詞了。此外，在公寓住宅空間的生產機制方面，由早期政府的領導示範、直接規畫興建，逐漸轉向鼓勵民間投資興建，最後放任民間住宅市場發展，甚至由公寓住宅的預售生產，轉為二手屋仲介買賣的不動產流通市場。

由於本書關注的焦點，並非公寓住宅本身的建築技術和設計潮流，也不是國宅政策的良窳優劣或是住宅市場的景氣榮枯，而是在上述各種因素的影響之下，以公寓形式為主的住宅空間結構對於婦女奠基於身體空間關係的廚房生活所產生的限制和形塑力量。因此，為了彰顯當前公寓廚房的歷史脈絡，以及當代住宅發展對於婦女家務處境的影響，我將以公寓住宅的內、外空間結構為主，相關的政治經濟脈絡為輔，將1949年國民政府遷台迄今的公寓住宅發展歷程，粗分為三大階段：（一）四樓以下低層公寓的奠基階段（1949-1975年）；（二）中高樓層公寓國宅的大量營造階段（1975-1988年）；（三）高層公寓

社區和大坪數豪宅的峰層化發展，以及整個住宅市場朝向二手屋仲介買賣的不動產流通階段（1989-迄今）。在此需要特別提醒，由於大量生產的公寓式集合住宅是產品生命週期非常長的高價耐久財，一旦興建完成之後，除非遭逢天災人禍等特殊的巨大破壞，否則通常都有三、五十年以上的使用壽命。即使老舊窳陋需要改建，也常因需要獲得基地上的絕大多數住戶同意，才能拆除重建，因此存在的時間可能比產權獨立的獨棟住宅更久。在這種情況之下，既有的住宅形式往往具有分母累積的長期穩定效果；加上台灣地區近年來人口成長的速度逐漸趨緩，可以預見，在未來相當長的一段時間內，過去受到國家住宅政策支持並由民間住宅市場大量生產、行銷的公寓住宅，依然是台灣最重要的住宅類型。

（一）四樓以下市民公寓的模仿摸索階段（1949-1974）

簡言之，戰後台灣住宅的發展情形是由個別住宅營造的傳統建築工

藝邁向集合住宅產業營造的現代化建築過程。相較於西方工業城市從19世紀中期開始的集合住宅發展，台灣集合住宅的發展起步很晚；遲至1950年代中期，才逐漸成形。在日治時期，和集合住宅發展息息相關的都市化和工業化，才剛剛萌芽就因遭逢戰亂而偃旗息鼓。在都市發展方面，台灣自1899年即著手規畫的都市計畫幾乎與日本本土同步；其中，家屋建築的技術規則比起同一時期英美的都市計畫，毫不遜色（張景森，1993）。但是，隨著太平洋戰爭爆發，戰爭後期戰況更加吃緊，使日本無心亦無力建設台灣。當時擬定的都市計畫，包括街道與住宅的相關規畫，失去了實現的機會。另一方面，產業化發展的現代營造技術也因為戰亂的緣故，沒有發展的空間。除了軍事、公共與大型建築等需要動用國家資源的重大建設之外，一般住宅的設計、興建，依然仰賴傳統營造工藝的技術，而且也都只是個別、零星的住宅建造計畫。

這種情形在1944年台灣光復之後的頭幾年並沒有太大的改變：1947年國民政府因為「二二八事件」宣布戒嚴，大陸方面也因為國共內戰的緊張局勢，更無暇照顧台灣的建設。1949年，國民政府從大陸撤守台灣，約有二百萬人，包括軍公教人員和百姓隨同撤退，加上戰爭後期美軍轟炸造成的建築毀損，照理說應該會有非常強大的住宅需求和供給壓力，這些都是戰後台灣規畫和興建集合住宅的重要契機。然而，當時的國民政府一心一意專注在反攻大陸的軍事準備上，並無在台灣長治久安的打算，超過85%的政府預算都投注在國防軍事上面（米復國，1988：53）。所以，連產業經濟的基礎建設都無暇兼顧，自然將居住的民生議題留給百姓自己處理。除了繼承日治時期都市地區的連棟街屋和日式住宅的平房建築，還有散落在鄉間的閩南合院建築之外，戰後初期台灣並無大規模的住宅興建計畫。軍人有軍隊的營舍和陸續興建的眷村宿舍，公務人員則是接收日本人留下的日式宿舍，沒有房產的一般百姓只能

向民間租賃或占地搭建臨時住宅，形成戰後初期住宅發展的「無政府狀態」，也種下日後需要處理大批都市違章建築的惡果（米復國，1988：51）。

1953年克蒂颱風造成大量臨時住宅毀損，形成住宅荒的興建需求，觸動戰後台灣住宅現代化的契機，是開啟台灣集合住宅之門的關鍵。在國際情勢上，隨著1950年6月韓戰爆發，美國為鞏固台海局勢，從1951年開始金援台灣，也就是「美援」的資金和技術投入。在這樣的社會與政治情勢之下，以興建住宅安定人心成為當時政府採取的重要措施之一，也因此開啟了當代台灣集合住宅的現代化歷程。1953年，政府開始實施第一個四年經濟計畫。內政部接著在1954年成立了「興建都市住宅技術小組」，負責研擬相關的住宅計畫。1955年，在台北三張犁光復南路附近興建了第一批市民公寓，成為政府興建國民住宅的先河，也奠定了台灣現代公寓住宅的雛形。同年，內政部的「興建都市住宅技術小組」改組為「行政院國民住宅興建委員會」，並且在台北的南京東路、南投的中興新村等地，陸續興建二至三樓的住宅社區（陳聰亨，2006：23）。總計在1955年到1957年間，政府共協助貸款興建了8,500戶各類住宅，其中包括1,732戶的中央民意代表住宅（米復國，1988：52）。

政府在1957年又進一步實施〈違章建築取締辦法〉和〈興建國民住宅貸款條例〉，正式展開台灣住宅現代化的新頁（張哲凡，1995：13）。1959年，台灣省政府成立了「台灣省國民住宅興建計畫委員會」，負責研擬與審定住宅的興建計畫，除了由省府各廳處配合中央政策辦理相關業務之外，另外在各縣市也成立「國民住宅興建委員會」作為實際的執行單位。在1960年代前後，台灣整體經濟尚稱困頓，而且都市人口增加快速，住宅供不應求，因此取締違章建築的政策，只是象徵阻嚇的政策宣示，根本難以徹底執行。而住宅貸款雖然有美援作為基金，提供長期低利貸款給勞工、農民、漁民、公

教人員和一般市民之低收入者，並由商業銀行提供同額的貸款興建中央民意代表住宅，但是以中央政府的位階和有限的人員編制，國民住宅興建的計畫，也只是草擬研議的階段，無法大規模地落實興建。另一方面，這段期間的建築融資和一般企業融資相同，並無任何優惠和獎勵，加上民間的資本尚未形成，時局亦不穩定，所以在民間也沒有大規模的住宅興建計畫出現。大多數的住宅需求，主要還是仰賴非正式部門的住宅供給，或是個別、零星的住宅興建。對於當時有能力購買房屋或是增建、改建住宅的人而言，儲蓄、私人借貸和標會等個人和非正式的融資方式，反而是比政府和銀行住宅貸款更為重要的資金來源。

在這個百廢待興的時期，儘管政府提供的住宅數量相當有限，不過，中央與地方的都市和住宅政策還是相當程度地影響了當時都市住宅的發展方向。例如，台北從1959年起，陸續指定敦化南路、民權東路、松江路、南京東路、中山北路

和重慶北路等街道為「都市美觀地區」，規定沿街面的建築物高度必須是三層樓高，使得三樓的港樓式公寓和改良式的公寓住宅開始流行起來（陳聰亨，2006：23）。1965年，透過聯合國特別基金的協助，行政院又成立了「都市建設及住宅計畫小組」，作為推動台灣住宅現代化的政策推手（楊裕富，1992：21）。所謂住宅現代化的政策內涵，在政策目標的計畫層次上，主要是仿效英國針對勞工階級和一般中低收入者提供「平價住宅」的國民住宅計畫；在集合住宅的空間形式層面上，則是仿效美國公寓住宅的設計準則。從1957年到1975年間，總計貸款興建了12萬5千多戶住宅，其中包括44.7%的低收入戶住宅，26.5%的災難重建住宅，10.2%的違章整建住宅等，另外有6.2%的公教住宅和4.0%的鼓勵私人興建的出租住宅（米復國，1988：53）。不過，相較於高額的國防預算，還有後來逐漸增加的經濟預算，以及從1968年實施九年國民義務教育之後大量增加的教育預算，政府能夠挹注在興建住宅上面的經

費實在有限。所以，從1955年台北第一棟市民公寓開始，到1975年〈國民住宅條例〉通過，政府決定大量投資興建國民住宅之間的20年，由民間的資金和技術所主導的公寓住宅興建，才是這個時期整個住宅供給的主要來源。而政府所扮演的角色，主要是政策規畫和示範鼓勵的象徵意義而已。

就這個時期公寓住宅的形式和內容而言，又可以1963年作為界，區分為前、後兩個時期。在1963年之前，配合台北市政府的街道美觀構想，以及從台北逐漸擴散到台灣各大城市的住宅流行模式，由民間主導的住宅發展包括：脫胎自傳統長形街屋的店鋪住宅、從店鋪住宅過渡到四樓公寓之間的三樓狹長型港樓公寓，以及縮短進深、增加採光通風的三樓改良式公寓。店鋪住宅是由傳統的長型街屋演變而來，除了將樓高由兩層向上延伸為三層以增加使用面積外，最明顯的改變是將屋內的樓梯移至邊牆，讓二、三樓的進出可以不必經過一樓的室內空間。因此，不論樓上的空間是要自用或是出租、出售都便利許多，這是店鋪公寓的基本形式（圖10）。港樓公寓在樓高和平面與店鋪公寓類似，而兩者最大的差別在於：店鋪公寓多為單棟，且一樓多作為店面使用，樓上則為店家的自用住宅；相反地，港樓公寓多為雙併，一樓也做住宅使用，是純住宅的三樓狹長公寓（圖11）。不論店鋪公寓或是港樓公寓，由於建物連棟狹長，所以都有「暗房」的問題，也就是夾在前後立面中間的房間，採光和通風都不理想。改良式公寓的出現，就是針對狹長住屋的暗房問題，將建物的進深由三進縮短為二進，改善房間採光和通風的問題。

1963年，大陸工程公司在美援資金和技術的援助之下，於敦化南路興建了一批四樓公寓住宅——光武新村，開啟了四樓公寓的住宅風潮。由於當時的建材價格逐漸高漲，而建築技術規則規定四層公寓可以免做地下室、電梯，於是四樓公寓逐漸取代三樓公寓成為住宅市場的新寵。再加上1964年起，國

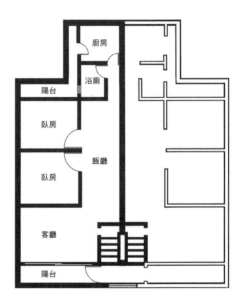

圖10：店鋪公寓平面圖一例（二樓）
資料來源：張哲凡，1995: 24

圖11：港樓公寓平面圖一例
資料來源：張哲凡，1995: 24

泰、太平洋建設等建築公司陸續成立，有計畫且大規模地興建和銷售四樓公寓，使得四樓公寓的數量日漸增加（陳聰亨，2006：23）。此外，1973年第一次世界石油危機時，政府以節約能源為由禁建五樓以上的建築，加上1974年初即將實施的〈區域計畫法〉限制農地、山坡地和保育地興建住宅的管制措施，以及1976年頒布的〈山坡地保育辦法〉嚴格限制山坡地的住宅開發，也促使建商在郊區大量搶建四樓公寓（王文安，1987：40）。據估計，在1960年代後期到1970年代中期之間興建的集合住宅當中，四樓公寓所占的比例高達八成，成為當時台灣都市地區主要的住宅類型（張哲凡，1995：17）。

從1950年代的三樓店鋪公寓、騎樓公寓和改良式公寓，進展到1960年代中期以後的四樓公寓，不僅代表著台灣當代住宅由戰前個別住宅營造的傳統建築工藝，歷經光復初期政府放任臨時住宅叢生盤據的混亂階段，正式進入由政府帶頭規畫、示範，民間仿效、追隨，進而

發揚光大的低層公寓住宅類型。更重要的是，這個時期的住宅演變在住宅單元和單元平面上，就已經具有住宅現代化的深刻意涵：以核心家庭為主所規畫設計的住宅單元。在1950年代和1960年代初期較為普遍的三樓狹長公寓，除了位於住宅背面的廚房和浴廁之外，室內空間往往沒有明顯的實牆隔間，而是採取開放空間或是以木板隔間的簡易方式。到了1960年代中期，四樓公寓已經發展出一直延續到現在的L-D-K格局；只是當時一般住家的平均面積大約在10至20坪之間，比起現在每戶平均25到30坪的面積狹小許多，所以房間的個數較少，也只有一套衛浴設備（陳聰亨，2006：24）。

此外，從狹長型的三樓公寓演進到方正格局的四樓公寓，室內空間的功能區分也由前（廳、房）後（廚、廁）二分，變成錯落式的配置方式。尤其，廚房和衛浴的位置因管線技術的進步而得以分離，加上隨著生活水準提高而逐漸出現第二套（半套或全套）衛浴，都讓公

寓廚房從一個半開放的後台空間（往往緊連著放置飯桌和碗櫃的用餐空間），慢慢變成一個獨立於其他居家空間的工作空間。在狹長的三樓公寓裡，所謂的廚房往往只是磚砌的工作臺面所構成的一個角落，最多是貼上瓷磚和砌上水槽。這種由「大灶」轉變而來的廚具形式，也曾經在四樓的公寓廚房被沿用過相當時日。只是烹煮的能源由柴火、煤球逐漸進步為電力、瓦斯；而碩大的水缸也被輕巧的自來水龍頭和埋藏在牆壁裡的水管所取代。立體化發展後的公寓住宅也不再有傳統合院或是日式宿舍等平面住宅的寬大前庭或後院，和廚房相通的只有空間狹小的後陽台，作為公寓住宅裡用來清洗和晾曬衣服的主要空間。換言之，在1960年代的四樓公寓住宅中，已經隱約呈現出台灣現代公寓廚房的雛形了（圖12）。

（二）中高樓層公寓國宅的大量營造階段（1975-1989）

隨著1973年第一次世界石油危機所帶來的房價上漲，以及台灣開始邁入工業化發展的經濟起飛階段，台灣集合住宅的發展也逐漸進入中高樓層公寓國宅的大量營造階段。由於地狹人稠的地理特性，加上從1960年代開始的城鄉移民所帶來的都市擴張，集合住宅朝向高樓層和標準化的大量營造作法，到了1970年代初期已經成為不得不然的發展趨勢。然而，都市地區快速增加的大量住宅需求，究竟該採取什麼樣的方式來滿足，是由國家主導興建？還是讓民間市場自行解決？儼然成為這個時期最重大的住宅課題。

早在1967年，台北市的忠孝東路和敦化南路交叉口，就出現了台灣第一棟十層樓以上的電梯公寓大廈——樓高十一層的安樂大廈。然而，這樣的住宅形式要發展為社會大眾普遍居住的典型住宅，還有賴經濟、技術、政策和社會文化各方

圖12：四樓公寓平面圖一例
資料來源：張哲凡，1995: 32

面的條件成熟才可能實現。所以，遲至1970年代中期，才由政府住宅政策帶頭推動及民間建築業者和整個住宅市場推波助瀾，逐步奠定了台灣現代化住宅的基本樣貌──大量營造的公寓國宅。然而，不論是由國家主導興建的國民住宅或是民間自行興建的一般公寓，這個時期的公寓住宅在增加樓層高度的垂直發展和擴大建案規模的水平發展，甚至由市區向郊區擴張的跳躍發展各方面，都反映出朝向大規模發展的「集合公寓國宅」基本特性。大體而言，從1970年代初期到1980年代末期，都市地區公寓住宅的興建混雜了以都市地區為主的七到十二樓電梯公寓大廈和以郊區為主的五樓樓梯公寓，而政府和民間也分別扮演領導推動和強化擴張此一住宅趨勢的重要角色。下面將就國民住宅和民間預售屋這兩個面向，對這個時期政府與民間部門在公寓住宅發展上面所產生的影響，加以分析。

· 國民住宅的標準化生產

這個時期政府最關鍵的住宅政策是1975年通過的〈國民住宅條例〉，條例中明訂透過政府直接興建、貸款人民自建等方式，由政府規畫用以出售、出租，供收入較低家庭居住之住宅。當時，行政院規畫的「六年經濟建設計畫」也將「廣建國宅」列為計畫的重大目標之一。1976年隨即推出「六年國宅計畫」，預計興建10萬戶廉價國民住宅。而「六年國宅計畫」才實施一半，政府又在1979年將興建國民住宅納入「十二項經濟建設計畫」，訂出在1980-1989年的十年期間興建60萬戶國民住宅的政策目標。為了因應廣建國宅的政策目標，台北市政府早在1974年就先行成立國民住宅處，台灣省政府也在1979年將國民住宅興建委員會與公共工程局合併為住宅及都市發展局；高雄市在1978年升格為直轄市之後，第二年就成立國民住宅處。其他縣市也在1980年分別成立國宅局或國宅課；中央政府則是在1981年將內政部營建司的國民住宅科擴編為營建署國民住宅組（米復國，

1988：66）。總計從1971至1990年的20年間，政府總共以直接、委託、獎勵與合作等方式興建了近20萬戶的國宅，雖然只占同一時期所有新建住宅的5.8%，卻對當時整個公寓住宅的結構產生莫大的影響（楊裕富，1992：146）。

其中最重要的影響之一，就是確立三房兩廳的公寓住宅「標準平面」。和〈國民住宅條例〉同樣在1975年訂定的〈國民住宅空間標準〉，規定了國民住宅從12坪（單人住宅）、16坪（雙人住宅）、20坪、24坪到28坪（家庭住宅）的五種基本坪數，以及20坪（含）以上的家庭住宅以三房兩廳為標準的基本房間數。這樣的住宅條件在室內面積和空間配置上，的確超越當時一般公寓住宅的水準。甚至多年後，行政院經濟建設委員會還考量住宅空間最小尺寸、房價和及家庭所得等因素，建議將各種坪數的國民住宅空間標準縮小5至6坪（行政院經濟建設委員會住宅及都市發展處，1984）。但是，一些在台北市區推出的小坪數國宅，例如緊臨

中正紀念堂的興隆國宅，由於每戶的單位面積只有十來坪，售價又不低，不符合一般家庭的空間需求和經濟能力，推出時市場反應不佳。因此，往後的國宅規畫不僅逐漸減少單人或雙人國民住宅的興建，還因為整體社會經濟狀況的提升、人民對居住空間品質的要求，以及和眷村改建合作興建國宅時必須配合軍階分配住宅坪數等特殊考量，在政府大量興建國民住宅的1980年代後半期，國民住宅空間標準反而向上修正到30坪和34坪 ❷。

❷：由於1980年代之後，有越來越多的國宅興建是和國防部的眷村改建計畫合作，所以改建後原眷戶的國宅分配，必須配合原本眷村房舍以軍階高低和子女人數為準的分配原則。國宅單位多次與國防部協商的結果，將國宅空間標準配合眷村改建房舍分配標準，調整為將官34坪、上校30坪、中校少校26坪、尉官與士官24坪等四種坪數。將官以下軍階，若子女人數在四人（含）以上，可分配高一級等的住宅坪數。而1984年訂定的「國民住宅社區規畫及住宅設計規則」第35條，也將國民住宅標準平面的面積由16、10、24、28坪，修正為各級距最大和最小面積加減2坪的彈性作法，使得甲種國民住宅（28坪）的室內面積提升到30坪，並且以註記的方式，同意國民住宅的自用面積可以達34坪，只是需要專案報經內政部核准。

由於國宅政策將國民住宅定位為大量營造的「平價住宅」，又限於經費，因此這些由政府主導興建的國民住宅紛紛採取「標準平面」和「標準圖」的量產作法。也就是建立幾種「標準平面」的基本類型，然後在同一期的國宅基地上大量複製，同時也在不同國宅建案之間重複使用，只有在外觀和細節上略作調整。在外部空間部分，除了少部分旗艦級的指標建案，例如大安國宅、成功國宅等，其他大部分的國宅社區則因為外型單調、建材廉價，同時數量龐大，反而形成一種辨識度極高的國宅景象。在內部空間方面，這些以三房兩廳為原則，但是坪數略有不同，空間配置大同小異的國宅公寓，因有政府「廣建國宅」的住宅政策背書，自然而然就成為代表台灣當代集合住宅典型的「標準平面」，也是民間公寓住宅大量仿效、比對的參考「標準」。

然而，自1975年實施〈國民住宅條例〉開始，政府直接興建國宅的住宅政策大約只維持了10年光景，

就因為土地取得困難、興建成本過高、建物品質不良，以及承購資格和使用、轉售等限制嚴格，陷入有錢的人不願購買國宅，沒錢的人買不起國宅的窘境。此外，國宅後續管理、維護的龐大壓力，隨著國宅數量的增加，也逐漸成為國宅單位的沉重負擔。所以，儘管政府從1970年代開始在經濟成長和社會安定的大環境下，有意大量興建國民住宅以提升國民的居住品質，但到了1980年代初期，國宅政策不得不悄悄地調整因應，由直接興建為主轉為鼓勵民間投資興建和輔助人民自購；並於1982年修訂〈國民住宅條例〉，修改及增列獎勵投資興建及輔助人民自購等相關規定，使得國宅政策逐漸轉變為以貸款補助、融資鼓勵等財政手段為主，直接興建為輔的間接干預作法。在1984年台灣省與北、高兩市分別公布了〈獎勵投資興建國民住宅作業要點〉後，更確立了政府直接興建國宅僅限於中低收入住宅部分的平價國宅，讓中高收入的住宅由人民自己興建，尤其鼓勵民間投資興建，以延續政府希望大量興建國民住宅

的政策方向，同時也較能符合台灣社會日漸提升的住宅品質需求。這項國宅政策的大轉彎，可以從政府在1982年大幅修訂〈國民住宅條例〉，同時將國民住宅的空間標準由12至28坪，向上修正為16至30坪的作法上看出端倪。由於此時核心家庭已日漸普及，生育率也日漸降低，在平均家戶規模逐年縮小的情況下，戰後台灣住宅的空間品質的確大幅提升。然而，國民住宅中高達97%的比率是以出售為主，以及後來轉變為以房貸補貼為主的住宅政策，常被批評是照顧中產階級的住宅政策（Chen, 2005: 112）。因為最需要國家照顧、在社會底層的低收入弱勢族群根本沒有能力「購買」只比市價稍為低一點點的國民住宅。所以，這種以出售為主的「國宅政策」，原則上已經違背平價或出租的社會住宅（social housing）基本理念。

到了1990年代，除了少數配合眷村改建或是市地重劃推出的國宅建案之外，政府直接興建的國民住宅數量越來越少，幾乎完全被民間興建的公寓住宅所取代。到了2000年民進黨主政之後，不動產市場的不景氣和全台高達120萬戶的空屋更是讓新建國宅完全停擺。房價持續上漲，一般民眾得省吃儉用很多年，才買得起屋齡十幾、二十年以上的老舊公寓或國宅。一些在1970年代為了興建國民住宅所設立的地方國宅處、局、課等機構，也在2004年之後紛紛裁撤整併，納入都市發展相關的住宅管理單位。

整體來說，政府直接興建國民住宅的最大瓶頸在於都市土地取得困難和土地成本過高。1970年代，國宅用地的主要來源是國有土地和公營事業土地；但是公有土地還肩負提供工業發展的任務，未必優先用於興建國宅。此外，在都市發展過程中長期遭到凍結的老舊眷村也苦於沒有經費整修和改建。於是，從1978年開始，國宅單位就積極地和國防部合作，利用眷村改建的方式興建國宅（米復國，1988：66-68；楊裕富，1992：156）。不論是公有土地或眷村的取得成本都比市價低廉，且政府興建的國民住宅

是以出售為主,儘管對於承購資格和轉售的限制嚴格,還是會對民間的住宅市場產生一定程度的衝擊。但是,政府興建國宅的成本和品質控管,未必比得上民間一些較具規模的建設公司。在都市土地成本原本就偏高的前提之下,尤其是一些位於市區精華地段的國宅,土地成本可能高達售價的八成,政府興建的速度又慢,無法有效降低營建成本;再加上「標準平面」的作法使得國宅的空間缺乏變化,選用的建材多半是價格低廉的次級品,國宅給人的整體感覺並不理想。政府興建國民住宅的原本立意是要提供中低收入戶高品質的平價住宅,最後卻是和民間興建的公寓住宅競逐市場,結果高不成、低不就。1990年代後,因為房價飆漲造成某些區位較佳的國宅成為投資或自用的搶手商品;但是國民住宅在市場上的反應還是普遍不佳,也使得許多國宅推出之後滯銷,必須以降價、貸款優惠、放寬承購資格等方式促銷,才能夠消解國宅空屋的壓力。

從戰後以來,儘管政府直接興建的國民住宅數量有限,平均只占所有住宅供給的5%左右,但是,在1970和1980年代政府大力興建國民住宅的這段期間,融入鄰里單元和大街廓的國宅規畫方向,的確為國家對住宅現代化的想像立下示範的標竿作用。這些現代住宅的理念,最早出現在1963年的〈台灣省國民住宅地區設施規畫準則〉和〈台灣省國民住宅地區規畫準則〉裡。在1977年轉化為〈國民住宅社區規畫及住宅設計規範〉,1984年又修訂為〈國民住宅社區規畫及住宅設計規則〉,是國民住宅規畫與設計最主要的依據(米復國,1988:109)。雖然政府直接興建的國宅品質不高,很難與市場上較精緻或大坪數的高級公寓住宅匹敵,但是在室內外的空間規畫和營建品質各方面,至少因為有國家的介入得以維持一定的水準。相對地,民間興建的公寓住宅往往將作為法令「最低標準」的〈建築技術規則〉當作遵循的「最高標準」。尤其是在1980年代整個台灣房地產市場最快速成長的時期,大量出現的建設公

司品質良莠不齊,甚至不乏偷工減料、惡性倒閉的案例,所以在以謀取最大利益為主的商業考量之下,民間「平價公寓」的品質反而不如有政府把關的國民住宅。問題是,占所有住宅供給九成以上的民間業者如何將這些售價昂貴的公寓住宅賣給消費者,並且造成房地產的搶購熱潮呢?這就不能不提到台灣住宅市場特殊的預售屋制度,以及隨著預售屋制度發展出來的樣品屋和工地秀等,房屋產銷分工的獨特作法。

· 預售屋制度的住宅量產與量販

在1970和1980年代台灣公寓住宅發展最快速的時期,政府以直接興建的方式來推動國民住宅的政策,並透過各種建築和規畫法令限制及引導民間公寓住宅的形式和內容。有趣的是,以出售為主的國民住宅和民間興建的公寓住宅,往往處於市場競爭的敵對關係。照理說,政府站在「球員兼裁判」的有利位置,國民住宅應該很容易勝出,獲得社會大眾的青睞,但是結果多半相反。少數的例外包括:1980年代中期因為房價飆漲,政府刻意以「成本價」出清滯銷的國宅以舒緩沉重的資金壓力;1990年代後,政府在少蓋國宅的情況下,刻意推出少量低於市場行情的國宅以營造物美價廉的國宅印象,同時冷卻過熱的房市價格,因而造成抽籤搶購的熱潮。除此之外,市售公寓通常比國宅更受歡迎。整體而論,民間的建築業者在因應各種政策和法令的限制下,就銷售的數量和涵蓋的範圍而言,反而對於台灣都市地區的住宅發展有著更全面和更深遠的影響。只是建築法令和住宅政策往往綁死了公寓住宅的基本結構,所以民間住宅市場的蓬勃發展,反而加速擴大了政府國宅公寓政策的整體效果。

舉例來說,政府在1973年6月28日宣布,因為國際石油危機,限制興建五樓(含)以上的高樓建築,同時又因為從1974年後即將實施的〈區域計畫法〉,明訂限制農地、山坡地等建築開發的條文,結果造成民間建築公司在郊區大量搶建四樓公寓。1974年後,新修訂

圖13：樓梯公寓一景

的〈建築技術規則〉在「建築設計施工篇」新增條文中規定：新建、增建、改建或變更用途之建築物，應設置防空避難設備（地下室）（第140條），六層以上之住宅必須按建築面積全部附建防空避難設施（第141條），因而使得五樓公寓很快就取代四樓公寓，成為當時低層公寓興建的主流（圖13）。其實，早在1964年政府興建的南機場公寓就已經採取五樓的公寓形式，只是當時設定的對象是低收入家庭的「平價住宅」，所以室內的面積狹窄，只有十來坪，加上建材品質粗糙，反而留下「貧民住宅」的烙印，並未成為當時住宅市場的主流。1975年後，五樓公寓才在政府興建的國民住宅和民間建築業者的大量推動之下，逐漸成為台灣都市住宅地景的重要元素。即使在今日高層住宅越來越普遍的都市地區，屋齡在二、三十年之間的四、五樓公寓，仍然占有相當高比例。

至於五樓以上的電梯公寓大樓，在1974年11月11日解除五樓以上高樓建築限建的命令之後，由於地價和房價的上漲使得房地產投資愈趨熱門，也帶動整個營建產業的發展。民間的建設公司和代銷公司如雨後春筍般地成立，更創造出台灣獨特的預售屋制度，使台灣都市住宅邁入嶄新的一頁。1976年後，受到〈建築技術規範〉「建築設計施工篇」第23、24條規定的限制，規定住宅區高度不得超過21公尺及七層樓，未實施容積管制地區建築物高度不得超過36公尺及十二層樓，所以在地價昂貴的市區公寓多半以七樓或是十二層樓的方式興建。但在此之前，也有少數例外的高層大樓出現，例如：1973年在仁愛圓環興建的老爺大廈（14樓）、1974年敦化南路的林肯大廈（16樓）等高層住宅。後者甚至是台灣第一座有玻璃電梯的公寓大廈，也是台灣住宅社區成立俱樂部的先驅（陳聰亨，2006：32）。

到了1980年代，民間的建築業者和整個住宅市場在推動公寓住宅過程中所扮演的吃重角色就更為明顯了。從1980年政府於台北市民生社區率先實施容積率開始，以及1984

年〈未實施容積管制地區綜合設計鼓勵辦法〉施行後,以民間為主的公寓住宅就更進一步朝向高層化和社區化的方向發展。十四樓以上到二十多層的高層住宅逐漸成為住宅建築的新寵,甚至開始出現三十層樓以上的超高層住宅。例如1989年興建,1991年落成,座落於板橋重慶路的擎天雙星大廈(32樓)就讓台北市區的高樓住宅相形失色(陳聰亨,2006:26)。另一方面,從1982年開始,在台中市興起一股「中庭式集合住宅」的風潮,銷售成績旺盛。使得原本只有台北市的興安、大安、成功等大型國宅才有的大型公共設施開始成為民間大型公寓建案的主要賣點。尤其是1984年〈未實施容積管制地區綜合設計鼓勵辦法〉特別針對開放空間綜合設計的鼓勵措施,使得公共設施、庭園景觀等住宅本體以外的開放空間逐漸成為集合住宅規畫與設計的重要環節,甚至加入保全設施、中央監控、游泳池、交誼廳、健身房、花園中庭等大型國宅也沒有的高級設施,形成社區型的高層建築群。這個趨勢也讓公寓住宅從早期

幾乎沒有公設,以獨棟、雙拼或連棟式的低層樓梯公寓,轉變為強調社區功能和開放空間的集合住宅群落(張哲凡,1992:78-87)。但這個由單純的公寓住宅本體向外拓展為整個住宅社區的建築型態,並沒有改變公寓生活孤立封閉的鄰里特性。甚至因為樓層更高,進出的管制更嚴,尤其是強調飯店式管理的新式大樓,鄰居之間的互動反而更加疏離,就像飯店裡來來去去的住房旅客。這樣的住宅型態反映出都市生活由社區鄰里退縮到家庭室內的封閉特性。而電視、卡拉OK、電動遊樂器等被動、內宥的「私人休閒」(private leisure),又進一步讓家庭的日常生活陷入一種「匱乏」(privation)的異化狀態(Lefebvre, 2002: 90)。

到1980年代結束之前,台灣當代公寓住宅的整體結構經歷了40年的發展,不論是外部高低樓層錯落的空間型態,或是內部三房兩廳的室內平面,都已經進入穩定發展的成熟階段。尤其是經歷了1970年代大量營建的發展,照理說民間的

住宅市場在1980年代後應該會有更多形式的變化和質的提升，包括各種住宅平面和結構安全、外觀設計、施工品質、建材設備、管理維護等等。但經歷樓中樓（又稱為夾層屋）的短暫流行和部分市區小套房的銷售熱潮之後，三房兩廳的公寓住宅依然是絕大多數家庭購屋時的優先選擇，也是住宅市場最重要的商品類型。最主要的原因之一是1974年〈建築技術管理規則〉中對於土地、建築型態和使用情形做了嚴格的限制，使得住宅的平面設計難以突破三房兩廳的基本形式。而1975年通過的〈國民住宅空間標準〉又明確訂定國民住宅的坪數和房間數，使得政府和民間的住宅供給只能圍繞在三房兩廳的「標準平面」上作文章。透過這個時期國民住宅與民間公寓住宅的大量興建，更加確立台灣當代「國民公寓住宅」的住宅結構。

民間的建築業者之所以能夠在政策法令和國民住宅的夾擊之下蓬勃發展，一方面是因為戰後台灣人口快速成長，從1951年到1980年間增加了一千萬人；到了1989年時，全台人口突破兩千萬。同時，都市人口比例的急遽上升，也讓坪效最高的公寓住宅成為都市地區最主要的住宅形式。在1950年代中期，都市人口約占總人口數的50%，1970年代初突破60%，1970年代末期超過70%，1980年代以降就維持在75%左右。在人口增加和集中都市的趨勢之下，台灣都市地區的公寓住宅需求，逐年攀升。另一方面，自1970年代始，拜台灣經濟起飛之賜，穩定的經濟支撐力量使一般市井小民在辛苦工作和努力儲蓄多年之後，開始購屋置產。此外，1970年代的兩次石油危機造成原物料漲價，連帶刺激房價的高漲，包括預期心理所帶來的大量投資及投機炒作，也是這個時期房地產市場蓬勃發展的相關因素之一。幾乎只要蓋得出房子，就有人買。尤其是在1979年第二次石油危機之後，房價的攀升及買氣的旺盛更為明顯。加上1982年〈國民住宅條例〉修正之後，政府的住宅政策由直接興建國宅轉向獎勵民間投資興建國宅；同時將原本低於市場行情的國宅售價

拉高到同一地段民間公寓的水準，以充裕國宅基金。這些國宅政策的轉變，無異給予民間房地產業者更為有利的競爭條件，也使得民間的住宅市場，交易熱絡。這樣的建築商機讓台灣的住宅興建得以擺脫戰後初期的工匠營造階段，逐步邁入以建設公司為主體的住宅營造產業階段。各種大小建設公司如雨後春筍般地出現，台灣各大都會地區有如大型的建築工地，不斷冒出新的公寓大樓。

然而，住宅營造產業的建立與升級並非帶動民間住宅市場蓬勃發展的唯一因素，另外還有一個關鍵性的制度因素，那就是台灣獨特的預售屋制度所帶來的強大銷售力量。早在1969年，預售屋的作法就已經在台灣出現。當時華美建設的張克東預定在台北仁愛圓環興建一棟華美大廈。他先在工地上搭起預售屋的接待中心，並且雇用接待小姐負責解說、銷售，成為台灣第一個以預售方式銷售住宅的案例（杜歆穎，2000：11；陳聰亨，2006：24）。但是，這項房屋銷售的特殊手法一直要等到1973年台北房屋的葉條輝以代銷公司的身分，發展出樣品屋的預售制度彌補了大多數建設公司只會蓋房子不會賣房子的行銷罩門，預售屋和樣品屋的作法才逐漸成為民間住宅市場廣泛採用的銷售方式（彭培業，2001：26）。於是，由建設公司和代銷公司所聯手打造的房地產市場，正式形成台灣住宅市場特殊的預售屋制度（王文安，1987：45）。加上1982年〈國宅條例〉修正之後，政府興建國宅的數量逐漸減少，以及國宅政策轉向鼓勵民間興建的市場轉進，民間的房地產市場逐漸拉開它與國民住宅之間差距，成為形塑台灣當代都市住宅地景最主要的關鍵力量。

預售屋制度吸引人之處在於購屋者只要準備總金額10%的頭期款，開工之後繳交5%的工程款，完工之後才開始分期償還剩下85%的銀行貸款，就可以「輕鬆擁有」許多薪水階級原本負擔不起的都會住宅。對於建設公司和代銷公司而言，這套作法更是一種「一本萬利」的合算生意。在建設公司方面，主要是

仰賴良好的政商關係，以便順利取得土地、建照和融資。因為一般住宅建案的營建成本只占整體銷售金額的三成左右，所以建設公司只要找到願意合建的地主，花費一間房子左右的成本來做預售的廣告和接待中心，然後設法預售出四成的房屋，那麼銀行也願意給予貸款，幾乎就是一筆穩賺不賠的生意。雖然建設公司有各種炒作土地的特殊管道和關係，也和銀行的往來密切，然而他們對於一般民眾的購屋需求未必能夠精確掌握。這時，就需要仰賴代銷公司的「專業服務」。嚴格來說，房屋銷售並非特別深奧的學問，但其中確實有許多必須靠經驗累積的市場情報和銷售訣竅。因此，代銷公司的出現不僅填補了建設公司在行銷方面的專業空缺，後來甚至成為決定住宅市場走向的重要推手。

許多代銷公司在建案規畫的初期就積極參與住宅規畫和設計的工作，除了提供建設公司各種市場資訊和銷售策略之外，甚至憑藉他們豐富的實戰經驗和對市場需求的敏感度，主導建築設計的整體方向。建築師只能在外型和內部結構的技術層面上因應配合。難怪在一場由《台灣建築報導雜誌》企劃的「泛談台灣住宅市場現況與問題」座談會上，主持人黃長美建築師在開場白就提到：「房地產把台灣的建築界害慘，因為建築從業人員都被它牽著鼻子走，沒辦法有很好的發揮，限制很多……」。與會的建築師們也認為「代銷公司的一句話比建築師所說的還有分量」（陳聰亨），「我們（建築師）都太經濟化了，一旦談起房地產就只有經濟這兩個字，其他什麼都沒有」（孫德鴻），「現在主導市場走向的，其實很多是投資客」（胡炯輝），「一直覺得優秀的建築師應該做公共建築、辦公大樓、商場、宗教建築、美術館等，住宅是給比較差的建築師去做的」（李天鐸）（《台灣建築報導雜誌》，2007：74-85）。換言之，預售制度加深了台灣都市房地產炒作的政治、經濟與社會鏈結效應，營造業從事的是不需要成本的投機事業，在銀行的後援下用大眾的錢去做土地炒作（黃

瑞茂，2007：93）。而由建設公司和代銷公司聯手打造出來的預售制度，更具體展現在由接待中心、樣品屋和工地秀共同構成的「幽靈地景」上，成為1970和1980年代台灣都市住宅地景當中，最特殊的「異質地誌」（heterotopology）（杜歆穎，2000）。

由於預售制度是「先銷後建」，而住宅又是一種超高單價，產品生命週期超長的家戶耐久財，因此如何讓購屋者在缺乏實際商品的情況之下，願意預購一間一兩年之後才會完成，價值數百萬到上千萬的住宅，就必須費心於接待中心的設計布置及行銷手法上面。而這正是這個時期台灣住宅市場在預售制度之下，由接待中心、樣品屋和工地秀等各種促銷手法，共同呈現出來的一種短暫、特殊的住宅地景。這些由臨時性的便宜建材，以及誇張的設計手法，在預定興建住宅的工地上所打造出來的接待中心，在當時是大型社區或是高樓住宅建案所不可或缺的售屋元素。在接待中心，除了有建案的平面圖、立體模型、

建材展示和售屋小姐的解說之外，極盡設計之能事的「樣品屋」，更是房屋預售最佳的「催化劑」。代銷公司往往延攬剛剛學成歸國，對於建築語彙和空間品味有獨到之處的年輕建築師操刀，將國外最新、最炫的建築形式和室內設計營造成夢想家園的樣品屋，例如：設計成宮殿城堡、庭園山水、購物中心或是超現實的別墅空間，移植高大的樹木和如茵的草皮，加上絢麗的燈光，使得接待中心有如當代建築的博物館。代銷中心有時候還會用一些「越級」和不符合實際空間比例的家具擺設，來營造樣品屋的高尚品味和特殊格調，「誘導」（甚至誤導）購屋者對於未來住家的美麗夢想，以及對於更高社會階級和國外生活的自我投射，進而簽訂購屋契約。然而，有時候光靠接待中心和報紙廣告的靜態手法，還不足以吸引潛在的購屋者到偏遠的郊區工地參觀，這時候以工地秀為代表的各種促銷活動，包括明星的歌舞秀、園遊會、餐會酒會和抽獎活動等，就扮演著吸引人潮、促進銷售的重要任務。

接待中心、樣品屋和工地秀等耗資數百萬，僅僅存在數個月的「幽靈地景」，在整個預售制度的發展過程中，雖然常常因為買賣雙方認知差距，甚至有建設公司週轉不靈或惡意倒閉而引發不少購屋的交易糾紛，但是預售制度和樣品屋作為台灣住宅發展過程中的一個集體現象，的確忠實反映出1970和1980年代台灣住宅市場如何從短暫存在、虛幻浮誇的住宅想像，逐步落實為大量公寓住宅的蛻變過程。因此，它也是支撐當時整個住宅市場快速發展的關鍵因素。而接待中心和樣品屋的誇張作法，更深刻影響了台灣當代居家裝潢的風尚流行，甚至大幅拓展了台灣室內設計的產業空間。到了1980年代末期，由於都市地區可以提供住宅開發的土地越來越少，建築的成本也越來越高，房價的飆漲和大量搶建所造成的高空屋率，加上層出不窮的預售交易糾紛，預售屋的熱潮才逐漸消退。取而代之的是成屋和實品屋的銷售方式。從1990年代之後，歷經二十年發展蛻變的台灣公寓住宅才告別預售屋量產量販的快速擴張階段，進入以中古屋轉手循環和房屋仲介為主的嶄新階段。

（三）二手屋仲介的不動產流通階段（1990-迄今）

就在預售屋發展到最高階段的1980年代後半期，房地產投資過度炒作的結果導致房價高漲，又累積不少空屋，造成住宅供需的嚴重失調，終於在1989年的8月26日爆發了數萬人夜宿忠孝東路的「無殼蝸牛運動」。群眾抗議政府放任房價飆漲，導致一般民眾負擔不起高額的房價和租金的住宅窘境。這項市民爭取住宅權益的社會運動，正式揭開了當代台灣公寓住宅發展第三個階段的序曲。當時任教板橋新埔國小的教師李幸長，成立了「中華民國無住屋者團結組織」，積極拜會各相關部會和朝野政黨、民代，希望遏止財團炒作房地產造成房價高漲的投機歪風，並且號召了四、五萬名買不起房子的「無殼蝸牛」，攜家帶眷地夜宿當時每坪售價超過新台幣百萬元的忠孝東路頂好商場附近，引起媒體和社會大眾

的極大關注，也反映出住宅政策和住宅市場的嚴重失調，已經到了連都市的中產階級都無法忍受的程度了。

整體來看，戰後台灣地區的房價，一直隨著經濟發展和物價水準的上升持續和穩定地上漲。即使在1970年代歷經兩次石油危機，當時的漲幅基本上也只是反應油價、建材等原物料和平均物價的上漲程度，還不至於太過離譜。但是從1980年代末期到1990年代初期，都市地區的房地產上漲幅度，有如脫韁的野馬，到了史無前例的地步。以台北市為例，原本房價就已經高居全台之冠，但是從1986年底到1992年初的六年多，平均房價上漲超過一倍（Chen, 2005: 107）。最主要的原因是從1987年起，台灣解除凍結多年的外匯管制，匯市、股市帶動房市所造成的結果。戰後台灣累積了幾十年的經濟發展成果，使得國民所得逐年成長，外匯存底激增。政府在美方壓力之下，廢除多年以來緊盯美元的固定匯率政策，改採浮動匯率，並於1987年解

除外匯管制，允許外資進入台灣。國內股市頓時活絡起來，股市加權平均指數從1987年的2千多點，漲到1990年的1萬2千多點。在「熱錢」氾濫的情況下，房地產自然就成為財團和個人投資炒作的重點之一。

簡言之，1990年之後台灣住宅的發展形態，除了延續1980年代以來，房價持續上漲的投資趨勢之外，在住宅商品內容和交易模式各方面，都和1970和1980年代大量生產和大量販售的公寓國宅階段迥然不同。房屋的交易逐漸由預售的新建住宅，轉向中古成屋的買賣。不論是首購或是換屋，是自用或是投資，有越來越多的房屋交易是以中古屋為主，而且多半是透過房屋仲介經手成交的。至於數量有限的新屋買賣也逐漸朝向大坪數、高單價的豪宅和中小坪數、大型高樓住宅社區的兩極化方向發展。

· 大坪數「豪宅」和小套房「好
窄」的兩極化新屋發展趨勢

歷經1970年代開始廣建國宅和
1980年代預售屋風潮的國宅公寓
量產、量販年代，都市地區的土地
開發已漸趨飽和，能夠提供大規模
住宅開發的土地越來越少，成本也
越來越高。尤其是在市區的精華地
段，除非政府或國營事業釋出公有
土地，否則不容易找到大型的市區
建地。而台灣股市和房地產市場的
投資熱潮，又加速擴大貧富間的財
富差距。對於一些股票大戶和電子
新貴的新富階級，傳統三房兩廳
「標準平面」的公寓住宅，已經無
法滿足他們對於住家的「舒適」要
求，也難以彰顯他們由鉅額財富所
代表的身分地位。再者，習慣了郊
區別墅的財團鉅子和新興企業家也
希望在市區有一個舒適便捷的居住
環境。於是，在1995年前後，台
灣的住宅市場開始吹起一陣頂級
豪宅的流行風潮。一些知名的大型
建設公司紛紛以超越市場行情的高
昂價格，標購都市精華地段的公有
土地，並且延聘國內外知名的建築
師，設計興建採用頂級建材，強調

安全和隱私，每戶售價從三、四千
萬新台幣到上億元的大坪數都會豪
宅。其中最具代表性的例子就是台
北市仁愛路、信義路和信義計畫區
等精華地段的高價豪宅，反映出台
灣公寓住宅市場頂層的奢華趨勢
（林潤華、周素卿，2005）。

但是，這些大坪數的豪華公寓
畢竟只是金字塔頂端的小眾市場，
至於給一般家庭居住的公寓住宅，
在歷經1980年代以七至十二樓為主
的電梯公寓階段之後，進入1990年
代，便因為建築技術漸趨成熟且都
市建地日漸稀少，所以在法規容許
的容積範圍內，都盡可能朝向高樓
層發展。一時之間，二、三十層樓
高的建案比比皆是（圖14）。這樣
的高層化住宅發展也在1995年暫
時達到高峰，因為1994年修訂的
〈建築技術規則〉增列了高層建築
專章，嚴格規範50公尺、十五層樓
以上的建築物，才稍稍抑制了漫無
限制向上發展的高樓公寓住宅（陳
聰亨，2006：27）。不過從此之
後，不論市區、郊區，只要基地條
件容許，十層樓以上的公寓大樓幾

圖14：高樓大廈的都市住宅地景

乎已經是最基本的集合住宅高度。而且，公寓大樓的整體品質，從結構、外觀的整體設計，建材的選用，開放空間的安排，以及內部平面和管線設施的配置，都比1970、1980年代七至十二層中高樓層的公寓大樓進步許多。

從1980年代後半期開始，房價飆漲的幅度遠超過家庭所得的成長，由建設公司和代銷公司組成的房地產業者深諳房屋總價不能超過一般家庭負擔能力太多的市場邏輯，因此會設法將住宅單元的售價盡量控制在四、五百萬，或是六、七百萬的範圍之內，視地區和房屋的坪數而定。這樣的定價前提導致這個時期針對一般購屋者所推出的新建高層公寓住宅，在郊區和市區分別採取標準平面的大型住宅社區以及小套房的獨棟公寓大樓等不同策略。

首先，房地產業者在地價較低、建地較廣的郊區，鎖定一般家庭，尤其是年輕首購的薪資家庭，推出高樓層的大型社區住宅。最典型的例子就是從1980年代中期後，汐止地區出現大量的大型高樓公寓住宅社區（陳東升，1995）。有些財團在汐止擁有大量土地，配合政府以汐止作為大台北都會區衛星城市的規畫構想，建造了許多由多棟二十幾層高樓公寓組合而成的大型住宅社區。由於售價遠低於市區的住宅，同時有山有水的郊區環境也優於空氣、噪音污染嚴重的市區，儘管具有社區基礎設施不足、通勤費時等缺點，還是吸引了許多在台北市區工作但無力負擔市區房價的家庭購買。這樣的趨勢可以從2000年台北縣市以樓層區分的住宅數量看出端倪：台北市有65,418戶十三樓以上的住宅單元，台北縣卻有174,704戶之多，是台北市的2.67倍（行政院主計處，2000b）。由此可見，近年來大型高樓住宅社區在都會郊區所扮演的重要角色。

其次，針對一些不願意忍受通勤塞車之苦，喜歡都市活力的年輕族群，包括單身和沒有小孩的年輕夫婦，房地產業者則在市區推出每坪單價較高但總價不會超出一般郊區住宅，面積在十幾坪以下的小套

房。由於單身家戶的數量在過去幾年有明顯成長的趨勢，例如台灣地區在1995年時有7.73%的家戶是單身戶，到2000年時激增為21.52%，台北市的單身戶也由1995年的6.56%激增為2000年的26.05%（行政院主計處，1995b；2000b），顯見小套房的住宅類型在都會地區有一定程度的需求。而且，由於小套房的數量少、總價又不高，且區位多半位於交通便捷的市區，容易脫手或出租，所以它也是房地產投資客喜歡投資的對象。

此外，由於1990年代之後房價上漲的幅度實在太大，一般薪資家庭很難負擔得起，對於一些不願意搬到郊區，卻也不喜歡陽春小套房的家庭而言，房地產業者在當時法令還來不及規範的情況之下，推出一般坊間稱為「樓中樓」的夾層屋，讓購屋者只要負擔一層樓的價格，就可以擁有將近一倍半的樓地板面積，旋即造成銷售的熱潮。但基於結構與消防安全的考量，從1997年內政部營建署修改相關法規，地方政府也從嚴審查建照之後，這種

「在小坪數住出大空間」的住宅設計，只好黯然地從台灣的住宅市場上退出，成為曇花一現的住宅類型。

整體而言，在1990年代之後，不論是大坪數的市區豪宅、小坪數的市區套房，郊區的大型住宅社區，或是短暫出現的樓中樓設計，台灣現代公寓住宅朝向高樓層發展，則是一個共同的趨勢。儘管這些公寓住宅展現出截然不同的平面格局和風格迥異的生活內涵，照理說，應該意味著台灣的住宅市場已經進入多元分化的嶄新階段；問題是，在都市建地日益減少，新屋售價迭創新高的高房價時代，台灣的住宅市場也逐漸由買地、蓋房子、銷售牟利的房地產開發市場，轉向二手屋交換、買賣的房屋仲介市場。在新建房屋的數量遠低於過去近半世紀逐漸累積的龐大住宅存量的情況下，這些新興的公寓類型對於台灣當代住宅整體結構所能產生的影響，反而不如在1970年代由政府的國民住宅帶頭示範，接著在1980年代由民間預售屋制度複製擴大，

以三房兩廳標準平面為主的公寓集合住宅。換言之，從住宅的外部結構來看，1990年代後台灣整體住宅的高度和量體有逐漸變高變大的趨勢，但是成長的幅度不如1970和1980年代擴增的速度。從住宅的內部平面來看，超大和超小坪數，以及多房間和小套房的住宅類型，主要是小眾住宅市場的特殊需求。對於一般家庭住宅空間影響最大的，還是中小坪數的郊區大型高樓住宅社區。更重要的是，由於台灣地區住宅的自有率已經超過八成，新屋市場的空間幾近飽和。加上房價高漲，反而是過去幾十年來累積大量的中古成屋，以及新興的房屋仲介業者，在晚近的住宅市場上，扮演著越來越重要的角色。

·二手屋仲介買賣的
不動產流通時代

近年來，台灣住宅市場的最大改變之一，就是由新建住宅的預售轉為中古成屋的仲介買賣。就像早期的住宅興建逐漸由個人零星起造房屋的傳統建築工藝轉變為由國家和企業介入經營的營建產業發展，

戰後台灣二手成屋市場的發展，也經歷了個別零星介紹買賣、僅有社會習俗參考卻無特殊法令規範的醞釀時期，以及因為交易數量大幅成長，逐漸有法人和法令介入，進而正式形成不動產市場的制度化發展時期。而這兩個階段的分水嶺是1985年，也是新屋市場和二手屋市場開始消長的關鍵時刻。最主要的原因是1984年底政府迫於現實，終於開放「房屋仲介」作為公司名稱辦理登記的營業項目。在此之前，雖然民間早就有房屋的介紹買賣，但是並無人專門以此為業，純粹是人際關係與商業網絡的副產品。1960年代之後，陸續有些未設立公司行號的房地產介紹人，四處蒐集各種房屋買賣的資訊為人介紹買賣，賺取佣金，俗稱「跑單」。而1970年代以代銷公司為主的樣品屋預售制度興起後，也出現一些「零星戶」的仲介業者來處理沒有預售出去或是屋主想要脫手的成屋買賣。由於房屋仲介本輕利重，加上當時尚無明確的法律規範，導致糾紛頻傳。政府甚至在1974年明令禁止以介紹房地產買賣作為公司登記

的業務項目，所以當時有意開拓房屋仲介市場的業者只好借用建設公司、廣告公司的商業登記，或是掛名代書事務所，來從事房屋買賣仲介的生意。

1980年代後，景氣不佳，造成住宅產銷失調，空屋增加；且預售屋有不少買賣糾紛，甚至有惡意倒閉的案例，因此成屋和中古屋市場逐漸成長。政府迫於現實，只好在1984年底正式開放以房屋仲介作為公司名稱的商業登記。1985年7月，太平洋房屋公司成立，成為台灣第一家以經營房屋仲介為主要業務的公司，並且創先採用店面經營的型態。同年11月，中信房屋仲介股份有限公司成立，則是國內第一家正式以「房屋仲介」為名的公司。1986年，住商不動產與信義代書事務所共組大台北不動產仲介聯盟，開始募集房屋仲介的加盟店。1987年11月經濟部商業團體分類標準增列「房屋仲介商業類」，准許成立公會，並以內政部作為房屋仲介業的主管機關。1988年大台北不動產仲介聯盟改組，更名為住商

不動產仲介聯盟，成為台灣房屋仲介加盟連鎖經營的始祖；而信義代書事務所則於同年成立信義房屋，採直營店的經營方式。由於1987年解除外匯管制之後，股市、房市大好，加上連鎖、加盟的經營方式，各類房屋仲介業者也如雨後春筍般地出現。

1990年上半年，台灣股市崩盤，房地產市場也遭受波及，大約有三分之一的房屋仲介業者被迫退出市場。一些體質較佳、制度健全的大型仲介業者則在市場危機的淬鍊下，慢慢摸索出生存之道，進而掌控大部分的中古屋市場。經過市場的盤整，到了1990年代中期，住商、力霸（以加盟方式經營）、太平洋、信義（以直營方式經營）等擁有百家以上分店的大型房屋仲介業者，號稱房屋仲介的四大龍頭。加上其他幾家連鎖經營的房屋仲介公司也逐漸壯大，共同建立房屋仲介市場的交易制度。1996年，官方版的「預售屋買賣契約範本」出爐，行政院消費者保護協會也順勢推出內政部地政司所研擬的

官方版「中古屋買賣契約範本」，加上信義房屋也在同年推出「成屋履約保證」，房屋仲介業者大舉跟進。至此，中古房屋的仲介買賣已經大幅超越預售屋或是成屋的新屋交易數量，成為住宅市場的主流。1999年元月，立法院通過〈不動產經紀管理條例〉，將房屋仲介業及房屋仲介人正式更名為不動產經紀業和不動產經紀人，並賦予國家證照和相關法律規定，使得以中古房屋仲介買賣為主的住宅市場，進入不動產流通的新紀元。據估計，中古房屋仲介每年的市場總值，超過二兆新台幣（彭培業，2001：24-35）。

中古屋仲介買賣的興盛，除了反映因都市建地取得不易，造成新屋數量有限，以及房價連年上升，新屋價格居高不下等市場因素之外，也和1980年代以後，國家的住宅政策由直接興建的積極干預，歷經鼓勵民間投資興建的消極干預，到了1990年代中期，轉為聽任住宅市場自由競爭，只以提供優惠的住宅貸款補助，作為促進市場交易的棄守作為，息息相關。在1990年代之後，政府最主要的住宅政策工具幾乎只剩下優惠房貸的利息補助，而優惠房貸的作法其實也行之有年，例如：從1950年代陸續開辦的「輔助人民貸款自購住宅貸款」、「勞工住宅貸款」、「公教人員輔購住宅貸款」、「國宅貸款」等。只是這些早期針對特定對象的優惠房貸，數額有限，規定嚴格，而且手續繁複，對於廣大國民的住宅需求，可謂僧多粥少，杯水車薪。因此，一般民眾購買住宅，多半仰賴私人儲蓄、親友借貸和民間標會等融資方式，甚至很少向銀行貸款，因為銀行的房貸利率太高，而且承做的意願也不高。

真正以全民為對象的大規模房貸，是1995年中央銀行釋出500億元郵政儲金，作為輔助人民自購住宅的貸款。當時推出郵政儲金貸款的主要原因是1980年代中期，建蔽率、容積率等建築法規陸續實施前後，建商搶建大量住宅，加上1987年之後股市繁榮帶動房地產市場熱潮，建商持續加碼。但隨後1990

年的股市崩盤，不動產市場也連帶受到波及，全台餘屋高達百萬戶。一些體質不佳的建商紛紛跳票，甚至部分大型建設公司也週轉困難。為了挽救頹危的房地產市場，也為了回應1989年「無殼蝸牛運動」民間要求政府照顧廣大民眾的住宅需求，在政府幾乎已經停止直接興建國民住宅，且民間也因餘屋甚多無意投入的情況下，政府轉而推出優惠房貸的住宅政策，立即受到房屋買賣雙方以及仲介業者的熱烈迴響。所以，繼1995年500億元郵政儲金的房屋貸款之後，政府又於1998年加碼推出1,500億元新成屋首購優惠利率房屋貸款，試圖振興疲弱不堪的不動產市場，解救限於泥淖的建築產業。由於申貸的條件寬鬆，不到三個月，1,500億元的額度就被申貸一空，其中有不少名額是被房屋仲介和建設公司以人頭戶包攬下來，造成向隅的民眾，怨聲連連。

2000年，陳水扁當選總統之後，執政的民進黨政府也推出3,200億元的優惠房貸政策，其中1,200億是限定40歲以下的青年優惠房貸，另外2,000億元是一般的優惠房貸貸款。此外，除了九二一震災重建之外，政府停止直接興建及獎勵民間投資興建國宅，暫緩台糖公司開發自用住宅計畫、停止辦理第二期勞工住宅輔建計畫等「健全房地產措施」，使得目前台灣都會地區的住宅市場大半已經成為由大型連鎖房屋仲介業者主導，公私銀行房屋抵押貸款支撐的不動產流通市場。而以前公營銀行只有在配合政府政策的情況下，才勉強承做的房屋抵押貸款，在1990年政府開放民營銀行設立的金融自由化政策之後，也成為民營銀行極力拓展的業務範圍。多元化發展之後的住宅市場，不論是自用或投資、首購或換屋，有越來越高的比例是以二手成屋作為標的。甚至有一些個人及仲介公司，還特別選定老舊公寓，加以翻修改裝，重新出售牟利，儼然成為一種新興的投資行業。

台灣公寓住宅和公寓廚房的空間表述

從戰後迄今，歷經了一甲子的台灣集合住宅發展，反映出整個台灣住宅現代化的空間實踐過程。其中和婦女煮食家務工作關係密切的廚房空間，也緊緊扣合在這個住宅空間實踐的政治經濟結構當中。因此，在了解了上述戰後台灣集合住宅發展的空間實踐內涵後，我們還需要進一步追問，這些住宅空間實踐背後潛藏和主導的意識型態，以及它們所勾勒出來的住宅結構，如何形塑台灣現代廚房的基本樣貌。這是本章後半部要探討的重點。

三房兩廳公寓住宅的家庭現代化想像

整體而論，戰後台灣集合住宅的發展歷程經歷了1949-1974年四樓以下市民公寓的模仿摸索階段、1975-1989年中高樓層公寓國宅的大量營造階段，以及1990年迄今二手房屋仲介與整建裝修的不動產流通階段。在這段超過半個世紀的住宅發展過程中，主要是以國家和資本的空間生產邏輯帶動整體公寓住宅的空間實踐。它涉及國家和市場對於家庭和住宅的現代化想像，

以及實現家庭／住宅現代化的制度性思維，包括核心小家庭的家庭型態、都市住宅的集體消費，以及資本主義私有財產制的住宅商品邏輯等。這些現代化家庭和住宅的意識型態具體展現在以核心小家庭為對象、由國家規畫領導、透過市場機制買賣、用模組化大量生產、以三房兩廳標準平面為主的公寓集合住宅。這樣的住宅現代化歷程充分反映出台灣作為一個世界政治、經濟、技術與文化的次邊陲地區，如何透過移植與仿效西方優勢地區的住宅形式，來實現我們對於住宅和家庭生活的現代化想像（王文安，1987）。然而，正因為這樣的住宅現代化是一個橫向擷取的接枝過程，它在台灣重新發芽與成長的方式，以及因此形成的公寓地景，也不同於西方社會的現代化住宅。

都市住宅的集體消費與資本主義私有財產制的商品邏輯

不可諱言，在台灣經濟現代化的過程中，都市和都市化扮演著支撐工商發展的關鍵角色。其中集合住宅的供給和形式，也是不可或缺的重要環節。儘管從1974年〈區域計畫法〉實施之後，平衡區域發展和縮短城鄉差距一直是政府的施政目標之一，但實際上人口集中都市的情況反而更加明顯。繼1967年台北市升格為直轄市之後，高雄也在1978年升格為直轄市。而北、中、南和新竹、嘉義等都會地區，就聚集了全台灣70%的人口。為了滿足快速增加的都市人口，包括從1960年代之後城鄉移民的陸續遷入和都市家庭人口的自然成長，政府加速提升都會地區的住宅數量和品質，以實踐其促進工商發展的經濟現代化宏圖。而且，政府從1950年代末期就開始以整飭市區違建和興建國民住宅的雙軌作法來建立現代城市的正面形象，只是限於資源不足，在確保國防和優先發展經濟的政策目標下，一直要到1970年代中期台灣的經濟基礎日漸穩固之後，政府才真正邁開大步，認真清除違章建築和積極興建國民住宅。

有別於香港、新加坡和中國大陸城市等社會住宅色彩濃厚的華人

城市，台灣都市住宅的集體消費主要是透過住宅市場的交易買賣獲得實現的。中國大陸在1949年後實施共產主義，所有土地全部收歸國有，住房也採分配為主的公社模式。直到1978年後，農村與城市經濟的改革開放，才逐漸起步；公共住宅在都市地區扮演相當重要的角色。到了1992年，進一步的改革開放開始接納西方的市場經濟，房地產市場才慢慢在中國各大城市發展起來。至於香港和新加坡，過去都曾是英國的殖民地，相當程度地承繼了殖民母國照顧工人階級住宅的社會福利傳統，在他們的住宅產權（tenure）中，分別有高達45%和70%的比例是屬於出租國宅的社會住宅。有趣的是，同樣是師法大不列顛國民住宅理念的台灣國宅，卻只有3%左右是出租國宅，另外高達97%的國宅是以略低於或接近市場的價格出售，而且歷年來國民住宅的興建數量只占所有住宅供給5-7%的比例。當世界各國的家庭平均需要花費三到五年的所得來購買房屋，台灣地區的一般家庭，平均卻得花費七到九年的所得才能夠擁有

房屋。即使如此，台灣還是有超過80%的家庭擁有自用住宅。此外，自1980年代以來，台灣的住宅市場一直維持10%到20%的空屋率。從這些現象可以發現，政府對於都市住宅的集體消費在規畫與實踐之間，存在著嚴重的落差。

首先，在以都市地區公寓集合住宅為主的國宅規畫當中，我們可以看到政府將西方自工業革命之後工作與居住分離的公寓住宅單元生吞活剝地搬到台灣。除了以標準平面、大量營造的方式在1970和1980年代廣建國民住宅之外，更以層層的建築規範和計畫法規，限制公寓住宅的空間分布和內、外形式，使得都市住宅的集體消費變成以法令規範的住宅限制。有趣的是，即使政府刻意仿效西方城市分區管制的土地利用形態，但是在台灣都市發展的現代化過程中，民間的建築業者和一般的民眾卻以各種迂迴和取巧的方式，在現代化的公寓住宅當中，營造出融合傳統與現代，有別於西方城市的公寓生活。

最明顯的例子就是各種公寓住宅的違章使用，包括頂樓違建、鐵窗加附、占用騎樓和防火巷、陽台外推，以及各種室內隔間的修改、整建等，這些由「地下建築師」所營造出來的非正式住宅空間，反映出居住者的真實生活和國家及建築專業所想像的現代生活之間，有著相當大的落差（黃瑞茂，2007：92）。除了居家空間的改造、挪用之外，真實公寓生活的「活現空間」和現代公寓住宅的「空間表述」之間的巨大落差，更具體展現在各種與都市使用分區規定不符的住宅利用方式上面。最常見的例子就是小型工廠、辦公室和商業活動「非法」進入各種公寓住宅的現象，營造出台灣都市住宅非常獨特的混合使用方式。這些被視為妨礙居住品質的空間混用情形，正是支持台灣經濟成長非常重要的「小頭家們」，結合家庭力量發展事業所倚重的生產基地（謝國雄，1992；高承恕，1999）。這種住宅空間的使用方式，與傳統農村合院建築或是早期長形街屋的店鋪住宅，相當類似。換言之，台灣現代的公寓住宅還延續著不少過去傳統的生活方式。在現代化的發展過程中，政府一廂情願地、片段化地將西方城市的生活經驗轉化為台灣的都市現實，包括公寓集合住宅在內的各項都市基礎設施都是大量倚重西方技術和觀念的產物，但這種跳脫風土建築的住宅結構是否就是住宅現代化的必然結果，則有待進一步的釐清。

其次，除了直接興建國宅的示範作用以及建築與規畫法規的層層限制之外，台灣都市公寓集合住宅的現代化過程主要還是透過民間的住宅市場來達成的。問題是，從以建設公司為主的1970年代，歷經代銷公司呼風喚雨的1980年代，一直到仲介公司興起之後的1990年代，民間的住宅市場向來是以追求最大利潤作為目標。如何加速與擴大住宅市場的資本循環，才是這些不動產業者最關心的事情。至於如何滿足人民的住宅需求，只是他們創造利潤的必要手段。再者，都市地區可以用來興建住宅的土地越來越少，所以戰後台灣從建設公司到

代銷公司，進而發展到仲介公司的住宅市場轉變，剛好呼應了大衛‧哈維（David Harvey）《資本的限制》（ *The Limits to Capital* ）一書中所描述的，在資本主義的私有財產制度下為資本積累找出路的地租邏輯（Harvey, 1982: 330-372）。其中，政府所扮演的角色也從廣建國宅的直接干預退縮到鼓勵民間興建和優惠房貸補貼的間接干預。這樣的住宅政策演變恰如從英國或歐洲的社會住宅思維走向美國資本主義住宅的市場思維：政府對於住宅集體消費的主要任務，不再是平價住宅的主要供應者，而在於創造有利的住宅市場環境、減少交易風險和成本，讓民間適時適量地興建各式住宅，然後透過住宅過濾效果（housing filtering effect），滿足不同家庭的住宅需求（林益厚，2004：165-176）。問題是，這種以促進住宅市場景氣為主的住宅政策，補助的對象多半是較有能力購買住宅的中產家庭，真正最需要政府照顧，得以租屋解決住宅問題的低收入家庭，反而受到忽視。而且，從中獲利最多的，其實是代表

資本家利益的房地產業者。尤其是1990年代房屋仲介業興起之後，中古屋的價格水漲船高。新屋的價格迭創新高，少數頂級豪宅吸引了名門富商和電子新貴的搶購熱潮，一般新屋的價格也非薪水階級可以負擔，所以空屋率居高不下。原本可以透過「下率效果」（filtering down）以扣除折舊之後的低廉價格轉售的中古房屋，因為整個房價的持續上漲，使得一般民眾必須花費比興建當時更高的價格，才能夠擁有一間二手的公寓住宅。這在台灣的房屋自有率已經超過八成的情況之下，絕非供不應求的「自然現象」。

這必須提到造成住宅政策規畫與實踐之間落差的第三個重要因素——公寓住宅被作為投資炒作目標的社會現象。雖然世界各國多少都有房地產投資炒作的情形，但是畢竟住宅是流動性低、高單價的「不動產」，只有少數機構和個人有能力投身其中。即使是「炒樓」風氣鼎盛的香港，還是有將近一半的住宅是由政府提供的國民住宅。相反

地,台灣的住宅自有率超過八成,房價卻依然居高不下,節節上升。房地產業者的烘抬炒作固然是因素之一,但是民眾普遍以住宅作為「理財」工具的購屋考量,恐怕也是不可忽略的重要面向。由於新屋、舊屋的價格不斷上漲,一般家庭承受不了薪水和房價之間落差越來越大的購買力下降,只好咬緊牙關趁早購買。一方面自用,省卻租屋的成本和搬家的不確定性,另一方面又可以保值,作為累積財富的工具。然而,不少家庭因此成為必須長期償還房貸的「屋奴」,甚至必要時得用「換屋」的方式,來滿足僵化的公寓住宅難以適應家庭生命歷程改變所衍生出來的住宅需求。

核心家庭和公寓住宅

另外一個和台灣住宅現代化密切相關的意識型態,是核心家庭的現代化想像。1950年代,以節制生育來控制人口成長的「家庭計畫」(family planning)觀念開始引進台灣;到了1960年代中期,正式推行。現代西方社會盛行的「核心家庭」(nuclear family)概念,也隨著台灣工業化和都市化的現代腳步,逐漸成為台灣當代主流的家庭觀念。

原本「家庭計畫」和「核心家庭」是兩個截然不同的概念,但是台灣從1960年代中期開始大力推展家庭計畫的過程中,有意無意地強化了核心家庭的主流意識。前者源自20世紀初期美國婦女運動,當時首度提倡以控制生育的節育(birth control)方式來保障婦女拒絕懷孕和選擇生育的權力。到了1930年代,節制生育的消極態度被轉化為「每一個子女都是父母期待的」(Every child is a wanted child.)的積極計畫生育,進而形成「家庭計畫」的觀念(李棟明,1995:1)。相對地,「核心家庭」的概念最早是由19世紀中葉法國的社會思想家腓德列克·拉普雷(Frederic Le Play)所提出來的。他觀察到歐洲在工業革命之後,以夫妻和未婚子女所構成的小家庭開始盛行,逐漸取代傳統農業社會以父系大家

長為主的「擴大家庭」（extended family）（齊力，1990：11）。進入20世紀，工業化與都市化的快速擴張，加速了這兩種概念的結合，也構成了戰後西方工業化國家以「核心家庭」為主的家庭結構。

對於戰後尚處於工商落後階段的台灣而言，「核心家庭」有如現代與文明的代名詞，是工商發達富裕社會的必經之途。只是肩負「復興中華文化」的國民政府不敢公然提倡家庭計畫和核心家庭，怕有違注重孝道的中國傳統大家庭觀念，也使得以家庭計畫邁向核心家庭的家庭現代化之路，從1950年代的避而不談、1960年代的默默進行、1970年代的政策推動，到1980年代的擴大推動，整整歷經了40年的努力，才在減緩人口成長的人口政策之下，達到家庭計畫的節育目標，成功地將台灣的家庭型態由傳統的大家庭改變成以「核心家庭」為主的小型家戶結構。1990年時，全台灣493萬多的家戶當中，有50.9%是由夫婦及未婚子女組成的核心家庭，如果加上6.9%的夫婦家庭以

及5.8%的單親家庭，廣義核心家庭的比率就高達63.6%，而傳統複合家庭（包括祖父母、父母及未婚子女，父母及已婚子女，祖父母及未婚孫子女）的比率則為16.2%。到了2000年，單身家戶的數量大幅增加，全台647萬的家戶當中，有21.5%的單身家戶，廣義核心家庭的比率降為55.1%，傳統複合家庭則為15.7%。平均家戶人數也由1990年的每戶4人，降為2000年的每戶3.3人（行政院主計處，2000a）。為了進一步了解家庭計畫的人口政策對於家庭核心化的影響以及核心家庭的現代化想像和公寓住宅之間的關係，接著將扼要說明戰後台灣推動家庭計畫工作的重要歷程。

陳肇男、孫得雄、李棟明（2003）在《台灣的人口奇蹟：家庭計畫政策成功探源》一書中，將戰後台灣的家庭計畫工作分為三個階段：（一）從禁忌到政策頒布階段（1949-1969）；（二）從草創到推行盛期階段（1964-1976）；（三）從節育到優生保

健階段（1976-1990）。至於1990年之後，由於晚婚、少子，甚至不婚、離婚已經成為普遍的社會現象，所以家庭計畫的政策也邁入以優生保健為主的「新家庭計畫」階段。簡言之，戰後初期，台灣因為反攻復國、經濟發展的人力需求，國父遺教中提倡增加生育以對抗列強的人口主張，以及「多子、多孫、多福氣」的傳統家族觀念，人口快速膨脹的問題一直未受重視。1951年起，農復會主委蔣夢麟連續在《新生報》及《土地改革月刊》等刊物上發表〈土地問題與人口〉等文章，提出人口快速膨脹的問題將嚴重影響台灣的經濟發展和社會安定，呼籲社會正視。並於1954年由農復會支助之民間組織「中國家庭計畫協會」，以家庭視訪、地區診所義診、巡迴服務車等方式，「默默進行」家庭計畫的推廣工作。1959年，鑑於人口出生率節節上升的人口問題日益嚴重，年出生率高達千分之35，蔣夢麟正式召開記者會，發表「讓我們面對日益迫切的台灣人口問題」，力主推行家庭計畫，進行節育運動，以緩和

快速膨脹的人口問題。這時候，朝野社會才開始認真看待人口問題，並於同年將家庭計畫的節育工作，納入台灣省政府衛生處的「婦幼衛生」項下。1961年，政府開始推廣由美國引進的子宮避孕器「樂普」（Lippes Loop），並於1964年由省衛生處提出「擴大推行台灣省家庭計畫五年方案」，預計在五年之內協助60萬育齡有偶婦女裝置樂普，在1973年將人口自然增加率由1963年的千分之30降至千分之20。此計畫後來獲得行政院支持，由國際經濟合作發展委員會的中美基金補助，改為「五年家庭衛生計畫」。1965年開始，加入推廣口服避孕藥的項目。同年底，行政院的「中華民國第四期台灣經濟建設四年計畫」，在「公共衛生」部分，列入「家庭計畫」項目，讓家庭計畫和節制人口成長，正式成為國家的政策目標。

1966年，「台灣省衛生處家庭衛生委員會」更名為「台灣省衛生處家庭計畫推行委員會」。除了在各鄉鎮市區衛生所派駐基層家庭計

畫工作人員，落實家庭計畫的工作之外，在宣導教育方面，也在1967年推出「婚後三年才生育，每隔三年再生育，最多不超過三個孩子，三十三歲以前完成生育」的「五三」家計口號。1968年，行政院修正通過〈台灣地區家庭計畫實施辦法〉，成為中央政府有關家庭計畫最早的行政命令。辦法中明訂各級衛生機關為家庭計畫的主管機關，這時候已經默默進行10年的家庭計畫工作，才算有了正式的法令依據。1969年，政府更進一步頒布〈中華民國人口政策綱領〉，將優生、保健、身心健康、適當生育、合理之人口成長等項目，列為人口政策的主要目標。同年並推出「小家庭，幸福多」的家庭計畫口號。後來為了避免被譏為鼓勵遺棄父母，有違傳統孝道，將口號改為「子女少，幸福多」。另外也在公車車廂、鐵公路車站廣貼海報，並製作電視、電影宣導短片。1971年，接著推出「第二次擴大推行家庭計畫五年方案」，並提出影響台灣家庭計畫觀念最重要的宣傳口號「家庭計畫三三二一」：「結婚三

年生第一個孩子，隔三年再生，兩個孩子恰恰好，女孩男孩一樣好」（圖15）。台北市也在同年成立「台北市家庭計畫推廣中心」。

圖15：家庭計畫宣傳海報一例

1975年，家庭計畫列入高中、高職女生軍訓護理課程，戶政事務所也於新人辦理結婚登記時發放《新婚家庭計畫手冊》。1976年，行政院衛生署為配合國家「六年經建計畫」，訂定「加強推行台灣地區家庭計畫三年計畫」，持續降低出生率和人口自然增加率的人口政策目標。1977年，行政院衛生署印製140萬冊人口教育讀物《未雨綢繆》，分送國中、高中、高職及專科學校。1979年，政府推行「十二項建設計畫」，將「加強推行台灣地區家庭計畫第二期三年計畫」納入。1981年，政府將包含家庭計畫及人口教育等人口政策推行之「人力發展部門計畫」，納入「台灣經濟建設十年計畫」（1980-1989年）。1982年，為配合「經建四年計畫」，訂定「加強推行台灣地區家庭計畫四年計畫」，繼續降低人口自然增加率的政策。

1984年7月，總統公布經立法院通過之，〈優生保健法〉，將人工流產合法化，並於1985年元旦開始實施，同時廢止1968年頒布之〈台灣地區家庭計畫實施辦法〉。1986年，台灣地區的人口自然增加率降至千分之11，已經達成千分之12.5的緩和人口成長之政策目標。歷時二十多年，以避孕節育為主的家庭計畫政策，終於大功告成。1987年、1992年美國人口危機委員會發表之《世界節育評鑑》中，將台灣的家庭計畫成果評鑑為開發國家中第一名；1997年又被更名為國際人口行動委員會發表的《世界節育評鑑報告》評鑑為和香港、新加坡、南韓、突尼西亞並列第一的成功地區，成為開發中國家推行家庭計畫最成功的楷模❸。由於家庭計畫的觀念已經深植人心，有越來越

❸：有關台灣地區推行家庭計畫工作的歷程，主要整理自李棟明（1995）《台灣地區早期家庭計畫發展誌詳》（台中市：台灣省家庭計畫研究所）和陳肇男、孫得雄、李棟明（2003）《台灣的人口奇蹟：家庭計畫政策成功探源》（台北市：聯經）等書。

多晚婚的人，只生養一個小孩，甚至雙薪無子的「頂客族」（DINK, Double Income, No Kid），以及終身不婚的「單身貴族」，也比比皆是。政府只好回頭鼓勵人民生育子女，以避免高齡化的人口組成造成勞動人口的減少和社會福利支出增加的負擔。

然而，家庭計畫推動最為積極的1960年代末期和1970年代初期，緊接著剛好就是國宅政策開始推行的1970年代中期。家庭計畫工作當中幾個最重要的關鍵政策，例如1968年的〈台灣地區國家家庭計畫實施辦法〉、1969年「小家庭，幸福多」的宣傳口號，尤其是1971年「家庭計畫三三二一」當中「兩個孩子恰恰好」的觀念，剛好也和1976年展開以〈國民住宅條例〉為基礎的公寓國宅興建計畫，不謀而合。換言之，家庭計畫的人口政策和國民住宅的住宅政策，正是國家對於家庭與住宅現代化想像的具體回應：營造一個以居住公寓住宅的核心小家庭為主的現代化工商社會。在這種結合家庭與住宅的現代化「家戶」

思維當中，核心家庭與公寓住宅的想像與實踐，顯然是不可切割的一體兩面，共同構成體現家庭關係與滿足住宅供需的客體化過程。

有趣的是，有關台灣家庭組成的相關研究，幾乎都是從人口統計的相關變項，例如出生率、死亡率等影響家庭人口數量的人口結構轉型（陳寬政、王德睦與陳文玲，1986；林益厚，1989）、教育程度與職業類別（章英華，1976），工業化的結構功能觀點，例如從農業經濟轉向工業經濟的生產組織變革（Parsons and Bales, 1955）和家庭模式調適（Goode, 1963），以及影響家人同住意願的社會經濟因素，例如老幼人口的照顧需求與青壯人口的獨立需求（齊力，1990）等人口社經面向來探討台灣家戶核心化的趨勢，完全忽略公寓住宅對於核心家庭的結構限制。雖然採用的資料不同，用來解釋的因素也不一，但是大多數相關研究的結論都認為戰後台灣的家庭組成有明顯核心化的趨勢（謝高橋，1980；徐良熙與林忠正，1984）。從歷年

的戶口普查資料裡面，也可以發現包括主幹家庭（stem family）、聯合家庭（joint family）和擴大家庭（extended family）在內的傳統大家庭，以及包括夫妻家庭、單親家庭和核心家庭在內的現代小家庭之間，的確有著明顯的消長關係。問題是，以核心家庭為主的現代化家庭理想，最終還是必須透過住宅的物質環境才能夠加以實踐。

核心家庭和公寓住宅之間的緊密關係，也反映在「現代家戶」和「傳統家庭」之間的城鄉落差。都市地區有較高比例的核心家庭，農村地區有較高比例的大家庭的現象，除了用工業化的產業變遷和城鄉移民的人口移動來解釋之外，城鄉住宅型態的差異也扮演著關鍵性的角色。在農村和鄉鎮地區以透天厝為主的住宅型態，讓生產和居住有較大的空間可以結合。即使家庭成員從事不同的工作，也不妨礙他們共同居住的安排。不僅三代同堂的主幹家庭可以同住，甚至已婚兄弟家庭同住的聯合家庭，或是聯合與主幹家庭結合的擴大家庭，都有

可能同住。但是，都市地區以模組化設計建造的公寓住宅單元，只有一間主臥房，實在很難容納核心家庭以外的成員。即使家人住在隔壁，也必須遷就公寓住宅的平面格局，有各自進出的門戶和不同的廚房、衛浴等等。只有在假日或節日的時候，獨立生活的「家戶」才又聚合成「家庭」。因此，在核心家庭的意識型態之下，由夫妻和子女所組成的四口之家，儼然成為現代家庭的代名詞。而這樣的家庭型態剛好又和都市地區的公寓住宅不謀而合。儘管三代同堂的「折衷家庭」一度被當作由結合傳統大家庭與現代核心家庭的折衷類型，但是這樣的家庭型態在以公寓住宅為主的都市地區很難落實。因為以三房兩廳的標準平面為主的公寓住宅，根本沒有足夠的彈性來因應隨著家庭生命週期變化的家庭結構改變：結婚之後，不能與父母同住、不能生太多的小孩，否則三房兩廳的公寓根本難以維持現代化的住宅品質。

此外，核心家庭與公寓住宅的現代家庭思維，更充分反映在國民住宅申請承購及貸款的規定事項裡面。有關國宅承購資格的限制條件是：（一）年滿20歲，在當地設有戶籍者。（二）與直系親屬設籍於同一戶或有配偶者。（三）本人、配偶、戶籍內之直系親屬及其配偶，均無自有住宅者。（四）符合行政院公告之收入較低家庭標準者（「〈台灣省各縣市國民住宅申請承購及貸款須知〉」，第四條）。這樣的規定其實就是將國民住宅的對象限定在核心家庭，把一般單身家庭和複合家庭摒除在外，形同鼓勵或是強迫分家。而民間建築業者追隨國宅政策的步伐，在都市地區大量興建公寓住宅，使得核心家庭的現代化想像，具體落實為一戶戶的公寓住宅單元。

2000年，台灣地區將近550萬戶有人居住的住宅當中，平均每戶住宅的房間數量為4.6間，同時以四個房間和五個房間的住宅比率最高，分別是34.0%和27.5%（行政院主計處，2000a；2000b）。而同年台灣

地區家戶的平均人數也只有3.3人。這些數據，充分反映出當代台灣以核心小家庭為主的家戶結構，和以三房兩廳為主的公寓住宅型態。這樣的家庭結構和住宅型態，在台灣經濟剛剛起步的1960、1970年代問題還不大，因為不論是1949年之後跋山涉水追隨國民政府撤退來台的政治難民，或是1960年代之後胼手胝足到大都市打拚的城鄉移民，多半是青壯年的勞動人口，所以三房兩廳的公寓住宅剛好符合他們成家立業階段的住宅需求。然而，隨著出生率的持續降低以及高齡社會的到來，這樣的家庭結構和住宅型態，反而失去傳統家庭與住宅在維繫家族關係上的近便優點與擴充彈性。許多原本是家庭成員之間相互照應的生活方式，例如，父母親出外工作時由家中的祖父母照顧年幼的小孩，變成必須倚賴機構（托兒所）或是非正式經濟（托嬰）才能夠解決的額外負擔。經過半個世紀的發展，這種核心家庭的住宅結構已經成為台灣地區的普遍現象。從推動家庭計畫的經驗來看，要改變社會大眾的家庭觀念，絕非一朝一

夕的事情。加上住宅存量是一種長期累積、相對穩定持久的空間結構，可以預見在未來幾十年的歲月裡，核心家庭的公寓住宅還會持續發揮相當大的影響力。

Chapter VI
身體再生產的「生活廚房」

一個平凡女人生命中的一天夠寫成小說嗎？

麥克・康寧漢（Michael Cunningham）

《時時刻刻》（小說）

一個女人一生的生命，在一天當中，

僅僅一天，

那一天，

道盡了她的一生。

史蒂芬・戴卓爾（Stephen Daldry）《時時刻刻》（電影）

　　配合第三章日常生活地理學中有關生命戰略、生活戰術和身體戰鬥的身體空間再生產的理論觀點，以及第四章有關舞臺／背景、布景／道具、演員／角色和故事／情節的廚房劇場分析架構，本章試圖從成功國宅的田野觀察和建築師及家戶的訪談資料中勾勒出台灣當代婦女在公寓廚房裡的煮食家務處境，以及她們如何體現與再現公寓廚房的生活空間。

　　在正式討論之前，有兩件事情需要特別提醒：首先，我必須強調，不論是成功國宅本身的空間結構或是這些受訪家戶的生活故事，都只是戰後台灣婦女煮食家務處境的部分縮影，而非全貌。因此，本章的目的不在羅列所有廚房型態和煮食家務的可能組合，也不是要找出一種最典型的廚房生活以闡述當代台灣婦女的家務性別處境。相反地，我是試圖藉由這些公寓廚房和生活經驗的案例分享，建構出一個可以雙向溝通、相互理解和引起共鳴的對話平臺，進而呈現出當代台灣婦女在煮食家務的性別角色上和在公寓廚房的身體空間裡可能面臨的社會與身心處境。其次，在訪談和整理資料的過程中，我發現除了日常生活的理論觀點和我自己實際的生活經驗之外，還有一項有助於我和受訪者相互溝通的重要媒介——透過我對於我母親廚房生活長期觀察

的記憶，所產生和受訪婦女之間有如靈犀相通的「廚房母語」。因此，在本章的敘寫過程中，有些議題的討論其實是透過我的聲音為我的母親以及和她有類似生活處境的「廚房幽靈」發聲，進而讓理論觀點和經驗現象的對話，產生新的鏈結。總之，本章的討論是試圖將研究過程中一次又一次的對談，包括和西方理論的對話、和受訪婦女及建築師的訪談，以及在研討會中和學者專家的問答，以拆解和重組的方式，重新聚焦為廚房之舞的敘事架構。希望這樣的討論，有助於我們在概念上重新認識公寓廚房和三餐煮食的生活課題，並且在行動上醞釀改革實踐的可能性。

　　本章的討論將分為四個部分：第一節是從公寓廚房的空間生產跨越到住宅空間的使用消費，引導出生活空間再生產的社會經濟學面向。第二節是從台灣公寓廚房常見的烹調設備，以及它們和居家空間及婦女身體之間的協商方式，探討科技媒介的客體化過程。第三節則是呈現台灣婦女在日常煮食家務的例行化過程中，各種生活戰術和身體戰鬥所交織出來的「廚房芭蕾」。最後，本章將從日常飲食和飲食工商化的文化觀點，來探討家常菜作為體現廚房生活的具體內涵與演變趨勢。

公寓廚房的空間協商：社會經濟學的觀點

第五章曾經提到，從1970年代中期開始推動的國宅政策和1980年代民間住宅市場盛行的預售屋制度，在模組化設計和大量生產的公寓集合住宅生產模式之下，奠定了戰後台灣公寓住宅以三房兩廳為主的「標準平面」，也注定公寓廚房狹小、封閉和孤立的命運。除了政策與市場的政治經濟因素之外，從建築師的角度來看，還有幾項因素讓住宅設計在建築專業領域裡被邊陲化和技術化，也使得台灣的公寓住宅難以跳脫「三房兩廳一米八」的空間魔咒。本節將先就建築師的訪談資料，來理解公寓住宅及廚房空間為何難以突破三房兩廳的標準平面限制，以及為何公寓廚房會變成禁錮婦女身心的孤狹空間。接著，再從成功國宅觀察訪談的資料中，進一步說明一般家戶如何在重大的購屋決策和例行的日常生活裡面，找出協商和轉圜的空間縫隙。

三房兩廳一米八❶：公寓住宅的「家庭毒氣室」

在一般台灣建築師的眼中，住宅設計和其他大型公共建築設計比較起來，往往被視為挑戰性較低的案子。因為台灣不像以郊區獨棟住宅為主的美加地區，他們的年輕建築師在沒有太多建築傳統包袱和建案規模門檻的限制之下，有許多設計獨立住宅的磨練機會。這些住宅設計也是資深建築師追求設計創意和展現建築理念的重要舞臺。另一方面，在建築文化根基穩固的歐洲地區，由於各國對於社會住宅的普遍重視，設計集合住宅也成為建築師實踐規畫與住宅理念的重要場域。即使在整體住宅環境與台灣比較接近的日本，建築師也有許多個別住宅和集合住宅的重要作品，使得不少日本建築師因而享譽全球。相反地，住宅設計在台灣的建築實務裡面一直處於次要地位。主流建築師還是以設計博物館、音樂廳、市政府、學校、醫院、辦公大樓等大型／公共建築作為展現個人建築理念與設計功力的主要目標。究其原因，是因為台灣的住宅設計主要集中在單一設計、大量興建的公寓住宅上面。不論是國家主導的國民住宅規畫或是民間掌控的一般公寓興建，建築師都沒有太大的揮灑空間。即便是大型的集合住宅，建築師充其量也只能在外觀造型和建築細節上小作文章。

在國民住宅方面，因為它必須優先滿足「提供中低收入戶住宅」的政策目標，所以作為規畫「業主」的國宅單位只在乎售價、坪數和房間個數等制式內容，對於建材、配件的選用多半「便宜行事」，關於公共設施和社區空間的規畫更是因陋就簡，缺乏前瞻性的住宅理念。加上國宅興建後期，許多建案是和

❶：「一米八」是指一般公寓廚房的深度，只有180公分的基本工作空間。乘上平均300公分的寬度，普通公寓廚房的空間大約只有1.6坪。以平均25-30坪的公寓面積來算，廚房的面積只佔5-6%的樓地板面積，甚至只有廁所面積的一半到三分之二（現在一般公寓都有一套半到兩套的衛浴設備）。可見台灣公寓廚房在絕對面積和相對比例上，都有偏小的情況。

軍方的眷村改建合作，為了配售的方便，有關坪數和房間數量的限制就更為僵化，其他細節也不遑多讓。在不特別要求規畫理念與設計品質的情況下，有不少案子甚至是由國宅處內部具有建築師資格的公務員自行設計。由於一般公務員多半抱持「不求有功，但求無過」的謹慎心態，所以大部分的國民住宅的內外結構，幾乎都是大同小異。尤其是內部的平面配置，從一樓到頂樓，一概是以三房兩廳為基準的「標準平面」依樣畫葫蘆，頂多是就基地的形狀和配售的對象微幅調整，讓不同家庭很難依照自己的需求調整空間，只能將就既有的格局，再另外想辦法。而一模一樣的內外格局，也讓住在裡面的不同家庭變成難以分辨的住宅單元。有一位過去曾在國宅處任職多年的C建築師說：

> 我的經驗是，在公部門「設計國宅」，對於坪型沒什麼好發揮的！……坦白講，「能發揮的」不多，我們只是要達成任務。……就室內來說，我們會很注意……樑柱的位置，至於坪數大小，並沒有太多的著墨，就是照規定來。……到私部門的話，就是看市場，也不是你的發揮。

在民間住宅方面，建設公司多半是以代銷公司的市場經驗作為決定設計方向的主要依據。其重點多半放在建物外觀和建案名稱的行銷操作上，以營造歐洲、日本的建築風格和居家品味的在地想像，尤其仰賴樣品屋極簡的居家擺飾和廚、浴家電科技的搭配展示，來吸引購屋者的青睞。但是這些華而不實的居家展示，往往和實際的生活需求落差極大；甚至連日後的清潔、維護都有困難。至於關係居家生活與家務工作甚鉅的空間配置，在著重門面的「賣相」考量和刻意討好一家之主的男性需求的情況下，使得客廳、飯廳、主臥房等重點空間占據較大的面積和較佳的位置；而準備食物和清潔衣物等家務工作的主要場所，則是運用剩下的畸零空間和角落搭配設計。在這樣的前提之下，公寓廚房的面積和位置，自然難以符合多數婦女的期待。

其次，建築師們也提到，國內公寓住宅相對粗糙、僵化的空間設計，和缺乏足夠的住宅空間使用調查和研究以作為住宅設計依據有關。受訪的A建築師表示，他覺得大部分的建築師，不管是台灣訓練的或從國外留學回來的，在設計住宅時，似乎都不太在乎最根本的使用方式，只是就現有的資料抄一抄，未必清楚這些數據和準則是怎麼產生的。雖然有部分建築系所的師生曾經零散地進行一些住宅使用行為的調查研究，但是多半偏向聚落或是特定族群的研究，對於一般住宅內部空間的使用習慣，還是欠缺有系統和持續的調查研究。在實際設計集合住宅的時候，絕大多數的建築師根本不會也無從對未來住戶的居家行為和空間需求進行調查和訪談。在不清楚最終使用者明確需求的情況下，建築師只好以委託設計的「業主」想法作為依循的準則。依照B建築師的說法，除了〈建築技術規範〉的法令要求之外，剩下的就靠空間配比的「經驗法則」來設計。具體地說，就是以三房兩廳的核心家庭生活作為大前提，然後依照過去公寓住宅裡面有關客廳、飯廳、主臥房、一般臥房、廚房、衛浴和陽台的大小和位置，訂定「適當的」比例和關係。

> 設計國宅，主要還是依據建築師以往的經驗來設計……它的空間配置都大同小異！因為一般國人的生活習慣就是三房兩廳！……客廳要有一個基本面積放電視、沙發。以二、三十坪的房子來說，客廳差不多是五坪，廚房不可能比五坪還大，那就設計兩坪半左右，一般臥房是三坪多。我們國人的生活習慣還是比較著重在客廳……通常一進來就是客廳，餐廳就配在客廳的附近，廚房當然是要靠近餐廳的地方……客廳要比臥室大，總不能客廳做小小的，廚房做大大的，那樣不好看，又不實用。我們是認為**廚房夠用就好**（B建築師，本書的強調）。

由於台灣一般公寓住宅的面積本來就不大，平均在25坪到30坪之間，在三房兩廳的生活習慣和經驗法則之下，廚房的面積和位置自然偏小和偏向背面。但A建築師認為，公寓住宅的面積大小並非最大

的問題，像日本的公寓並不比台灣大，但是日本的建築師就花費很多心思在使用行為的調查研究和空間的配置設計上面。相反地，台灣雖然有住宅學會等專業組織，但是討論的議題多半是房屋銷售、土地操作及不動產價格等住宅商品的問題，他認為那是整個住宅產業的末端，對於提升居住環境的品質並無實質幫助，應該回到環境心理學的基本層面才對。

其實，在一般生活習慣和業主設定的框架下，建築師們多少還是會根據自己對於住宅空間的理念，尋求他們認為「合理的」空間配置，因此也有可能突破既有的平面規範。例如A建築師認為，家庭首重溝通，而美國家庭溝通的地方就是廚房。有很多美國廚房都是ㄇ字型的，有一張大桌子，家人就坐在那兒聊天。有些家庭喜歡在飯廳聊天，但這類型的飯廳多半兼具起居室（family room）的功能，通常也和開放式的廚房連在一起。他說，他自己在做國民住宅使用調查時發現，受訪家庭中有60%以上的學童是在飯桌上做功課的，可是90%以上的國宅廚房設計是封閉式的。在實際使用的過程中，約有30%左右的家庭會把廚房的門拿掉，或是從來不關，所以嚴格講起來，約有40%的國宅廚房是採取半開放的使用方式。可是因為台灣的日常飲食中包含了大量熱炒的菜餚，做菜時會產生油煙的問題，所以有不少家庭在做菜時還是習慣把廚房的門關上，減少油煙和味道四溢，清潔起來也比較容易。因此，傳統的公寓廚房都是設計成封閉式的。他認為，從生活經驗來看，開放式廚房會是趨勢，但不是像歐美開放廚房那樣完全敞開，而是應該改為拉門，做成半開放式的廚房。尤其是水槽要面向餐廳或是客廳，那樣先生在客廳看電視，小孩在餐桌上做功課，媽媽在洗碗的時候，就可以和家人講話、溝通❷。

❷：有趣的是，受訪的建築師們在言談之間，似乎也都透露出「男造環境」的性別迷思：煮飯和洗碗的廚房家務，「理所當然」是婦女的工作，而廚房的大小也是以單人操作作為設計的準則。

B建築師則認為，開放廚房會產生油煙的問題，最簡單的方式就是做一面牆把廚房和客廳隔開，那麼「媽媽在廚房裡面炒菜，爸爸在客廳裡看電視，就不會聞到炒菜的味道」。不過，他認為廚房的位置和大小還有調整的必要。他們事務所設計的國宅就刻意將廚房的位置放在一進門和客廳相對的位置上，讓菜買回來之後可以直接進廚房。另外，他們也刻意讓廚房的空間「大一點」，通常是180公分×320公分（大約是1.74坪），那樣就可以放得下冰箱和三件式的組合廚具。不過，這樣的廚房空間還是難以同時容納兩個人在裡面工作！C建築師甚至認為，不論是半開放式的廚房或面積較大的封閉廚房，都不是特別必要，除非是比較高級或比較大的房子才需要較大的廚房。因為大廚房得花費很多的時間和力氣去整理，否則很容易被客人看到沒有收拾的廚房，感覺家裡很髒亂。他覺得只要能放得下基本的廚具設備和有足夠的工作動線就可以了，而且他強調現在的公寓廚房比起小到只能放50公分深的流理台，背部幾乎頂到牆壁的早期公寓廚房，已經算是相當不錯的了。

總結來說，受訪的三位建築師都認為在台灣設計集合住宅受限很多，大概只能依照三房兩廳的標準平面和集合住宅的模組設計，略微調整。而且，儘管三人對於公寓廚房的大小、位置和開放程度有不同的觀點和作法，但是從他們的談話當中可以看到一個共同的假設前提：煮食家務是婦女一個人的事情，廚房則是婦女的家務空間。因此，不論就家人的溝通互動或廚具設備的擺放安排而言，都將廚房視為一個獨立的工作空間，而且是僅容婦女一人工作的狹小空間。其中一位建築師甚至認為，「三房兩廳一米八」的平面標準已經是台灣公寓住宅的「終極格局」了。問題是，正因為社會習以為常地接受公寓廚房的家庭空間結構，加上台灣家庭偏好熱炒的煮食習慣，無形之中讓公寓廚房變成一間間狹小、孤立的「家庭毒氣室」，深深地禁錮和戕害婦女羸弱的身體與心靈。試問：如果連手握設計大權的建築師

都覺得三房兩廳一米八是公寓住宅難以撼動的基本結構，那麼一般家庭和婦女個人在居家空間上面的弱勢處境，更是可想而知。不過，本書並不想就此打住，直接呼籲建築師們，特別是男性建築師們，立刻摒棄這種性別盲點的「男造環境」住宅設計。相反地，本章想進一步探究，婦女和一般家庭在建築師們聯手打造的「家庭毒氣室」中，如何藉由各種空間、設備、身體姿勢和飲食習慣的調整因應，來突破公寓廚房的空間限制，而這正是未來重新思考居家生活和身體空間關係的關鍵起點——身體再生產的「生活廚房」。

從公寓住宅的生產到都市家庭的再生產

從戰後台灣地區公寓住宅的發展歷程來看，移植自西方的集合式住宅和模組化公寓扮演著都會地區住宅供給的關鍵角色。除了少數大坪數的透天厝和頂級的豪華住宅之外，台灣當代都市地區的住宅型態從1960、70年代開始興盛的四、五層樓梯公寓，歷經1980年代的七樓、十二樓的中高樓層電梯公寓，一直到1990年代之後十六層樓以上的高樓層電梯公寓，都是這種模組化設計、大量營造的單元式集合住宅。隨著國民所得的提升和生活型態的改變，公寓住宅的「標準」也不斷提升。從兩房一廳一衛的陽春格局到三房兩廳雙衛的標準格局，以及從幾乎「零公設」的連棟店鋪公寓或港樓公寓到有開放中庭和休閒設施的大型社區公寓，都展現出台灣當代公寓住宅步伐緩慢但持續提升的空間品質。儘管如此，這些制式化的公寓住宅卻框限了許多現代家庭的生活機會，讓他們只能在不同的區位、樓層、坪數、外觀、設備和鄰里環境當中被動地挑選符合自己經濟能力和整體生活考量的住宅單元。此外，雖然每個家庭還是可以就他們的生活需求、居家品味和經濟能力進行或大或小的「室內裝潢」，但整體而論，絕大多數的一般家庭還是難以跳脫這種量產、量販公寓住宅的空間限制。

正因為如此，我們的廚房視野更不能只局限在公寓廚房的實質空

間上面，而是必須擴大到公寓住宅和家庭生活的具體脈絡當中，如此方能充分理解廚房空間的經濟生產與社會再生產，進而掌握廚房生活裡有關性別、社會與文化的深層關係。這樣的廚房視野也反映出現代化的人口／住宅政策和資本主義的商業邏輯並非全如西方的政治經濟學者所言，能夠完全宰制我們的生活實踐與生命發展。更重要的是，在政治經濟學的社會框架之外，為數眾多的沉默百姓和無從發聲的一般家庭還會透過各種順應、變通的方式，悄悄地重塑現代城市的住宅結構。這個看不見的動態住宅結構，反映出核心家庭和三房兩廳的現代化住宅想像與現實生活之間的巨大落差。因此，接下來本章試圖從日常家庭生活的再生產角度出發，進一步探究體現在身體動態與生活過程中的活現空間——生活廚房。它是由重大的生命決策、例行的身體戰鬥和因時因地制宜的生活戰術辯證發展而成的生活再生產。這個以身體為本延展出去，交織在家庭生活的空間關係還牽動每個家庭成員在居家之外有關工作、就學、休閒、購物、社交等不同生活構面之間的制度網絡關係，形成一種隱形的住宅結構。了解這些隱形／非正式住宅結構的形塑過程，將有助於鬆動我們對於核心家庭和都市住宅的許多刻板印象，進而設法扭轉「家庭毒氣室」的婦女家務處境。

家族近親所構築的「公寓三合院」

對於一般家庭而言，購屋決策是一生少有的幾項重大決定之一，在房價昂貴的台灣都市地區更是如此。儘管這幾年因為中古屋市場的熱絡和房屋仲介業的興盛，換屋的作法已經變得比較普遍，許多家庭會考量經濟能力、工作地點變動、家庭需求和投資理財等因素，適時地更換住宅。但是由於住宅買賣的高單價和高風險，也讓自用住宅的購買必須非常審慎，得同時兼顧住宅品質、社區環境、生活機能、交通便利、學區狀況、升值空間等多項因素。在過去「男主外，女主內」的「分離領域」時代，購房地點主要是以一家之主——男性戶長

—— 的工作地點作為主要考量，然後才考慮到社區環境和居家品質等其他生活需求。尤其是從1960年代末期到1980年代初期這段台灣經濟快速起飛的年代，這種以男性戶長為主的購屋決策充分表現在以城鄉移民為主的核心小家庭當中，由於男性戶長幾乎是家中唯一或最主要的經濟來源，因此也對購屋這種重大家庭支出握有關鍵性的決定權力。

但是近年來已婚婦女外出工作的情況日趨普遍，少子化的結果也讓父母更重視子女的教育，因此，女性上班和子女上學的區位和交通考量也逐漸成為購屋決策的重要依據。然而，除了納入整個家庭成員的住宅需求之外，購屋決策作為一個重大的家庭生命策略，往往也需要將家庭生命週期的不同階段，以及核心家庭成員和家族其他成員之間的生活關係，納入考量。這種兼具維繫家族情感和照顧彼此生活的住宅需求，對於部分家庭在購屋決策上的影響，似乎有越來越明顯的趨勢。

從成功國宅的訪談過程和我自己的日常生活經驗，我發現在現代家庭的購屋決策當中，父母、子女和兄弟姊妹等家族近親之間的居住地點常常扮演著關鍵性的重要角色。在成功國宅的17個訪談案例當中就有超過一半的受訪家庭（9個）有近親（父母、子女或兄弟姊妹）住在附近，其中有5個受訪家庭的親人是住在同一個社區裡面（上下樓、隔壁或鄰近棟，包含有一戶是三代同堂的複合家庭）。例如，H棟的韓家是男方的父母在兒子尚未結婚之前，刻意在自己住家附近尋找適合的房子，作為將來兒子結婚時的新居。由於受限於購屋時是否剛好有適合的房子，以及現代家庭逐漸可以接受，甚至刻意安排，兩代家庭不住在一起，以免因為狹小的空間範圍和密切的生活接觸造成摩擦和衝突，所以他們沒有買得太近，而是大約在一、兩個街廓之內的步行範圍。

另外一種情況則是，子女住了一段時間之後，為了就近照顧年邁的父母，就在住家附近幫父母買一

間房子。由於這種「接父母同住」的居家安排常常是事業基礎逐漸穩固的城鄉移民，所以通常會買得比較近一點，可能是同一棟樓的上下層，或是就在同一個樓層，例如H棟的楊家和G棟的沈家。不過還是得視個別家庭的狀況和購屋當時有無適合的空屋而定，因為這樣的購屋條件，往往是可遇不可求的，除非是同一個時間購買，而且不是政府興建的國宅，才有可能。還有一種情況則是自己住得不錯，剛好家人（兄弟姊妹）要買房子，就積極介紹家人在當地購屋。通常這種情況是父母也住在附近或是與其中一個子女同住，而且平日親人之間的互動比較頻繁，例如A棟的錢家。

這些在空間上不連貫，在戶政資料上無法顯示，但是在日常生活的往來照顧上卻相當密切的家庭關係，形成一種有如「公寓三合院」的隱形住宅結構。這在人際關係越來越淡薄，家家戶戶謹守室內、室外和公私分際的都市公寓住宅裡，這種住得「有一點兒近，又不會太近」的隱形公寓三合院，讓遠親和近鄰之外的家族近親得以享有傳統大家庭相互扶持照料的親情溫暖，又可以避免「大宅院」裡面婆媳妯娌朝夕相處的衝突摩擦，不失為一種理想的住家模式。在我們找尋適合受訪家庭的第二階段田野過程中，51戶的問卷受訪家庭中就有3戶親人同住在隔壁的案例。其中有2戶還在門外走廊加裝一道鐵門，形成類似玄關的半室內空間。這樣只要關上鐵門，原來密閉的大門就可以打開，既通風、防盜，又方便兩戶之間的往來進出。作為玄關的空間還可放置鞋櫃、雨具、腳踏車等雜物，就像加了鐵門的合院「穀埕」或是沒有過往行人的「亭子腳」，讓傳統大家庭的「與共感」（togetherness）可以繼續在公寓大樓裡面延續。有趣的是，在成功國宅的訪視過程中，也發現其中一棟樓的某一層單側並非親屬關係的四戶人家，也在靠近電梯出口的地方加裝了一扇四戶共用的鐵門。鐵門外有四戶各自獨立的門鈴，想必是為了防盜，而且鄰居之間的情誼濃厚，才會在已經非常狹窄的公寓門口加裝一道鐵門。

類似的情形也存在於我居住的國宅大樓裡面。更有趣的是,這個「公寓三合院」的兩個家庭過去在眷村時期原本是對門的鄰居,後來因為兒女戀愛結婚,成了兒女親家。當眷村改建成國宅時,他們還特地和其他鄰居交換房子,繼續「親家別計較」的對門而居生活。所以他們也很自然地在兩戶大門之外加裝一個鐵門。我在從事社區服務工作的時候❸,發現他們除了最外面的鐵門是關著的之外,裡面兩戶的大門都是敞開著的。

在我母親去世前不久,弟弟因為準備結婚要買房子,正好我們家那個樓層有一戶人家要賣房子,開價也算合理。但是母親反而考慮到一家人如果住得太近,怕日後生活相互干擾,所以就叫弟弟改買隔壁巷子的房子。在母親臥病期間,弟弟每天「回家」煮飯,照顧母親,晚上才「回家」休息,充分體現出「隱形公寓三合院」的精神。我也是在母親過世後不久,剛好大樓裡面的其他樓層有人要出售房子,為了方便日後和父親就近照應,所以就趕緊貸款買了下來。而姊姊結婚之後原本一直住在板橋夫家,母親生病期間她每週都抽空回來內湖探視,在我買下和父親同一棟大樓的房子後不久,她和姊夫也在內湖買下離我們家五分鐘車程的新居。所以,現在我們「全家人」住得很近,平日也常在一起吃飯、往來。這種顯性或隱性的「公寓三合院」,充分顯現出一般家庭試圖在公寓住宅單元的空間結構限制下生活過日子的空間協商策略,同時也反映出傳統大家庭與現代小家庭在空間上的緊張關係。

❸:比較弔詭的是,當平面的眷村改建成立體的國宅之後,大樓裡有為數顏多的鄰居原本是以前同一個村子的老鄰居,不知為何彼此的往來就真的淡泊許多。如果不是這幾年參與大樓管委會的社區事務,有一些事情需拜訪大樓裡的住戶,說實在的,我還真的不太清楚已經住了二十多年的「新家」,整棟大樓裡究竟住了哪些人家,甚至連同一層樓的住戶也不太熟識。這和以前眷村每家每戶就像班級座號一清二楚的情況,簡直不可同日而語。

由於過去買賣國宅有許多資格限制，所以我家和成功國宅的一些例子可能還低估了現實生活中「公寓三合院」的比例。另一方面，相反的狀況也存在於現今的公寓家庭裡面。例如，在成功國宅租屋兩年多，住在F棟的褚太太，三年多前剛結婚時原本和先生及公婆一起住在台北市的北區，同時也和先生的兄、嫂同住。後來才搬到離兩人工作地點不遠，但是離公婆家距離比較遠的成功國宅租房子，目的之一就是希望能過屬於夫妻兩個人的小家庭生活。只有逢年過節和偶爾週末才和先生一起回公婆家吃飯，她覺得這樣子的安排讓她輕鬆許多。其實，「公寓三合院」不一定要在上下樓或是隔壁才能夠實現，而且也不限於男方這一邊。反而是嫁出去的女兒通常比較孝順和貼心，而且在日常生活的照顧上，包括坐月子、帶小孩、洗衣服、煮飯、打掃等家務工作上，母女之間的互動通常會比婆媳之間更為自然和直接。所以，在真實生活裡也可以看到越來越多已婚的女兒和父母比鄰而居的例子，我家大樓就有好幾戶這樣

的例子。如果我們只從公寓住宅的整體結構或內政部的戶籍資料和人口普查結果來看台灣社會的家庭結構，就會忽略「公寓三合院」所代表的家庭鏈結和時空關係。在人情淡薄的都市地區，這樣的親屬關係非但不輸農村地區的傳統家庭，反而更形重要。似乎有越來越多的家庭試圖突破核心小家庭的家庭形態和公寓住宅的空間限制，形成「公寓三合院」的動態住宅結構。而且，這種家族近親之間密切的生活聯繫，也不局限於傳統男性家族的三合院公寓，反倒是女性家族成員之間的生活往來，可能更加密切。這是值得進一步觀察和研究的課題。

另一方面，戶政上面正式編組的鄰里制度和住宅法規要求的公寓大廈管理組織，反而在真實的日常生活中只能就社區或住宅的「公共事務」，發揮有限的消極功能。儘管新興的大型公寓住宅社區已經設法營造諸如景觀中庭、兒童遊戲場、大廳、地下停車場等社區公共空間，加上絕大多數的公寓社區都設

有管理委員會的組織，就社區的空間模式和事件模式而言，理論上應該有利於營造社區的公共生活和住戶私人之間的人際關係。不過，由於現代公寓住宅內、外和公、私分明的空間結構，尤其是垂直堆疊的住宅單元，非常不利於鄰居之間的往來互動。除非有事關私人權益的事情，住戶之間才會有限度的參與公共事務和互通消息，結果近鄰反而像是遠親，少有來往。例如，住在F棟，先生曾經擔任過社區管委會委員的鄭太太就提到：「管委會要開會，只有抽車位和大家有〔利害〕關係的時候，〔委員〕人數才會到齊，平時開會的時候人就很少……沒有人要做〔委員〕……樓上樓下有來往，也是因為有漏水的問題才會到家裡來〔拜訪〕。」

換言之，在公寓大樓的住宅框架之下，家作為一個私密的生活後台，已經逐漸失去了鄰居婦女之間，互相串門子、借醋、借醬油的「婦廚社群」（kitchen table society）鏈結。而戶政的鄰里制度和社區的管理委員會只能在一些涉及社區公共利益的議題上面，消極地動員熱心公共事務的少數居民參與。這時候，由遠親、近鄰之外的家族近親，刻意住在附近所形成的「公寓三合院」，就成為公寓住宅單元之外，一個組織與連結家庭生活的重要網絡。從這個角度來看，台灣都會地區的「公寓三合院」有一點兒類似英國社會學家邁可·楊（Michael Young）與彼得·威爾莫特（Peter Willmott）觀察到1950年代倫敦東區工人社區以血緣為基礎所發展而成的社區關係（Young and Willmott，1957）。但是，它又不像倫敦的案例裡面，社區居民在日常生活、工作和社會網絡各方面，都有相當密切的關係，而是只有生活方面的密切往來。反而是早期的眷村和公教宿舍比較接近楊與威爾莫特所描繪的都會社區狀態，或是美國社會學家赫伯特·甘斯（Herbert Gans）所說的「都市村莊」（urban village）的社區性格（Gans, 1962）。而隱形的「公寓三合院」比較像是一種「地下莖」的家庭鏈結：在密集、複雜、卻又少有直接互動的都市人口中，悄悄

地搭建起被公寓住宅阻絕的家族生活關係。至於維繫「公寓三合院」和婦女廚房生活的相關細節，本章稍後會有進一步的討論。

「地下建築師」的空間大挪移

在現實生活裡，即使有許多家庭有意組成「公寓三合院」讓親人之間可以就近相互照應，但是在各種主客觀環境的限制之下，並非每個家庭都能如願以償。因此，大多數的家庭還是得遷就核心家庭的公寓空間和生活型態。在成功國宅的訪談資料當中，住戶對於住宅最多的抱怨就是房間和廚房太小、天花板太低、建材廉價、施工粗糙和格局不符合需求等。由於國民住宅是同一個模子刻出來的標準平面，即使是購買全新完工的國宅，也不像民間的預售屋可以事先選擇和更改部分的建材和格局。所以，有不少受訪者在搬進來之前，或是住過一段時日之後，會有程度不一的裝潢和整建動作。

就廚房空間而言，原本總面積就已經不大的公寓住宅在空間配比的「經驗法則」之下，一般30坪左右的房子只會規畫1到2坪之間的廚房面積。超過2坪的公寓廚房，算是寬敞的。由於中式料理的烹調手續複雜，需要的設備繁多，這對於特別講究煮食與廚房空間的家庭而言，顯然難以發揮功效。因此，在不影響大樓整體結構的情況下，有些家庭會大興土木，通常是在搬進來之前，大幅變更室內的空間結構。例如，E棟四口之家的吳太太在11年前從隔壁棟較小的房子換到目前住的房子時，就先將客廳的陽台外推讓客廳寬敞一點，同時也打掉一個小房間的牆壁換成和式的整片拉門，接婆婆過來同住；最後又將後陽台外推加上鋁窗，並且拿掉廚房和陽台之間的鋁門，將一半的陽台空間改成廚房，讓原本只有短一字型的狹小廚房變成L型的廚房，炒菜的爐台也由原本的廚房移到陽台的位置。這是一般公寓住宅和公寓廚房最常見的整建模式，也反映出住戶如何在狹小的公寓住宅裡面「偷取空間」的普遍作法（圖16）。

圖16：陽台和窗戶凸出的小方框是「地下建築師」挪用空間打造出來的「空中樓閣」

H棟韓太太家的整建動作就更大了。這間房子是19年前她剛結婚時婆婆幫他們買的，住進來之後一直維持國宅原來的格局。三年前她打算翻修老舊的室內裝潢，所以到處參觀親戚朋友和左鄰右舍家裡的裝潢，同時也買了許多室內裝潢的書和雜誌來參考。最後她決定請在做室內設計的女性友人幫忙設計，並花費許多時間和設計師討論自己對於居家空間的想法，甚至讓自己就讀國中和高中的女兒參與設計的討論。經過三個月來來回回的設計討論之後，最後韓太太決定來一個

居家空間的「乾坤大挪移」：除了將客廳和後陽台外推加上鋁門窗以「偷取」一些空間之外，她還將客廳和廚房之間的隔間牆整個敲掉，以此作為居家空間的中心位置，擺放一張訂做的長形餐桌作為用餐、工作和喝茶聊天之用，也是連結客廳、廚房、飯廳和書房的複合平臺。也許是因為位置居中，也可能是因為房子較小（24坪），總之，這張桌子後來真的成為他們全家人相處和招待客人最常使用的空間（圖17）。剩下約四分之一的廚房空間，也就是原來水槽的位置，

圖17：公寓住宅內部的「空間大挪移」

還是作為水槽之用，但是整套廚具已經全部更新，並且將廚房移到後陽台的位置。為此，整個後陽台全部外推。其中三分之二的空間作為廚房之用，放上訂做的流理台，並刻意在爐台所在的中心位置，採用大片的強化玻璃窗而不是白色的瓷磚，讓炒菜時也有社區的中庭「景觀」（view）可看。外推的陽台雨遮也採用半透明的採光罩，使得這個無中生有的「空中廚房」❹變得特別明亮，和一般中式廚房狹小陰暗的傳統印象大相逕庭（圖18）。由於陽台外推，所以韓太太特別將流理台的深度由一般的60公分增加為80公分，讓流理台更為寬敞，方便操作。剩下三分之一的後陽台還有200公分的寬度，除了作為洗

衣、晒衣的清潔空間之外，靠近陽台內側的牆上還釘了一個架子，作為收納各種鍋子的空間。在廚房之外，韓太太也大幅修改客廳、臥室和衛浴設備的空間安排，配合重新訂作的拉門、折門及精心製作的收納式櫥櫃家具，以善用家裡的每一吋空間。甚至連臥房之間的走道都架上桌板，成為女兒們的讀書區。原本只有24坪的居家空間經過多重的變化和組合，在視覺感官和實際使用上，都產生擴大的神奇效果。

由於成功國宅裡面大部分的大樓是15層以上的高層建築，基於結構安全的考量，所以管理委員會對於住家空間格局的變更，規定得非常嚴格。即使是非結構體的隔間牆，也不准住戶任意拆除。大部分的住戶也都會遵守規約，甚至會主動注意鄰居在裝潢整建的時後，有無違反規定。因此，像吳太太和韓太太家這樣大幅度地調整住家的空間格局，都非常小心和低調，深怕引起鄰居的注意和反對。吳太太表示，在裝潢時就刻意用帆布將前後陽台遮起來，但是敲打的聲音還是

❹：因為陽台外推的關係，所以整個流理台是跨在外推的支架上面，從外面看，就像是懸在大樓外面的「空中廚房」。而普遍存在於公寓大樓，一個個陽台、窗台外推的「小盒子」，也形成一種台灣都市獨特的公寓地景。

圖18：後陽台上的「空中廚房」

引來鄰居的關切，後來花了很大的力氣，才平息鄰居的抗議。韓太太則是支付額外的費用請包商用安靜的水刀施工，避免敲打的聲響引來麻煩。雖然這麼大費周章，也必須耗費相當的金錢，但是由於台灣地狹人稠，都市土地成本昂貴，尤其是首善之都的台北市區，更是寸土寸金，一般公寓住宅的樓地板面積都不大，所以民間的建商和一般住戶都會想盡辦法去挪用室內外各種可用的空間。像是頂樓加蓋、陽台外推、占用走道，甚至室內隔層的「樓中樓」等，都是常見的手法。雖然這些舉動可能違反建築法規或是占用公共空間，不過當大多數的人都這麼做時，現實和法規之間存在著嚴重落差的荒謬性，也就更加明顯。這也是台灣都市的住宅環境顯得特別雜亂的原因之一。

有趣的是，在吳太太（49歲）和韓太太（44歲）這兩家由女性主導大幅度調整廚房和居家空間的個案中，她們都是「全職」的家庭主婦。但是她們和1950、1960年代台灣傳統的家庭主婦最大的不同

之處，在於她們是經過深思熟慮之後刻意「選擇」在家做全職的家務工作，而不是毫無選擇地被迫待在家裡當家庭主婦。吳太太是因為小時候母親在學校教書，是專職的職業婦女，難以兼顧家務和子女的照料❺。在她的記憶當中，放學回家時總是看不到母親的身影，而飯菜經常不是沒熟就是燒焦，有時候甚至連開水都沒有燒。她不希望孩子的童年和自己一樣，當個鑰匙兒，她先生也很支持她的決定，所以結婚之後她就沒有出外工作。用她自己的話說，她個人「非常享受全職家庭主婦的生活」。相反地，韓太

❺：很巧的是，吳太太小時候就住在我們家隔壁的眷村，而她母親也在我就讀的小學教書，我還叫得出她母親的名字。記得小時候，總是特別羨慕老師的小孩，覺得他們可以自由自在地進出教師辦公室，不怕老師，而老師們通常也都會特別照顧他們。沒想到，他們也有許多我們當時無法理解的壓力和痛苦。

太小時候母親是全職的家庭主婦，她自己婚後也繼續在外商公司服務。生了第一胎之後，原本是請母親幫忙帶小孩，因為是自己人，會比請保姆或託嬰放心許多。但是，她發現工作時總是忍不住會掛念孩子，覺得陪伴孩子成長的機會只有一次，所以決定辭去工作，專心在家裡照顧孩子。而且從孩子上幼稚園開始，她就仔細記錄兩個小孩學習歷程的點點滴滴，是個不折不扣的「全職」家庭主婦。

吳太太和韓太太的共通點是她們對於家庭和子女的全心投入，這使得她們花費相當多的心力和金錢在居家和廚房空間的安排上面。儘管兩個家庭的空間安排和裝潢風格迥異，卻都充分展現女主人的巧思和和她們主導居家空間的力量，這和傳統強調「三從四德」的家庭主婦已不可同日而語。值得注意的是，選擇做一個全職的家庭主婦並不表示她們「熱愛烹飪」或是「喜歡做家事」。如同吳太太和韓太太所言，她們花費在煮食及其他家務工作的時間並不是特別多。關鍵在

於她們是從使用者的角色出發，積極介入居家空間的營造，設法扭轉建築專業強加在一般公寓住宅的僵化空間。表面上，她們放棄了前一代婦女好不容易爭取而來的工作機會，重新回到「女性本分」的家務工作領域，但是在「男主外，女主內」的家庭性別分工基礎上，她們又打破「男人營造，女人維護」的性別窠臼，以使用者和維護者的角色積極介入居家空間的改造設計。這樣的例子，回應了詹森和洛伊德對於戰後澳洲婦女在家務工作方面的積極性評價：女性對居家環境的想像、規畫和布置，也可以是展現創意和自我實現的途徑之一（Johnson and Lloyd, 2004）。這說明了唯有結合兩性在營造與維護、生產與消費的空間生產和再生產，才可能回歸安居自在的人性尺度，而這也正是從「活歷身體」和「活現空間」重新出發，展開性別與空間協商的重要性。

「外溢」廚房與空間「挪用」

相較於吳、韓兩家大興土木地改造居家和廚房空間結構，另外一種極端的情況則是「完全將就」既有的空間格局，甚至連當初國宅交屋時配送的廉價廚具也沒有更換。這種情形最常發生在承租的房客身上，例如，F棟的褚太太一家。她結婚三年，目前還沒有小孩。結婚的第一年是和公婆同住，兩年前在這裡租房子，離夫妻兩人上班的地點都很近，步行可到。由於只是暫時居住，又是租的，所以他們不想花錢和花時間在居家設備上面，打算等過幾年自己買房子的時候，再好好投資。因此，大部分的東西都是將就使用，甚至會去「撿」一些親戚朋友汰換的家具。例如他們家的茶几、飯桌椅等，就是娘家更新家具時搬回來的。另外，像是馬桶蓋等便宜又關乎衛生的日常消耗品，雖然房東有提供，但是她們寧可自己花一點小錢，更換成全新的。最麻煩的就是像抽油煙機這種不大不小的設備，讓他們傷透了腦筋。房東的抽油煙機又髒又舊，

但是功能正常，房東覺得還堪用。如果他們自己要更新或是送去清洗，就得自掏腰包，至少得花三、五千元（清洗）到七、八千塊（更新），他們覺得划不來。最後只好自己做重點清理，更換濾網之後繼續使用。同樣的情形，也發生在廚房、衛浴和其他居家設備上面，形成一種「臨時、拼湊」的家居景象。

這樣的家居景象曾經大量出現在戰後初期大批隨著國民政府來台的外省家庭，也曾經出現在1960、1970年代從鄉下到台北打拚的城鄉移民家庭。雖然台灣目前自有住宅的比率超過八成，但在都市地區還是有相當多的家庭必須貸屋而居，也有不少諸如頂樓加蓋出租和勞工宿舍的問題需要探討。不過，限於主題和篇幅，本書就暫時不處理出租公寓和租屋家庭的各種空間問題，只是提醒讀者，這種「臨時」的空間處置，往往隨著時間的消逝，成為一種「長久」的住宅結構。就像1948年在大陸國共內戰期間訂定的〈動員戡亂時期臨時條

款〉，一直到1991年才廢除。而許多當初隨著政府來台的軍民，還有後來到都市工作的城鄉移民，也就這麼「湊合」了幾十年，必須等到都市更新或是拆遷改建時，才真正重新面對住房的「終身大事」。

回到一般自有住宅的家庭情況，我們會發現除了大興土木和因陋就簡兩種極端的作法之外，絕大多數的公寓住家會在一定範圍之內，適度地調整居家和廚房設備的內容和擺放位置，以便在狹小、僵化和封閉的公寓廚房架構之下，滿足他們三餐煮食的生活需求。換言之，活現的「生活廚房」，或是廚房空間的再生產，不是一個全盤接受或是徹底改變既有公寓空間的取捨問題，而是一個如何在身體、設備和空間之間協商與調整的複雜問題；也是一個因人、因時、因地而異，涉及如何使用（use）、利用（utilize）、挪用（appropriate）和占用（occupy）空間的生活戰術問題。這些複雜的生活戰術問題會涉及整體現代廚房設備與家電科技的客體化關係，將在下一節詳細討論，此處僅就廚房空間協商的動態內容加以分析。

在家庭生活中，不是每件事情都需要大費周章地敲磚弄瓦，也不是每一件事情都可以完全遷就現狀。因此，某種程度的妥協和改變是日常生活必須採取的戰術因應。表現在廚房空間和煮食生活的具體內容上，就是藉由廚房器具設備在整個居家空間擺放位置的調整，重新定義活現的廚房空間。由於家庭日常的煮食工作是涵蓋了規畫、採買、處理、清潔、準備、烹煮、上菜、清理、儲存等複雜的動態過程，公寓廚房普遍狹窄、封閉的空間特性往往容納不下各種推陳出新的現代廚具和家電設備。因此，在狹小的廚房空間裡是以擺放和清洗、準備、烹煮等核心烹調步驟相關的廚具設備為主，包括冰箱、水槽、流理台、瓦斯爐台、抽油煙機、吊櫃等。至於其他次要的煮食器具和工作，經常被迫移到廚房之外的空間。這種「外溢」或延伸的廚房空間通常位於連接廚房的相關位置，像是客／飯廳和後陽台等。

一般而言，客／飯廳的廚房延伸通常是和上菜或用餐等烹調過程的後半階段有關，擺放的多半是體積較小、使用頻繁和需要避免油煙的器具，例如電鍋、烤麵包機、微波爐、小烤箱、熱水瓶、咖啡壺等小家電和碗筷、碗櫥等物品（圖19）。空間不大或較不講究的家庭會把這些小家電直接放在飯桌上面，或是買一個簡易的置物櫃來擺放。比較講究的家庭則會訂作或是購買專用的矮櫃或櫥櫃來擺放這些器具。有些奉祀神明和祭祀祖先的家庭也會將神桌擺在客／飯廳，甚至將神桌和櫥櫃結合，以充分利用公寓住宅有限的空間。有些家庭購買了容量在500公升以上的直立或雙門大冰箱，但寬度不到300公分的廚房空間在扣除水槽、爐台和流理台等基本設備的空間之後，可能就塞不下這種大體積的冰箱，必須在客／飯廳找一個適當的位置擺放。有的家庭為了配合狹小的公寓廚房，刻意選用體積較小的中型冰箱，這樣子雖然可以將冰箱塞進廚房，不過經驗豐富的婦女覺得廚房油煙多，將冰箱擺在廚房裡反而會弄得油膩膩的，既難看又黏手，清理起來更是麻煩，所以刻意將冰箱移到廚房外面；這樣也方便家人取用飲料和冰品，不用踏進油膩膩或髒兮兮的廚房。這對有些客／飯廳鋪設實木地板的家庭而言更是方便，可以省掉進廚房還要換廚房專用拖鞋的麻煩。而且，飯廳裡的飯桌除了用餐之外，常常也是婦女們記帳、撿菜、拌料、分裝的工作檯面，還有喝茶、看報、聊天的休閒空間，更是許多家長盯著小朋友寫功課的書桌。有一個關於居家布置

圖19：外溢的廚房——飯廳一角

和學童學習成就的日本研究指出，在飯桌、茶几、和式桌等非正式的閱讀空間上面做功課的學童，如果布置得宜，這些複合式的居家空間反而具有「3X」（explore, exchange, express）的學習效果，比在密閉的書房裡面讀書效果更好，因而歸納出「教養設計學」的居家空間觀點（四十萬靖、渡邊朗子，2008）。有趣的是，也有不少家庭的大人和小孩喜歡在客廳的茶几上吃飯，一邊吃飯一邊看電視，使得有些公寓住宅出現飯廳像「準廚房」，而客廳像「準飯廳」的空間挪用現象。

至於後陽台的廚房延伸，主要是作為刷洗、收納、儲存等和煮食過程前半階段或周邊有關的活動和設施。由於煮食習慣和天候因素，台灣的公寓住宅不像歐美住宅會將廚房和洗衣間整合在一起，也不像日本公寓常將洗衣機放在浴室，而是特別規畫出一個後陽台的空間，作為洗衣服和晒衣服的地方。由於台灣的氣候溼熱，常有風雨和日曬的問題，所以大多數的家庭會在後陽台增建雨庇，而且常常會凸出圍

牆50到80公分並加裝鐵欄杆，以防止斜射的雨水和陽光，同時防盜。近一、二十年來，一些家庭為了防風、防塵，或是想擴大室內的使用空間，陸續將通風的雨庇／鐵欄杆改為可以密閉的鋁門窗，甚至將凸出外牆的鋁門窗底部延伸加蓋，做成加掛在牆外的收納空間。這樣子後陽台就成為一個半室內的空間，除了原來洗衣、晒衣的功能之外，一些後陽台比較長的公寓，還可以挪一部分的空間，作為廚房的延伸，用來放置各種鍋具、蒸籠，或是偶爾才會用到的小家電等。由於後陽台緊臨廚房，通風又比廚房好，有的家庭也會在這裡吊掛一些大蒜、乾料和雜物等，甚至用盆栽種一些辣椒、青蔥等烹飪會用到的植物。整體而言，被挪用的後陽台既像西方住宅裡面連接廚房用來放置食物、碗盤、刀叉的碗櫃間（pantry）和用來洗滌食物與清潔衣物的洗滌間（scullery），又像結合傳統合院前庭晒衣場和後院菜園的公寓縮影（圖20）。

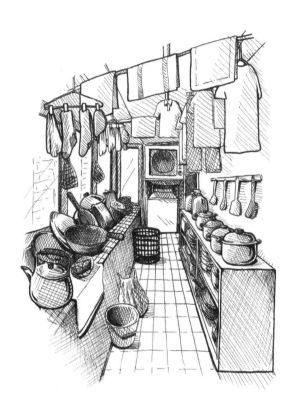

圖20：後陽台的廚房延伸

　除了「外溢」的廚房空間之外，有些家庭還是會將一些原本「不屬於」廚房空間的東西，例如書架、電扇、收音機等，塞進原本就已經非常狹小的公寓廚房裡面。主要是為了烹調時取用物品方便，也為了增加煮飯時的舒適和樂趣。最常見的情況就是把客廳或是臥房不要的書架或置物架移到廚房做「廢物利用」，放在僅容一人旋身的廚房走道上當作收納空間，放置一些小家電、鍋子、食材或是其他雜物。同時，牆壁、牆角，甚至門前門後的把手，經常也被善加利用，吊掛諸如鍋蓋、湯匙、調味料架和塑膠袋等各種小東西。住在F棟的陳先生甚至很體貼地在廚房裝了一台電風扇和放了一台手提式的收錄音機，讓陳太太在煮飯時不會那麼熱，洗衣服時也有一些音樂可以調劑。雖然多數的受訪婦女表示廚房又熱又小，沒有必要浪費時間待在裡面，最好速戰速決弄完趕快出來，但是像陳家這樣的作法，讓我想起母親生前的廚房景象。

　生性節儉的母親會把我們不用的書架放到廚房當置物架，然後鋪上剪裁過的塑膠布，方便清理。她也在牆上掛了一個小電扇，炒菜的時候可以吹吹背，涼快一點。她還讓我幫她買一台便宜的收音機放在廚房的置物架上，外面還套上一個塑膠袋，防止油煙弄髒收音機，在塑膠袋上靠近喇叭的地方戳一些小洞讓聲音出來，然後每隔一段時間把油汙的塑膠袋換掉。那樣，不論在廚房、後陽台或是飯廳，她都可以聽聽音樂和新聞。印象中，下午的時間她都會一邊聽收音機，一邊弄東弄西。母親甚至在後陽台放置洗衣槽正上方的牆壁上釘了一個浴室的置物鏡，裡面放了她的盥洗用具，那樣她就可以利用洗衣服的空檔時間刷牙洗臉。她這麼做的原因之一，是當初我們家配售的國宅並沒有規畫任何的儲藏空間，所以父親將主臥房的浴室隔了一半作為儲藏間。我們全家人刷牙洗臉和洗澡的地方都是在靠近客／飯廳的浴室。於是，母親就想到後陽台的洗衣槽有比較多的空間可以擺放她瓶瓶罐罐的清潔用品。而且，後陽台

的洗衣槽就在熱水器旁邊，熱水一開就來，不像浴室得等一陣子才有熱水。所以，除了洗澡之外，我記得母親都是在後陽台刷牙、洗臉和洗頭。對她而言，這樣既方便又節省瓦斯。由此可見，婦女在善用零碎的家庭空間和時間以及省水省電各方面，往往有她們獨到的變通作法。

我在母親過世後不久也貸款在父親家的同一棟大樓裡面買了一間同樣大小和格局的房子。看到母親生前在狹小、封閉的公寓廚房裡蜷縮多年的經驗，房子過戶之後我決定「調整」廚房的空間。首先，我把間隔廚房和後陽台之間的門窗拿掉，讓廚房和後陽台連成為一個長達610公分的連通空間。然後將長達400公分的流理台由廚房一直延伸到後陽台，並且在流理台的兩端各做一個80公分寬的水槽，再扣除80公分的爐台寬度，爐台和兩個水槽之間各有一個80公分寬的工作檯面。靠近陽台一側的水槽，主是作為清洗衣物的洗衣槽，同時也可作為廚房的備用水槽。廚房內側

的水槽則是作為洗菜、洗碗為主的廚房水槽。廚房水槽上方的吊櫃還設置了一個和水槽同寬的烘碗機，作為洗好碗後的置放兼收納之用。此外，我還在飯廳的位置訂製了一個L型，附水槽、吊櫃和高櫃的流理台組。檯面上可以放置電鍋、熱水瓶、果汁機、小烤箱、咖啡壺等輔助性質的廚房家電，微波爐和大烤箱則嵌入高櫃裡面，吊櫃和高櫃的抽屜則作為收納餐具、工具和雜物的空間。飯廳的水槽作為洗米煮飯、泡茶、煮咖啡、洗水果和洗手之用，那樣就不用進廚房或浴室用水。而冰箱也因為體積龐大，所以放在飯廳裡面靠近廚房入口的位置。

我當初的想法是：由於原來設計的廚房空間太小，很難讓兩個人同時在廚房裡面工作。經過連通後陽台的空間調整，廚房忙的時候，可以利用靠近陽台側的備用水槽和流理台面作為輔助的「第二戰場」。但是長一字型的廚房空間扣除60公分的流理台深度之後，只有100公分的走道寬度，也不方便兩個人錯

身。這時候,飯廳裡面的L型流理台和水槽還可另外開闢煮食工作的「第三戰場」,這對於洗米煮飯、泡茶、洗水果、洗手等輔助或額外的料理準備,尤其好用。此外,我還在飯廳的流理台上放了一台14吋的小電視,那台電視是當初母親住院開刀時買給母親打發時間用的,那樣我在飯廳吃飯的時候,也可以順便收看新聞或是其他電視節目。而一般家庭擺放沙發、電視的客廳,我則是作為開放式的工作空間,自己動手做了一張大桌子,作為自己平日工作的書桌,也是接待客人泡茶、用餐,甚至在參與社區事務時,可以用來開會討論的複合空間。至於電視和沙發,我則是移到主臥房,把它當作休閒、放鬆的起居室,睡覺則是利用透過外推陽台的和式空間和主臥房相連的小臥房。

回頭審視現在我每天生活的住宅空間,它和父親當初在眷村改建成國宅時所配售到的房子一模一樣。這是一間在十二層電梯大樓裡面,室內坪數30坪,具有三房兩廳雙衛

的公寓國宅。但是,在不算小的室內空間裡面,廚房的面積只有1.02坪(210×160公分),後陽台的面積則是1.23坪(400×102公分),兩者加起來也不過2.25坪。比起其他國宅或是民間公寓的廚房和陽台面積都小了許多,尤其是廚房的空間,更是狹促。不論當初設計的依據為何,也不管是建築師或是誰的疏失,這樣的居家空間卻是生活在裡面的家庭必須長期承受的現實狀況。在難以更動空間結構的情況之下,一般家庭,尤其是家中負責三餐煮食和居家清潔的婦女,只好像我母親那樣在空間的縫隙和生活的皺褶裡面尋找各種可能的替代空間和挪用方式。而這種跨越L-D-K空間模組,近乎變形蟲式的機動空間,可能才是最貼近婦女真實生活的「生活廚房」。

廚房設備與身體、空間的科技協商

　　從遠古以來，火的使用和工具的發明一直扮演著締造人類文明與開創地方文化的重要角色。它既是讓食物由生變熟的手段工具，也是文明與文化的物質載體。同樣地，在現代的公寓廚房裡面，各種廚房設備和家電科技也扮演著協助婦女在煮食家務過程中，協商身體與空間的重要媒介。

　　首先，在住宅由散落平面向高樓集約發展的現代化過程中，科技扮演著關鍵性的支撐力量（參閱Trefil, 1994）。拜水、電、瓦斯、下水道等各種現代化的基礎設施之賜，立體化的公寓廚房才得以在非常有限的空間裡面創造出無限的飲食可能（參閱Kaika and Swyngedouw, 2000）。雖然本書和許多女性主義學者一樣，對於公寓廚房狹小、封閉、孤立的「男造環境」有許多批判，但是就科技的進步來看，這樣的住宅環境絕非偶然與巧合。其次，在狹小的現代公寓廚房裡，我們可以看到更多有形的烹調設備，不論是傳統器具或是創新科技，不斷支應與形塑現代台灣婦女的煮食家務。由於中式飲食向來以繁複、

精巧著稱，各種精心設計以符合家庭烹飪需求的家電設備也不斷推陳出新。但是狹小、封閉的公寓廚房顯然無法容納所有的廚房家電與烹飪器具，這時候除了上一節提到的廚房整建與挪用其他空間的「空間協商」之外，在日常煮食過程中藉由不斷使用所逐漸區分出來的「廚房之寶」與「廚房道具」，將可充分展現出廚房科技在台灣的日常家庭生活中作為協商性別、空間與文化的重要角色。最後，本節將從近年來系統廚房和開放廚房在台灣發展的狀況，來總結本節有關科技協商的討論。

「廚房魔法盒」：
看不見的廚房基礎設施

前一節我們提到，在公寓和國宅的設計過程中，廚房空間在核心家庭空間配比的經驗法則之下被建築師打造成一個封閉、狹小、孤立，僅容婦女一人在裡面工作的家庭後台，加上現代都會地區快速的生活節奏和中式飲食獨特的烹調方式，於是，公寓廚房就變成了殘害婦女身心的「家庭毒氣室」。不過，即使是二戰期間納粹集中營裡面毒殺猶太人的毒氣室，不論其目的是多麼地泯滅人性，手段是多麼地殘酷兇狠，但它的設計和建造還是遵照科學原理和工藝技術的「殺戮工程」。同樣的道理，儘管台灣的公寓廚房有「荼毒」婦女身心的嫌疑，但是它之所以能夠在空間上這麼「小巧」（compact），而且脫離一樓的平面限制，還是拜水、電、瓦斯、污水下水道等現代都市基礎設施之賜，否則高樓大廈裡面封閉、狹小、孤立的公寓廚房，根本就不可能存在。

如果我們回頭看戰後初期台灣農村合院建築的廚房，會發現傳統廚房裡的器具幾乎都離不開「大」字，例如大灶、大鍋、大鼎、大水缸、大勺子等。為了容納這些「大傢伙」，廚房空間相對地也必須比較大。還有，為了方便挑水、擔柴，廚房除了有連通飯廳或正廳的內門之外，通常也會有一個連接前庭的側門或通往後院的後門。在日治中期的20世紀初，台灣的都市地

區就已經有自來水供應，笨重的大灶也換成輕巧的「烘爐仔」，廚房的空間需求逐漸縮小，但是以木炭或是煤球為燃料的爐具還是需要通風的空間生火和烹煮。因此，即使當時已經有不少二、三層樓的西式樓房，住家的廚房多半還是設在一樓，方便生火時將「烘仔爐」拿進拿出。

戰後，隨著1950年代電爐的普及，還有1960年代之後開始流行的瓦斯爐，台灣的公寓住宅也正式起步，從三層的港樓公寓／改良式公寓，四、五層的樓梯公寓，一路向上攀升到中高樓層、高層和超高樓層的電梯公寓。1970年代的公寓廚房，通常都還留有專門放置瓦斯桶的空間。1980年代之後，天然瓦斯管逐漸普遍，新建的都市住宅多半都有接管，加上戰前就有的電力和自來水，於是，遍布城市的高架電線、地下的自來水管，以及新增的天然瓦斯管和污水的下水道，形成都市地區最重要的民生基礎設施。在公寓大樓裡，它們沿著專屬的管線間向上延伸，進入每一戶住家，

也造就出垂直發展但狹小、封閉的公寓廚房。它們為廚房工作和居家生活所帶來的便利絕對遠超過其他家電科技，甚至稍後會提到許多日常煮食不可或缺的廚具設備，都是因為有了這些便利的民生基礎設施才得以日漸普及。

這些民生基礎設施的管線就像是公寓廚房的臍帶，將日常煮食所需要的水和能源，源源不絕地輸送進來，同時也透過污水管線將廚房與家庭的廢棄物排放出去。不像早期的廚房，婦女必須大費周章地去提水、挑柴，同時得在廚房裡挪出相當的空間來儲存、放置。相反地，現代化公寓廚房所仰賴的關鍵設施則是隱身在看不見的大樓牆壁和都市縫隙裡邊。更有趣的是，以往農村婦女結伴在溪畔或井邊浣衣聊天的「集體家務勞動」，或是都市平面住宅婦女之間相互借油、借醋、串門子的婦女鄰里網絡，某個程度也被現代公寓廚房裡面看不見的基礎管線拆除瓦解了。成功國宅的受訪住戶就指出，通常只有在管線漏水或是阻塞的時候，樓上樓下的鄰

居之間才會被迫相互拜訪。甚至因為對於維護修理和損害賠償的認知不同，造成鄰居反目的情形也屢見不鮮，相信住在公寓大樓的讀者一定也有類似的經驗。受訪的建築師也提到，早期國宅或是一般公寓的管線安排，往往沒有預留適當的維修孔道，造成管線老舊之後問題叢生。這也可以算是公寓住宅現代化的過程中，因為設計疏忽所造成的額外困擾。而同樣的問題也發生在這些基礎設施的地下幹管。由於過去缺乏共同管線的規範，使得馬路經常被開腸剖肚，回填又不確實，造成美觀、舒適和安全的諸多問題。總之，在進一步檢視各種廚房設備對於現代婦女公寓廚房生活的協商媒介之前，我們必須充分體認這些在地底下、牆壁裡看不見的民生基礎設施所具有的重大影響，才能夠領略公寓廚房這個狹小空間背後龐大及複雜的科技力量。

「人性科技」的廚房設備

在自來水、電力、瓦斯和污水管等民生基礎管線的支持之下，各式各樣現代化的廚房家電設備陸續進駐垂直發展的公寓廚房，也逐漸改變婦女日常煮食的許多習慣。百貨公司家電和廚具部門裡琳琅滿目的廚具設備，儼然一幅現代家庭的「廚房奇觀」（the kitchen spectacle），也是體現廚房生活物質狀態的最佳寫照。然而，從受訪家庭的實際使用情形來看，相較於電腦、電視、通訊、電玩等日新月異的消費性電子產品，公寓廚房裡面經常使用到的烹調器具反而是一些相對傳統、「低科技」的家電設備。也就是說，廚房科技的進步和廚房家電的普及，以及它們的使用頻率和使用方式之間，存在著某種程度的落差。

為了了解現代化的廚房科技在公寓廚房和煮食家務當中所扮演的角色，在此我特別將公寓廚房裡面的器具設備區分為兩大類：（一）構成公寓廚房核心物件的「廚房三寶」，包括由大型炒菜鍋（wok）、多口瓦斯爐和強力排油煙機所構成的「神奇大寶」——炒菜爐具；兼容並蓄、有容乃大的

「忠厚二寶」——冰箱；以及小兵立大功的「萬能三寶」——大同電鍋。（二）構成現代廚房科技意象，但是往往不夠實用的「廚房道具」，例如咖啡機、烤麵包機、大小烤箱、微波爐、果汁機、榨汁機、食物調理機、壓麵機、吐司機、快鍋、慢燉鍋、悶燒鍋、油炸鍋、電火鍋、電磁爐等。儘管每一個家庭的實際狀況會和這樣的粗略劃分有所出入，而且這兩種廚房器具的分野也日趨模糊，例如某人可能比較偏好平底鍋而非炒菜鍋、某些家庭喜歡利用食物調理機來製作新鮮健康的有機食品，或是有些人特別喜歡用烤箱烘焙食品等，但是整體而論，「廚房三寶」和「廚房道具」的劃分讓我們看到台灣廚房除了在空間安排之外有別於歐美甚至日本廚房的獨特之處，同時它也充分反映出台灣家庭日常煮食的特殊脈絡。

「差不多」和「大小通吃」的廚房三寶

火是廚房的核心的功能，也是家庭的重要象徵。踏進台灣的公寓廚房，不論是簡陋的三件式廚具或是新穎的系統廚房，首先映入眼簾的就是由瓦斯爐、圓底炒菜鍋和排油煙機所構成的爐具設施（圖21）。儘管世界各國目前普遍是以瓦斯爐作為主要的烹飪器具，但是由於東西方飲食習慣和烹調方式的差異，也讓台灣公寓廚房裡面的瓦斯爐，展現出非常強烈的地方特色——講究火力和多口設計。大火的設計主要是為了滿足中式烹調強調「大火快炒」的鮮美酥脆，所以對於瓦斯爐的火力要求特別嚴格。甚至有少數家庭特地購買專業廚房使用的「快速爐」，就是希望得到和餐廳廚房一樣的爐火效果。此外，台灣一般家用瓦斯爐的爐口的設計逐漸朝向多口和不同火力的方向發展，從1960年代開始的單口爐到1970、1980年代盛行的雙口爐，一直發展到1990年代系統廚具嵌入式的三口爐。這樣的設計一方面是因為許多

圖21：炒菜爐具組合

中式菜餚的製作手續繁複，一道菜往往需要用到兩、三種烹調技巧，例如煎、炸、炒、燴、悶、燉、燒等；另一方面是為了節省時間，讓忙碌的婦女可以同時烹煮兩到三種需要運用不同火力和烹煮方式的菜餚。多口瓦斯爐的發展也讓家常菜得以脫離傳統大灶偏重「大鍋炒」或是「大鍋煮」的單調作法，變得更具彈性和節省時間。

其次，構成台灣公寓廚房核心爐具設備的第二個元素是大型的圓底炒菜鍋。經過幾十年的發展，它的材質由生鐵、鋁，進步到不鏽鋼及多種複合金屬，造型也有單柄、雙耳，有蓋、無蓋，金屬蓋或玻璃蓋等多種式樣，但是一直不變的是它圓弧、碩大的基本造型，在狹小的公寓廚房裡面顯得特別突出。由於它獨特的造型、材質和容量，只要一鍋在手，除了火烤之外，幾乎可以滿足所有中式烹調的要求，像是煎、煮、炒、炸、蒸、滷、燉、燴、燒等。對於一些需要兩、三道手續的複雜菜餚而言，也可以連續作業，不用換鍋。相較於各種不同尺寸的平底鍋和湯鍋而言，炒菜鍋雖然碩大、笨重，而且在特定用途的效果可能不及專門的鍋具，例如用俗稱「不沾鍋」的鐵弗龍平底鍋來煎魚、煎蛋或是用義大利的快鍋來燉肉等，但只要一只炒菜鍋在手就可以取代十來個各式鍋子的功用，甚至可以當作蒸籠使用。這對空間狹小的公寓廚房來說，反而是一項難以取代的優點。而且它圓弧的寬口造型，也有助於減少炒菜時油汁的噴濺範圍，對於廚房的清潔維護也功不可沒。另外一個和炒菜鍋的「個性」類似，甚至可以和炒菜鍋視為「一對寶」的廚房器具，就是中式的大菜刀。它雖然看起來笨重，但是拿在婦女靈巧的手中，不論是切、拍、剁、捶，樣樣都行，和西方（甚至日本）種類繁多、功能齊全的各式刀具相較，反而更為實用。

炒菜鍋和大菜刀反映出東方廚房（尤其是中式廚房）和西方廚房的基本差異。前者講究變通與實用，所以看起來比較簡單、粗糙，需要有「真功夫」才能夠發揮它們的功

效；後者強調專門和適用，所以顯得精巧、細緻，一般人就可以獲得不錯的成效。如果將西式廚房裡各式各樣的鍋具和刀具攤開來，可能整個廚房的桌面和地上都擺不下。雖然這些精巧的西式鍋具在戰後台灣家庭與廚房的現代化過程中，已經透過各種商業行銷管道進入公寓廚房，但就日常煮食的實用性而言，顯然還無法取代中式炒菜鍋的主導地位，而是扮演輔助和裝飾的角色。我們在成功國宅的訪談過程中，也親眼目睹了許多家庭收納在櫥櫃和角落的各式鍋具，其中甚至有不少是裝在塑膠袋和紙箱裡面，可見平日使用的頻率並不高。

構成台灣公寓廚房核心爐具設備的第三個元素是吸力強大的排油煙機。這個在西方只出現在專業餐廳廚房或是高級家用廚房的設備，卻是台灣所有公寓廚房的基本配備。主要是因為中式飲食的烹調方式會產生大量油煙，而公寓廚房狹小、封閉的空間特性也缺乏良好的通風效果。即使把廚房連接客／飯廳和後陽台的門打開，排煙的效果也很有限。有的婦女甚至擔心外洩的油煙會弄髒客／飯廳的家具和在陽台晾晒的衣物，炒菜時還特地把廚房的門窗關起來。在這種情況之下，在瓦斯爐台正上方架設一台吸力強大的排油煙機是最有效也最省事的解決方案。台灣一般家用的排油煙機吸力強大，可以媲美專業廚房的排油煙機，但是不像商業機型那麼粗糙、笨重。除了排油的效果外，它的造型、材質和集油的方式，還特別考慮到日常清潔維護的方便性。是公寓廚房核心爐具設備不可或缺的一環，也是中式家庭廚房的一大特色。

在核心的爐具設備之外，公寓廚房的第二項「廚房之寶」就是「兼容並蓄，有容乃大」的電冰箱。台灣位處亞熱帶，食物的保存不易，尤其是魚、肉等動物性蛋白質的食品，特別容易腐壞。在沒有冰箱之前，傳統的保存方式就是醃漬、曬乾和滷煮。新鮮的食物則是盡可能現買現吃，台灣偏好熱食的飲食習慣，也和食物保存不易，避免食物腐壞中毒，有密不可分的關係。在

冰箱還不普及的年代，一般家庭吃不完的食物，尤其是肉類、蛋類，就用醬油滷成一大鍋。每一餐還得拿出來加熱一次，免得餿掉。相信現在中年以上的讀者應該都有深刻的記憶。目前坊間流行的一些台灣小吃，例如滷肉飯、肉燥麵、滷味等，也可以說是這種燙存食物的產物。

1960年代之後，台灣家電廠商引進日本技術在台生產電冰箱，電冰箱才逐漸成為一般家庭必備的家電用品，也大幅改變台灣婦女的煮食習慣。尤其是1980年代末期之後，戰後台灣累積了30年的經濟實力在開放外匯管制的浮動匯率之下，台幣大幅升值，美式家電紛紛引進台灣。其中之一就是超大容量的美式冰箱，也迫使原本追隨日本冰箱造型的國產冰箱改頭換面，結合美式冰箱的內容（大容量）和日式冰箱的外型（瘦長），發展出符合國人使用習慣的薄壁、美背、上下雙門、單開的大容量冰箱。不管是家庭主婦或職業婦女，不再需要天天上菜市場；同時，日常三餐的

打理逐漸改以冰箱的儲存作為規畫控管的重要依據。傳統從規畫、採買、處理、清潔、烹煮、上菜到清理「一貫作業」的烹調習慣，逐漸變成分段處理和綜合搭配的烹調方式。具有冷凍和冷藏功能的大容量冰箱，從此成為控管三餐煮食的重要中介。

以住在B棟，剛退休不久在家帶孫子的李太太為例。她的冰箱有500公升的容量，冷凍室和冷藏室分別擺滿了各式各樣生鮮、乾料或是煮好的食材和食物（圖22）。

圖22：兼容並蓄的大電冰箱

先看上層的冷凍室，裡面有大大小小用各種塑膠袋和保鮮盒裝好的食物，有整條尚未烹煮的魚、小袋壓扁分裝的肉絲、吻仔魚（專門給小孫子準備的副食品）、冷凍水餃、饅頭、滷好的牛腱、紅棗、枸杞等食材、用製冰盒做的高湯塊，甚至還有用手術手套灌水做成的退燒冰枕。再看下層的冷藏室，裡面有新鮮的蔬菜、水果、各式各樣的醬料、雞蛋、預先醃漬的肉、自己做的泡菜、沒吃完的剩菜、半鍋的湯，還有牛奶、養樂多、寶特瓶裝的綠茶、鋁罐可樂等。這個「插了電的碗櫥」讓婦女的三餐煮食更有彈性，吃不完的飯菜也不必馬上丟棄或是得滷成一大鍋。除了一些真空、乾燥或是罐頭食品可以常溫保存，幾乎所有的食材都必須「收納」到冰箱裡面。有的家庭甚至將隔日才要丟棄的廚餘先用塑膠袋密封放到冰箱的底層，以防止酸臭。問題是一般公寓廚房的空間有限，尤其是1980年代以前蓋的公寓、國宅，往往放不下1980年代末期之後才開始流行的大冰箱。這時候，適時地調整廚房空間或是挪用客／飯廳的空間來擺放體積龐大的冰箱，就成為許多家庭必須採取的空間協商戰術。

台灣公寓廚房裡面第三項「廚房之寶」，也是台灣最特殊的廚房家電，就是大同公司在1960年首度推出，至今幾乎完全一樣的大同電鍋（圖23）。擷取自日本電鍋的基本技術之後再研發改良的大同電鍋，推出之後立即受到家庭主婦的喜愛，成為大同公司繼1949年創業作——大同電扇之外，另外一項長期暢銷的家電製品。到2007年為止，

圖23：用途廣泛的大同電鍋

已經銷售超過1,200萬台。在沒有電鍋之前，煮飯必須精確掌握火候和花時間盯著，否則不是沒熟，就是燒焦。有了電鍋之後，只要用量杯放入適當的水和米，按下按鈕，就可以輕輕鬆鬆地煮出一鍋香QQ的白飯，連丈夫和小孩也可以幫忙洗米煮飯，深得婦女的心。但是大同電鍋的「經典傳奇」不僅在於煮飯的便利性，而是它幾乎「無所不能」的適用性、方便隨處擺放的輕巧性，還有堅固耐用的經久性。包括蒸、煮、燉、烤等中式、西式的烹調需求幾乎樣樣都行，而且也不限於廚房家用。小型辦公室的茶水間，也常擺放一台大同電鍋，作為蒸便當之用；便利商店裡面也用大同電鍋來賣茶葉蛋；甚至出國留學，也有不少人隨身帶著一個大同電鍋，坊間還有專門針對大同電鍋推出的各式食譜（例如江豔鳳、朱雀，2007；林清茶，2006；張皓明、蔡美杏，2006；李慶華、林麗娟，2004等）。一台大同電鍋用了二、三十年還「頭好壯壯」的情況，更是稀鬆平常。

即使在1980年代之後，能煮出更香、更Q白米飯的日本新式電子鍋被引進台灣，以及1990年代後期，日本又推出另外一種更先進，由微電腦控制可以定時預約、針對不同米飯和軟硬程度烹煮的高科技電子鍋，這些第二代、第三代的新型電鍋依然無法完全取代大同電鍋在台灣家庭裡面的地位。它讓婦女在瓦斯爐台上忙著炒菜的時候，還可以同時把魚、肉或蛋蒸好，把湯燉好，或是在睡前將米放入鍋中，第二天一早就將稀飯煮好。而且，插電的大同電鍋可以隨意挪動，不會太占空間，有一些家庭甚至將它直接放在地上。此外，雖然大同電鍋由外鍋的水量和溫度控制器所構成的簡單機制，不像精密計算的日式電子鍋或是其他諸如蒸蛋器、吐司機等專門用途的烹調器具可以製作出特別精緻的食物，但是這種「差不多，都可以」的大同電鍋卻非常實用、耐用。曾經在台灣留學的日本作家青木由香就笑稱大同電鍋是**「差不多量一量，差不多洗一洗，差不多煮一煮，差不多吃一吃」**（青木由香，2005：135-139，本

書的強調），這對凡事講求仔細、精確，尤其對煮飯是拚了命講究的日本人而言，的確是一件難以理解的事情。

就台灣公寓廚房裡的「廚房三寶」而言，乍看之下會覺得它和西方或是日本的廚房類似，都是由現代化的家電和廚具所構成，頂多只是品牌、形狀和功能的細微差異而已。但是仔細觀察就會發現，這些公寓廚房裡的核心設備所展現的「龐大、混和、通用」的基本精神，和講求條理分明與精細準確的西方及日本廚房設備，有極大的出入。這些看似簡單、隨便，無須詳閱說明書，僅憑直覺就能使用的「低科技」產品，由於操作簡便、用途廣泛，是台灣公寓廚房裡面使用頻率最高的經典設備，也是構成台灣廚房文化的重要元素。而且，不只是中年以上的婦女愛用，對於許多二、三十歲的年輕女性而言，也是如此。換言之，我們不能用「科技代溝」來作為這些「低科技」的廚房用品盤據公寓廚房的理由，因為要充分掌握這些設備得有相當靈巧的操作技巧才能得心應手。這也更加顯現出台灣婦女在日常煮食家務上面善於變通的適應能力，以及現代生活繁瑣、複雜的零碎特性。正因為這些「低科技」的廚房設備充分掌握了現代台灣家庭的生活特性與公寓廚房裡面的身體－空間關係，它們才能夠在各種高科技廚房產品不斷推陳出新的強力競爭之下，依然在台灣的公寓廚房裡面占據核心的地位。

家電科技的「廚房道具」

相對於公寓廚房裡面「低科技」的「廚房之寶」，歐、美、日等大型家電廠商在戰後幾十年間也陸續將許多從20世紀初期就開始發展的現代廚房家電帶進台灣的家庭生活裡面，尤其是具有專門用途、輕便小巧的廚房小家電，例如電熱水瓶、烤麵包機、果汁機、榨汁機、咖啡機、大烤箱、小烤箱、打蛋器、吐司機、微波爐、電磁爐、電火鍋、電烤盤、壓力快鍋、慢燉鍋、烘碗機等（圖24）。由於這些輕巧的小家電售價不高，當

圖24：高科技的廚房道具

1970、1980年代台灣的整體經濟起飛之後，一般家庭的收入也比較寬裕，開始有能力、也有意願嘗試這些新穎的廚房家電。它們代表著一種西方化和現代化的生活方式，似乎唯有這些電氣化、精巧化的廚房家電設備，才能夠搭配現代化公寓住宅的空間理性和技術整合，營造出廚房的感覺和家的氣氛。又因為這些小家電的售價不高、體積輕巧，經常被當作結婚或是新居落成的禮物；機關團體和公司行號的年終尾牙摸彩以及百貨公司週年慶的贈品，也喜歡用各式各樣的小家電當作獎項；加上百貨公司、大賣場和市場常有各種廚房小家電的示範展售，所以一般家庭在不知不覺之間，就擁有許多這些現代化的廚房小家電。

但因為公寓廚房的空間狹小，加上中式烹調的油煙問題，這些看起來輕巧好用但是未必實用的各式小家電，開始面臨截然不同的命運。首先是擺放的位置，除了極少數經常在廚房使用的器具之外，大部分的小家電都得另外尋找擺放的

空間。也幸虧它們的體積不大，所以不論是飯廳的矮櫃、飯桌上、陽台的角落，甚至廚房裡面的收納櫃，大概都還擺得下。其次，有一些功能特殊的產品，例如製麵包機、電烤盤、電火鍋等，可能剛買回來使用一兩次之後就被收起來，放在櫃子或儲藏室裡面，偶爾才被拿出來使用一次。整體而論，這些家電科技的新產品，很像尚·布希亞（Jean Baudrillard）在探討現代消費社會時所提到構成商品核心價值的成分逐漸由使用價值和交換價值移轉到象徵價值的虛妄現象（Baudrillard, 1991）。其中，設計優美與製作精良的產品就像是「中看不中用」的「廚房道具」（kitchen gadgets）；而一些複製模仿的廉價產品則有如粗製濫造的「廚房贋品」（kitchen kitsch）；如果這些東西又是百貨公司、大賣場週年慶送的來店禮，或是申辦會員卡送的核卡禮等，更是「食之無味，棄之可惜」的「爛貨」（trashy objects）。不管這些琳琅滿目的廚房家電在日常生活中是否都真的派得上用場，至少它們作為一個廚房

物件的整體象徵，尤其是那些擺在醒目、隨手可及之處的廚房器物，的確具有類似西方家庭壁爐般的象徵符碼，可以增添家庭溫馨的感覺和氣氛。而且其中可能有一些東西，像是電熱水瓶、烤麵包機、小烤箱，以及微波爐等，已經在日常生活的實質層面上具體改變了戰後台灣公寓家庭的飲食習慣。通常這幾樣小家電是放在飯廳的核心位置，作為準備家庭早餐／點心的主要器具，例如沖牛奶、泡咖啡、泡麥片，烤麵包等。而這些事先加工過的食物讓現代人不用進廚房就可以做好早餐，也凸顯出我們的三餐飲食已經逐漸改變的飲食文化現象。關於日常飲食文化的問題，本章稍後將會作進一步的探討。

從系統廚房到開放廚房：未竟的廚房改造？

在核心的「廚房之寶」和輔助的「廚房道具」之外，台灣的公寓廚房還有一項進展非常緩慢的結構改變──「系統廚房」（system kitchen）的引進。

系統廚房是歐美廚房從20世紀初開始，伴隨著家政教育與家電科技發展所逐漸形成的一種家務工作在空間、設備及身體之間的系統整合。這個家務工作的系統整合是以廚房為中心，一般的廚具、家電廠商也常將它稱為「家庭中心」（home center），主要是由（一）整合瓦斯爐、烤箱的加熱設備、水槽的清洗設備和冰箱的食物保存設備，同時結合餐具櫃、食物儲存櫃和工作檯面所構成的廚具系統，以及（二）由洗衣機、乾衣機、燙衣板和工具間所構成的洗衣系統，這兩者共同組成的家務工作中心。如果這個家務工作中心的空間夠大，還可以擺上一個長形的餐桌或是島型的工作檯面，作為用餐和準備食物的平臺。如果廚房的空間不夠，有的家庭則是將餐廳和廚房之間的隔間取消，變成結合廚房和餐廳的「開放廚房」（open-plan kitchen）。透過電視、電影媒體的傳播，以及廚具、家電廠商的行銷，這種代表西方現代廚房科技的系統廚房和開放廚房，也隨著公寓住宅的住宅現代化過程，逐漸地滲

透進入台灣的公寓廚房；它與台灣特有的煮食習慣和烹調設備結合之後，慢慢地形成台灣公寓住宅獨特的「廚房系統」。

如果我們將時間拉長，從戰後初期的公寓廚房看起，就可以清楚地看到這個緩慢、局部，但是持續不斷的廚房系統變革。1960年代的早期公寓廚房，基本上還是延續傳統大灶廚房的磚石架構，用磚頭來砌爐台、水槽和流理台，表面則是直接以水泥處理。後來為了美觀和清洗的便利，開始在台面和牆面貼上白色瓷磚。碗櫥則是視廚房面積的大小，找木工訂做或是購買現成的。那時候，冰箱和排油煙機也還不普遍，所以廚房的設備相當簡陋。為了通風，爐台通常會放在窗子的正下方。這樣的廚房形式維持了一、二十年，到了1980年代，除了牆上的白色瓷磚還留著，磚砌的廚具逐漸被工廠大量生產的不鏽鋼台面的「三件式廚具」所取代，台灣的公寓廚房開始進入「組合廚具」的階段 ❻。

❻：三件式組合廚具包括（一）結合水槽和工作檯面的流理台，（二）可放置雙口瓦斯爐的爐台，以及（三）懸掛在牆上收納鍋碗瓢盤的吊櫃。

三件式組合廚具的流行，最早是因為台灣的廚具師傅在製作餐廳廚房的過程中，模仿日本為專業廚房所設計的不鏽鋼廚具，然後自行摸索將工業用的不鏽鋼廚具轉換成適合一般家庭廚房使用的標準尺寸組合廚具。除了檯面由不鏽鋼片沖壓而成之外，組合廚具的檯身和門板主要是用塑膠或合板製成，因此這些大量生產、組裝的不鏽鋼廚具具有售價低廉、組合容易和清洗方便等多項優點。再者，當時房地產景氣繁榮，建設公司在促銷預售屋時，經常大批採購作為隨屋贈送的配備，政府興建的國民住宅也是如法炮製。很快地，三件式的組合廚具加上雙口瓦斯爐和壁掛式的排油煙機就成為1980年代台灣公寓廚房的基本配備。即使到現在，這樣的廚具組合依然受到許多婦女的喜愛。因為對家庭主婦而言，方便每日清潔維護可能比造型美觀更為重要，這也是她們在選購廚具時的重要考量之一。例如F棟的鄭太太就堅持要買不鏽鋼材質的流理台，因為她覺得「平常比較好處理，用菜瓜布刷一刷就可以。」

1990年代，由於新台幣大幅升值和國內股市、房市發燒，歐洲的系統廚具陸續被引進台灣，並且從金字塔頂端的高級住宅市場，逐漸向中上階層的都會公寓廚房擴散。不過，當時台灣股票加權指數由一萬兩千多點跌回三千點的股市崩盤，連帶地影響到房地產和高級廚具的銷售。加上一般公寓廚房的空間有限，根本塞不下這些大堆頭的歐式廚具。別說是ㄇ字型廚具加上島型工作檯的豪華系統，可能連L型或是三公尺以上的長一字型廚具都有困難。所以，歐式系統廚房強調水槽、爐火和冰箱之間形成「廚房三角動線」（the kitchen triangle）的人因工程設計，在台灣狹窄的公寓廚房裡面幾乎難以形成。加上中式烹調的油膩特性，連平日廚具的清潔維護都很麻煩，更別提將洗衣機、烘衣機等洗衣設備一併納入的系統廚房。有趣的是，雖然豪華昂貴的歐洲系統廚房在台灣的銷售始終沒有突破性的進展，但是卻給國內的廚具業者帶來靈感和啟發。繼三件式組合廚具之後，國內的廚具業者開始推出具歐洲系統廚具樣

貌，但在體積、材質、配備和售價上更符合台灣公寓廚房現狀和需求的「歐化廚具」。

　　「歐化廚具」是在三件式組合廚具的基礎上，將原本分離的廚具組件，以歐洲系統廚具的整體概念重新加以設計、整合，包裝成和歐洲系統廚具神似的廚房系統，並且命名為「歐化廚具」，搭配台灣產製的瓦斯爐和排油煙機，以不到歐洲進口廚具一半的價格銷售。由於美觀、實用和相對便宜，推出之後，市場反應不惡。「歐化廚具」雖然難脫魚目混珠之嫌，卻也忠實地傳達了它試圖結合歐洲廚具外觀和台灣廚具內涵的基本精神。最重要的是，一些例如櫻花、豪山、林內等從瓦斯爐具起家的國內廚具業者，在這段期間也紛紛延伸及擴展他們的產品線，一方面將系統廚具納入生產銷售的範圍，另一方面則是持續研發改良傳統的爐具設備，使這兩者能夠緊密結合，創造出符合台灣公寓廚房需求的歐化廚房系統。它最大的特色是廚具的面板是以容易清潔擦拭的塑化材質為主；櫥櫃

的設計也考慮到中式餐具和烹調器皿的收納，例如捨棄洗碗機加入烘碗機的作法；最重要的是，併入系統廚具的瓦斯爐和排油煙機在火力和吸力的要求上，遠遠超過烹調習慣和我們不一樣的歐式爐具。歐洲的瓦斯爐火力較小，無法滿足台灣家庭大火快炒的火力要求。同時歐式排油煙機的吸力也無法和台灣的排油煙機匹敵。至於歐洲廚房最重要的大烤箱，也因為飲食習慣的不同，而被摒除在「歐化廚具」的基本配備之外。

　　由於公寓廚房的空間太小，「歐化廚具」雖然可以營造出歐美廚房的局部意象，卻不易產生系統廚房的整合功能，更難以將廚房從家庭的勞務中心轉變成家庭的生活中心。於是，一些腦筋動得比較快的建商和室內裝潢的設計師就稍微修改公寓住宅的平面格局，將飯廳和廚房之間的隔間取消或是將門開大，代以拉門的設計，形成「開放廚房」或「準開放廚房」的平面結構。這對嚮往西方廚房生活型態的年輕家庭，不管是因為講求男女共

同分擔家務的性別平等,或是純粹喜歡西式的居家風格和飲食習慣,都具有相當大的吸引力。尤其是在小坪數的公寓住宅裡面,開放廚房的規畫可以讓廚房和飯廳,甚至和客廳之間的空間連通,營造出比較寬敞的空間感。

不過,除非是很少在家開伙的外食族,或是以水煮、烘烤為主的清淡烹調,否則中式烹調的油煙問題,仍是開放廚房的最大考驗。以煎魚來說,就算有大片拉門的臨時阻隔和吸力強大的國產排油煙機,但進進出出難免會有油煙和味道跑出來,而沒有特殊處理的天花板、地板、牆壁、桌椅、櫃子,甚至客廳的電視、沙發等,在廚房油煙的長期「薰陶」之下,反而會成為另一項家務清潔工作的龐大負擔。所以,開放廚房比較常在廚具公司的展示間和預售住宅的樣品屋裡面看到,在一般公寓住家裡面並不那麼普遍。在成功國宅51戶的門前問卷及17戶的深入訪談裡面,尚未見到將封閉廚房改建為開放廚房的例子。反而有不少婦女習慣封閉廚房

的形式,認為這樣比較好整理。就算不整理,因為廚房的位置通常是在公寓平面的後面,可以把門關起來,客人就不容易看到廚房裡面髒亂的情形。這樣看來,台灣的公寓廚房要從目前的「歐化廚具」走到系統廚房和開放廚房的形式,可能還有一段漫長而艱辛的路程。至於台灣的公寓廚房未來究竟該如何發展,也有待我們進一步思考。

煮食家務的日常戰鬥與身體空間的戰術協商

在生活步調越來越快的工商社會和緊張繁忙的現代都會裡，如何滿足勞動力再生產的家庭勞務是現代婦女最大的生活考驗之一。尤其是身兼工作與家庭雙重重擔的職業婦女，更需要懂得權宜變通的生活智慧以及練就三頭六臂的「身體特技」，才能夠應付這些例行繁瑣的家務工作。特別是為家人準備三餐飲食的廚房勞務，更像一枚身體的定時炸彈，隨著消化代謝所產生的饑餓感，每隔幾個小時就要發作一次。如果不補充食物，人們就會像洩了氣的皮球，提不起勁兒。所謂

開門七件事，柴、米、油、鹽、醬、醋、茶，它不像洗衣、拖地等其他家務勞動，可以延後或是集中處理；而且，一日三餐，一家數口，一年三百六十五天，餐餐得吃。因此，如何安排家庭每日的三餐飲食，就成為婦女最頭痛的生活課題之一。

除了前述廚房空間的調整、部署，以及廚房設備的安排、利用之外，在面對因人而異的家庭處境和各種可能的突發狀況，婦女必須學會如何因應和掌握這些瞬息萬變的

生活情境。更重要的是，在無師自通的情況之下，每一個婦女也都各自發展出一套她們自己「情非得已的生存之道」。從逆來順受的妥協適應，到不屈不撓的積極改造，都反映出日常生活戰術操作的創造性。接著就讓我們從成功國宅的一些實際個案，來看現代婦女如何在狹小、封閉的公寓廚房裡面，開創出她們豐富、多樣的煮食生活。

化整為零，各個擊破的「廚房密技」

從成功國宅的訪談案例裡面，我們發現一般婦女對於狹小、封閉的公寓廚房，多半採取適應和妥協的因應態度。也因為我們看到婦女獨自在狹小的公寓廚房裡面工作，通常也會將婦女的「順應」解釋成強化與複製性別化的煮食家務和生活空間。但是，與其說是婦女的卑屈順從，毋寧說是一般市井小民與沉默大眾普遍的生存之道。就像太極拳的「推手」和合氣道一樣，在順勢承接和借力使力的身體轉圜之間，不斷地拆解與對抗制度環境排

山倒海而來的生活壓力。因此，婦女的廚房生活作為沉默大眾順應之道的集體展現，儘管個別來看有如涓涓細流，招指可斷；但匯聚起來卻有如暗潮洶湧的海底洋流，足以撼動巨大的鐵甲船艦。因此，公寓廚房的現實生活並非全然像第二章中西方住宅、性別、家務工作和家電科技等政治經濟學文獻所說的那麼悲觀。而在真實生活當中這許多比我們想像得更為複雜多樣的廚房戰術，正是我們重新認識和改造生活的關鍵起點。

首先必須指出，三餐煮食的過程是非常細瑣、繁雜的。它絕非只是將食材加熱、煮熟而已，而是涉及了從規畫、預算、採買、分裝儲存（如果不是當場或是全部要煮）、清洗、醃製（如果需要的話）、烹調（有的菜需要好幾種烹調步驟）、上菜、清理（包括帶便當）等重重的步驟，以及對應的時間和空間場域。現代都會婦女日常生活的時空場域又比傳統農村婦女的生活更為離散，每日的生活步調也更為緊湊，尤其是已婚又有小孩的職

業婦女，除了薪資工作之外，還得兼顧食物與日常用品的採買、衣物的清洗與居家環境的打掃、接送小孩上下學和補習等等。如果還有時間和力氣，或是特別注重日常生活的品質和自己身體及心理的健康，可能還會設法安排一些運動休閒和社交藝文的活動。因此，每日為家人準備三餐的重複工作和繁瑣過程，就成為一道道必須克服的煮食關卡。有趣的是，這些煮食過程的繁複步驟，如果運用得宜，反而可以協商與縫合被整個制度環境拉扯得支離破碎的現代家庭生活。

在成功國宅的案例裡面，我們發現大多數家庭三餐飲食的內容，尤其是晚餐，還是以傳統的米食飯菜為主。傳統中國菜餚的烹調方式五花八門，一般的基本技巧包括煎、煮、炒、炸、蒸、滷、燉、燙、燻、烤、燴、紅燒、涼拌等；有的菜餚還需要用到兩種以上的烹調技巧，相當費時、費工。大體而論，現在一般家庭的晚餐比起二十多年前有家庭主婦在家專職照料的菜色，相對簡單，但比起戰後初期又豐富許多。主要的原因是，戰後初期，台灣的物資匱乏，一般家庭的收入微薄，廚房的家電設備也相當簡陋，加上孩子又生得多，所以飯煮得多，菜燒得少。為了下飯，鹽巴和醬油也放得比較多，整盤菜看起來黑黝黝的，口味也比較「重鹹」。到了1970年代中期之後，台灣的經濟起飛，一般家庭的收入也逐漸增加。當時家庭計畫正在如火如荼地展開，一個家庭有三、四個小孩的情況也還十分普遍；而婦女出外工作的風氣則剛剛形成。一般婦女除非必要還是會以家務為主，然後利用閒暇的時間做一些家庭代工或是住家附近的兼職工作，例如家庭打掃、小工廠的加工、包裝等，以貼補家用。由於婦女在家的時間長，家裡吃飯的人口多，經濟能力又比以前好，所以這個時期一般家庭晚餐的菜色和分量開始變得比較豐富。從1990年代以後，核心小家庭的社會結構已經成形，加上婦女就業的情形越來越普遍，家庭收入也持續上升，所以一般家庭的晚餐開始朝向簡單、快速、彈性和多元的方向發展。

簡單、快速的烹調方式和彈性、變化的菜式組合

前面提過，一般家庭的晚餐，還是以傳統的米食為主。作為主食的米飯是以操作簡便的電鍋蒸煮，在菜色方面也傾向採取步驟簡單、節省時間，但是食材內容豐富的煮食方式。配合多口瓦斯爐、大同電鍋，以及諸如小烤箱、微波爐等其他輔助性廚房設施的操作，婦女可以在很短的時間之內，完成一頓豐盛的晚餐。如果同時考慮自來水、電力、天然瓦斯等家庭基礎設施所帶來的便利，還有各式廚房家電設備的功效，現代婦女在日常煮食的效率，可以說是非常地高。如果仔細觀察她們烹調的方式，會發現一般家庭最常採用的煮食方式是以炒、煮、煎、蒸、燙等單一步驟的快速烹調方式為主。

以F棟的鄭太太為例，她說：「我根本就不喜歡做菜……也因為在工作，所以菜色就盡可能簡便、省事，例如湯就煮蛤蜊湯、紫菜湯、魚丸湯，魚就用蒸的，再炒一

個青菜，煮個飯或買饅頭。」或是像同一棟樓的王太太，她因為懷了第二胎，大兒子也才兩歲多，所以就先留職停薪在家待產和照顧小孩。她有身孕，很怕油煙味，但是王先生喜歡吃魚和青菜，小孩子每天也需要補充一些副食品，她只好硬著頭皮進廚房。不過，她還是會用一些替代的方式來料理，例如用電鍋蒸魚或是用小烤箱烤魚，然後青菜就用悶炒或是燙的，以減少油煙。同時她也會用計時器來計算時間，等菜煮得差不多的時候再進廚房攪拌起鍋。她還笑說因為以前娘家都到外面吃，所以根本不會做菜，剛結婚的時候兩個人最常吃的就是火鍋，只要買一些火鍋料丟進去煮一煮就可以。後來吃怕了，加上有時候和先生回南部老家，婆婆會告訴她兒子小時候喜歡吃哪些菜，然後一樣一樣教她，王太太也盡量學，不過多半還是靠自己摸索，慢慢地發展出現在這樣的煮食方式。

其次，為了滿足家人的偏好和口味，婦女們也會搭配一些像是燉、

燴、紅燒等比較耗時、費工的烹調方式，作為晚餐的主菜；或是做一些像是涼拌、沙拉等有變化的菜色作為搭配。有時後乾脆做咖哩飯、義大利肉醬麵，或是牛肉麵、炸醬麵等稍微費時，但是相對單純的「客飯」菜色。而且這些醬料可以一次做一大鍋，當天吃不完的還可以放置冰箱保存，隔幾天再拿出來拌飯或拌麵，也還符合簡單、快速的烹飪原則。從這裡也可以看出冰箱對於整個日常煮食習慣的影響有多大。相對的，油炸和火烤則是一般家庭平日較少採用的烹調方式。前者是因為油煙和廢油的清理問題麻煩，後者是因為設備（大烤箱）的缺乏和耗時、費電等因素，所以一般家庭，尤其是職業婦女，在三餐飲食的選擇上，比較少自己動手做這一類的食物。然而，這並不代表油炸和燒烤的東西不會出現在我們的日常飲食當中。正好相反，油炸和燒烤的食物常常是市場熟食攤或是餐廳、小吃店販售的主力商品，也是沒有充分時間下廚房做菜的職業婦女最喜歡在外面買回家佐餐的熟食項目之一。

炒、煮、煎、蒸、燙等看似簡單、快速的烹調方式，如果要發揮兼具省時省事又美味可口的烹調效果，也需要婦女在細瑣、繁雜的煮食步驟中，緊扣每一個環節，巧妙地加以分割和適當地整合，才可能在繁忙的生活步調中，迅速有效地弄出一頓熱騰騰的晚餐。例如，住B棟才剛退休不久的李媽媽，由於已婚的長子一家三口和他們夫妻同住，她得一邊幫忙在醫院上班的媳婦帶孩子（3歲），同時也要負責全家人的三餐，所以她就發展出一套以冰箱為核心的「食物管理系統」。首先，她會利用早上的時間，請先生幫忙看一下孫子，抽身到住家旁邊的成功市場買菜。或是利用下午孫子午睡的時候，就近到社區裡面的超級市場買買東西。偶爾也利用下午帶孫子在中庭散步、玩耍的時候，在巷口的攤子和小店買一些蔬菜、水果。但是，這些食材的採買，除了當天晚上特別想煮的菜色之外，主要是以冰箱裡面有什麼東西，或是缺什麼東西，作為採買的參考依據。而且，東西買回來之後，可能只是喝個水和喘口

氣,就會立即加以分裝和做適當的處理;然後依照可能取用的時間和目的,存放在冰箱的適當位置。例如,一斤的肉絲可以用塑膠袋分裝成五小包,壓平之後放到冷凍庫;隨時可以拿出來泡水或用微波爐解凍,作為煮麵或是炒菜的佐料。或是趁有空的時候,先將豬骨川燙一下之後,用文火燉煮兩個小時,等冷卻之後再用製冰盒做成一塊一塊的冷凍高湯,以便隨時取用。

以冷凍/冷藏加工食品作為主力商品之一的超級市場和大賣場早已掌握這樣的煮食趨勢,婦女只要願意多花一點點錢,購買超級市場裡面已經分裝處理好的冷凍或冷藏食品(裡面甚至連所有配料都調配組合好了),回家之後只要直接丟入冰箱即可。而傳統市場的攤商也逐漸注意到這個趨勢,會視食材的種類和常見的烹煮方式,在東西上架前或購買時,幫顧客把食材做適當的處理。例如A棟的孫太太,因為他們夫妻一起在傳統市場裡賣麵條,除了早餐、午餐都在市場裡面解決之外,晚餐要煮的菜也盡可能

買事先處理好的菜,或是請菜販先幫她把菜挑好,回去之後只要洗一洗就可以下鍋了。

以上均意味著,不僅可以將煮食的步驟在時間上分散開來,分成好幾個階段,個別處理,這些工作甚至可以分開來由不同的人處理,包括整個工業化或商業化的食物處理程序。因此,這些瑣碎、繁雜的煮食過程也為婦女沉重的家務負擔,開啟了協商和轉圜的空間。稍後有關家庭飲食文化的部分,將會進一步探討加工食品、熟食和外食等相關問題。

婆婆媽媽的廚房「小撇步」

除了簡單、快速的烹調方式和彈性、變化的菜式組合之外,這些必須每天在廚房裡面打轉的婆婆媽媽們,各自摸索出許多減輕負擔和提升效率的廚房「小撇步」。尤其是有關廚房的清潔維護,更是她們在用心規畫和努力準備每日的三餐飲食之外,難以逃脫的廚房負擔。因此,婦女們也會挖空心思,想出

各種「預防」和「治療」的方法。最常見的就是婦女們在煮完飯後還未上桌前，就急著先把炒菜鍋洗起來，順便用洗潔劑和熱水把瓦斯爐、流理台和牆面的瓷磚擦洗乾淨。所以往往是家人吃了一會兒之後，媽媽才從廚房裡面出來。但是因為家人之間已經習以為常，常常感受不到婦女這些「順手」的動作。這也是為什麼偶爾下廚一顯身手的男性總是把廚房弄得亂七八糟的原因：他們忽略了連帶和順手需要做的許多事情。如果把場景換成到親戚朋友家吃飯，一個經常出現的「畫面」和「台詞」就是大家在飯桌上不好意思開動，要請女主人出來一起用餐。而女主人也會邊擦爐台邊叫大家不用等她，趕快趁熱吃。而婦女之所以在煮好之後要馬上順手清理，部分原因是在油垢尚未完全冷卻附著之前比較容易清洗；另外也是因為廚房的空間不夠，得先把水槽的空間騰出來，否則吃完飯之後，一大堆碗盤和先前的鍋子混在一起，就更難處理了。國內外的大小廠商當然也會順勢推出各式各樣的廚房清潔用品，作為婦女們清潔廚房的「好幫手」。不過，這種「身體戰鬥」的清潔方式主要還是依靠婦女們勤勉的身體勞動。所以，努力保持廚房清潔的意志力和強健的身體狀況，是維繫廚房秩序與清潔不可或缺的基本條件。

問題是，隨著婦女們的年紀越來越大，這兩者可能都會開始鬆動。套句B棟李媽媽的話，「如果真的要在廚房裡面摸〔做事情〕，可以一整天摸、摸、摸，都做不完，〔所以〕你要**想得開**」（本書的強調）。因此，如何找出比較輕鬆的替代方案或是稍微降低標準，就成為婦女們發揮智慧安排廚房生活的生存之道。以李媽媽為例，她就到市場要了一些水果箱，把紙板攤平鋪在廚房的地板上，每星期更換一次，這樣就不用天天擦地板，也可以防止廚房地板的溼滑。雖然比較不美觀，但是的確非常有效。另外，也有些婦女會用鋁箔紙墊在瓦斯爐台下面、貼在爐台上面的牆壁上，或是用保鮮膜將排油煙機包起來。印象中，母親生前也常這麼

做，坊間更有許多類似的產品。只是多數婦女還是抱持勤儉持家的原則，能省則省。母親還會利用閒暇的時間把信箱中的垃圾郵件（廣告DM）摺成一個個的小紙盒，吃飯的時候用來裝骨頭、菜渣，那樣就不會把餐桌弄得油膩膩的。吃完飯只要把這些小紙盒丟進垃圾筒即可，清理起來，方便許多。這些因人而異，機巧變通的因應之道，讓每一個家庭在公寓廚房的制式空間和標準化的廚具商品之外，營造出身體、器具和空間之間的協商縫隙，也呈現出每一個家庭各具特色的活現廚房。

老媽子的「聯合廚房」和「移動廚房」

儘管台灣現代的「賢妻良母」會用各種機巧變通的「小撇步」來減輕煮食家務的負擔，並設法兼顧家庭與工作的雙重需求；但是這種需要具備「三頭六臂」，還得「一心二用」，有如「千手觀音」的性別角色，的確是一種耗費心神和體力的家務負擔。在傳統合院的住宅結構和複合家庭的生活環境之下，婆媳妯娌之間容或因為生活上的密切接觸而產生摩擦，不過彼此分工合作，相互幫忙，共同分擔洗衣服、帶小孩、煮飯、清掃等家務工作的情況，比比皆是。戰後都市地區大量興起以核心家庭為對象的公寓住宅，大幅降低婦女集體家務的可能性，也使得許多住在公寓住宅的婦女，陷入孤立處境的無名難題。

雖然三房兩廳的公寓住宅讓核心家庭以外的家庭成員難以「住在一起」，卻不能阻止他們「生活在一起」。這種成年子女設法與父母住在附近，生活往來密切的「公寓三合院」，讓婦女在協商家務與工作的事情上有了更大的變數；同時，它也讓「家庭煮婦」的生活處境有了更多變通的可能性，包括公寓住宅的「聯合廚房」和「移動廚房」。

在隱形的「公寓三合院」裡面，婦女除了用穿梭於不同時空場景的身分變換和「以不變應萬變」的身體協商來因應家庭和工作的雙重負

擔之外，另外一種家務工作的協商
方式就是找「槍手」或「替身」來
幫忙家務。在雇用同住的家務工成
本相對昂貴和公寓住宅空間狹小不
便，以及廚房家務不易假手他人的
限制條件之下，最常見的情況就是
讓原本應該可以退休享清福的「老
媽」重操舊業，幫女兒或是媳婦一
家子準備晚餐，順便照顧孫子、接
送小孩上下學等家務工作，成為現
代的「老媽子」。這種婦女家務處
境的「第二春」，明顯跳脫公寓廚
房的空間限制，也反映出社會經濟
學的重要性。從成功國宅的訪談案
例裡面，可以歸納出幾種常見的形
式。

第一種是大家最熟悉，但是在都
會地區三房兩廳的公寓住宅裡面，
卻越來越難實現的三代同堂。如果
住宅的空間夠大，家人也願意同
住，這種以男方家庭為主的折衷家
庭，由於年輕夫婦都外出工作，所
以原本就是家庭主婦或是已經退休
的婆婆就會擔負起三餐煮食的主要
工作，也順便幫忙帶小孩，B棟的
李媽媽一家，就是最好的例子。原

本是職業婦女的李媽媽，為了幫忙
夫妻都在工作，並且同住的長子照
顧剛出生不久的孩子，去年就辦理
提早退休，在家幫忙帶小孩和料理
三餐。在這種情況之下，通常媳婦
也會視情況分擔部分的煮食工作，
例如準備早餐、吃完飯幫忙洗碗、
倒垃圾等瑣事，或是多做一些清潔
打掃、洗衣服等，在時間上比較有
彈性的家務工作。

第二種情況是兩個家庭分開住，
但以父母的住家作為一起晚餐的
「聯合廚房」。通常夫婦下班和小
孩放學之後，會先到婆婆家或是娘
家，吃完晚飯再回家。要維持這種
不同住但每日共食的家庭關係，前
提是兩個家庭之間的距離要夠近。
例如，F棟的衛太太因為夫妻共同
在離成功國宅不遠的四維路經營製
麵廠，兩個人整天都必須在店裡照
顧生意，根本無暇回家煮飯。店面
的空間也不大，不可能隔出廚房的
空間。所以早餐、午餐都是在外面
解決，晚餐則是就近在四維路的婆
婆家開伙。衛太太會利用下午比較
空閒的時間騎摩托車去接小孩放

學,先送到婆婆家做功課。碰到要補習的時候,小孩子會先在婆婆家吃完飯,再去補習。大概六點多,店裡打烊之後,夫妻再一起到婆婆家吃飯。飯後衛太太也會幫婆婆把碗洗好,大約八點半左右,全家再一起回到成功國宅。兩年多前他們本來是打算在四維路附近買房子,但是一直沒有看到理想的公寓,最後才買下現在成功國宅的這間公寓。剛搬進來的時候,廚房的設備也在婆婆的安排之下,全部更新,而且用的是杜邦人造石材的流理台面,算是等級不錯的歐化廚具。不過家裡的廚房大概只有週末偶爾才會下下麵,平常幾乎沒有使用。

另外,H棟的朱太太,白天在土城的一所小學教書,兩歲大的孩子就托住在中和娘家樓上的保姆照顧。所以她每天早上上課之前,會先順路將孩子帶到中和的保姆家。由於先生是電腦工程師,通常都工作到八、九點之後才回家,所以晚餐就讓他自己在外面解決。她下課後,會就近先到娘家休息和看看孩子,然後在娘家吃完晚餐之後,等

先生下班打電話過來,才帶孩子開車回成功國宅。所以朱太太從婚前到婚後,包括生了小孩之後,每天都是「在家」吃飯,只是家的名稱從「自家」變成「娘家」。原因之一是因為父親已經過世,現在三個姊妹都已出嫁,雖然弟弟還沒結婚,跟媽媽一起住,但是這樣每天多一個人回家陪陪媽媽,兩個人都比較不會無聊。而且這樣的情況也剛好解決朱太太每天吃飯和接送小孩的問題,加上順路,所以對她來說,這是一個兩全其美的辦法。

第三種形式比較特殊,是由母親每天過來幫忙,煮完和吃完晚飯之後,才回家去的「移動廚房」。G棟蔣太太家的情況,就是如此。她在五股的電腦公司上班,由於距離較遠,加上塞車,每天大概都要七、八點之後才會到家。而先生也有專職的工作,兩個小孩分別就讀國小和國中,正在發育,她覺得一家人整天吃外面不是辦法,所以就請母親過來幫忙。週一到週五下午,蔣太太的母親宋媽媽會先過來打掃家裡,接著準備晚餐。蔣太太

表示，之所以會這麼做，有兩層考量：第一層考量是自己人，各方面都信得過，不像請外人，事事都不放心，而且煮的菜也未必合口味。第二層考量是她用請母親幫忙當藉口，每個月把孝敬父母的錢加在菜錢裡面，這樣父母也覺得拿得理所當然。和蔣太太的母親宋媽媽進一步聊過之後，才知道宋媽媽住在三張犁，除了每天下午騎腳踏車到大女兒蔣太太這邊幫忙，早上還會先到二女兒家幫忙送小孩上學，順便整理家務，然後上市場買菜。中午回家做飯給先生吃，順便多煮一些晚餐的份量，晚上先生自己會用微波爐熱來吃，或有時候他自己會下麵條吃。宋媽媽吃過中飯之後會休息一下，下午四點左右就到大女兒這邊幫忙煮晚餐。吃完晚餐，收拾一下，大概八點多才回去。宋媽媽說，大概十年前，蔣太太剛結婚最初幾年，也住在三張犁，她就幫大女兒帶小孩，那時候夫妻下班後就回到家裡吃飯。後來搬到成功國宅，稍微遠一點，小孩也在成功國宅這邊念幼稚園，她才改成到女兒家幫忙。

老媽子的「聯合廚房」和「移動廚房」，除了反映出現代生活在時空上的零碎特性，也呈現出婦女們善用身體和智慧的協商因應，讓現實的廚房生活在公寓廚房的僵化框架之下，有了化解和突圍的可能性。最重要的是，三餐煮食的家務工作和家人之間的相互照顧關係，密不可分。前面提到的例子，主要是由長一輩的婦女來照顧因工作繁忙而無暇下廚的成年子女，特別是當年輕的家庭有了新的小生命加入時，這時候辛苦了大半輩子，幾乎「媳婦熬成婆」的婦女，不論過去是當全職的家庭主婦或是工作、家庭兩頭兼顧的職業婦女，這時候往往被迫重拾「家庭事業」的第二春。除了原來的家務工作之外，還要幫子女照顧小孩，甚至需要多煮一家人的飯菜。

這群二戰前後出生，現在七十歲上下的婦女，可以說是當代台灣婦女裡面最辛苦的一個世代。她們小時候遭逢戰亂，物質生活匱乏；輕壯年的時候，又因為台灣經濟快速成長，除了當個稱職的家庭主婦之

外，常常還需要投入生產的行列，不論是在家裡做代工，或是到工廠、商店上班，總之，每天的生活幾乎都是在勤奮和勞累的工作當中度過。好不容易到了退休的年紀，媳婦或是女兒卻把事業擺在前頭。雖然不見得負擔不起托嬰的費用，但總是捨不得兒女和小孫子餓著了，所以就告訴自己，把做飯和帶孩子當作運動，就這樣子又走進兒女家裡的廚房，過起「老媽子的後現代生活」。或許這可以部分解釋為什麼過去二十年婦女肺癌的死亡人數，總是高居女性癌症死亡的第一位，而且死亡的人數年年成長。因為這一代的婦女年幼時沒有足夠的營養，身子底兒沒顧好；年輕的時候又過度操勞，超限使用身體；中年，需要保養身體的時候，又大魚大肉的吃得太好，而且還得繼續下廚，忍受廚房的油煙。偏偏戰後台灣五、六十年來的住宅結構，又朝向三房兩廳的公寓型態發展，加上傳統「賢妻良母」的母職觀念，使得她們的生命歷程長年籠罩在公寓廚房的油煙「薰陶」之下，有如「家庭毒氣室」的生命徒刑。

好媳婦和乖女兒的「廚房連通」

除了老媽子的「聯合廚房」和「移動廚房」之外，「公寓三合院」還有另外一項重要的社會功用，那就是由成年子女來照顧家中的長者，尤其是生病的長者。在傳統的大家庭裡面，通常是由媳婦來負擔這樣的責任。然而，在成功國宅的訪談案例當中，這樣的情形反而比較少。除了取樣不足的因素之外，可能的原因之一是三房兩廳的公寓住宅，讓媳婦與公婆原本在日常生活上的密切關係，因為核心小家庭的居住限制，而失去應有的照應。反而是女兒和原生家庭之間的往來，更為實質和密切。這樣的情形反映在許多家庭的購屋決策上面：夫妻結婚之後小兩口的居住地點，不再只是以男方家庭的居住地點作為唯一的依據，而是以女方的家庭關係作為思考的起點。從成功國宅的訪談案例來看，似乎有越來越多這樣的例子。合理的解釋包括：一般家庭的子女生養人數逐年降低，都市地區尤其明顯，所以有

的家庭可能只有女兒，年紀大了之後只能依靠女兒。即使小孩有男有女，在「女孩、男孩一樣好」的家庭計畫宣導觀念之下，許多家庭已經一改過去重男輕女的養育方式，加上女兒通常比較貼心和孝順，而現在女性就業的情況已經相當普遍，所以購屋決策未必是由家庭裡面的男性戶長全權決定，握有經濟發言權的婦女，可能也有相當的影響力。因此，在成功國宅的實際案例和自己的生活經驗裡面，的確聽到非常多以女性家庭為主的公寓三合院的例子，其中自然也有不少「廚房連通」的生活照應，包括上述幾個由母親繼續照顧已婚女兒一家三餐的例子。

住在A棟的錢小姐，就是一個很好的例子。他們家有三個姊妹，她排行第二。四十多歲，未婚的她，在20年前買下成功國宅的房子之後，覺得附近的環境不錯，就陸續介紹自己的姊姊和妹妹，買在同一個社區。三年前，錢小姐的父親經診斷得到癌症，為了就近照顧，她就將父母親接來同住。由於三姊妹

（姊姊已婚，妹妹未婚）都住在成功國宅裡面，所以三個家庭幾乎天天一起吃晚餐。通常是由姊姊家裡的外傭在姊姊家將飯菜煮好，有時候姊姊自己也會親自下廚做菜，然後將菜趁熱帶過來。錢小姐的母親在家只要負責洗米煮飯，偶爾也會多做一兩樣自己想吃的菜，等錢小姐和妹妹下班，「全家人」就一起吃飯❼。飯後家人也會一起打打麻將、聊天、看電視，大約九點多，錢小姐的姊姊和妹妹才各自回家，形成「在一起生活，但是不住在一起」的「公寓三合院」生活。而錢家三姊妹的廚房，除了小妹的廚房因為她要工作和餐餐到二姊家報到的緣故而偃旗息鼓之外，大姊的廚房主要是負責主菜的烹煮，錢小姐家的廚房則是扮演輔助的功能，尤其是飯後洗碗的工作。而錢小姐本人也因為工作的緣故，在父母搬過來同住的這段期間，很少下廚，只偶爾幫幫忙。

❼：錢小姐的姊姊是專職的家庭主婦，先生工作忙碌，兒女也念大學了，常常不在家吃飯，原本家裡較少開伙。當父母親搬來和二妹同住之後，經常煮一些菜帶過來和父母及姊妹一起用餐。

類似的情況，也發生在H棟的楊太太家中。不過，他們家的「廚房連通」，是和公公、婆婆一起開伙，而且還雇用了一位外傭，專門負責照顧公婆起居，以及三餐煮食的工作。在中學任教的楊太太，幾年前由於婆婆中風，身為獨子的先生就將原本住在南部的父母親接上來住。但因為家裡還有兩個現在已經就讀國中的小孩，三房兩廳的空間根本容納不下這麼一大家子，加上夫妻倆都在工作，勢必要請人照顧公婆。也剛好有這個機會，樓下有人要出售房子，所以公公就用退休金買下樓下的這間房子，搬來台北和他們「同住」，同時申請外籍看護工來照料婆婆和全家人的三餐飲食。剛開始是由楊太太負責教導外傭煮飯和買菜的事情，等外傭上手之後，她就放手讓外傭自己處理，頂多是每天交代一下今天大概要煮什麼菜。早餐、午餐是「兩家」各吃各的，晚餐則是全家到樓下和公公婆婆一起吃，同時外傭每天也會上樓幫他們打掃家裡。由於沒有正式在家裡吃飯，加上先生需要一間專用的書房，三房兩廳的空間不敷使用，所以楊太太就把家裡的飯廳改成書房，自己可以在那邊改作業和準備教材，兩個兒子也一起在那邊念書和做功課。

比較特別的例子是G棟的沈太太。由於沈「太太」和沈「先生」之前各有一次失敗的婚姻，也各自有孩子，現在也都成人了，所以他們並沒有辦理正式的結婚登記，目前只有一個還在念大學的女兒和他們同住。從事保險業，並且擔任主管職務的沈太太，每個禮拜有二到三天的時間，會到獨居的「公公」家裡幫忙煮飯。原本公公和婆婆是住在外雙溪，但幾年前婆婆過世了，沈先生和另外兩個哥哥不放心年邁的父親一個人住在郊區，就幫他在成功國宅買了一戶房子，方便就近照顧。由於公公的身體還算硬朗，又不喜歡有人服侍，堅持要自己一個人住。在不敢忤逆老人家的情況下，就讓他一個人住。雖然沈先生是三兄弟中最小的，由於和父親住得最近，照顧父親的責任，主要是落在他的身上。而和沈先生並未辦理正式結婚登記的沈太太，也

願意擔起照顧「公公」三餐飲食的責任。所以，她每天五點鐘一定準時下班，除了煮自己家裡的飯菜之外，每兩三天到公公那邊煮飯的時候，都會多煮一些，大約可以吃兩、三餐的份量。除了當天食用之外，剩下的菜飯，就收到冰箱裡面，隔天她公公只要拿出來加熱，再煮一鍋白飯就可以了。

從上述各種「聯合廚房」、「移動廚房」或是「廚房連通」的例子看來，不管是女兒、媳婦們照顧長輩的三餐飲食或是婆婆、媽媽們繼續下廚幫忙兒女，也不論是三代同堂擠在一間三房兩廳的公寓住宅裡面、住在樓上樓下隔壁左右、住在附近或是有一點兒距離的地方，總之，我們清楚地看到隱形的公寓三合院如何打破公寓住宅和公寓廚房的封閉框架，以及核心小家庭的孤立狀態。我們不禁要說，現代社會許多老人安養和幼兒照顧的社會問題，其實正是核心家庭的現代化家庭想像和公寓住宅單元的現代化住宅想像，所製造出來的生活困境。因此，它的解決方法絕對不能只靠

婦女的身體戰鬥和生活智慧加以化解、扭轉，更不能全然仰賴社會福利和教育機構的制度介入。

相反地，我們需要充分了解這些「婆婆媽媽」的沉默大眾，她們如何在各種因應和協商的使用過程中，再生產了現代台灣都市非常特殊的社會結構與生活型態。他們讓「賢妻良母」的性別角色，有了新的內容和意義。譬如同樣是和先生共同經營製麵生意的孫太太（50歲）和衛太太（36歲），他們在家務工作的經驗和態度就完全不同。沒有婆婆或是媽媽幫忙的孫太太，必須店裡和家裡兩頭兼顧；而衛太太只要專心照顧店裡的生意，時間一到，全家到婆婆家裡吃飯就好，完全不必自己下廚，只要偶爾幫忙遞遞盤子或是洗洗碗。甚至，對自主選擇當全職「家庭主婦」的吳太太和韓太太而言，「賢妻良母」的定義也不再只是傳統性別分工的「家庭煮婦」。他們對於家人的付出和關愛絕對不會比較少，但是他們不會把當「老媽子」的家務工作當作關懷與愛的唯一標準。相反

地，他們選擇走出廚房，投注更多的時間陪伴子女，到學校或是社區擔任義工，甚至注重自己的休閒娛樂和社交生活，也讓家人的生活更有品質。換言之，從國家人口政策和住宅市場商業邏輯的政治經濟學分析，我們只能看到它們所生產出來的核心小家庭和公寓住宅的表面結構，但是在個別婦女和婆媳母女之間的身體、空間與科技的協商過程中，還有一個家庭生活的社會經濟學。而這正是從現代生活批判，跨越到現代生活改造的關鍵起始點。

三餐飲食：身體、空間與食物的文化協商

在家庭所提供的諸多功能之中，由三餐飲食的食物消化所獲得的勞動力再生產，以及家人同桌共食所產生的情感凝聚，可能是最重要，也最繁瑣的例行生活。因為它需要不斷地汲取資源，花費時間、精神和氣力，而且必須每天按時進行，否則饑腸轆轆的生理狀態會讓正常運作的日常生活頓時停擺。然而，在緊張繁忙的工商社會裡頭，對於經常需要周旋在工作和家庭之間的職業婦女而言，三餐飲食的生活需求和公寓廚房的緊密關係，從戰後到現在的60年間也歷經了相當大的轉變。因此，本節將先關注近年來一般家庭三餐飲食習慣的改變，尤其著重飲食工業化和商業化對於家庭飲食習慣的影響；接著探討因為這些改變所造成的家常菜文化的消失與重建；最後則是將關注的焦點從公寓廚房和飯廳的餐桌上拉出來，探討日益普遍的外食文化對於家庭飲食所造成的衝擊和影響。

工商社會的三餐飲食

由於我們已經習以為常，所以一時間不容易察覺到日常生活的三餐

飲食有什麼重大的改變。但是，如果將時間拉回二、三十年前，將會發現許多我們現在覺得稀鬆平常的飲食習慣，竟然是在一點一滴、無聲無息的過程中起了重大的變化。不論是早餐、午餐，或是晚餐，甚至是第四餐的宵夜，都在不斷地蛻變當中。而這些飲食習慣的改變和現代女性的煮食家務處境，有著密不可分的關係。

「自理」的早餐

一日之計在於晨。營養專家也強調，早餐是三餐當中最重要的一餐。不過，和戰後初期一般家庭的傳統早餐相比，現代家庭，尤其是住在都會地區的家庭，早餐的形式顯得相當多樣，但是早餐的內容卻變得比較簡單。在物資匱乏的戰後初期，一般家庭每日三餐吃的東西，幾乎大同小異。唯一不同的地方是早餐可能吃稀飯❽；中午的飯菜可能和早餐的內容一模一樣，只是用便當盒裝著（如果有上班或是上學的話），頂多加個荷包蛋。晚餐則是全家人一起在飯桌上吃，也許會多一兩樣菜和湯，時間上比較充裕，氣氛也比較輕鬆。這是每日家人相聚的重要時刻，也是象徵家庭關係的主要儀式之一。

❽：在農村地區，傳統的早餐主要是乾飯，因為田裡面的工作繁重，需要吃飽才有力氣幹活。如果農地離家不遠，而且是在平常的季節，午餐通常是回家吃。在農忙的季節，常常需要較多的人手和較密集的工作，所以是由婦女將午餐挑到農地給大家吃。下午則會增加一次點心，通常是米粉湯或是麵點，還有涼水或甜湯，讓大家休息一下，順便補充體力。

　然而，隨著都市化和現代化的過程，這樣的飲食習慣也在不知不覺中產生相當大的變化，尤其是早餐的部分。像是豆漿和燒餅油條、飯糰和米粉湯、西點麵包和牛奶麥片、美而美和早餐車、便利商店和星巴克等，在不同的時期和用不同的方式，逐漸滲入和改變一般家庭早餐的形式和內容。

　在現代家庭裡面，由於每一個家庭成員幾乎都有自己的工作和行程，而且起床後的時間相對短暫和緊湊，所以一般家庭的早餐傾向「自理」的方向發展，不論是在家裡吃，帶到公司吃，或是直接在外面吃；吃傳統的稀飯、中式的豆漿油條，或是西式的麵包牛奶等，幾乎大部分家庭的早餐都變得比以往簡單，而且經常是每個家庭成員各吃各的。往往只要在前一天晚上買一條吐司擺在餐桌上就可以了，冰箱裡面有各式的果醬和奶油，餐桌上有烤麵包機、熱水瓶和咖啡壺，櫃子裡面也有各種麥片。早上起來，要吃的人就自己弄來吃，如果要出去吃，那就更省事了。雖然沒有正式的統計數據，但是似乎有越來越多的人沒有吃早餐就出門了。這種各自打理的現代早餐，對自己也得出門工作的職業婦女而言，不啻為一種省時省事的辦法，卻也是不得不然的作法。如果她們像早期傳統的農村婦女一樣，每天早晨都得自己做早餐，那麼她們勢必提早起床準備。而且就算全家人上班上學的時間剛好可以密集地配合，準備早餐的工作往往弄得自己一身油煙，吃完早點之後還需要清洗整理的碗盤、餐桌和廚房，可能還沒上班就已經疲累不堪。最重要的是，早餐的時間太過短暫和匆促，不太允許婦女們花費太多時間準備。就算中午要帶便當，即便是全職的家庭主婦，也因為有了冰箱的儲存之便，可以在前一天晚上將便當做好放在冰箱，免得一早就弄得自己手忙腳亂。因此，各式各樣的簡便食品，還有隨處可見的各種早餐店，就成為許多婦女們準備早餐的最佳幫手。甚至有不少婦女，選擇早餐店作為自行創業的途徑。

「外食」的午餐

————

由於社會型態的改變，日常三餐中的午餐可能將是（或者已經是）最早脫離家庭飲食環節的一餐。因為除了嬰兒、老人、病人和部分自願或被迫留在家裡的婦女（或男性）之外，從學齡前的兒童、少年和青少年，一直到青年、壯年和中年的成年人，都因為就學和就業的關係，大部分人的午餐時間都是在家庭以外的場所度過，而且一般人上班上學的地點通常都離住家有一段距離，因此，大部分人的午餐多半是在學校或是工作地點附近解決。而且，有越來越多的中小學提供營養午餐，大型的機構學校也多設有餐廳。相對地，以往這些場所必備的蒸飯設備也有簡化或裁撤的趨勢，代之以微波爐和咖啡機為主的茶水間。加上大街小巷多到數不清的各式餐廳、麵店和小吃攤，還有強攻猛打國民便當和壽司、飯糰的便利商店加入戰局，現在帶便當上班上學的人口，已經越來越少了。

對於婦女而言，這樣的改變不知道到底是好還是壞？一方面，它的確減輕過去婦女為了準備便當所付出的心力和負擔；但另一方面，因為外食所產生的營養和衛生問題，也成為許多婦女新的煩惱來源。因此，有些婦女選擇回歸傳統，重新幫家人準備便當。雖然麻煩許多，卻比較放心。相對地，一些全職的家庭主婦自己一個人在家吃午餐，反而簡單許多。一方面是因為剛買完菜或是剛洗完衣服，熱呼呼的沒什麼胃口；另一方面則是因為只煮一人吃的份，就時間、力氣、瓦斯、食材各方面而言，都不經濟。所以，如果不是趁買菜的時候順便在外面吃一吃，就是將前一天的剩飯、剩菜拿出熱一熱，或是簡單地煮一碗麵，就這麼「打發了」午餐。將豐盛的菜餚，留待晚餐和家人一起共享。

有趣的是，也不是每一個家庭主婦都這麼「虐待」自己。就有一位受訪者提到，由於午餐是自己一個人吃，準備晚餐時，總是先考慮到先生、孩子喜歡吃什麼，犧牲了

自己的喜好。正好可以利用午餐的機會買一些自己特別喜歡，但是家人未必喜歡的食物；或是在口味和烹調的方式上，依照自己的喜好去煮。最常見的例子就是燙青菜。由於女性們特別注重身材和健康，往往喜歡用水煮的方式來減少油脂的攝取量，而且省時簡便。但是，一般男性通常會比較喜歡大火快炒的油脂香味和清脆的口感，而多數的小孩則不喜歡吃青菜。因此，家庭主婦獨自在家用餐的午餐時段，有時候反而變成她們找回自我的自在時光。記得我在念研究所的時候，如果早上沒課，我就會在家吃完午餐之後再到學校。雖然只有母親和我兩個人在家，她還是會煮飯燒菜。印象中最深刻的就是燙青菜和幾乎沒有抹鹽的煎魚。由於母親有心臟病，不能吃太鹹，但是父親因為吸菸的關係口味很重，所以如果母親有買魚的話，她就會將晚上要吃的魚先抹鹽放在冰箱冷藏，但是留一兩條沒有抹鹽的魚中午吃。無油少鹽的燙青菜，更是她的最愛。我也是因為和母親一起吃午餐，才養成口淡的好習慣。

「混雜」的晚餐

相較於混亂的早餐和各自在外面解決的午餐，一般家庭全家人一起在家吃晚餐的情形，就比較普遍。一方面是白天大家各自有自己的工作或課業要忙，下班或下課之後該是回家休息的時候了。這時候，和家人輕鬆愉快地共進晚餐，是補充體力和消除疲勞的最佳方式。另一方面，這樣的場合也是一般家庭在維繫家庭關係上，每日例行的家庭儀式。即使現在有將近一半的已婚婦女們外出工作，「男主外，女主內」的性別分工界線也變得比較模糊，不過大多數的家庭還是會設法維持「回家吃晚餐」這項體現家庭實質與象徵雙重意涵的重要活動，除非因為家庭成員的工作或是學業性質特殊（例如在外地就學、工作，上晚班或是念夜間部等特殊情形），才會採取變通或是妥協的作法。

整體而言，現在一般家庭的晚餐，在形式和內容上已經和過去有所不同。除了前面提過的簡單、快

速的烹調方式和豐富、多樣的菜色差異之外，它還有一個明顯的特徵，那就是「混雜」的特性。這裡所謂的「混雜」，至少具有幾層不同的意義：（一）一般家庭每天的晚餐不再是一成不變的傳統菜餚，而是中式、西式，本省、外省，飯食、麵食等，輪替出現的情形。（二）有些家庭的某些菜餚，難以分辨究竟屬於哪一種地方特色的飲食，因為那是媽媽們自己「發明」的作法，甚至還稱不上食譜，因為吃起來和一般的家常菜不一樣，卻又說不出來有什麼樣的特色，有一點「四不像」的味道。（三）餐桌上的食物可能混雜了新鮮和加工處理的食材，以及自己煮的和外面買來的熟食。甚至全家人一起在外面的自助餐廳或麵店吃飯，省卻在家開伙的麻煩，而且每個人可以點不同的食物。（四）吃飯的空間，也未必限定在餐廳的飯桌上。現在有不少家庭已經移到客廳的茶几上吃飯，因為這些父母是「吃飯配電視」長大的，以前的父母可能會將電視關掉，要求全家人一起在飯桌上吃飯，但是現在有些父母是

自己帶頭在客廳吃飯，讓家庭晚餐形成另外一番不同的景象。（五）不同家庭吃晚餐的時間，也有很大的差異。最早的五點多就開始吃晚飯了，主要是退休的年長家庭或是工作時間穩定，而且工作地點離家較近的家庭，像是中小學教師和公務人員等。但是也有不少家庭因為工作的性質和地點，遲至八點多才吃晚飯。更重要的是，還有不少家庭是「輪流接力」吃晚飯的。例如小孩子晚上六、七點要補習，所以得「提早」吃完之後，趕去補習。或是夫妻倆下班的時間差距過大時（可以相差到兩、三個小時），只好早回來的人先弄晚餐（通常是太太），晚回來的把飯菜熱一熱，形成「帶狀」的晚餐時間。

新增的「第四餐」？：宵夜

上述一日三餐的情形，儘管它們的內容和形式已經和傳統的日常飲食有相當程度的差異，但是至少還維持了傳統三餐的基本樣貌。除了正常的三餐之外，現代的台灣社會，尤其是人煙密集的都市地區，

正逐漸形成一個新的日常飲食趨勢：吃宵夜。雖然沒有正式的統計數據，但是從街頭巷尾越來越多在華燈初上之後才開始營業的小吃攤看來，對於有吃宵夜習慣的家庭而言，宵夜儼然變成繼一日三餐之後的「第四餐」。有關宵夜的發展趨勢，值得密切關注。

初步研判，宵夜的流行可能和以下幾點因素有密切的關係。首先，現代人普遍比以前晚睡。這可以從電視播放的時間，得到一些線索。在1960年代電視剛剛開播的時候，八、九點鐘電視就收播了；在1980年代則是延到午夜十二點。1990年代有線電視開播之後，除了頻道變多之外，電視節目也變成二十四小時不停的播放，連電影院也開始播放午夜場次，可見現代人的作息時間，的確有延長或變晚的趨勢。既然是醒著，所以9點、10點過後，晚餐吃的東西在肚子裡面也消化得差不多了，自然會想吃點東西來填填肚子。更重要的是，吃宵夜和看電視、聊天等現代人主要的居家休閒型態，有相當密切的關係。而且

吃東西本身就是一種重要的休閒活動。所以，宵夜的內容也就傾向各式各樣有別於正式餐點的小吃，尤其是一些自己在家裡比較不容易做，也不會做的特殊飲食，像是鹽酥雞、燒仙草等零食。此外，現代人工作和日常作息的時間也比以往更富變化和彈性，所以宵夜對於有些很晚才下班的人而言，例如商店的店員、報社的記者等，反而更像下班之後的正餐。雖然下班之後還是可以回家下廚，不過在深夜裡大張旗鼓地煮飯做菜的情況畢竟不多，所以比較常見的作法是煮個麵條或是稀飯之類的簡便宵夜，更常見的則是在外面吃一吃，既省事又有較多的選擇。所以天黑之後，各式各樣的小吃攤林立街頭的景象，也構成了台灣地區非常特殊的都市地景。在小吃攤最密集的地方，甚至形成「夜市」的獨特商圈。

家常菜的演變與承傳：食物中的地方與文化

從上述一般家庭三餐飲食的習慣當中，我們可以發現和婦女日常

煮食的廚房生活息息相關的家常菜，在戰後短短的半個多世紀裡面，面臨了興衰轉變的快速變化，也深深地影響一般家庭每日生活的飲食文化。20世紀上半葉，台灣經歷了日本50年的殖民統治，在日常生活的飲食習慣上，或多或少會受到一點影響，例如壽司、味噌、便當等。而1949年之後，隨著國民政府撤退來台的兩百多萬大陸各省分的軍民，也透過小吃店和通婚等方式，將麵食和大陸各地的飲食帶到台灣。1960年代之後，美援則是透過教會的物資援助和軍公教的口糧配給，將奶粉、麵粉、黃豆等西方飲食，引進台灣。加上1970年代之後，台灣經濟開始起飛，大量湧入城市的鄉村移民，更將台灣各地的地方飲食，透過餐廳、小吃店，以及居家飲食等不同的途徑，傳播到每一個家庭。1984年，麥當勞的漢堡薯條速食正式引進台灣，更是大幅改變台灣當代的飲食習慣。這些不同時期、不同地方的飲食文化，逐漸交融成今日台灣日常飲食的基本樣貌。其中有關商業飲食的部分，不論是大餐廳或是小吃

攤，不論是當地的，或是外來的，只要現在還有營業，就算傳了兩三代或是轉手換人經營，由於菜單的內容相對固定，有許多著名的小吃店（攤）甚至幾十年來只賣一種口味，倒還容易考據（例如台灣牛肉麵的歷史，參閱逯耀東，1998）。然而，這個議題並非本書探究的重點。本書關心的是，幾乎餐餐不同，家家互異的家常菜，在戰後迄今的六十多年間，究竟有沒有什麼基本的軌跡可循，以及當中有無重大轉變等問題。這個耐人尋味的議題，卻因為不同家庭在族群、社會、經濟、文化等背景上的差異，還有個人偏好的問題，很難歸納出一個具體的樣貌。因此，除了成功國宅這些有限的受訪家庭的實際經驗，我將加上自己家裡或生活周遭所見識到的一些經歷，試圖捕捉戰後部分台灣家庭一般家常菜的一些內涵和精神。

由於我的父親是1949年之後來台的外省軍人（雖然他是到台灣之後才從軍的），母親是小時候在宜蘭出生、成長，十多歲之後搬到台

北的本省人,而我自己是在台北內湖眷村長大的「新台灣人」,加上出國讀書在英國待了將近六年的時間,所以對於戰後台灣飲食大融合的情形,感受特別深刻。就以眷村和我家為例,它所融合的不只是夫妻雙方各自原生家庭和地域文化的飲食系譜,更由於早年眷村近乎「大合院」的半團體生活,以及婦女之間緊密往來互動,使得不同家庭之間的飲食交流,比起當時一般本省籍的家庭更為密切頻繁。一些在大陸結婚之後才一起到台灣來的眷戶,雖然夫妻也可能來自不同的省份,但是飲食文化的交流的規模和程度,相對比較局限在自家的餐桌範圍之內。一些當時比較年輕或是到台灣之後才結婚的軍人,儘管他們也是來自大江南北的各省人士,但是他們結婚的對象絕大多數是本省籍的女性,而且福佬、客家和原住民,以及台灣北部、中部、南部和東部各地都有。透過眷村婦女之間的相互傳授,還有菜市場、雜貨店和美容院的擴散傳播,眷村裡面原本就已經相當多元,卻又自成一格的飲食文化,更進一步和眷

村外面的台灣社會產生交流,只是各家各戶「固守」和「融合」的情況,內容和程度不一而已。

成功國宅有部分住戶就是原本眷村改建之後配售的原眷戶,在這些比較年長的住戶當中,就可以清楚地看到「家鄉菜」的影子。例如,住在D棟已經七十多歲的馮媽媽,他是東北人,先生是河南人,所以包括麵條、饅頭在內的麵食,在他們家的三餐飲食當中,就扮演著不亞於米食的角色。我們在訪談的過程中,不僅親自品嘗了馮媽媽做的滷麵(乾拌麵),離開時還帶了一些她自己做的花捲回去,吃起來和外面賣的花捲不太一樣。相信其他家庭做的花捲,不論在作法、形狀、口感和滋味各方面,多少也會有一些出入(但我懷疑現在還有多少家庭會自己動手做包子、饅頭,更何況是花捲!)。這種相當細微卻又非常明顯的差異,正是家常菜最獨特的地方。其實,在兩地相隔這麼遠和離家這麼多年之後,他們每天親手烹調出來的「家鄉菜」,可能早已不是當年他們年少離家時

的傳統作法,而是揉合了兒時記憶、現有食材、家人偏好和每日反覆操作所融合、淬鍊出來的「新品種」家常菜。

充分體現這種融合不同地域和家庭飲食特色的家常菜文化,最明顯的莫過於從以前到現在的「台灣媳婦」身上。儘管「台灣媳婦」的定義已經從三、五十年前嫁給外省軍人和公務員的本省福佬、客家和原住民婦女,轉變為最近十來年台灣郎從越南、大陸迎娶過來的「外籍新娘」或「大陸新娘」,但是同樣的情況就是,往往夫妻們在言語的溝通都還不夠順暢之前,就已經在餐桌上的飯菜碗盤和身體的唇齒腸胃之間,逐漸發展出一種家常菜的「共同語言」。而且,在政府大力推行核心家庭人口政策的同時,這些沒有外省婆婆的台灣媳婦自己摸索出來,融合了先生記憶中的家鄉口味,以及自己從小到大耳濡目染的家常菜作法,是當代台灣飲食文化發展最有趣的部分之一。類似的故事也發生在許多同一個時期城鄉移民的本省家庭裡面。

經過二、三十年的摸索嘗試,這些1960、1970年代的「台灣媳婦」,逐漸升格熬成「台灣婆婆」,也創造和見證了台灣飲食文化的族群融合。到了五、六年級之後的「新台灣人」(相當於外省第二代,現在四十歲上下的年紀),這個家常菜的飲食文化融合過程,又逐漸跳接回本章前面所提到的各種廚房協商的新的婆媳關係裡面。在許多公寓住宅的年輕小家庭家裡面,這些婚前在學校上過家政課,但在家可能沒進過廚房的新世代女性,在趕鴨子上架的情勢之下,只好以辦家家酒的姿態,有模有樣地拿起鍋鏟,做出一道道「四不像」的「新家常菜」。菜裡面混雜了媽媽的教誨、婆婆的叮嚀、先生的建議,以及自己的發明。我也是在姊姊炒的菜裡面,發現這個有趣的現象。

姊姊結婚之後是和公婆同住,公公、婆婆都是四川人。由於婚後繼續工作,所以絕大多數的時間都是婆婆下廚料理三餐,她最多只是幫幫小忙和負責清理飯桌、洗碗等

工作。生了兩個小孩之後，曾經一度辭掉工作。在這段期間，由於有充裕的時間在家，也因為婆婆年紀越來越大，於是她逐漸「接掌」家裡的煮飯工作。母親生病之後，姊姊每週都會抽空上市場買菜，帶來內湖家中煮，一方面是為了多陪陪母親，另一方面也是為了分攤一點弟弟辭去工作在家煮飯的負擔。我發現一些原本家裡常吃的菜式，姊姊煮的就和弟弟做的差異頗大。儘管弟弟在母親生病之前也沒下過廚房，但是他煮的口味和母親的作法比較接近。於是我問姊姊，她做的菜是不是她婆婆的四川口味？她很訝異，因為她一直「以為」自己做的是「我們家」的媽媽味。她說，她婆婆的作法和我們家的作法很不一樣。她覺得即使嫁過去這麼多年，有些她婆婆做的菜，她還是不能完全適應。所以她自己下廚之後，就嘗試做一些調整。可是，有些菜她不太清楚以前母親是怎麼做的，所以她是憑印象和感覺去摸索和拼湊。經過小孩和家人的品嘗鑑定，逐漸調整、發展成她自己獨特的「媽媽味」。像姊姊做的這種

「走味」和「變型」的新家常菜，正是台灣當代家庭飲食的最佳寫照之一。

此外，也有一些走入職場，同時也進出廚房的核心家庭新婦女，他們一方面是因為缺乏長輩的經驗承傳，另一方面則是個人對於飲食文化的風格偏好，加上受到外食經驗的影響，包括一些對於異國料理的體驗和想像，使得在他們手中製作出來的家常菜，逐漸與傳統地方飲食及上一代的家常菜之間，產生飲食基因的斷裂和突變。例如，住F棟，結婚三年多，目前還沒有小孩的褚太太表示，因為特別注重飲食健康，也喜歡部分外國飲食的清淡口味，所以會透過電視烹飪節目、報紙的副刊、坊間的食譜，和自己「亂煮」（褚太太的話），弄一些和以前媽媽及現在婆婆作法不同的菜式。

問題是，在變與不變的家常菜當中，最讓婦女傷透腦筋的問題之一就是菜色的變化。到市場看來看去，不知道要買什麼菜。想作一些

變化，卻又跳脫不了習慣的煮法。這時候，我們可以發現，在大樓裡面狹小、封閉的公寓廚房，相當程度地阻斷了「家常菜」的承傳與交流。在這樣的煮食環境之下，獨自一人在廚房裡面工作的婦女，只能自己想像和摸索做飯的操作程序。而經年累月累積而成的飲食知識，在孤立的住宅結構和疏離的鄰里關係當中，又少有與人分享交流的機會。同時，在簡單快速的煮食趨勢之下，許多手續繁複的傳統家常功夫菜也逐漸從日常家庭的餐桌上消失。只有逢年過節或是上館子的時候，才有機會品嚐和回味這些以前曾經是家常便飯的美味佳肴。相反地，現代公寓廚房所孕育出來各種新奇獨特的「新家常菜」，也逐漸開始在新一代子女的味覺系譜上，重新定義「家常菜」的內容與意義。

從速食、熟食到外食的廚房革命？

當一般家庭的家常菜日漸朝向省時、簡化的方向發展時，一日三餐的日常飲食更朝向工業化（加工食品）和商業化（熟食、外食）的趨勢，進入三餐飲食的「工商時代」。戰後迄今的半個多世紀，伴隨著台灣公寓住宅的興起和廚房空間的轉變，各種廚房家電的現代化，以及一般家庭三餐飲食習慣的改變和家常菜演進的過程中，還有一個相當明顯的日常飲食趨勢，亦即各種非家庭製作的食物，正以各種不同的形式和途徑，尤其是工業化的大量生產和商業化的市場銷售，逐步滲透和改變原本屬於家庭廚藝的生活領域。一方面，這些可以即煮、即熱，或是即食，被做成各種冷凍、封罐、乾燥、真空等不同形式的現代加工食品，慢慢地由單一的食材加工逐漸進展為一道道完整的菜餚。甚至連最簡單的白飯或粥羹都可以用微波加熱或是沖水還原的方式，在短短幾分鐘之內，變化出原本要花費數倍時間蒸煮的熱食。另一方面，市場、商店裡面和街道上，各種預作或是現場完成的熟食或餐點，在婦女們買菜、購物或是回家的路上，用香味四溢的味道不斷地召喚她們疲累的心靈，

提醒她們沒有滿身的油煙也可以享受美味的佳肴。這些發生在家庭廚房之外「廚房革命」，從千里之遙的中央廚房到咫尺之外的街道廚房，已經相當程度地改變現代台灣家庭的三餐飲食，也讓原本稀鬆平常的家常菜，逐漸成為被模仿、複製的商品符碼。

工業化的日常飲食

早期的食品加工主要是為了食品保存的目的，只是食品生產的場域由一般家庭移轉到技術、規模與效率更高的產業部門，並與作物及漁牧生產，進行垂直整合的產業連結，像是各式醃漬食物和罐頭食品就是最好的例子。嚴格來說，這些加工食品最初的目標市場並非一般家庭的日常飲食，而是為了航海、探險、戰爭和急難救助之用。一般家庭也只有在颱風期間，因為停水、停電才用來作為替代應急的食物。

戰後台灣針對家庭飲食發動的加工食品革命，首推1967年上市的生力麵。當時，這種只有一包調味料的速食麵（泡麵），曾經伴隨著無數家庭在半夜裡收看越洋轉播的世界少棒錦標賽，可能也是開啟台灣家庭宵夜先河的創新食品。速食麵的發明又可以向前推到1958年日本日清食品公司創新推出的雞絲拉麵。發明者日清公司的創辦人安藤百福（1910-2008），原籍台灣，本名吳百福。1930年代歸化為日本籍，改姓安藤，所以速食麵也可以說是台灣人發明的。雖然1969年和1970年有統一麵和維力炸醬麵相繼加入市場，後者率先推出附有醬料的調味包，但是在整個1970年代，生力麵在台灣的銷售可謂獨占鰲頭。1971年，統一又推出肉燥麵，逐漸地和生力麵及炸醬麵成為三足鼎力的強勢商品，也是目前台灣銷售量最高的速食麵。隨著越來越多的廠商投入市場，泡麵的口味和內容，也越來越多元。1983年統一推出有料理包，看得到肉的「滿漢大餐」，將泡麵由陽春的點心提升到可以比擬正餐的分量和內容。1989年統一又推出「來一客」的速食杯麵，雖然定位為小點心的方

便包裝,但是免洗杯碗的使用卻進一步提醒消費者,吃完之後連洗碗的功夫也可以一併省卻。另外還有非油炸,必須用煮的速食拉麵,以及米粉、粿仔條等各種米食。據估計,現在平均每個台灣人一年要吃下40包左右的速食麵(東森新聞,2000),它對我們日常飲食的影響之大,可想而知。

除了速食麵之外,另外一個滲透到家庭日常飲食的加工食品就是以「康寶濃湯」為代表的調理食品。這種早在19世紀末就開始在歐美銷售的乾燥食品,在1984年經由美國Bestfoods公司授權引進生產技術,並針對台灣地區的飲食口味,在台研發、生產和銷售包括玉米濃湯、港式酸辣湯等不同口味的湯包。強調只要加水、加熱,再打一個蛋花,幾分鐘之內就可以煮出一鍋香濃的好湯。推出之後,很快就獲得市場的迴響,成為許多家庭餐桌上的佐餐湯品。類似的產品還有玉米罐頭、紫菜湯等。1993年,康寶公司又進一步推出康寶湯塊,強調採用精選嫩雞,以先進技術蒸煮、

折肉去骨、磨碎調味,加回原汁攪拌、乾燥之後,濃縮壓製而成。只要在滾水中丟入一、兩塊,瞬間就變成鮮美的高湯,可以免去傳統費時熬煮高湯的作法(聯華食品,2008)。這對於講究湯頭口味,但是又沒有時間在家準備高湯的婦女而言,的確是相當省時省事的好幫手。

由於婦女投入職場,過去家庭主婦充裕的烹調時間,逐漸受到壓縮;此外,女性意識的抬頭,也讓一般婦女有意識地減少自己被煮食家務占據過多的時間。於是,許多食品製造業者紛紛看好加工食品的市場,積極研發和推出各種省時簡便的加工食品,像是泡麵、罐頭、冷凍食品、乾燥或是真空包裝的調理包、高湯塊等,試圖在現代家庭的飯桌上,打下一片江山。經過半個世紀的發展,可以看出這些工業生產的加工食品已經成功地潛入許多家庭的三餐飲食裡面。甚至連貓、狗等家庭寵物的食物,也完全被工業生產的加工食品所取代。有趣的是,儘管這些推陳出新的加工

食品在口味、內容和包裝形式上越來越接近一般家庭現做的「真實」菜餚,但是,許多婦女在日常三餐使用這些加工食品時,常常會以不同的比例和不同的方式,與各種新鮮的食材混合調理,做出帶有真實媽媽味的康寶酸辣湯。住在38棟,身兼職業婦女和家庭主婦的趙太太,甚至發明一道結合新鮮絞肉和肉醬罐頭的「螞蟻上樹」,成為先生和孩子最愛的「拿手菜」。另外,H棟的韓太太也非常喜歡在義大利肉醬麵的番茄罐頭加入各種切碎的新鮮蔬菜,調製出營養美味的醬汁,讓她們家的小孩在不知不覺中,多吃一些蔬菜。

在日常三餐裡面,來自工業化生產的加工食品影響最顯著的,可能就是早餐。對於需要上班、上學的家人而言,早上的時間特別緊迫,如果婦女本身要上班,還要為全家人準備早餐,以及兼顧家人不同的口味需求,就更難上加難,甚至比準備晚餐更為困難。因此,有越來越多的家庭以現成、簡便的食物取代早期早上起來煮飯,順便帶便當

的煮食方式。除了前一晚預先購買西點麵包、吐司、饅頭等,第二天早上直接或是加熱食用,以及當天早上到巷口購買燒餅油條、飯糰、三明治等在店裡吃,或者在公司附近購買帶到辦公室吃等各種方式之外(也有一些人是不吃早餐的),戰後幾十年來台灣早餐最大的改變就是以沖泡牛奶、麥片等西式加工食品取代傳統的中式早餐。有不少嗜食清粥小菜的長者也改喝牛奶和沖泡麥片。這時候,電熱水瓶的功效可能遠大於廚房裡面的瓦斯爐。如果加上西點麵包、咖啡和街上隨處可見「美而美」早餐店的三明治,就可以看出來家庭早餐西化和速食化的程度。倒是大同電鍋和新式電子鍋的預煮和保溫功能,讓一些仍然偏好中式粥飯的家庭,只要在睡前將米洗好放進電鍋,第二天早上搭配現成的醬菜、罐頭,最多現煎個蛋或是炒個青菜,也可以享受一頓簡單的傳統早餐。

商業化的熟食和外食

———————

除了工業化的加工食品之外，在傳統市場、超級市場、大賣場和黃昏市場，以及百貨公司的美食區（food hall），甚至自助餐店和麵店，也有越來越多各式各樣的熟食供應，讓已經非常忙碌的現代婦女，只要洗米煮飯和搭配簡單快炒的青菜或是煮個康寶濃湯，甚至再買一些現成的饅頭或是蔥油餅，就可以輕鬆地張羅出一頓豐盛的晚餐（吳鄭重，2004）。除了南京板鴨店之外，台灣很少像歐洲那種專賣熟食的熟食店（deli）。倒是在各種市場或賣場裡面，賣熟食的攤商在數量和商品內容上，絕對遠超過歐洲的熟食店。這些熟食攤賣的主要是一些比較費時、費工的主菜，像是烤雞、烤鴨、燒鵝、燒肉、魚丸、貢丸、甜不辣、炸雞捲、各式滷味、佛跳牆等，還有同樣費事的各式小菜和麵粉類主食，像是包子、饅頭、蔥油餅等。這些我們日常飲食常吃的菜餚，因為涉及的設備、原料和過程非常麻煩，例如需要大鍋的油或是大型的烤箱，一般家庭反而很少自己在家動手做。甚至很多婦女，即使是全職的家庭主婦，可能連這些常吃菜餚的實際作法，也未必清楚。反正到處都有得賣，而且價錢也不會比自己動手做來得貴，加上專業的製作技術，還有很多攤商是現場製作，香味四溢，讓人垂涎三尺，加上免費試吃，常常會讓人忍不住買一些帶回去加菜。這些熟食多半是論斤秤兩販售，或是分裝成小袋，讓婦女可以估算家裡吃飯的人數和各人的喜好，多買幾種不同的東西，可是每一種熟食都少量購買，讓晚餐的菜色更加豐盛，卻不會有過量的麻煩。一些製作精良，口碑良好的熟食鋪，平常就有許多主顧上門；逢年過節的時候，更有不少顧客得事先預訂，成為不是家常料理，卻是居家常吃的「家常菜」或「年節菜」。例如，台北市羅斯福路上的南門市場，就是這類熟食攤集合的大本營。

雖說與家人共進晚餐是家庭生活中非常重要的家庭儀式，而各種加工食品和熟食的大量出現已經讓

現代婦女省卻許多備餐的壓力，但是也有越來越多的家庭，在一個星期當中會有幾餐，索性連擺碗筷和洗碗的麻煩一併省略，全家人一起到外面用餐。最常見的就是週末上館子打牙祭，一方面讓勞累了一星期的婦女休息一下，另一方面也讓連吃了許多天類似口味的家人，嘗一嘗外面不一樣的菜餚或作法。更重要的是，這種「外食」（eating out）的飲食習慣，已經逐漸超越週末上館子打牙祭的模式，逐漸擴大到非週末假日的星期當中，家人也會偶爾或固定到外面的自助餐廳、小吃店或小吃攤「用餐」。這樣的飲食轉變，除了婦女因為外出工作擠壓到日常煮食的家務時間，以及部分婦女自我意識的抬頭，不願意委屈自己每天待在廚房裡面弄得一身油煙等需求推力之外，供給面的拉引也是造成台灣外食普遍的重要因素。拜土地混合使用之賜，各式餐廳、小吃店和小吃攤幾乎是三步一家，五步一攤。而且從中心商業區到郊區的住宅區，不論是大街還是小巷，都可以找到各式各樣，價位低廉的外食餐點。其密度與多樣性可能還超過同是華人社會的香港和新加坡，這也是台灣都會地區的一大特色。

在這種居家外食的潮流之下，有幾項值得注意的現象：首先，原本是各地獨特的小吃餐飲，像是米粉湯、滷肉飯、牛肉麵等，隨著城鄉移民的遷徙交流，逐漸匯聚到各個城市，並且「升格」成為正餐的內容之一。其次，伴隨著多樣化的小吃餐點，原本是「同桌共食」的家庭餐飲，逐漸變成各吃各的「客飯」形式，尤其是麵食和西式的餐點，更是如此。除非是到以合菜為主的中餐館，否則極可能同桌的一家人點的飯菜都不一樣，頂多交換彼此碗盤中的一些菜餚，互相嘗嘗而已。因此，也逐漸產生「個人化」的飲食口味和習慣，使得以往藉由家常菜連結的家族記憶，變成零散、破碎的個人偏好。第三，原本是各家獨特，有媽媽味道的家常菜，這時候反而搖身一變成為特色餐廳的招牌訴求，代表一種結合鄉愁與懷舊氣氛的「道地菜餚」（authentic cuisine）。不論是美食

雜誌的老饕介紹，或是親友之間的口耳相傳，這種有家的感覺和媽媽的味道的家常菜餐廳，正逐漸成為家庭聚餐或朋友聚會的熱門選擇。

帶便當：是舊傳統還是新潮流？
————

　　儘管缺乏正式的統計數據，但是如果把一般家庭的早餐、午餐、晚餐，還有宵夜一起算進來的話，將不難發現這種飲食工業化和商業化的情形，不論就質或量而言，都已經大幅改變台灣現代家庭的飲食風貌。這也提醒我們到了必須重新審視家庭飲食的時候了。尤其是午餐，不管上班、上學，或是出門逛街、購物，中午在外面餐廳、小吃攤，甚至到便利商店解決午餐的情形，相當普遍。在成功國宅的門前問卷當中，有將近八成的受訪家庭表示，他們的午餐是在外面吃的，而早餐也是有半數的受訪家庭是到外面吃。這種飲食工業化和商業化的結果，讓台灣地區的日常飲食，尤其是在都會地區，逐漸進入「集體消費」的新時代。只是有別於社會主義思維之下的公共食堂，這些集體消費的機制是由資本主義支撐起來的中央廚房（食品工廠）和街道廚房（餐廳和小吃攤）。在本書第二章提到的一些激進的女性主義學者和社運人士，為了讓婦女從封閉的廚房和繁重的家務工作中解放出來，所積極鼓吹的公共廚房和社區食堂等「偉大的家務革命」（grand domestic revolution）（參閱Hayden, 1981），在台灣早就以一種漸進無聲的商業手段，在一般家庭的日常飲食中慢慢生根。甚至在中、小學由學校負責集體供應營養午餐的情況也非常普遍。

　　不過，在成功國宅的訪談過程中，我們也發現有一些家庭在經歷一段時間這種吃「大鍋飯」的情況之後，又回頭自己準備便當（圖25）。尤其是家裡有正在念國中小學的孩子時，帶便當的動機會特別強烈，營養衛生則是主要的考量。例如，在學校擔任愛心媽媽的陳太太，在一次視察學校的廚房清潔之後，看到公共廚房髒亂的情況，就決定親自幫三個小孩準備便當。雖然麻煩，但是為了安心，也沒有怨

圖25：越來越少見的家庭便當

言。有些孩子也會抱怨為什麼不能和同學一樣吃學校的營養午餐，尤其是一些綠色的蔬菜經過高溫蒸煮之後，顏色、味道和營養都走味，小孩子會覺得很難吃。這意味著婦女們必須為便當菜花費更多的心思。可以想見，對於一些職業婦女而言，在下班後，要為家人準備晚餐就已經是一項很大的負擔，但是為了家人的健康，尤其是子女的成長，不管多累，往往也是全力以赴。

由於「規模經濟」的考量，一旦小孩子帶便當，除非因為工作性質或是工作地點缺乏蒸煮的設施，否則大人順便帶便當的機率也就大幅提升。就在成功國宅裡面工作的趙先生，甚至每天中午回家吃太太前一天準備好的便當。同時，對有些家庭而言，帶便當也是「處理剩菜」的方法之一。大部分的工作地點，尤其是公教機關，多半都有大同電鍋、微波爐、冰箱等供便當加熱和存放的設施。中、小學甚至還

有專門的蒸飯間。這種前一晚做好，放在冰箱儲存，第二天再加熱食用的現代便當，和台灣早期農村時代早上現做的便當，有很大的差別。從這裡也可以看得出來，包括冰箱、電鍋、微波爐等家電科技的進步，對於飲食習慣和生活型態的重大影響。

Chapter VII
從廚房之舞到生命之歌

馬克思說「改造世界」，
韓波（Rimbaud）❶ 說「改變生活」，
對我們而言，這兩句口號是同一件事。

勃勒東（Andre Breton）❷，《超現實主義宣言》

　　作為本書結論的最後一章，我理應從理論和實務的觀點，提出「家庭毒氣室」的具體解決之道。而且，回到本書的初衷，也就是因我母親的去世而開始關注廚房油煙與婦女肺癌之間的問題，我更急於找出改變婦女家務處境的關鍵途徑，因為我不希望發生在我母親身上的悲劇繼續在其他家庭上演。然而，正因為投注了許多年的時間在探索和思考公寓廚房和婦女煮食家務處境的各種問題，我益發覺得整件事情的複雜和棘手，需要從千絲萬縷的細微線索中理出頭緒。因此，我想暫時先按捺住急於提出解決方案的焦躁心情，重新回顧一下「廚房之舞」的各個環節，歸納出其中幾項重大發現，然後再從中找出一些可以鬆動和反轉公寓廚房命題的縫隙和皺褶，作為重新出發的起點。而且，這些對於台灣未來家庭廚房的想像，並非天馬行空的自由聯想，而是奠基在社會現況與生活現實的辯證轉繹。即便未能提供「藥到病除」的立即效果，也將是改寫台灣當代婦女生命史的重要媒介。在此特別提醒讀者，發揮你們的想像力，讓「改變生活，改造世界」的革命火炬，從你我手中點燃。

回顧昨日的廚房生活

回到本書一開始的研究動機，也就是從廚房油煙到婦女肺癌之間的關聯探索，其實就反映出，要將婦女從生命中不能承受之重的日常家務處境中解放出來，幾乎是一項不可能的任務。引發肺癌的因素非常複雜，即使只針對女性肺癌加以探討，廚房油煙也只是引發婦女肺癌諸多變數裡面的一個環節。就算排除其他諸如個人體質、營養攝取、家族病史，以及空氣污染、工作環境、吸菸與二手菸害等致癌因素，只鎖定廚房油煙一項，也會發現光是造成廚房油煙的因素，包括空間結構的物體條件、食材和煮食方式的化學變化、炊具設計的操作原理，以及飲食習慣和生活條件的限制等等，都是相當複雜的事情。因此，也就不可能直接解開我母親死於肺癌的謎團。我們甚至可以反向推論，包括肺癌在內的各種惡性腫瘤，作為目前台灣人口死亡原因的首要項目，不也是因為這半個多世紀以來，人類因為醫療衛生的進步、社會的安定繁榮、戰爭及災害的減少，使得流行疾病、戰爭及事故死亡人數大幅降低，導致人類壽命大幅延長，惡性腫瘤才有浮現的

機會嗎？或者真是因為現代社會的生活環境當中，比過去新增許多危險的致癌因子，因此癌症才會超過心臟病、腦血管疾病、糖尿病、事故傷害、肺炎、肝病、腎臟病、自殺、高血壓等死因，高居台灣十大死亡原因的首位？而且，除了肺癌之外，位居女性癌症死亡原因的其他病症，例如肝癌、結腸直腸癌、乳癌、胃癌、子宮頸癌、胰臟癌、淋巴癌、膽囊癌、卵巢癌等，難道就不值得我們重視？只因為肺癌位居首位，就值得我們這麼「大作文章」嗎？而且，這些不同的癌症之間，是不是有什麼關聯？它們又和現代社會的生活環境和我們每日的生活方式有哪些牽連呢？這一個接著一個的問題，使得廚房油煙和婦女肺癌之間的關係更加撲朔迷離，更讓我有如墜入五里霧中，摸不著頭緒。

不過，每當我望著自己家中那個原本只有一坪大的公寓廚房，還有堆在水槽裡尚未清洗的碗盤時，腦海中就會不由自主地浮現出母親生前一個人汗流浹背地在廚房裡面默地工作，以及同時有成千上萬個婦女在類似的狹小廚房中做飯的景象。而這些一般家庭都相當熟悉的生活場景，正是多數婦女難以逃脫的性別家務處境，也是現代社會新興風險的關鍵特徵——因為過於貼近每日的生活環境和隱藏在例行的身體動作當中，反而不易察覺，卻因此日積月累、一分一寸地侵蝕我們的身心健康。

因此，我決定暫時擱置廚房油煙和婦女肺癌的問題，將問題意識重新聚焦在當代台灣婦女被公寓廚房所框限的性別家務處境上面，以勾勒出現代社會的生活輪廓和風險特性。這樣的提問並非否定現代化的公寓住宅和科技化的廚具設備對於提升家庭物質生活水準和增進婦女生活機會的卓著貢獻，畢竟我們現在所享有的物質文明在人類歷史上是空前的。相反地，我是希望藉由公寓廚房和婦女家務處境的例子，來說明性別角色、居家空間、廚房科技和飲食文化之間，錯根盤結的複雜關係；更希望從公寓廚房的空間生產和煮食家務的身體再生產之

間的動態關係中，找出可以鬆動身體和空間緊張的關鍵縫隙，作為未來逐步將台灣婦女從公寓廚房的家務牢籠中解放出來的切入點。最重要的是，在探究這些當代社會的異化處境與都市生活的風險因子時，我們同時也在建構一個長期被「男性歷史」（his-tory）忽略的當代台灣婦女廚房生活史。比較遺憾的是，我們要讓婦女、廚房、家務等過去不見容於政治、經濟和歷史的「女性家務史」（domestic her-stories）得到發聲和現形機會的覺醒，竟然是因為肺癌高居台灣女性癌症死因首位的嚴重性所帶來的風險意識。再者，也因為我缺乏史學的訓練，無法真正展開台灣當代女性家務史的歷史書寫，只能就相關環節進行釐清，勾勒出一個初步的歷史輪廓，希望能夠吸引學有專精的歷史學家和人類學家，對這些問題進行深入的正式研究。那麼，我們在填補這些歷史空缺的同時，必然也將改變未來的住宅環境和家庭關係，進而改寫兩性未來的社會生活史。

再者，當代台灣婦女的家務處境並非孤立的歷史現象。如果將它放到西方社會現代化的歷史脈絡裡，儘管時間的先後有別，而且各自面對的歷史背景與社會現況也不盡相同，我們還是可以從一些隱沒在資本主義社會和工業革命歷史當中的女性家務工作演變過程，拼湊出現代東、西方女性所共同面臨的性別家務處境：自從工業革命的機械理性和資本主義的利潤動力將生產活動集中到以工廠為主的製造流程和以市場為平臺的商業交換機制後，傳統的社會分工就正式進入現代社會生產與消費脫鉤、工作場所和家庭分離，以及男性和女性各司其職的「分離領域」時代。

在這一、兩百年的現代化歷程中，西方婦女的家務工作處境歷經了（一）家族或社區婦女互助勞動的協力家務領域時期，（二）家庭主婦的孤立領域時期，以及（三）職業婦女的跨界協商時期。雖然婦女們在這三個歷史階段所面臨的家務工作內容和家務操作方式有相當大的改變，尤其是在各種省力的家

電科技陸續被引進家庭之後，日常生活的變化更是一日千里，但是必須每天面對的煮食家務，至今依然是多數已婚婦女難以擺脫的生活負擔。當工業化的生產分工進一步帶來許多不須仰賴體力，適合女性從事的服務工作之後，「分離領域」中由男性負責生產與營造的性別工作界線，也在職場上逐漸褪去。但是，下班回家之後，由女性負責家中維護、餵養和照顧的「女性本分」觀念，卻依然存在。同樣地，當代的台灣婦女也經歷了西方婦女經歷過的三種家務工作處境時期。而且，從家族或社區婦女互助勞動的協力家務領域時期轉換到家庭主婦的孤立領域時期，進而邁入職業婦女的跨界協商時期，在時間上也縮短了許多，連帶的使得一些台灣的當代婦女在人生的不同階段，分別經歷了傳統婦女耗費體力的家務勞動、家庭主婦「無名難題」的孤立處境，以及職業婦女「新無名難題」的協商困境，這三種不同歷史階段的婦女家務處境。就女性在家務工作上的性別處境而言，時代的進步並沒有讓兩性平權的觀念

從工作場所延伸到家庭裡，反而是讓職業婦女同時擔負家計和家務的雙重責任，陷入分身乏術的困境。所以，繼爭取婦女接受教育、投票參政，和男性同工同酬等女性在教育、政治、經濟上的基本權益之後，女性運動勢必要進入下一個關鍵性的歷史階段，也就是美國婦女運動領袖傅瑞丹所說的「第二階段」，將「分離領域」的性別分工推進到「跨界協商」的性別合作階段。就第三波女性主義的立場而言，這個性別角色的協商舞臺，也將從工作場所的公共領域回歸到家庭空間的私人領域。

可是，當我們希望在家庭的生活場域裡面實踐性別協商的夥伴關係時，卻發現其中的障礙之一，就是現代社會的住宅環境仍然停留在「男造環境」的空間結構。這使得當代婦女在跟隨男性走出家庭，進入職場之後，只換來職業婦女的工作頭銜和家計負擔，卻沒有擺脫家庭主婦的家務負擔。「男造環境」的性別化空間迷思，可以用二戰前後美國郊區化的單一家庭獨棟住

宅，以及戰後英國都市地區的高層集合國宅作為代表。前者是由國家的住宅貸款計畫和產業的土地開發計畫所聯手打造的郊區住宅。它不僅主導了當代美國住宅地景的發展模式，也拉大了工作場所、家庭場所，以及購物場所三者之間的時空距離，衍生出大量的交通需求。這個以汽車機動性為前提的郊區住宅，除了埋下了日後生態資源破壞和環境污染的禍根之外，更間接地加深了「分離領域」的性別鴻溝，讓行動力較差的家庭主婦陷入「無名難題」的孤立家務處境，也讓後來的職業婦女陷入奔波於家庭、工作場所和購物場所之間，分身乏術的「協商難題」。

相反地，英國的國民住宅則是在國家直接介入都市住宅供給的集體消費過程中，以「分離領域」的性別分工思維和空間合理化的工作效率理性，結合大量生產的產業模式，在都市地區製造了數量龐大的標準化平價住宅單元。在L-D-K標準平面的空間結構之下，除了結合煮食、洗滌和儲藏的廚房工作空間

之外，女性在家中幾乎沒有一個完全自主的個人空間，也強化了家務工作是「女性本分」的男性父權思維。所以，儘管英國婦女生活在這些位於內城市區的國民住宅裡面，沒有美國郊區獨棟住宅因為空間的疏離所造成的孤立家務處境的「無名難題」，不過在高層國宅的L-D-K平面模組裡面，位於住宅背面，屬於工作後台的封閉廚房，也讓婦女們的身心被禁錮在「男造環境」的「女性世界」裡面；更使得朝九晚五奔波於工作場所和家庭之間的職業婦女，宛如現代版的公寓「灰姑娘」。

由於美國郊區獨棟住宅和英國市區國民住宅所代表的歷史根源，綜觀近年來英美女性主義學者提出的各種改善女性在「男造環境」當中不利家務處境的空間對策，主要是以住宅內部的「私家空間」和社區尺度的「公家空間」作為思考的主軸。前者聚焦在開放、彈性的住宅空間組構，後者則是提出「無廚家庭」、「社區食堂」等試圖打破「分離領域」界限的家務服務形

式。不過,受限於住宅空間使用和日常飲食的習慣,以及空間改造和社區組織的龐大工程,這些想法多半還停留在理論和實驗的階段,尚未落實和普及到一般的家庭和社區裡面。

除了空間的因素之外,造成現代婦女在男造居家環境裡面自我協商的家務處境因素,還有各種省力家電的媒介效果。這個從產業延伸到家庭的「家庭工業革命」,不僅沒有讓家庭裡面的家務分工更加全面和平均,反而讓更多的家務工作集中在婦女一個人身上。最主要的原因是這些家電科技的新產品,在設計和生產的時候就被定位成為婦女量身打造的「婦女幫手」,因此男性只想到花錢購買這些家庭用品送給太太或媽媽,可是卻沒有想到,有很多家務工作是需要兩性或是親子共同分擔的。結果,婦女們有了這些家務與廚房的幫手之後,單項工作的體力負擔是減少了,但是省下來的時間和力氣,往往用來做其他的事情,包括提升家務工作的標準和增加工作的項目,以及出外工作賺錢等等。此外,隨著工業化的家電科技產品陸續被引進一般家庭之後,原本許多是由家庭生產的物品,包括衣服、食物和各式工具等,也逐漸移轉到家庭之外,成為工業生產和商業販售的商品。而食品保存技術的提升、機械化生產的擴展、零售業的發達,以及交通運輸的進步等,更讓飲食的工業化逐步改變現代家庭飲食的內容和烹調煮食的方式。當然,這一切也都和婦女外出工作的時代趨勢,密不可分。

整體來看,近年來女性在政治、經濟、社會、教育各方面的地位和待遇,的確比以往提升許多。但是,在「女性本分」的家務處境和「男造環境」的居家空間裡面,現代女性所付出的代價卻是日積月累、身心俱疲的沉重負擔。這個「愛的勞務」(the labor of love)是婦女們生命中不能承受之重。因此,西方的女性主義改革者無不疾呼需要撤除「分離領域」的父權框架,以及消弭「男造環境」的設計歧視,進而重新界定性別合作與空

間分工的關係。問題是，即便在女權高漲的西方社會，這樣的理想也是一時難以達成的長遠目標。對於仍然在現代化和西方化路程中摸索的台灣社會而言，改革之路勢必更加艱辛。就婦女運動的歷史進程而言，我認為西方女性主義學者的家務反省和空間批判，確實有效地達成階段性的歷史任務，成功地喚醒世人正視女性在家務處境和居家環境中的不利地位。而下一個歷史階段的成敗關鍵，在於我們是否能夠從日常生活的習慣窠臼中抽離出來，用嶄新的觀點重新理解和詮釋現代家庭的廚房空間，以及它和當代女性廚房家務處境之間的動態關係。更重要的是，我們要從中找出可能的縫隙和皺褶，進而鬆動和瓦解囚禁婦女身心的家務牢籠，徹底摧毀奪走婦女寶貴性命的「家庭毒氣室」。那麼，美國女性主義建築師海頓所提倡的「偉大家務革命」的改革夢想，就真的有實現的可能。

然而，西方女性主義對於婦女家務處境的性別角色，以及現代住宅空間的「男造環境」的批判，主要還是從整個產業變革和住宅結構的政治經濟學面向著手。此一分析取徑的最大優點在於它提供了清晰的歷史框架，讓我們看到國家和資本在形塑和框限生活機會上面的結構性力量。然而，這也是政治經濟學的最大限制 —— 無法跳脫大敘事（grand narration）的「男性歷史」思維。為了彌補空間生產的政治經濟學在捕捉現代婦女日常生活動態處境上的不足，本書在結構化歷程的理論前提之下，提出了日常生活地理學的理論架構和身體作為空間的社會經濟學分析觀點，讓我們可以從社會空間的生產過程和身體空間的再生產過程，一方面追本溯源地了解國家和資本的結構性力量如何形塑出公寓廚房的「男造環境」，另一方面則是從日常生活的動態過程中設身處地的體會女性家務處境的協商之道。換言之，在理論層次上，日常生活地理學提供了批判現代社會異化生活的宏觀架構；同時，在經驗層次上，身體空間的社會經濟學則是讓我們成功地捕捉到日常行動的結構化力量。

更具體地說,「廚房之舞」的日常生活地理學一方面從公寓廚房的空間實踐、公寓住宅的空間表述和活現的廚房空間,三者之間的辯證關係,掌握到公寓廚房的社會生產過程;另一方面,它從日常生活中家庭與婦女的住宅空間戰略部署、婦女在廚房裡面日復一日的身體戰鬥,以及真實生活當中隨時隨地改變的婦女身體與生活空間之間的戰術協商,三種日常行動之間的整合關係,體現出社會再生產的非正式空間結構。將空間的生產和身體空間的再生產整合起來,我們就可以看到公寓住宅的空間結構和現代婦女的廚房生活之間,糾雜牽扯的框架限制和填補縫合的行動張力。因此,我們就可以從破解當代台灣婦女家務處境的過程中,找到重新定義兩性空間情境的可能性。而這些身體與空間的多重結構化歷程關係,正是我們發動日常生活中性別協商與家務革命的最佳起點。

為了將關係婦女家務處境的性別角色、居家空間、廚房科技和飲食文化等理論觀點,放進台灣社會的歷史脈絡和每日生活的動態過程當中,在日常生活地理學的「制度網絡」和身體空間社會經濟學的「人性尺度」基本前提之下,本書借用了布萊希特史詩劇場的抽離批判精神,以及高夫曼戲劇類比的社會分析模式,將婦女在公寓廚房的家務處境解構及重組為舞臺/背景、布景/道具、演員/角色,以及劇本/故事之間的「廚房之舞」。加以操作化之後,就可藉由公寓住宅的標準平面(舞臺)和整個公寓住宅的發展過程(背景)、廚房空間的實際安排(布景)和廚房裡面的基本設備(道具)、不同婦女(演員)在日常生活中扮演的各種身分(角色),以及上述元素所組合而成的現代家庭生活(劇本)和各自訴說的女性生命故事(故事)等「廚房之舞」構成元素的觀察、記錄,勾勒出當代台灣婦女廚房生活的性別家務處境。在當代台灣社會的具體脈絡之下,本書回顧了戰後迄今台灣公寓廚房的生產過程,並且選擇台北市成功國宅的田野觀察和家戶訪談,作為探究「廚房之舞」的生活案例。

在戰後台灣整體住宅生產的空間實踐方面，短短半個世紀的時間裡，公寓住宅從無到有，一躍成為台灣最主要的住宅型態。目前全台有超過八成以上的家庭，住在各種不同樓層高度和不同面積大小的公寓住宅裡面。尤其是在都會地區，公寓住宅更是主宰生活地景的首要類型。回顧戰後台灣公寓發展的住宅現代化歷程，大致可以區分為三個重要的歷史階段：（一）1949-1974年，四樓以下市民公寓的模仿摸索階段，（二）1975-1990年，中高樓層國宅公寓的大量營造階段，以及（三）1991-迄今，新屋市場逐漸飽和、轉向中古屋交換買賣的住宅流通階段。其中對於目前整體住宅結構影響最大的階段，是1975年〈國民住宅條例〉通過之後，由國家主導的國民住宅興建計畫，以及同一時期民間住宅市場由預售屋制度所大量興建的公寓住宅。雖然政府興建的國宅公寓只占所有住宅存量5-7%左右的數額，但是廣建國宅的住宅政策卻奠定了公寓住宅以「三房兩廳一米八」為主的標準平面規格，以及大量生產的產業營造模式。這樣的住宅生產模式，很快就被民間的房地產業者複製，並且以代銷公司和建設公司聯手打造的預售屋制度，快速地將標準平面的公寓住宅，發揚光大。1990年代之後，都市地區的住宅用地供給越來越少，除了新建房屋不斷向上及向外發展之外，超大坪數的豪宅和迷你的小套房也逐漸成為「標準平面」之外的兩極化選擇。而都市地區的房屋價格也在證券市場興盛之後，迭創高峰，造成許多負擔不起自有住宅的「無殼蝸牛族」，也助長了房屋仲介公司的興起和中古屋買賣的風氣。在新屋價格高不可攀，還有換屋習慣逐漸普遍的情況之下，中古屋買賣的住宅流通已經成為目前住宅市場的主流。

回首戰後迄今這半個多世紀以來台灣公寓住宅的發展過程，可以看到台灣的住宅結構特徵，就是以美國私有住宅的市場機制，發揚英國國民住宅單元的住宅現代化想像。也就是以資本主義的私有財產制度，透過住宅市場低買高賣的供需機制，來實現都市住宅集體消費

的國家住宅政策。即使當初數量有限，由政府直接興建的國民住宅，最後也有高達97%的國宅，成為可以自由買賣，售價和民間公寓差不多的私人住宅。國家停止直接興建國民住宅的市場干預之後，也以各種住宅貸款的利息補助，鼓勵人民購買自用住宅。而且，不論是國民住宅或是民間公寓，這種垂直發展的標準化住宅單元，基本上只適合四口之家的核心小家庭居住。公寓住宅的空間型態和核心家庭的家庭結構，絕非單純的歷史巧合；而是國家對於住宅現代化和家庭現代化的意識型態，透過廣建國宅的住宅政策和節制生育的人口政策，逐步將二者緊扣在一起。此外，在都市公寓住宅發展最快速的1970、1980年代，剛好又是台灣城鄉移民和都市化最興盛的經濟起飛時期；所以，經濟現代化、都市現代化，加上住宅和家庭現代化的結果，就具體展現在都市地區，以核心家庭為對象，千篇一律的公寓住宅單元上面。唯一的差別就是樓層的高度、大樓的外觀、材質，以及室內的面積和隔間，會因為不同的區位和售價而有不同的變化。但不變的是以核心家庭為準的三房兩廳標準平面，以及在這樣的住宅空間思維之下，所形成的狹小、封閉和孤立的公寓廚房。

對於當代台灣的婦女而言，這些標準平面的公寓廚房是她們每天為家人準備三餐的生活舞臺。經歷了二、三十年的發展，當初胼手胝足在都市發展的小家庭，現在都已經到了兒女成家立業，子孫滿堂的晚年階段。面對擴增的家庭成員，以及由家庭主婦到職業婦女的性別角色轉換，這些數量龐大，以核心家庭為主的僵化公寓住宅，正面臨嚴苛的挑戰。就人口和住宅普查的統計資料來看，目前住在公寓住宅裡面的家庭，大部分依然是標準核心家庭、準核心家庭或是類核心家庭的的小家庭型態。但這只是表象，因為以三房兩廳為主的公寓住宅空間，只能容納人數有限的家庭成員住在一起。如果我們進一步考察現代許多家庭的生活型態和家庭成員之間的關係，將會發現有不少都市家庭的成員之間，過著一種雖然不

住在一起，但是卻生活在一起的「公寓三合院」生活。這種為了因應現代公寓住宅結構的家庭模式，它的好處是家人之間往來密切，照顧方便，例如婆媳和母女之間幫忙帶小孩、煮飯、打掃、照顧等，但是又不會有傳統大家庭住在一起的婆媳問題和妯娌糾紛。只是，要維持這種實質或隱形的「公寓三合院」生活，往往必須在購屋決策上，耗費許多金錢和心力，才能夠如願以償。

除了在購屋決策上設法超越公寓住宅和核心家庭的結構限制之外，每天得在標準平面「三房兩廳一米八」的制式空間裡面操作家務和準備三餐的現代婦女，往往還要透過各種不同程度的空間協商——從敲磚弄瓦地更動硬體隔間的「乾坤大挪移」、前後陽台外推、加蓋的「偷取空間」，到挪用飯廳、後陽台、客廳空間作為「外溢廚房」，以及善用牆壁、門後、牆角等「收納空間」的不同作法——才能夠順利地部署日常煮食家務的廚房空間。這些沒有受過專業訓練的「地下建築師」在日積月累的生活經驗當中，用實際行動重新定義公寓廚房的操作範圍，也模糊了「標準平面」的空間邊界。甚至在實質空間難以挪動的情況下，婦女們還必須設法從煮食家務的操作方式著手，善用各式各樣的廚房設備和自己的肢體動作，來化解正職工作和家務工作之間的各種時空限制。由於她們必須在緊湊的時間和狹窄的空間裡面，想方設法地完成這些「看不見，做不完」的廚房家務，因此也逐漸發展出各種因人而異，因時因地制宜的「廚房密技」和「身體特技」。透過使用者生產的家務操作過程，婦女的身體空間活現了公寓住宅的「生活廚房」。

現代婦女之所以可以在非常有限的時間和空間之內，有如三頭六臂的現代灰姑娘般俐落地完成每日三餐的家務負擔，也和各式各樣省時省力的家電設備有密不可分的關係。公寓廚房最重要的廚房設施，也是最容易被忽略的部分，就是自來水、電力、天然瓦斯和污水管線等現代家庭的民生基礎設施。如果

沒有它們，廚房就無法從平面向上發展；如果沒有它們，廚房空間也不可能縮小。所以現代科技就像一把雙面刃，是福是禍，端看我們如何利用。在這些民生基礎設施的支持之下，公寓大樓裡面的狹小廚房，逐漸取代傳統的「灶腳」，成為現代婦女日常生活的重要舞臺。而且在這個僅容一個婦女旋身的公寓廚房裡面，還要塞下越來越多，各種推陳出新的廚房設備和家電產品。

有趣的是，這些琳瑯滿目的廚房設施，並非每一樣都具有同等的重要性。在一般家庭的公寓廚房裡面，每日必備的核心廚房設施構成了現代婦女心目中的「廚房三寶」：包括（一）由大火力的多口瓦斯爐、強力的排油煙機和寬口炒菜鍋所構成的爐具組合，（二）結合美式冰箱的超大容量和日式冰箱修長外型的「台式冰箱」，以及（三）方便、耐用、差不多又萬能的大同電鍋；通常還會加上一把沉甸甸的大菜刀，以及包括爐台、水槽以及吊櫃在內的三件式組合

廚具。雖然它們並非最尖端和最精緻的廚房設備，但卻是最受一般婦女們喜愛，也是最常被使用的核心廚房器具。除了狹小、封閉的空間形式之外，它們是最能表現出台灣現代公寓廚房特色的基本布景。另外，還有為數眾多，功用特殊的各式大小家電，例如微波爐、烤箱、食物調理機、電磁爐、電烤盤等等，儘管造型美觀，功能齊全，有一些產品甚至售價不菲，但是往往只在剛買回來還有新奇感的時候較常使用，時間一久，就堆積在廚房或飯廳的角落，變成裝點家庭氣氛的「廚房道具」。有一些實在不常用到的器具，甚至裝箱封套地束之高閣；還有更多來自尾牙摸彩或是禮物贈品的大小家電製品，多半是比較便宜的二線品牌，更是家裡已經有了，但是棄之可惜，轉送又怕失禮的「俗品爛貨」。

隨著家電科技的日新月異，以及現代生活的步調加速，各式各樣的廚房設備和烹調器具，不論是實用的「廚房三寶」，或是琳瑯滿目的「廚房道具」和「俗品爛貨」，

一件一件地擠進只有一、兩坪大小的公寓廚房，甚至滿到客廳、飯廳、後陽台等外溢的廚房空間。在這樣的廚房環境之下，即使再靈巧的婦女也很難完全施展開來。這時候，強調整合身體動線、空間安排和設備效能的「系統廚房」以及打破客廳、飯廳和廚房分野的「開放廚房」，也在進口廚具公司和建設公司的聯手推動之下，一度成為跳脫傳統公寓廚房窠臼的希望寄託。不過，一般公寓廚房在深度只有一米八，寬度約為二到三米的空間限制之下，源自歐美寬敞住宅，結合烹調、洗滌與儲藏的「系統廚房」，根本完全沒有施展的空間，使得以廚房現代化為目標的「系統廚房」，胎死腹中。而且，它少則三、五十萬，動輒兩、三百萬的高昂售價，也只有深門大院的富門豪宅消費得起。雖然如此，歐美的系統廚房還是發揮了相當大的影響力，觸發了台灣的廚具業者從三件式的「廚具系統」，逐步發展出在空間上適合台灣公寓廚房大小，在外型上模仿歐美系統廚具，在材質和配備上符合中式烹調習慣，以及在價位上比較低廉的「歐化廚具」。

另一方面，同樣源自歐美社會的「開放廚房」，也曾經被少數房地產業者引進台灣，用來塑造悠閒浪漫、自由共享的現代家居風格。透過房地產的廣告和樣品屋的陳列，一度成為建築設計與室內裝潢的熱門話題；也是不少新婚家庭在選購房屋時，年輕婦女夢寐以求的夢想廚房。然而，開放廚房的家居夢想卻禁不起日常生活的現實考驗。經常煮食所造成的清理困難，尤其是大火快炒所產生的油漬和味道，往往成為婦女們在實現開放空間的廚房美夢之後，沒有預期到的新增家務負擔。所以，開放廚房的風潮也在傳統煮食習慣的限制之下，曇花一現。狹小、封閉的公寓廚房，依然主宰當前台灣都會地區家庭廚房的空間形式。

從公寓住宅的空間生產到開放廚房的油煙問題，我們繞了一大圈，但似乎又回到了問題的起點：一樣在狹小、封閉的公寓廚房，一樣是婦女在料理三餐，一樣有油煙

的問題。不過，如果我們再仔細回憶一下現代婦女在公寓廚房裡面的「廚房之舞」，將會發現作為廚房家務產出的家常飲食，不論是在內容和作法上面，都已經起了一些變化。許多原本被用來展現廚房手藝和婦女愛心，具有濃厚「媽媽味」的家常「功夫菜」，因為現代的職業婦女們必須挪出大半的時間出外工作所造成的生活零碎化，因而逐漸朝向菜色多元、作法簡單、混合搭配的菜式安排，以及彈性切割、多管齊下、省時省事的操作方式。這些結合傳統與創新的「新家常菜」，有一部分是當代婦女充分運用巧思，結合夫妻原生家庭飲食特色和不同地方飲食文化的「飲食拼貼」；另外，有一部分則是來自工業化飲食和商業化市場對於家庭日常飲食的滲透，使得各式冷凍、冷藏、乾燥處理的加工食品和食材，以及即時熟食的商品，以各種不同的面貌和方式，出現在一般家庭的日常飲食裡面。更重要的是，除了這些飲食拼貼的「新家常菜」之外，我們從成功國宅的問卷、訪談資料裡面也發現，外食已經占據

一般家庭約三分之一的晚餐比例。如果納入外食情況更為普遍的午餐和部分早餐，加上街頭巷尾林立的各式餐廳、飯館、麵店和小吃攤，更透露出公寓廚房之外的「街道廚房」，可能早已悄悄地發動一場寧靜的廚房革命，重新定義了日常飲食和廚房家務工作的形式和內容。究竟這是將婦女從公寓廚房的「家庭毒氣室」中解放出來的「廚房革命」，或是另一個隱藏風險的「廚房陷阱」？可能有待進一步的研究和思考。而它對於家常菜和飲食文化的衝擊，也是值得正視的問題。

總結戰後到現在，整個現代公寓廚房的興起和廚房家務工作的轉變，剛好見證了當代台灣婦女廚房生活的性別處境。而我母親所屬的那個世代，也就是二戰前後出生，現在七、八十歲的女性，正好處於台灣由傳統農業社會邁向現代工商社會的關鍵階段，也注定了她們一生必須經歷多次性別家務角色和觀念轉換的歷史命運。在她們曲折的生命歷程中，往往必須同時面對傳統與現代婦女的性別角

色，且必須在這兩種原本屬於不同時空世代的社會角色之間折衝、妥協。小時候，在重男輕女的傳統家庭裡面當童養媳或養女，小小年紀就得進廚房幫忙各種家務，適應和自己身形不成比例的大鍋、大灶。到了十七、八歲的荳蔻年華，就離開家庭，結婚、生子。年輕夫婦為了追求更好的生活，到城市裡打拚賺錢；沒有經濟基礎的小家庭，只能先租房子安頓下來。由於當時提倡節制生育的家庭計畫尚未實施，所以結婚一、兩年內，小孩子就陸續出生。而且連續生個三、四胎，也是很普遍的事情。幸好這時候還年輕力壯、身強體健，只要勤快一點，還是可以把家裡和小孩照顧得妥妥當當。好不容易小孩陸續到了就學的年齡，加上九年國民義務教育的實施，婚後累了好幾年的身體，眼看著有一個稍微喘息的機會。偏偏這時候剛好碰到台灣經濟起飛的年代，各種賺錢的機會，蜂擁而至。除了先生加倍努力之外，做太太的也開始加入工作賺錢的行列。不論是出外工作或是從事「家庭即工廠」的家庭副業，總之，家庭主婦以洗衣煮飯、清潔打掃和照顧小孩為主的家務本分，逐漸擴充為賺錢貼補家用和傳統家務之間，必須兩頭兼顧的職業婦女模式。就在這樣胼手胝足的辛勤努力之下，存了一筆錢付頭期款，買下一間三房兩廳的公寓住宅。雖然擁擠了一點，而且每天生活忙碌，可是有了自己的房子，又看著小孩逐漸長大，心裡對於這樣的安定生活，還是感到滿足。好不容易等到兒女成家立業，自己也正式退休，準備享享清福，安度晚年的時候，台灣社會的產業結構和就業型態也大幅翻轉：服務業成為雇用人數最多的產業類型，已婚婦女就業也成為一般家庭的常態。然而，整個老人安養與幼兒照顧的社會制度尚未建全，結果這群才剛從忙碌的廚房家務和職場生活中鬆一口氣的中老年婦女，又在兒女和媳婦的懇求之下，重執鍋鏟，接下照顧孫子、洗衣煮飯的「老媽子」角色，只好自我解嘲是另類含飴弄孫的「魔法阿媽」。這樣的生命經歷，正是我母親那個世代的女性，最佳的生活寫照。因此，現在七、八十歲的婦

女，可以說是當代台灣女性當中，家務工作的性別處境最為艱辛的一個世代。但是，她們卻沒有任何發聲和現身的機會。或許，近年來高居婦女癌症死亡原因首位的婦女肺癌，正是見證和歌詠她們這段歷史宿命的黃泉之歌。只是，這樣的代價未免太高了！

展望明日的「生活廚房」

在回顧完探討當代台灣婦女廚房生活處境的「廚房之舞」之後，我想進一步從日常生活和身體空間的理論觀點，以及公寓廚房和煮食家務的經驗課題重新出發，思考當代台灣婦女的「廚房之舞」和「生命之歌」可能帶來的一些啟發，作為本書的總結。

日常生活與身體空間的理論新視野

紀登斯在《社會的構成》一書中，曾經提出時—空（time-space）是社會關係的關鍵舞臺同時也是社會（科）學理論的核心概念的主張，並且用個人行動和社會結構之間的結構化歷程關係，來闡述行動和結構在不同的時空組構當中，所生產和再生產出來的社會關係（Giddens, 1984）。這樣的論點，消弭了社會（科）學中長期存在的微觀／巨觀的對立立場。奠基在結構化歷程理論的基礎之上，本書更進一步將時空關係的脈絡性和行動—結構之間的動態歷程，聚焦在日常生活的結構化限制與例行化過程中和身體與空間的客體化關係

上面，形成了日常生活地理學的理論架構，並導引出結合政治經濟學與社會經濟學的分析取徑。它一方面設法釐清我們身體所處之社會空間的生產過程，使我們有機會從政治經濟的宏觀視野，以及歷史文化的深遠歷程，了解框限當下身心處境的整體社會結構。另一方面，它更試圖探討身體作為社會空間的再生產過程，使我們領略消費過程和使用方式對於形塑社會關係和再現社會結構的開創性。更重要的是，它讓時空範圍最貼近我們日常生活的身心處境，以及在時空綿延上最深遠廣闊的社會結構，得以被放在同一個理論平臺上對話；並且透過二者之間相互框限和彼此形塑的動態關係——也就是「活現空間」和「活歷身體」之間的客體化關係和主體性經驗——建構出適合用來批判現代風險社會和異化生活的理論架構。這種跨越時空尺度和打破身心界線的理論視野，將有助於我們抽絲剝繭地了解從過去到現在的社會形構和個人處境，同時藉由相關結構縫隙和生活皺褶的探索，梳理出從現在到未來的行動綱領。

將日常生活地理學放到整個社會科學的理論脈絡當中，我們會發現它對現代社會異化生活的批判，不只緊扣傳統政治經濟學抨擊資本主義社會中國家和資本強力主導空間生產的分析觀點，適當地釐清資本社會的空間實踐及其空間表述背後意識型態之間的緊密關係；而且，日常生活地理學還進一步從「活現空間」的結構縫隙和生活皺褶中開闢出「活歷身體」的社會經濟學分析取徑。這個由下而上、由小而大、由局部到全面的社會經濟學面向，彌補了傳統政治經濟學一不小心就會流於教條式批判的陳腐傾向，也為社會批判的終極目的——社會改革——注入一股從抵抗、裂解、擴散到顛覆的行動活泉。而且，不同於傳統行動科學將行動化約為單純刺激反應或是個人理性決策的社會原子論觀點，「活歷身體」的社會經濟學強調個人同時屬於不同「制度網絡」的鏈結關係，以生命戰略、生活戰術和身體戰鬥之間細膩複雜而又彼此牽動的身心動態。因此，日常生活地理學強調從社會空間回歸到身體空間，以

及從身體空間延伸到社會空間的地理概念，一方面完備了它作為人文地理學基礎理論的宏觀性；另一方面，它從政治經濟學擴充到社會經濟學的分析取徑，在填補傳統政治經濟學視野盲點的過程中，也讓身體—空間的地理概念，滲透到社會科學的其他領域，使得我們對於社會現象的理解和分析，有更透徹和周延的視野。

最關鍵的是，包括日常生活地理學的理論視野和社會經濟學的分析取徑，都具有「反學科／反規訓」（anti-disciplinary）的強烈批判意識和濃厚的解放意味。但是，它並非墨守傳統社會運動或社會革命的對抗路線，這可能是過去純粹以政治經濟學同時作為分析工具和改革手段之間，最容易產生的實踐落差。這種社會病理學所採取的激進路線，往往在推翻既有的不良制度之後，卻未必能夠產生比原來更好的替代制度。因為這種由上而下的制度變革，常常忽略了個別情境和不同個體之間的需求差異，因此在打破舊有的階級衝突之後，又製造出新的階級矛盾。相反地，日常生活地理學強調從政治經濟學到社會經濟學的思辨模式，讓我們更貼近生活運動和文化革命的轉化路線。這種社會生理學所遵循的基進路線，強調從最根本和最細微的地方開始改變，然後藉由反覆行動所再生的結構化力量，以及沉默大眾不約而同的集體行動，兩者共同呈現出來的非正式制度結構，迫使正式的制度結構最後不得不改弦更張，進而也促成整個制度化過程本身的結構改變。用這種雙管齊下的方式所推動的制度變革，才會收到風行草偃的效果，也才可能徹底改變我們習以為常的既有結構。換言之，本書是希望從改變我們看事情的角度和分析事情的方法上面，來達到改變生活和改造社會的根本目的。

從公寓廚房到生活廚房的「文化大革命」和「新生活運動」

自古以來，不分中外，「革命」和「運動」向來都是弱勢者和民間人士為了對抗強權和改變現狀所發動的社會鬥爭。但是在中國近代的

歷史上,至少就有兩起是由掌握國家機器的當權者所發動和生活文化有關的革命和運動。首先是在1934年,由蔣介石當政的國民政府在中國大陸推行「新生活運動」,希望中國百姓從禮、義、廉、恥的思想教育和食、衣、住、行的生活內容加以改變,根除過去農業社會遺留下來的一些不良習性,使中國可以邁入富強安康的現代化社會。1949年中華人民共和國成立之後,毛澤東也於1966年發動一場在思想、文化、風俗和習慣上「破四舊,立四新」的「文化大革命」,期待中國能夠擺脫封建舊社會的陋習,建立共產主義社會的新生活價值。結果,蔣介石的「新生活運動」只是曇花一現地成為政治宣傳的生活口號,而毛澤東的「文化大革命」更成為一場政治鬥爭的文化浩劫,令人不勝唏噓。

「新生活運動」和「文化大革命」有一個共通之處,那就是對於日常生活的延續性和社會文化的包容性的最大反諷。然而,如果我們能夠暫時拋開過去的歷史陰霾和政治糾葛,單純地從革命和運動「改變生活,改造世界」的實踐邏輯來看,將會發現,如果要改變當代台灣婦女在公寓廚房裡面的性別家務處境,只是對於公寓廚房空間生產和女性廚房生活再生產加以分析、批判是不夠的。要改變公寓廚房狹小封閉的空間結構和扭轉當代婦女孤立協商的家務處境,還需要藉由辯證轉繹的策略性假說,將日常生活批判的辯證哲學轉化為破解女性家務困境的行動方針,進而發動一場公寓廚房的「文化大革命」和推動性別家務的「新生活運動」。因為唯有像「文化大革命」般地與傳統決裂,才能產生爆炸性的顛覆力量,鬆動根深柢固的生活習慣和意識型態;也唯有透過「新生活運動」不斷的生活實踐,才能夠一點一滴地建立新的生活倫理,塑造出兩性和諧的家庭空間和生活情境。更重要的是,這個破壞與重建身體─空間秩序的「文化大革命/新生活運動」,既不能重蹈過去政治鬧劇和文化浩劫的歷史覆轍,也不該延續過去女性運動的弱勢抗爭心態。相反地,我們要站在家庭生活

的共同立場之下，讓兩性齊心協力把自己從現代社會的異化處境中解放出來。因此，這個結合「文化大革命」和「新生活運動」的性別協商與家庭再造，應該是一場兩性和全家共同參與的「生活嘉年華」。

回顧20世紀東西方社會的女性運動，都曾經先後在政治、教育和工作等社會場域中，成功地為女性爭取到和男性相同的權利和機會。但是，女性運動的「兩性戰爭」時代已經結束，因為下一個階段兩性關係的鬥爭（奮鬥）場域，將從上述政治、教育、工作等公共場域移轉到家庭和身體的私人場域，並且從身體政治的基進關係擴展到政治、經濟與社會的全球鏈結（Haraway, 1991: 149–181）。因此，我們的首要目標之一，就是將婦女從公寓廚房和性別家務的生活牢籠中解放出來。這場性別協商與家庭再造的「生活嘉年華」需要兩性攜手，一起回到家庭，一起進入廚房，從改變每個人自身與彼此的身體空間關係開始做起：讓原本是婦女家務負擔的煮食工作變成調和兩性關係和

增進親子情誼的生活藝術，並讓公寓廚房不堪回首的「家庭毒氣室」，正式走入歷史。

住宅設計和煮食家務的危機與轉機

英美女性主義的空間學者在批判現代「男造」住宅環境框限在核心家庭的僵化空間和漠視女性自主需求時，有一個非常明確的立場，那就是不應該將作為「男人城堡」的居家空間變成現代女性的「家務牢籠」和「生命徒刑」。台灣現代的公寓住宅和裡面的廚房空間在承襲西方住宅與廚房思維的現代化過程中，因為地狹人稠的環境特性、家庭關係的社會結構，以及飲食習慣的文化特色，使得上述問題變得更加嚴重，也讓當代台灣的婦女付出許多慘痛的代價。其中包括近年來蟬聯女性癌症死亡原因首位的肺癌，而且每年死亡的人數急遽上升。因此，目前最迫切亟待展開的社會工程之一，就是設法改變現有公寓住宅的空間結構和組構方式，讓它能夠更有彈性地滿足不同家庭

型態和不同家庭生命歷程的空間需求，有效地營造兩性與不同世代可以共同參與的家務工作環境。此外，在安全衛生、操作便利和維護輕鬆的原則之下，針對東方的飲食習慣設計人性化、現代化的「分享廚房」，使家常菜的飲食文化可以作為維繫兩性與親子關係的家庭橋樑。

而且，這個問題的迫切性也不僅限於台灣，同為以華人家庭為主的新加坡和港、澳地區，也有類似的問題。這些地區公寓住宅的密度和標準化的程度，甚至比台灣更高。尤其是人口數量龐大，近年來才開始大規模地興建集合公寓住宅的中國大陸，更需要吸取台灣住宅現代化歷程的經驗教訓。否則，以中國大陸地產業開發的規模和速度而言，如果重蹈台灣公寓廚房的覆轍，那麼未來的三、五十年，甚至長達一個世紀的歲月裡面，這些數百倍於目前台灣公寓住宅數量的中國現代公寓，即有可能成為埋藏日常生活危險因子的一大來源。到時候，中國各大城市的婦女群眾，極

可能面臨和目前台灣婦女一樣的「廚房悲劇」，也會為無數個中國家庭，帶來廚房油煙和婦女肺癌的生活危機，甚至成為葬送大量中國婦女生命的「死亡集中營」。

就台灣目前數量高達四百多萬戶的公寓廚房而言，除非發生像九二一或四川大地震那種大規模的嚴重天災之外，否則，要在一、二十年之內改變現有的公寓空間結構，幾乎是不可能的事情。即使將時間拉長到三、五十年，而且有國家住宅政策的強力主導和營造產業與家電科技的技術支持等各項當初公寓住宅生產的有利條件配合，恐怕也只能改變其中一小部分的住宅結構，而無法完全翻轉目前公寓廚房的結構限制。所以，我們必須了解，這項公寓住宅與廚房空間的「家務革命」，將是一條遙遠而漫長的改革道路，不是一朝一夕可以達成的速效工作。

即使如此，我們還是得從現在著手進行，才可能改變台灣婦女艱困的家務處境。而且，這個漫長的

「家務革命」之路，必須從喚起社會對於這個問題的重視開始做起。唯有社會普遍認知到公寓廚房的根本問題之後，才有可能在國家政策、市場機制和個人行動上，進一步採取各種改革的措施。希望在本書的最後，能夠對未來住宅環境和家務處境的改革策略和戰術方針，提出幾個思考和行動的方向，以開啟這場「家務革命」的序幕。

從「宜蘭厝」到「『好』住宅」的造屋運動

由於目前公寓住宅作為都市集合住宅的主要型態，在先期的規畫、設計和後續的銷售、使用過程中，由使用者介入和領導空間形塑的情況並不普遍，使得建築師在設計住宅的時候，一方面很難掌握多數家庭對於彈性空間組構需求的普遍性，另一方面也不容易滿足個別家庭對於某些特定空間安排的特殊性，才會生產出一般公寓廚房狹小、封閉、孤立的空間結構，也因而製造出對於台灣婦女普遍不利的性別家務處境。要改變這種僵化、偏頗的住宅空間生產模式，必須化被動為主動地將住宅空間的生產、銷售，以及後續的購買、使用，變成一個環環相扣的生活空間營造。在台灣目前的建築環境之下，要一下子整個改變空間設計和使用的關係，尤其是以集合住宅為主的不動產生態，殊非易事。因此，先回歸個別住宅的設計、建造，從中思考住宅空間生產和再生產之間的必然關係，也許可以幫後續的集合住宅設計找到一條重生的道路。

從1994年開始，由宜蘭縣政府和仰山文教基金會共同推動的「宜蘭厝」運動，剛好提供一個值得借鏡的運作模式。延續、擴大和轉換「宜蘭厝」的發展模式，也可以作為將都市集合住宅從女性家務牢籠中解放出來的實踐起點。簡言之，「宜蘭厝」的基本概念是在尊重蘭陽平原潮濕多雨的自然環境特色、農田水利和鄰里和睦的社會文化傳統，以及業主個別家庭的生活需求等大前提之下，結合了政府部門、景觀建築專業學者和業界、地方文史工作團隊、社區鄰里組織，以及

個別業主的力量，試圖透過斜屋頂、半戶外空間、自然素樸的建材等基本設計準則的建立，還有一個又一個的實際案例操作，落實在家族倫理的祭祀空間、工作與休閒的接壤空間、老人休閒的生活空間、女性家務的勞動空間、兒童照料與遊戲的空間、鄰里互動的社會空間等，逐漸打造出既具地方風土特色，又能夠滿足個別家庭需求的現代居住環境。他們為這樣的現代風土住宅取名為「蘭陽厝」。從1994年開始推動，並於2001年進入第二期計畫，前後摸索了十多年的「蘭陽厝」運動，目前已經完成了十多個實際的設計案例（詳情可參閱仰山文教基金會，2008）。

「宜蘭厝」結合自然環境、地方產業、社區鄰里、社會文化和家庭倫理的整體理念，和本書所強調「人性尺度」和「制度網絡」精神，可謂不謀而合。如果能夠加入我們從公寓廚房得到的教訓，將性別協商的居家空間營造納入「蘭陽厝」的設計準則，並且藉由個別案例的設計和後續不斷的檢討，或許

在不久的將來，我們就會看到一些值得擴大推廣的範例和模式，可以作為重塑未來家庭廚房空間和增進現代婦女家務處境的基礎。或是我們可以仿效「宜蘭厝」的發展模式，尋找適合的都市地區和地方政府，再結合學術、產業、鄰里與地方文史工作者的力量，針對數量龐大的現有公寓廚房提出「生活廚房」的改造計畫，並藉由改造案例的累積和檢討，逐漸發展出改造的設計準則和擴大推廣的具體方案。

其次，當「宜蘭厝」的造屋經驗或者「生活廚房」的改造計畫累積到一個程度，我們可以將它們的發展模式進一步擴大和調整為眷村改建或是興建宿舍的前導方案——「『好』住宅」計畫。由於眷村改建或是興建宿舍之類的集合住宅，在規畫過程中就已經有明確的未來使用者，而且還有過去眷村或是機構的組織基礎，因此可以借用過去幾年文建會推動社區營造的參與模式，在地方政府住宅部門、景觀建築與規畫專業、地方文史團體、基層鄰里組織，以及最重要的使用者

的共同參與之下，讓集合住宅的規畫、設計、營造和使用，可以突破過去公寓國宅鎖定在核心小家庭以三房兩廳L-D-K模組為主的標準平面窠臼。從整體社區和彈性家庭的兩性協商角度出發，讓過去禁錮婦女身心的公寓廚房，得以轉化成增進兩性關係、名副其實的「家庭中心」（home center）。最後，再透過一些實際的集合住宅案例，逐步建構出「『好』住宅」的集合住宅設計準則，由中央與地方政府透過各種住宅政策工具，鼓勵大型機關學校、公司企業、社區鄰里，或是地產開發商，從住宅使用和社區經營的角度出發，營造出具有地方社區特色，同時又符合不同家庭需求的「『好』住宅」。如果這些事情可以逐一實踐，那麼，即使從「蘭陽厝」到「『好』住宅」的造屋運動將會是一項耗時久遠的社會工程，最終也會有開花結果的一天。

從「智慧生活屋」回歸「生活智慧屋」的整合探索實驗

要在數量龐大、根深柢固的現有公寓住宅結構之下，探索未來「『好』住宅」的可能模式，除了借用「宜蘭厝」的發展模式，一點一滴地由個別的案例和地方累積起來之外，還有賴政府站在文明探索與文化形構的前導地位，結合國家、學術、產業和民間團體的菁英力量，推動前瞻性的整合實驗計畫，作為思考未來生活型態與引領明日居家環境的推手。就像20世紀初期英國快速發展的連棟街屋和二戰之後大量興起的國民住宅，其內部的L-D-K空間組構就是脫胎自1851年倫敦萬國博覽會對於未來工人住宅現代化想像所設計的「模範住宅」。而倫敦萬國博覽會的目的是在慶祝與展示當時工業科技與設計的成就和趨勢，甚至連作為展覽會場——以大量鋼骨和玻璃搭建而成的水晶宮（Crystal Palace）——也是當時科技與設計的一項創舉。由此可見，對於未來生活的想像和營造居家環境的技術研發，在人為

環境主導整個生活環境的時代趨勢之下，將繼續扮演引領潮流的重要角色。令人失望的是，2010年在上海舉辦的世界博覽會中似乎看不到太多嚴肅思考人類未來發展的前瞻設計，盡是聲光音效的奇觀展示。反而是上海街頭持續上演的「生活博覽會」——例如破窗而出的空中晒衣場和睡衣外穿的街道伸展臺——更能引發我們思考未來城市生活的具體內涵。

近年來，我國政府也在行政院的產業科技策略政策之下，追隨歐洲、美國、日本、韓國積極開發「智慧生活科技」（intelligent home technology）的腳步，整合學校團體、研究機構、產業聯盟、政府單位、社會組織，以及國外機構，積極推動「以人為本的智慧化人因工程科技」（國科會智慧家庭科技創新與整合中心，2008）。行政院在2005年的產業科技策略會議中，就將智慧化居住空間列為我國產業發展重點。國科會也從2006年起推動「永續智慧人本住家」的三年期整合型研究計畫；2008年更進一步提升為「智慧生活科技區域整合中心」計畫，從「智慧呵護屋」、「智慧健康屋」和「智慧永續屋」的個別探索計畫，逐步拼湊出明日智慧生活的科技住宅原型。

就我個人短暫觀察「永續智慧人本住家」計畫的部分整合過程，發現整個計畫雖然不斷強調「以人為本，科文共裕」的智慧生活科技理念，不過這個以科技工程應用為主的整合計畫，人文社會領域的觀點在裡面只扮演輔助的修飾角色。在整個「智慧科技‧生活‧屋」的斷裂思維中（本書的斷句），「智慧科技」的技術研發扮演最核心的主導角色，「生活」只是提供研發設想的情境，而「家」則是科技應用操作的具體對象。舉例來說，在這個研究當中，「家庭生活」的整體問題，被拆解成老人健康安養、職業婦女家務工作、兒童照料呵護等孤立的問題，因而產生各種人際與人機界面的生活難題，需要透過各種遙感監測或操控的「智慧生活科技」來解決。問題是，這種社會原子論和技術決定論的思維，正是過去以核心家庭為對象的公寓住宅現

代化，還有以婦女為對象的家庭科技現代化的最大迷思。由於不當的「問題設定」（problem-setting），導致在「解決問題」（problem-solving）的過程中，倒果為因地追求科技手段的「工具理性」，卻忽略了生活本身最終的「目的理性」，結果反而製造出更多、更嚴重的社會問題。而前述老人安養、婦女家務和幼兒照料等現代社會的家庭問題，在過去「低科技」的時代，反而很容易藉由家人的互相扶持，無須動用新穎科技和大筆花費即可解決的「生活智慧」體現。

因此，依照目前「智慧生活屋」的「科技整頓」（technological fix）取徑來看，在缺乏「生活智慧」的「科技迷信」之下，如果整個前瞻研究的成果變成未來住宅發展的政策方針，極可能成為新一波家庭風險的重要亂源，因為這就是現代社會異化生活的最佳寫照：一個人與人相互疏離，生產與消費脫節，人性失落的「恐怖時代」。前事不忘，後事之師。就像美國「新政」時代，政府和產業所聯手打造

的郊區獨棟住宅和現代家電科技，正是埋下後來郊區婦女「無名難題」的女性迷思根源。其實，這也是傳統政治經濟學的社會病理學分析和對策的最大罩門——問題不在關心的對象，而在根本的思維。它往往沒有徹底解決舊問題，反而製造出更多的新問題。這也凸顯出由下而上的「宜蘭厝」模式對於發展「智慧生活屋」的啟發作用：使用才是關鍵，生活才是王道；這是住宅設計的基本步驟，也是最高境界。因此，對於未來生活型態和居家環境的探索和研發，必須聚焦在「活歷身體」和「活現空間」所交織出來的「人性尺度」和「制度網界」。正本清源之道，還是要讓「智慧生活屋」先回歸「生活智慧屋」的人本精神，以最直接的人際關係和最低度的科技干預，化繁為簡地重新設定智慧家居的問題意識。唯有把科技的人性面當作大前提，才不會違背人性科技的基本精神，也才有可能讓有「生活智慧」的「智慧生活屋」，營造出幸福和諧的「『好』家庭」。

「新生活」和「『好』家教」的生活教育改革

要改變現有公寓住宅的硬體結構是一件曠日費時的事情，而我們所寄望，未來能夠結合智慧與生活的「『好』住宅」也還遙遙無期。這時候，從現有空間利用方式出發的使用者生產，可能是更為直接和有效的生活實踐。不過，我們不能只是仰賴婦女們個別、零星的生活戰術，期待它能扭轉現有公寓廚房不利於婦女家務處境的社會空間結構。相反地，我們需要用結合性別觀念與家政實務的教育改革，以及能夠將這些社會改革的期許提升到政治層次的性別運動，在教育上從小開始，在政治上大張旗鼓的方式，用實際行動來扭轉煮食家務等於女性本分的性別刻板印象，並且改變積習已久的生活習慣。也就是說，我們必須將個別婦女身體空間的協商方式，擴大為家庭生活的倫理教育和提升為性別關係的社會規範。為了達到這項性別家務的文化革命，可以從家庭生活教育和性別政治這兩方面開始著手。

在家庭生活教育方面，首先需要重新定義「家庭生活教育」的課程內容和實踐方式，讓學校教育和家庭生活能夠密切結合。而其前提就是必須先導正「幫媽媽做家事」的錯誤觀念，代之以「家人共同分擔家務／分享生活」家庭倫理觀念。在這方面，從2001年開始實施的國中小學九年一貫課程設計，已經在小學的社會、自然與生活科技，以及國中的家政與生活科技等學習領域中，開始實踐類似的理念。並

且在國中階段，讓所有學生同時修習過去男女分離的家政和生活科技（工藝）課程。然而，從相關領域的課程綱要當中，可以發現這樣的教材內容和家庭生活的日常實踐，尚有相當程度的落差。因此，應該用校園生活和家庭生活雙軌並進的方式，從小學開始，依照學生的身心發展和其他學科的知識累積，逐年教導學生操作不同性質和程度的家務工作，並且要設法落實在每天的校園生活和家庭生活裡面。

為了達成這樣的理念，除了所有的學生，不分男女，都需要修習結合傳統家政、工藝、護理、園藝等課程內容的「新生活」課程之外❸，更應該讓學校裡面的學習環境，包括教室、浴廁、校園、社團等空間，具備基本的生活機能，並且讓學生參與營造規畫與管理維護

的工作。透過這些校園生活的例行活動和教師從旁的輔導、協助，可以有效地將九年一貫課程改革強調認知、情義、技能的教育理念，落實在學校的生活教育裡面，並且擴大應用在日常的家庭生活當中。這樣的生活教育可以從小學開始，一直延續到高中畢業；甚至可以在大學校園裡面，透過男女宿舍的適當整合，或是公寓形式的研究生宿舍，進一步提升。如果這些生活教育的家政課程改革可以逐步落實，相信不出10年，整個社會對於家務工作和女性本分的態度和作法，都會大幅度地改變。到時候，每一個接受過「新生活／好家教」的新世代公民，除了會有將性別協商內化為己身處境的同理心，還會推己及人地影響周遭的親友。那麼，再過10年，整個社會對於住宅空間結構的調整需求，也會應運而生。最後，公寓住宅和廚房空間的家務革命，也會自然而然地水到渠成。

這裡涉及一個身體空間和性別協商的關鍵概念，需要釐清：性別協商不只是男人和女人之間的兩性關

❸：更具體地說，應該是包含景觀、建築、園藝與空間規畫等，營造與維護日常生活環境所需的基本觀念與技能。

係，同時更是體現在每一個男性和女性內在的身心處境。也就是說，每一個人都同時具有男性和女性的特質。例如，女性也有容易使力的慣用手，男性也能做許多細膩的靈巧動作；男、女都有理性和感性的思維等，只是每一個人的先天條件和後天處境不同，發揮和適應的情況也就因人而異。問題是，多數人在社會化的成長過程中，被灌輸成「男女有別」的身心異化觀念，結果反而放大和強化了兩性之間的生物差異，削弱了兩性共有的身心經驗，也因此拉大了性別協商的困難度。因此，我們必須回到兩性身心處境的共同起點，從身體空間的內外環節來化解男女兩性之間的緊張關係。換句話說，包括煮食家務在內的許多性別協商，不能再沿用傳統性別分工的刻板模式來處理，而是要放到身體空間的人性尺度和家庭生活的制度網絡裡面，重新理解和溝通調和。這時候，經過「新家政／好家教」生活教育洗禮的「好男好女」，將會有更具彈性的性別協商空間，讓家庭生活更加和諧、美滿。

從性別協商到政治改革的「『好』政治」運動

問題是，要推動「新家政／好家教」的生活教育課程改革，還需要相關領域的教師和主管教育政策的官員，先具有性別協商的理念和意識。因此，除了從長遠的生活教育著手之外，當下必須立即推動的要務之一，就是將性別協商的社會改革提升到性別運動的政治層次。唯有如此，才能使生活教育的課程改革，獲得政策推動和社會支持的動員力量。

其中一項可能的具體作法，就是在目前小選區的基礎之上，重新推動「單一選區兩票制」的立委選舉辦法。但是將「一票投候選人，一票投政黨」的黨、政重疊選舉制度，改為「一票投男性，一票投女性」的兩性平等參政制度。也就是在同一個選區之內，每個選民投兩票，一票投男性，一票投女性。男、女候選人分別計票，以男性候選人中總得票最高者，以及女性候選人中總得票最高者，分別獲選為

該選區男性和女性的立法委員。這種看起來簡單到不行的「新單一選區兩票制」,不僅在目前的性別政治上具有開天闢地的兩性平權意涵,也是未來在各方面推動性別協商的社會改革運動的重要基礎。

有幾項理由可以說明為什麼在立法席次上,女性需要擁有足以反映女性在總人口中占半數比例的重要性。首先,女性是社會的中道力量,也是人數最多的弱勢族群。過去在教育、工作和政治中所鼓吹的男女平等,很多都只是表面上的「機會平等」,並非真正的「立足點平等」。由於男、女在生理、心理、社會資源和文化價值各方面的處境截然不同,讓原本可以和諧共處、相輔相成的兩性共治,落入共同角逐相同席次的不公平競爭,就像將奧運的男女運動競技項目,混在一起比賽,表面上男女都有奪金擁銀的機會,但是實質上,卻毫無公平性可言。因此,在政治參與的國會殿堂,絕對有必要率先扭轉這種潛藏在兩性之間的緊張關係。讓男性和女性的參政者必須同時尋求

兩性選民的支持,但是分別在不同的性別席次裡面競爭。這樣才能夠真正落實票票等值的選舉精神,實現兩性平權的普世價值。

其次,由於女性對於女性、兒童、殘障、勞工、少數族群等弱勢族群,向來都比較關心,也有較多付出;因此,修改目前「單一選區兩票制」的選舉辦法,讓足夠反映兩性人口比例的女性進入國會,不僅可以保障廣大女性族群應有的權益,還可以擴大立法過程中,對於其他弱勢族群的照顧,是遠優於依照政黨得票比例增加不分區立委席次的選舉制度。再加上女性善於溝通、協調,以及比較包容、妥協的性別特質,當立法院有比較平衡的兩性代表時,整體的議事氣氛,也會更加和諧。

第三,從2008年2月首次實施「單一選區兩票制」的立委選舉投票結果來看,會發現「一票投候選人,一票投政黨」的兩票制,在全國性議題和專業能力的藉口之下,會嚴重擠壓小黨與個人的參政空

間。不僅造成大者恆大,甚至「一黨獨大」的政黨怪獸,這樣的選舉制度,也製造出「黨意」與「民意」的落差縫隙。試問,如果壟斷和寡占在自由經濟體系內被視為有違公平與效率的市場怪獸,需要政府和法律加以干預和節制,那麼為什麼「一黨獨大」或是「兩黨惡鬥」會是民主政治的理想模式,又該由誰來監督制衡呢?

如果台灣要成為一個成熟、穩健,多元、包容的民主社會,尤其是要在兩性關係的和諧發展上,領導世界性別政治的潮流,就應該勇於突破西方父權政治的歷史窠臼,走出台灣自己的「性別民主模式」。而「單一選區兩票制:一票投男性,一票投女性」的選舉制度革新,將是一個最好的開始。環顧馬英九當選總統之後,「酷酷嫂」周美青所締造的新女性旋風,以及民進黨在國會和總統大選雙雙慘敗之後,由主張回歸民進黨素樸黨性的蔡英文當選,成為台灣歷史上第一位重要政黨的女性黨魁所帶來的革新氣息,相信未來幾年,將會是台灣從父權社會走向兩性平權社會的歷史契機。從過去西方社會和台灣目前婦女運動的經驗教訓來看,要實現這種兩性平權的「『好』政治」,光靠女性的努力是不夠的;唯有男性的開闊胸襟和積極投入,才有可能攜手共創性別政治的里程碑,這也是未來開啟性別協商的社會改革運動,不可或缺的關鍵要素。

從家常菜的飲食趨勢到街道廚房的新興風險

在公寓廚房研究的田野考察過程中,我除了看到婦女們每日透過身體空間的生活縫隙和從中挪用填補的協商操作,活現出使用者操作再生產的生活廚房之外,從受訪家庭有關日常飲食習慣的討論中,也觀察到台灣在資本主義所主導的家庭現代化歷程裡,資本、文化和空間表現在食物製作與日常飲食上的微妙關係——也就是從家常菜到熟食、外食的飲食工商化趨勢。就目前而言,這樣的日常飲食文化趨勢,並非家常菜全然被熟食/外食

取代的消長過程,而是彼此滲透、互相搭配的競合過程。可以預見的是,從推動提升女性在國會代表性的兩性平權的「『好』政治」主張到實施改變婦女家務處境和增進兩性和諧的「『好』家政」教育,一直到實現改造公寓住宅與廚房空間的「『好』住宅」運動,將是一場漫漫長路的日常生活文化大革命;因此,由家常菜到熟食、外食的飲食工商化轉變,勢必成為未來幾年台灣最主要的日常飲食型態趨勢。一般家庭日常飲食因而產生的系譜重組,或許有可能將台灣婦女從廚房油煙和婦女肺癌的家務困境中解放出來;然而,隨著這些日常飲食習慣的改變,也極可能衍生出不同於傳統性別家務處境的生活風險。這幾年躍升為台灣地區癌症罹患率(不是死亡率)首位的直腸/結腸癌,就是最大的警訊之一。

先就工業化的食物製品及商業化的外食餐飲作為解放婦女於性別化家務窘境的潛在力量而言,它讓家庭與勞動力再生產的日常飲食從食材生產到咀嚼消化之間的飲食鏈,變得更加分化,也使得家庭飲食的「煮」與「食」之間,逐漸脫節。發展到極致,便產生另外一種「廚房家務革命」的可能性——雙職家庭不設廚房的「頂奇族」(Double Income, No Kitchen, DINKi)。也就是說,男性並未如女性主義運動者所期待加入廚房家務的戰場,和女性共同打造性別協商的家務操作模式。相反地,由於煮食的家務工作逐漸「外包」到食品工廠的「中央廚房」或是作為「社區食堂」的「街道廚房」,女性也就堂而皇之地褪下廚房工作的圍裙。這個在西方社會一直難以實現的家務革命願景,因為台灣特殊的餐飲產業結構和都市環境——也就是相對便宜和多樣化的餐飲選擇,以及都市密集發展和土地混合使用所產生的近便性——極有可能不必透過公社或合作社等極端的社會主義模式,就實現在西方被視為烏托邦理想的廚房社區化主張。舉例來說,我家巷口有一家五、六十歲退休夫妻開的家常麵/飯館。他們利用住家一樓的院子搭鐵棚來作生意,並且善用各式盆栽來布置店面,頗有英倫溫室

的雅緻氣氛。先生負責下麵和外場的工作，太太負責「內場」（也就是他們自己住家的廚房）家常菜的製作兼帶孫子❹。中午常常看到附近內湖科技園區的上班族呼朋引伴地開車過來用餐（大約五分鐘車程）；晚上的顧客主要是國宅社區裡面的住戶鄰居，尤其是年輕的個人、夫妻或家庭。由於店面就在國宅社區的巷子裡面，飯菜也有濃濃的家常味，和一般麵店或自助餐的感覺完全不同，生意一直不錯。這樣的模式的確有可能把家常菜的飲食文化，從個別家庭的公寓廚房擴

大為社區飲食的共享廚房。只是，這樣的作法，好壞都有，並非每一個社區的家庭飯館，都有這樣的品質和效果。因此，要普遍推廣，還需要在使用法規和經營輔導上面，下一番功夫。而且，如果「頂奇族」的無廚公寓和「有媽媽味」的社區食堂真的大量實現，有可能進一步讓過去被視為家務負擔的煮食工作在沒有生活壓力的情況下，就像野餐烤肉般地變成家居生活的休閒活動，是兩性和親子得以共享的生活趣味。到時候，家庭廚房和家常菜的形式和意義，也會有一番新的轉變。

就新興的生活風險而言，由家庭廚房到街道廚房的飲食轉變，至少有兩種值得注意的風險型態。第一種生活風險依然和廚房油煙及婦女肺癌有關，不過廚房的場景從一般家庭的公寓廚房變為餐廳、小吃攤等外食來源的「街道廚房」；而廚房油煙和婦女肺癌的關係，也擴大為廚房油煙對於廚房工作者健康威脅的「工安問題」與「職業傷害」，影響的對象包括男性和女性

❹：這些家常菜多半是事先做好，然後用大盤子盛著放在玻璃菜櫃裡的涼菜（類似江浙或上海菜館的菜式）。例如紅燒魚、涼拌黃瓜、魚香茄子等，大約有七、八種，而且每天菜色都有一些變化，很受顧客喜愛。不論吃飯、吃麵，多少都會叫一、兩盤當配菜。

的廚房工作者。近年來台灣各地，從大城市到小鄉鎮，從通衢大道到巷弄鄰里，各種餐廳、飯館、麵店和小吃攤的數量和密度，一直居高不下。相較於世界各國，甚至同樣是華人社會的香港、新加坡和中國大陸，也絕對有過之而無不及。因此，從事餐飲廚房工作的人口，也有日漸增加的趨勢。由於其中有相當比例的廚房工作是一般餐飲和小吃店／攤的形式，所以女性廚房工作者的比例，也比過去以男性為主的專業廚房高出許多。不論大小餐廳，餐廳廚房的煮食頻率絕對遠遠高於家庭廚房；而且，因為大量油炸和大火快炒的專業烹調需求，餐廳廚房更容易產生大量高濃度的油煙。儘管不少大型的專業廚房裝有特殊的強力排煙設備，不過為數更多的中、小型餐廳廚房，恐怕就沒這麼幸運。這些以自我雇用為主的中、小型餐廳或小吃攤，女性主廚或是在廚房幫忙的情況普遍，但是排煙的設備反而因陋就簡。所以，因為長期大量吸入廚房油煙而造成肺癌風險的機會就會大幅提升。同樣地，男性的廚房工作者一樣也有

罹患肺癌的風險。加上吸菸，風險就更高了。即使是通風比較良好的小吃攤，也因為台灣這幾年流行鹽酥雞之類的油炸小吃，煮食過程中產生高濃度致癌油煙的情況反而更加嚴重和普遍。換言之，在後公寓廚房時期或街道廚房時期的廚房風險，已經從居家的生活風險轉變為工作場所的職業風險。就風險的性質和危害的程度而言，也都不同於傳統的家庭廚房。「街道廚房」應運而生的各種問題，有待進一步釐清。

另一方面，隨著家常菜逐漸滲入加工熟食和移轉到外食的飲食工商化過程，日常飲食作為一個隱藏的風險來源，其風險的發生機制也從食物準備過程的煮食家務，逐漸轉換到飲食的消費過程。近年來媒體常常大幅報導各種「黑心食品」的新聞，包括食物違法添加致癌物質或非食用原料、低價蒐購病死禽、畜作為加工食材、故意竄改製造日期或食用期限等各種問題，暴露出日常飲食的消化過程，隱含著比過去在自家廚房親自動手做飯做

菜的時代,更多未知的風險和不確定性。而且,這些加工的包裝食品和餐飲業提供的商業飲食,往往透過各種商業廣告的行銷手法,以及廣播、電視、報紙、雜誌和網路等多重媒體的報導、渲染,營造出各種美食的假象。也因為這些日常食品的生產過程比以往的家常菜更加隱匿和神秘化,而食物消費從食材選購、清潔、處理、烹煮、上菜,一路到清理、保存的多重過程,也被剝奪到只剩下吃的動作和進入身體之後的消化過程。因此,現代社會工商化的日常飲食,變得越來越被動和異化。如果將它和成衣、家電、影音產品等現代商品的日常消費一起檢視,會發現整個資本主義生產制度對於我們身體和心理的消費殖民,還在持續擴大當中。不久前在中國大陸爆發,蔓延擴大到台灣及世界各地的三聚氰胺「毒奶事件」,就是最佳的例證。

此外,在各種加工食品和外食餐飲當中,麵食已經逐漸趕上米食,成為台灣當代新興的家常飲食類型。這對原本以米食為主的台灣

家庭而言,充分反映出現代都市生活的緊湊步調。先說麵攤和麵店:不論是台灣傳統的「切仔麵」、隨著戰後大陸移民一起引進的「外省麵」(例如四川擔擔麵、北京炸醬麵、大滷麵等)、榮民老兵新發明的「牛肉麵」,或是最近頗熱門的義大利麵,最初都只是點心、宵夜,或是偶爾外食的代餐。也因為麵食的烹煮過程簡單,只要準備好主要的食材和調味料,當場燙煮幾分鐘就可以上桌食用,所需要的設備和空間也相對簡單,所以是許多人創業謀生的重要選項之一。隨著飲食工商化趨勢而日漸普遍的外食潮流,以及戰後國人飲食內容的多元發展,麵食逐漸成為「正餐」的一部分,而且是在家用餐和外食都常出現的餐飲選項。此外,當一些麵攤隨著台灣經濟發達和社會進步,逐漸轉為店面經營的過程中,操作簡便的「攤子」並未隨之消失,佇立在店頭熱騰騰的湯鍋,以及當場操作的「下麵」動作,是麵店有別於餐廳和飯館的醒目標誌。這種帶有前台表演性質,以及能讓顧客在烹煮過程中監督、感受,宛

如「開放廚房」的麵店形式,未嘗不能被視為「街道廚房」或是「社區食堂」的一種商業原型。

順著這個脈絡發展,還可以看到更多類似的「街道廚房」和不同的餐飲內容。例如,近年來蓬勃發展的「美而美」早餐店,就充分展現「代理烹調」的現代精神,讓顧客可以假手店家現場製作自己喜好的三明治。而從過去到現在一直強調菜色琳琅滿目,可以自由搭配的自助餐店,也讓喜好米食卻無暇親自下廚的現代人,能夠以些許的花費,稍稍地體驗和實踐「社區食堂」的公社精神。

至於麵食在家中的角色,也因為它經濟實惠、方便快速,以及變化豐富的各項優點,往往成為家中餐飲的最佳「救援投手」。不論是傳統市場現做的手工麵或是食品工廠大量生產的乾麵條,甚至從1960年代之後才出現的泡麵,同樣都可以在最短的時間內,依照自己的需求,煮出一碗或一鍋熱騰騰的湯麵。從出國念書開始,我自己也是靠著一道從記憶中摸索而來的「家

常麵」,陪伴我度過無數的餐飲歲月。它的作法很簡單,只要用青蔥和蝦米稍微爆香一下,加水煮開,再下麵條煮熟,稍微調味之後,就是一大碗香噴噴的家常麵。要「澎湃」一點的話,還可加入肉絲、海鮮、丸子、雞蛋、豆腐、青菜等配料。而我們家的「獨門口味」,則是在起鍋時會摻入一點點米酒提味,同時切一點芹菜末增加香氣和口感。即使到現在,我的冰箱裡永遠都會存放一點青蔥和蝦米,懶得出門用餐或是半夜回家肚子餓,隨時都可以下鍋煮一碗我最喜歡的家常麵。

雖然母親從來都沒有教過我怎麼煮麵,可是每當我在熱油準備爆香煮麵的時候,我都會想起她。想起小時候父親加班回來,母親起身幫他煮麵的身影和麵香的味道。還有偶爾讀書開夜車的時候,母親睡前也會問我餓不餓,要不要煮一碗麵。其實,我也不知道自己煮的麵,是不是和母親的作法一樣。而她到去世之前,也從未嘗過我煮的「家常麵」。她生病的時候,都是

弟弟下廚煮飯。她可能不知道，經過這麼多年的磨練，其實我也煮得一手好麵。好想親手為母親煮一碗麵，然後問她，這樣味道對不對？！

References

參考文獻

- 王文安（1987）。《光復後台灣居住空間型態的演變與未來發展之研究》。私立淡江大學建築研究所，碩士論文。
- 四十萬靖、渡邊朗子著，何啟宏譯（2008）。《教養設計學：如何輕鬆教出好孩子》。台北市：早安財經。
- 江豔鳳（2007）。《意想不到的電鍋菜100：蒸、煮、炒、烤、滷、燉一鍋搞定》。台北市：朱雀。
- 台北市政府國宅處（1987）。《台北市成功國宅簡介》。台北市：台北市政府國宅處。
- 台北市民政局（2003）。《2003台北市區界說》。台北市：台北市民政局。
- 吉本芭娜娜著，吳繼文譯（1999）。《廚房》。台北市：時報出版。
- 仰山文教基金會（2008）。〈宜蘭厝網站〉。《財團法人仰山文教基金會》網頁資料：http://www.youngsun.org.tw/house/ppb1-1b.php。2008.07.15。
- 行政院主計處（1995a）。〈84年人口及居住調查提要分析〉。《行政院主計處》網頁資料： http://www.stat.gov.tw/ct.asp?xItem=557&ctNode=548。2006.01.11。
- 行政院主計處（1995b）。〈84年人口及居住調查統計結果表〉。《行政院主計處》網頁資料：http://www.stat.gov.tw/ct.asp?xItem=2131&ctNode=549。2006.01.11。
- 行政院主計處（2000a）。〈89年普查結果提要分析〉。《行政院主計處》網頁資料：˜http://www.stat.gov.tw/public/Attachment/41171663571.rtf。2006.01.11。
- 行政院主計處（2000b）。〈89年普查統計結果表〉。《行政院主計處》網頁資料：http://www.stat.gov.tw/ct.asp?xItem=1185&ctNode=549。2006.01.11。
- 行政院經濟建設委員會住宅及都市發展處（1984）。《國民住宅空間標準之研究》。行政院經濟建設委員會住宅及都市發展處，研究報告（73）三九八．三七七。
- 行政院衛生署（2010）。〈表6 歷年癌症主要死亡原因死亡人數—按性別分〉。行政院衛生署《死因統計統計表》網頁資料：http://www.doh.gov.tw/CHT2006/DisplayStatisticFile.aspx?d=73104&s=1。2010.01.15。
- 吳寧（2007）。《日常生活批判：列斐伏爾哲學思想研究》。北京市：人民出版社。
- 吳鄭重（2001）。〈環境規畫與永續發展：建構一個整合人文與自然的「新科學」〉。《公共事務評論》，第2期，第2卷，頁49-89。
- 吳鄭重（2004）。〈「菜市場」的日常生活地理學初探：全球化台北與市場多樣性的生活城市省思〉。《台灣社會研究季刊》，第55期，頁47-99。
- 吳鄭重（2008）。〈引導未來設計的辯證轉繹創意思維〉。《當代設計》，第190期，頁42-44。
- 李棟明（1995）。《台灣地區早期家庭計畫發展誌詳》。台中市：台灣省家庭計畫研究所。
- 李慶華、林麗娟（2004）。《15分鐘電鍋吃補：365天輕鬆健康吃》。台北市：三味。
- 杜歆穎（2000）。《都市幽靈地景：試論台灣房屋預售制度下的接待中心與樣品屋》。國立台灣大學建築與城鄉研究所，碩士論文。
- 林益厚（1989）。《人變遷與家戶組成之關係：台灣地區之模擬分析》。私立東海大學社會學研究所，博士論文。
- 林益厚（2004）。《人口與都市發展》。台北市：詹氏。
- 林清茶（2006）。《1．2．3方便電鍋菜》。台北市：生活品味。
- 林潤華、周素卿（2005）。〈「台北信義豪宅」及其生產集團：信義計畫區高級住宅社區之生產者分析〉。《地理學報》，第40期，頁17-43。
- 東森新聞（2000）。〈珍藏台灣系列4：速食麵〉。《NOWnews【生活新聞】》網頁資料：http://www.ettoday.com/2000/07/23/543-146748.htm。2008.04.07。
- 青木由香著，黃碧君譯（2005）。《奇怪ㄋㄟ：一個日本女生眼中的台灣》。台北市：布克。
- 徐良熙、林忠正（1984）。〈家庭結構與社會變遷：中美「單親」家庭之比較〉。《中國社會學刊》，第8期，頁1-22。
- 周星馳的fan屎（2004）。《我愛周星馳》。台北市：商周。
- 高承恕（1999）。《頭家娘：台灣中小企業「頭家娘」的經濟活動與社會意義》。台北市：聯經。
- 章英華（1976）。《台北市居民社會價值觀之研究：家庭、教育與職業》。國立台灣大學社會學研究所，碩士論文。
- 黃瑞茂（2007）。〈市場、使用與集合住宅設計〉。《台灣建築報導雜誌》，第138期，頁92-93。
- 陸坤泰、張登斌（1992）。〈台灣的肺癌〉。《台灣醫誌》，第91卷附冊，頁1-7。
- 國科會智慧家庭科技創新與整合中心（2008）。〈中心簡介〉。《國科會智慧家庭科技創新與整合中心》網頁資料：http://www.domoidea.com/layout/insight/a_a.html。2008.07.16。

- 陳東升（1995）。《金權城市：地方派系、財團與台北都會發展的社會學分析》。台北市：巨流。
- 陳聰亨（2006）。《好宅：集合住宅設計與品質》。台北市：詹氏。
- 陳寬政、王德睦、陳文玲（1986）。〈台灣地區人口變遷的原因與結果〉。《台灣大學人口學刊》，第9期，頁1-23。
- 陳瑞麟（2003）。〈風險生活、科技規範與風險生死學——反省科技帶來的死亡風險〉。《東吳哲學學報》，第8期，頁125-161。
- 張哲凡（1995）。《光復後台灣集合住宅發展過程之研究》。國立成功大學建築研究所，碩士論文。
- 張皓明、蔡美杏（2006）。《電鍋做好菜》。台北市：生活品味。
- 張景森（1993）。《台灣的都市計畫（1895-1988）》。台北市：業強。
- 逯耀東（1998）。《出門訪古早》。台北市：東大。
- 彭培業（2001）。《民進黨執政下的台灣不動產》。台北市：翰蘆。
- 楊裕富（1991）。〈光復後台灣地區住宅發展與住宅論述的研究〉。《中華民國建築學會建築學報》，第5期，頁21-51。
- 楊裕富（1992）。《台灣住宅政策、立法與都市住宅用地供給》。國立台灣大學土木工程研究所，建築與城鄉組，碩士論文。
- 齊力（1990）。《近二十年來台灣地區家戶核心化趨勢之研究》。私立東海大學社會學研究所，博士論文。
- 劉懷玉（2006）。《现代性的平庸与神奇：列斐伏尔日常生活批判哲学的文本学解读》。北京市：中央编译出版社。
- 鄭至慧（1996）。〈存在主義女性主義〉。收錄於顧燕翎主編，《女性主義：理論與流派》。台北市：女書文化，頁71-104。
- 聯華食品（2008）。〈Knorr：好湯在康寶〉，《聯華食品》網業資料：http://www.unilever.com.tw/upload/Knorr_txt4.html。2008.04.09。
- 謝高橋（1980）。《家戶組成、結構與生育》。台北市：政大民系人口調查研究室。
- 謝國雄（1992）。〈隱形工廠：台灣的外包點與家庭代工〉。《台灣社會研究季刊》，第13期，頁137-160。
- 歐家瑜（2000）。《都市社區居民空間識覺形成之研究：以台北市成功國宅婦女的活動空間為例》。國立台灣大學地理學研究所，碩士論文。
- 樊美蒂（1999）。《從社區領域空間的建立探討社區實質環境之管理：以台北市成功國宅社區為例》。中國文化大學建築與都市計畫研究所，碩士論文。
- Battersby, Christine (1988). *The Phenomenal Woman: Feminist Metaphysics and the Patterns of Identity.* Cambridge: Polity.
- Baudrillard, Jean (1994). *Simulacra and Simulation,* translated by Sheila Faria Glaser. Ann Arbor, Mich. : University of Michigan Press.
- Baudrillard, Jean (1996). *The System of Objects,* translated by James Benedict, London and New York: Verso.
- Baudrillard, Jean (1991). *The Consumer Society: Myths and Structures.* London, Thousand Oaks, and New Delhi: Sage.
- Beck, Ulrich (1992). *Risk Society: Towards a New Modernity.* London, Thousand Oaks, and New Delhi: Sage.
- Beck, Ulrich, Anthony Giddens, and Scott Lash (1994). *Reflexive Modernization: Politics, Tradition and Aesthetics in the Modern Social Order.* Cambridge: Polity.
- Beckerman, Wilfred (1996). *Small Is Stupid: Blowing the Whistle on the Greens.* London: Duckworth.
- Bhaskar, Roy (1978). *A Realist Theory of Science,* 2nd ed. Brighton: Harvester.
- Bhaskar, Roy (1986). *Scientific Realism and Human Emancipation.* London: Verso.
- Bhaskar, Roy (1989a). *The Possibility of Naturalism: A Philosophical Critique of the Contemporary Human Sciences,* 2nd ed. Hemel Hempstead: Harvester Wheatsheaf. (first published in 1979)
- Bhaskar, Roy (1989b). *Reclaiming Reality: A Critical Introduction to Contemporary Philosophy.* London: Verso.
- Bhaskar, Roy (1997). *A Realist Theory of Science.* London: Verson. (first published in 1975)
- Bhaskar, Roy (2002a). *From Science to Emancipation: Alienation and the Actuality of Enlightenment.* New Delhi, Thousand Oaks & London: Sage.
- Bhaskar, Roy (2002b). *Reflections on Meta-Reality: Transcendence, Emancipation and Everyday Life.* New Delhi, Thousand Oaks & London: Sage.

- Bourdieu, Pierre (1977). *Outline of a Theory of Practice,* translated by Richard Nice. Cambridge: Cambridge University Press.
- Bourdieu, Pierre (1990). *The Logic of Practice,* translated by Richard Nice. Stanford: Stanford University Press.
- Bray, Francesca (1997). *Technology and Gender: Fabrics of Power in Late Imperial China.* Berkely, Los Angeles and London: University of California Press.
- Brecht, Bertolt (1964). *Brecht on Theatre: The Development of an Aesthetic,* translated and edited by John Willett. London: Methuen.
- Breton, Andre (1972). *Manifestoes of Surrealism,* translated by Richard Seaver and Helen R. Lane. Ann Arbor: University of Michigan Press.
- Buchanan, Ian (2000a). *Michel de Certeau: Cultural Theorist.* London, Thousands Oaks and New Delhi: Sage.
- Buchanan, Ian (2000b). "Introduction," in The Certeau Reader, edited by Graham Ward. Oxford: Blackwell, pp. 97-100.
- Buchanan, Mark著，葉偉文譯 (2007) 。《隱藏的邏輯》。台北市：天下文化。
- Burkhard, Fred (2000). *French Marxism Between the Wars: Henri Lefebvre and the "Philosophies."* Amherst, NY: Humanity Books.
- Castells, Manuel (1989). *The Informational City: Information Technology, Economic Restructuring and the Urban-regional Process.* Oxford: Blackwell.
- Chen, Yi-Ling (2005). "Provision for collective consumption: housing production under neoliberalism," in *Globalizing Taipei: The Political Economy of Spatial Development,* edited by Reginald Yin-Wang Kwok. London and New York: Routledge, pp. 99-119.
- Cieraad, Irene (ed.) (1999). *At Home: An Anthropology of Domestic Space,* with a Foreword by John Rennie Short. Syracuse, NY: Syracuse University Press.
- Cloke, Paul, Chris Philo, and David Sadler (1991). *Approaching Human Geography: An Introduction to Contemporary Theoretical Debates.* London: Paul Chapman.
- Cowan, Ruth Schwartz (1983). *More Work for Mother: The Ironies of Household Technology from the Open Hearth to the Microwave.* New York: Basic Books.
- Cowan, Ruth Schwartz著，楊佳羚譯 (2004) 。〈家庭中的工業革命：20世紀的家戶科技與社會變遷〉。收錄於吳嘉苓、傅大為、雷祥麟主編，《科技渴望性別》。台北市：群學，頁99-130。
- Cunningham, Michael (1998). *The Hours.* New York: Picador.
- de Beauvoir, Simone (1953). *The Second Sex,* translated and edited by H. M. Parshley. New York: Knoph.
- de Beauvoir, Simone著，陶鐵柱譯（1999）。《第二性》。台北市：貓頭鷹。
- Debord, Guy (1993). *The Society of the Spectacle,* translated by Donald Nicholson-Smith. New York: Zone Books. (first published in 1967)
- de Certeau, Michel (1984). *The Practice of Everyday Life,* translated by Steven F. Rendall. Berkeley and Los Angeles, University of California Press.
- de Certeau, Michel, Luce Giard and Pierre Mayol (1998). *The Practice of Everyday Life,* Vol. 2: *Living and Cooking,* edited by Luce Giard, translated by Timothy J. Tomasik. Minneapolis and London: University of Minnesota Press.
- de Saint-Exupéry, Antoine著，張譯譯（1999）。《小王子》。台北市：希代。
- Elden, Stuart (2004). *Understanding Henri Lefebvre.* New York: Continuum.
- Elden, Stuart, Elizabeth Lebas and Eleonore Kofman (eds.) (2003). *Henri Lefebvre: Key Writings.* New York: Continuum.
- Engels, Friedrich (1993). *The Condition of the Working Class in England,* edited with an Introduction by David McLellan. Oxford and New York: Oxford University Press.
- Elias, Norbert and Eric Dunning (1986). *Quest for Excitement: Sport and Leisure in the Civilizing Process.* Oxford: Basil Blackwell.
- Evans, Mary (1985). *Simone de Beauvoir: A Feminist Mandarin.* London: Tavistock.
- Foucault, Michel (1965). *Madness and Civilization: A History of Insanity in the Age of Reason,* translated by Richard Howard. New York: Pantheon Books.

- Foucault, Michel (1973). *The Birth of the Clinic: An Archaeology of Medical Perception*, translated by A. M. Sheridan. London: Tavistock Publications.
- Foucault, Michel (1977). *Discipline and Punish: The Birth of the Prison*, translated by Alan M. Sheridan. New York: Pantheon Books.
- Friedan, Betty (1963). *The Feminine Mystique*. Harmondsworth: Penguin.
- Friedan, Betty (1981). *The Second Stage*. New York: Summit Books.
- Gans, Herbert J. (1962). *The Urban Villagers: Group and Class in the Life of Italian-Americans*. New York: Free Press of Glencoe.
- Gardiner, Michael E. (2000). *Critique of Everyday Life*. London and New York: Routledge.
- Giard, Luce (1998). "Introduction to volume 1: history of a research project," in Michel de Certeau, Luce Giard and Pierre Mayol, *The Practice of Everyday Life*, Vol. 2: *Living and Cooking*, edited by Luce Giard, translated by Timothy J. Tomasik. Minneapolis and London: University of Minnesota Press, pp. xiii-xxxiii.
- Giddens, Anthony (1984). *The Constitution of Society*. Cambridge: Polity Press.
- Giddens, Anthony (1990). *The Consequences of Modernity*. Cambridge: Polity Press.
- Gilbert, Lucia Albino (1993). *Two Careers/One Family: The Promise of Gender Equality*. Newbury Park, London and New Delhi: Sage.
- Gilligan, Carol (1982). *In a Different Voice*. Cambridge, MA: Harvard University Press.
- Gilman, Charlotte Perkins (1966). *Women and Economics: A Study of the Economic Relation Between Men and Women as a Factor in Social Evolution*, edited by Carl N. Degler. New York: Harper & Row. (first published in 1898)
- Goffman, Erving著，徐江敏、李姚軍譯（1992）。《日常生活中的自我表演》。台北市：桂冠。
- Goode, William J. (1963). *World Revolution and Family Patterns*. New York: The Free Press.
- Goody, Jack (1982). *Cooking, Cuisine and Class: A Study in Comparative Sociology*. Cambridge: Cambridge University Press.
- Goonewaedena, Kanishka et al. (eds.) (2007). *Space Difference, Everyday Life: Henri Lefebvre and Radical Politics*. London: Routledge.
- Gottdiener, Mark (1985). *The Social Production of Urban Space*. Austin, TX: University of Texas Press.
- Gregory, Derek (2000a). "Realism," entry in *The Dictionary of Human Geography*, 4th ed., edited by R. J. Johnston, Derek Gregory, Geraldine Pratt and Michael Watts. Oxford: Blackwell, pp. 673-676.
- Gregory, Derek (2000b). "Structuration theory," entry in *The Dictionary of Human Geography*, 4th ed., edited by R. J. Johnston, Derek Gregory, Geraldine Pratt and Michael Watts. Oxford: Blackwell, pp. 798-802.
- Hakim, Catherine (2000). *Work-Lifestyle Choices in the 21st Century: Preference Theory*. Oxford and New York: Oxford University Press.
- Haraway, Donna J. (1991). *Simians, Cyborgs, and Women: The Reinvention of Nature*. London and New York: Routledge.
- Harvey, David W. (1982). *The Limits to Capital*. Oxford: Blackwell.
- Hayden, Dolores (1981). *The Grand Domestic Revolution: A History of Feminist Designs for American Homes, Neighborhoods, and Cities*. Cambridge MA: The M.I.T. Press.
- Hayden, Dolores (1984). *Redesigning the American Dream: The Future of Housing, Work, and Family Life*. New York: W. W. Norton.
- Heidegger, Martin (1962). *Being and Time*, translated by John Macquarrie and Edward Robinson. New York: Harper and Row.
- Heller, Agnes (1984). *Everyday Life*, translated by G. L. Campbell. London and New York: Routeldge & Kegan Paul.
- Highmore, Ben (2002a). *Everyday Life and Cultural Theory: An Introduction*. London & New York: Routledge.
- Highmore, Ben (ed.) (2002b). *The Everyday Life Reader*. London & New York: Routledge.
- Hochschild, Arlie Russell and Anne Machung (1989). *The Second Shift: Working Parents and the Revolution at Home*. New York: Viking.
- Huang, C. C., C. Y. Chen, and T. H. Chien (1984). "A clinical study of primary lung cancer," *Chinese Medical Journal*, Vol. 33, pp. 96-106.

- Hut, Piet (1998). "Husserl and James," http://www.ids.ias.edu/~piet/quote.htm . (2006.09.25)
- Jarvis, Helen, Andy C. Pratt and Peter Cheng-Chong Wu (2001). *The Secret Life of Cities: The Social Reproduction of Everyday Life.* Harlow: Pearson Education.
- Johnson, Lesley and Justine Lloyd (2004). *Sentenced to Everyday Life: Feminism and the Housewife.* Oxford and New York: Berg.
- Kaika, Maria and Erik Swyngedouw (2000). "Fetishising the modern city: the phantasmagoria of urban technological networks," *International Journal of Urban and Regional Research,* Vol. 24, No. 1, pp. 120-138.
- Lamphere, Louise and Helena Ragone (eds.) (1997). *Situated Lives: Gender and Culture in Everyday Life.* London and New York: Routledge.
- Lan, Pei-chia (2006). *Global Cinderellas: Migrant Domestics and Newly Rich Employers in Taiwan.* Durham and London: Duke University Press.
- Le Courbusier (1971). *The City of Tomorrow and Its Planning,* 3rd ed., translated from the 8th Edition of Urbanisme by Frederick Etchells. Cambridge, MA: The M.I.T. Press.
- Lefebvre, Henri (1984). *Everyday Life in the Modern World,* translated by Sacha Rabinovitch, with a new introduction by Philip Wander. New Brunswick and London: Transaction Publishers.
- Lefebvre, Henri (1991a). *Critique of Everyday Life,* Volume I: *Introduction,* translated by John Moore, with a preface by Michel Trebitsch. London: Verso.
- Lefebvre, Henri (1991b). *The Production of Space,* translated by Donald Micholson-Smith. Oxford: Blackwell.
- Lefebvre, Henri (2002). *Critique of Everyday Life,* Volume II: *Foundations for a Sociology of the Everyday,* translated by John Moore, with a preface by Michel Trebitsch. London: Verso.
- Lefebvre, Henri (2004). *Rhythmanalysis: Space, Time and Everyday Life.* London and New York: Continuum.
- Light, Andrew and Jonathan Smith (2005). *The Aesthetics of Everyday Life.* New York: Columbia University Press.
- Luckmann, Thomas (1973). "Preface," in Alfred Schutz, *The Structures of the Life-World,* translated by Richard M. Zaner and H. Tristram Engelhardt, Jr. Evanston, IL: Northwestern University Press.
- Luxton, Meg (1980). *More Than a Labour of Love: Three Generations of Women's Work in the Home.* Toronto: The Women's Educational Press.
- Mackay, Hugn (ed.) (1997). *Consumption and Everyday Life.* London, Thousands Oaks and New Delhi: Sage.
- Maffesoli, Michel (1989). "The sociology of everyday life (epistemological elements)," *Current Sociology,* Vol. 37, pp. 1-16.
- Maffesoli, Michel (1996). *Ordinary Knowledge: An Introduction to Interpretative Sociology,* translated by David Macey. Cambridge: Polity.
- Marcus, Clare Cooper著，徐詩思譯（2000）。《家屋，自我的一面鏡子》。台北市：張老師文化。
- Matrix (1984). Making Space: *Women and the Man Made Environment,* London. Pluto Press.
- Merleau-Ponty, Maurice (1962). *Phenomenology of Perception,* translated by Colin Smith. New York: Humanities Press.
- Merrifield, Andy (2006). *Henri Lefebvre: A Critical Introduction,* London and New York: Routledge.
- Miller, Toby and Alec W. McHoul (1998). *Popular Culture and Everyday Life.* London, Thousands Oaks and New Delhi: Sage.
- Nettleton, Sarah and Jonathan Watson (eds.) (1998). *The Body in Everyday Life.* London and New York: Routledge.
- Nippert-Eng, Christena E. (1996). *Home and Work: Negotiating Boundaries through Everyday Life.* Chicago: University of Chicago Press.
- Nystrand, P. Martin and John Duffy (eds.) (2003). *Towards a Rhetoric of Everyday Life: New Directions in Research on Writing, Text, and Discourse.* Madison, WI: University of Wisconsin Press.
- Oakley, Ann (1974). *Housewife.* London: Penguin.
- Oakley, Ann (1985). *The Sociology of Housework,* reprint ed. Oxford: Basil Blackwell. (first published by Martin Robertson in 1974)
- Parsons, Talcott and Robert F. Bales (1955). *Family, Socialization and Interaction Process.* Glencoe, IL: The Free Press.

- Paterson, Mark (2006). *Consumption and Everyday Life: The New Sociology*, new edition. London and New York: Routledge.
- Pratt, Andrew C. (1994). *Uneven Re-production: Industry, Space and Society*. Oxford: Pergamon Press.
- Rapoport, Rhona & Robert N. Rapoport (1969). "The dual-career family," *Human Relations*, Vol. 22, pp. 3-30.
- Roberts, Marion (1991). *Living in a Man-made World: Gender Assumptions in Modern Housing Design*. London and New York: Routledge.
- Sayer, Andrew (1992). *Method in Social Science: A Realilst Approach*, 2nd ed. London: Routledge. （first published in 1984)
- Sayer, Anderw (2000). *Realism and Social Science*. London, Thousand Oaks, and New Delhi: Sage.
- Scheibe, Karl E. (2002). *The Drama of Everyday Life*. Cambridge, MA: Harvard University Press.
- Schumacher, Ernest. F. (1973). *Small Is Beautiful: A Study of Economics as if People Mattered*. London: Blond and Briggs.
- Schutz, Alfred (1943). "The problem of rationality in the social world," *Economica,* Vol. X, May, pp. 130-149.
- Schutz, Alfred (1967). *The Phenomenology of the Social World*, translated by George Walsh and Frederick Lehnert, with an introduction by George Walsh. Evanston, IL: Northwestern University Press.
- Schutz, Alfred著，盧嵐蘭譯（1992）。《舒茲論文集（第一冊）》。台北市：桂冠。
- Schutz, Alfred and Thomas Luckmann (1973). *The Structures of the Life-World*, translated by Richard M. Zaner and H. Tristram Engelhardt, Jr. Evanston, IL: Northwestern University Press.
- Seamon, David (1979). *A Geography of the Lifeworld*. London: Croom Helm.
- Shields，Rob (1999). *Lefebvre, Love and Struggle: Spatial Dialectics*. London and New York: Routledge.
- Shield, Rob (2004). "Henri Lefebvre," in *Key Thinkers on Space and Place*, edited by Phil Hubbard, Rob Kitchin and Gill Valentine. London, Thousands Oaks and New Delhi: Sage, pp. 208-213.
- Simonsen, Kirsten (1991). "Towards an understanding of the contextuality of mode of life," *Environment and Planning D: Society and Space,* Vol. 9, pp. 417-31.
- Soja, Edward W. (1996). *Thirdspace*. Oxford, UK & Cambridge, USA: Blackwell.
- Storey, John (1999). *Cultural Consumption and Everyday Life*. Oxford: Arnold.
- Strasser, Susan (1982). *Never Done: A History of American Housework*. New York: Pantheon Books.
- Terry, Jennifer and Melodie Calvert (eds.) (1997). *Processed Lives: Gender and Technology in Everyday Life*. London and New York: Routledge.
- Thrift, Nigel (1983). "On the determination of social action in space and time," *Environment and Planning D: Society and Space,* Vol. 1, pp. 23-57.
- Trebitsch, Michel (1991). "Preface," in Henri Lefebvre, *Critique of Everyday Life*, Vol. I: *Introduction*, translated by John Moore. London and New York: Verso, pp. ix-xxviii.
- Trefil, James (1994). *A Scientist in the City*. New York: Doubleday.
- Vaneuqem, Raoul (1994). *The Revolution of Everyday Life*, 2nd rev. ed., translated by Donald Nicholson-Smith. Welcombe, UK: Rebel Press.
- Vycinas, Vincent (1961). *Earth and Gods*. The Hague: Martinus Nijhoff.
- Ward, Graham (2000). "Introduction," in *The Certeau Reader*, edited by Graham Ward. Oxford: Blackwell, pp. 1-14.
- Ward, Peter (1999). *A History of Domestic Space: Privacy and the Canadian Home*. Vancouver and Toronto: UBC Press.
- Weber, Max (1958). *The Protestant Ethic and the Spirit of Capitalism*, translated by Talcott Parsons; with a foreword by R. H. Tawney. New York: Scribner.
- Weisman, Leslie Kanes (1992). *Discrimination by Design: A Feminist Critique of the Man-Made Environment*. Urbana and Chicago: University of Illinois Press.
- Wikipedia, the free encyclopedia, (2007). "house" entry, *Wikipedia, the Free Encyclopedia,* http://en.wikipedia.org/wiki/House. 2007.12.07.
- Williams, Joan (2000). *Understanding Gender: Why Family and Work Conflict and What to Do About It*. Oxford: Oxford University Press.

- Woolf, Virginia著，張秀亞譯（2008）。《自己的房間》，導讀版。台北市：天培文化。
- Wrigley, Neil and Michelle Lowe (eds.) (1996). *Retailing, Consumption and Capital: Towards the New Retail Geography.* Harlow: Longman.
- Wrigley, Neil and Michelle Lowe (2002). *Reading Retail: A Geographical Perspective on Retailing and Consumption Spaces.* London: Arnold.
- Wu, Cheng-Chong (1998). *The Concept of Urban Social Sustainability: Coordinating Everyday Life and Institutional Structures in London.* Unpublished Ph.D. thesis, Department of Geography, London School of Economics and Political Science.
- Yalom, Marilyn著，何穎怡譯 (2003)。《太太的歷史》。台北市：心靈工坊。
- Yang, S. P., K. T. Luh, S. H. Kuo, and C. C. Lin (1984). "Chronological observation of epidemiologic characteristics in Taiwan with etiological consideration: a 30-year consecutive study," *Japan Journal of Clinical Oncology,* Vol. 14, No.7, pp. 7-19.
- Yang, S.P. and Luh, K. T. (1986). "Primary lung cancer in Asia," *Bronchus,* Vol. 2, pp. 6-8.
- Young, Iris Marion (1990). *Justice and the Politics of Difference.* Princeton, NJ: Princeton University Press.
- Young, Iris Marion (2005). *On Female Body Experience: "Throwing Like a Girl" and Other Essays.* Oxford: Oxford University Press.
- Young, Michael and Peter Willmott (1986). *Family and Kinship in East London.* London: Routledge & Kegan Paul. (first published in 1957)

附錄
Appendixes

附錄一：投石信／附錄二：門口篩選問卷／附錄三：正式訪談題綱／附錄四：建築師訪談題綱

附錄一:投石信

親愛的成功國宅住戶,您好:

我是國立台灣師範大學地理學系的吳鄭重老師,目前正在從事一項有關廚房與婦女的國科會研究計畫——「日常生活中性別、空間、科技與文化的廚房之舞」。目的在探討台灣都會地區,婦女性別角色、公寓廚房空間、廚具家電設備,以及飲食文化之間的動態關係。

除了從既有的理論和文獻加以探討之外,這項研究最重要的工作就是對於當代公寓廚房和婦女煮食的現況,進行實際調查。我們選定成功國宅作為研究的對象,希望透過個人訪談和廚房空間的靜態影像紀錄,深入了解當前台灣都會婦女的日常生活處境。您的參與和協助,將是本研究成敗的重要關鍵。

我們的調查過程分為兩階段:第一階段是在您收到這封信的幾天之內,我們將登門拜訪,以三到五分鐘的時間和簡短的問卷,向您請教一些有關居家與廚房空間,還有三餐飲食、煮飯的問題。

第二階段則是從問卷中挑選不同類型的家庭,進行深入訪談。如果貴府的情形適合作為本研究第二階段的訪談案例,我們希望能夠進一步和您約定府上最方便的時間,進行正式訪談。訪談的對象為家庭中主要負責準備三餐膳食的成員,整個訪談過程大約一個小時。您無須事前準備,只要輕鬆地和我們聊一聊您的經驗和看法就可以了。

整個訪談的內容不會涉及個人及家庭的隱私,同時研究成果的呈現也不會出現個別受訪者姓名及訪談內容的詳細資料,請您放心。

感謝您的大力協助!

敬祝

身體健康　闔家平安

吳鄭重　敬上
師大地理系 助理教授
電話:2363-7874轉111
行動電話:0922-xxxxxx
e-mail: pccwu@ntnu.edu.tw

附錄二：門口篩選問卷

編號		棟別		樓		門號		室內坪數		原始格局	房	廳	衛

晚安，您好，我們正在進行一項有關婦女與廚房的研究調查，前幾天曾經投信跟您說明過大致的研究情形。想耽誤幾分鐘的時間，希望能夠訪問您家主要負責準備三餐的人。

_____ 先生／太太／小姐

一、基本資料

首先，想了解一下您家庭成員的基本狀況。

1.1 請問同住的家人有哪些？

1.2 他們的年齡和工作或就學狀況分別是？

1.3 那您呢？

□ 有工作　　　　　　　　　　□ 沒有工作（家庭主婦）

a. 是。□ 全職 □ 兼職？　　　a. □ 有 □ 沒有 □ 擔任志工或其他兼職的工作？

b. 工作地點？工作內容？　　　b. 工作地點？工作內容？

_____　_____

c. 您上下班是使用什麼交通工具？
□ 汽車（開／載）□ 機車（騎／載）□ 公車 □ 捷運 □ 腳踏車 □ 步行

d. 單程一趟花多少時間？

二、房屋狀況

其次，想請教您幾個有關房屋現況的問題。

2.1 請問您在這裡住多久了？_____ 年□ 買 □ 租

2.2 您家的面積有多大？　　　（權狀）_____ 坪 （室內）_____ 坪
　　　　　　　　　　　　　　（室內）格局是？_____ 房_____ 廳_____ 衛

2.3 從搬進來到現在，家裡有沒有裝潢過？什麼時候裝潢的？裝潢哪些部分？
□ 沒有 □ 有（例：加釘櫃子、換瓷磚、鋪地板、改格局等等）
最初 ＿＿＿＿＿＿＿＿＿＿＿＿＿＿ 後來 ＿＿＿＿＿＿＿＿＿＿＿＿＿＿
客廳 ＿＿＿＿＿＿＿＿＿＿＿＿ 飯廳 ＿＿＿＿＿＿＿＿＿＿＿＿ 廚房 ＿＿＿＿＿＿＿＿
臥房 ＿＿＿＿＿＿＿＿＿＿＿＿ 衛廁 ＿＿＿＿＿＿＿＿＿＿＿＿ 其他 ＿＿＿＿＿＿＿＿

2.4 廚房空間和裡面的設施，有沒有變更過呢？
□ 沒有 □ 有（例：更換系統廚具、改格局等等）
最初 ＿＿＿＿＿＿＿＿＿＿＿＿ 後來 ＿＿＿＿＿＿＿＿＿＿＿＿

三、三餐飲食／煮飯

最後，我想請問一下您們家三餐用餐和煮飯的情形。

3.1 請問你們家晚餐通常是幾點吃？ ＿＿＿＿＿＿＿＿＿＿＿＿＿

3.2 在家吃還是在外面吃？以一個星期七天來講得話，通常是幾天？
在家吃 1-2-3-4-5-6-7 / 7-6-5-4-3-2-1 在外面吃

3.3 在家吃的話，是自己煮？還是買回來吃？又分別是幾天？
自己煮 1-2-3-4-5-6-7 / 7-6-5-4-3-2-1 買外面熟食

3.4 在家煮的時候，主要是家裡的哪一位負責？

3.5 有沒有人會幫忙？ □ 有 □ 無
（例：買菜、洗菜挑菜、炒菜、洗米、擺碗筷、清理桌面、洗碗、倒垃圾）
誰？＿＿＿＿＿＿＿＿＿＿＿＿＿＿＿＿ 最常幫忙哪些事？＿＿＿＿＿＿＿＿＿＿＿

3.6 那你們一家人的早、午餐多半是怎麼解決的？
早 ＿＿＿＿＿＿＿＿＿＿＿＿＿＿＿ 午 ＿＿＿＿＿＿＿＿＿＿＿＿＿＿＿

非常感謝您回答我們這些問題，從剛才簡短的問答當中，我們了解到貴府是我們想深入研究的典型案例之一，不知道您是否願意再撥出一點時間，接受我們的訪談。（大約45分鐘到1個鐘頭）。

我們可以另外約個時間嗎？請問這幾天或是下個星期，您什麼時間比較方便？

連絡電話： 訪談日期： 時間：

附錄三：正式訪談題綱

開場白

感謝：
首先非常感謝您願意撥出時間來接受我們的訪談，這對我們的研究有非常大的幫助。我會研究婦女和廚房主要因為幾年前我母親是罹患肺癌過世的，一開始我從廚房油煙的問題著手，後來才發現這整個問題比我們所想像的還要複雜許多，才會發展出目前這個探討婦女性別角色、住宅空間、廚房科技和飲食文化之間關係的研究。也希望藉由您的實際案例和寶貴的經驗，讓我們的研究成果能夠更能夠貼近事實，這樣我們的研究才有意義。

主題：
我們今天訪談的目的主要是想要了解台灣現代都會婦女在家庭與工作之間，還有在三餐煮食和廚房空間裡面，如何巧妙地運用你們的生活智慧，並試圖釐清婦女們共同面對的生活處境。所以，今天的訪談非常簡單，您只要放輕鬆和我們聊一聊有關廚房的各種經驗就可以了。

訪談過程：
整個訪談過程大概在一個小時以內，應該不會涉及到任何隱私的問題，同時我們也會將今天的訪談內容和其他的訪談做一個整體的分析，不會將您的案例單獨呈現，即使在我們的研究分析中有提到您的部分，一定是以不具名的方式處理，請您放心。

錄音：
在訪談的過程中，我們除了會做重點筆記之外，為了方便記錄和整理分析，也怕有遺漏的地方，可能需要錄音，希望您能夠同意。如果你覺得有任何不妥或是不方便的地方，我們隨時都可以暫停錄音，這樣可以嗎？

回答提問：
請問您對於我們的研究或是整個訪談的過程，有沒有什麼不明瞭的地方？如果沒有的話，我們是不是現在就開始今天的訪談。

一、住宅環境
首先我們想聊一下有關住宅環境的問題，尤其是有關室內空間的部分。

1.01 住宅環境：上次您在問卷中提到，您們家是 ＿＿ 房 ＿＿ 廳 ＿＿ 衛 ＿＿ 坪的房子，您可不以先說說看您對目前居住的環境是否滿意？（一個一個來，例如周遭的環境、公寓大廈的生活、還有室內空間的大小和格局等等，有沒有什麼您覺得特別好或特別不好的地方？）
  ・成功國宅的鄰里環境
  ・公寓大廈的生活
  ・室內空間的大小和格局
  ・整個都市地區的居住環境

1.02 購屋決策（最主要的考量因素）：當初在買（租）這間房子的時候，您們是怎麼決定的？當時最主要的考量有哪些？例如：和工作地點的距離、交通的便利性、價格、學區、增值的潛力；或是房屋的大小、格局、家裡的人口數量等等

1.03 居家環境裡面的個人空間：請問家裡有沒有哪些地方是專門屬於您自己的個人空間？平常在家，除了睡覺以外，在哪裡待的時間最久？在家裡的哪些地方覺得最輕鬆愉快？哪裡最累？為什麼？

1.04 居家空間的調整：您在先前的問卷中提到過，您們搬進來的時候（或是之後），曾經（一直沒有）調整（裝潢）過家裡的空間，請問是哪些部分，原因？

1.05 未來對居家空間的計畫（維持原狀、調整空間、換屋？）：有沒有什麼打算呢？您或家人有沒有想過可能的變動？包括變更格局或是換房子（如果要換房子，主要的考量有哪些？）。

二、廚房空間

現在我們針對廚房空間來聊一聊。

2.01 對現有廚房空間的看法：您對現在家裡的廚房，你有什麼特別滿意或是使用不便的地方？例如廚房的位置、大小、格局、設備，以及廚房相對於其他室內空間的比例等等。

2.02 可不可以請您簡單介紹一下廚房裡面的空間和設備。（到廚房參觀！）

2.03 最常使用（最實用）的設備：哪些廚具和家電是最常用的？它們的位置在哪裡？當初選購的時候有沒有什麼特別的考量？它們有沒有什麼特殊的功能？

2.04 較少使用（不實用）的設備：有哪些很少用到或是不實用的設備？當初為什麼會買？現在把它們收放在哪裡？

2.05 廚房之外延伸的廚房空間：除了廚房裡面，有沒有什麼常用的東西，是放在廚房外面，可以跟我們說明一下嗎？

2.06 廚房裡面非關煮食的其他設備：廚房裡面，除了和煮飯有關的器具之外，還有沒有其他用品和器具？例如電風扇、收音機、電視等等。

2.07 調整廚房設備位置的需求：有沒有什麼東西您希望能夠把它放進廚房？或是有沒有什麼東西你想把它搬出廚房的？原因呢？

2.08 添購廚房設備的需求：有沒有想要再添購什麼廚房設備？為什麼？

2.09 先前廚房空間的調整：之前您曾經提過您們家的廚房曾經（或是不曾）做過空間上的調整，可以跟我們說明一下當時的情況和考量嗎？

2.10 廚房空間的調整：未來有沒有調整廚房空間的打算呢？以您目前的情況來看，您覺得要怎麼調整會比較理想呢？有沒有什麼原因讓您沒有去做這樣的改變呢？

三、三餐用餐和煮飯情況
接下來,我們來聊一聊有關三餐用餐和煮飯的情形。

3.01 晚餐用餐習慣:請描述一下家人用餐的情形?通常幾點吃晚飯?所有的家人都一起吃,還是分開吃?為什麼?
　　・通常是在家吃,還是出去吃呢?為什麼?
　　・如果在家吃,在家裡的什麼地方用餐呢?
3.02 自己煮或買熟食?如果是在家吃,都是自己煮,或是買東西回來吃呢?有沒有什麼特殊的原因呢?
　　・那早餐和午餐如何解決呢?

煮飯的情形
3.03 煮飯的情形:您可不可以回憶一下這些年來的經驗,然後跟我們描述一下您是怎麼安排和煮飯有關的所有事情,例如怎麼決定要煮些什麼、怎麼買菜、怎麼處理、怎麼煮等等。
　　・您是怎麼決定要煮什麼?
　　・通常是誰去買菜,到哪裡買、多久買一次、買些什麼?
　　・買回來的東西多半怎麼處理?有沒有什麼訣竅?這些像是洗菜、揀菜的準備工作,通常您會在哪裡處理?為什麼?
　　・煮菜有沒有一定的順序,您通常是怎麼安排的?
　　・您是怎麼學會做菜的?最常做哪些菜?為什麼?
　　・有沒有特別拿手的家常菜?舉例說明。
3.04 煮食家務的分擔:有沒有其他家人會幫忙煮飯,或是分擔其他家務工作?可不可以說一說您對家人分擔家務工作的看法?
3.05 吃完飯後,誰負責收拾清潔呢?剩飯剩菜怎麼處理?還帶不帶便當?
3.06 對婦女煮飯的看法:您覺得煮飯辛苦嗎?有沒有什麼特別有趣或是特別麻煩的地方?是什麼原因讓您持續煮飯/不煮飯?
3.07 最近兩三次煮飯的情形:可不可以請您回憶一下,最近兩三次煮飯大概是什麼時候的事情?各煮些什麼?家人用餐的情形等等。
3.08 對改變煮食習慣的看法:有沒有想過,也許停止煮飯,例如有媳婦接手或是改成到外面吃,你覺得怎麼樣?

外食、熟食和調理食品
3.09 外食的情形:您們家三餐常到外面吃嗎?最常到哪裡吃?喜歡吃些什麼?
3.10 對外食的看法:可不可以聊一聊您對外食的看法?例如花費、營養、衛生、便利性、口味等等。為什麼喜歡或是不喜歡到外面吃?
3.11 對熟食的看法:您會買熟食回來吃嗎?哪些熟食?在哪裡買的?原因?
3.12 對加工食品的看法:您對冷凍食品、罐頭、調理包之類的食品(例如康寶濃湯),有沒有特殊的偏好或看法?平常煮飯會用到嗎?為什麼?

職業婦女：工作和廚房生活

3.13 工作和廚房生活的協調：您之前告訴我們，您目前也在工作，可不可以請您簡單地描述一下您的工作地點、工作時間和工作性質，以及您出外工作對於煮飯以及家人的用餐，有沒有什麼影響，以及您如何協調工作和煮飯這些事情？

· 在協調工作和廚房生活的過程中，有沒有什麼特別困難的地方，或是您覺得最得意的處理方式？

四、對婦女與廚房生活的整體看法

最後，想請您就婦女的性別角色、廚房和居家空間的關係、廚房科技的進步和飲食文化的改變等問題，談談您個人的看法。

01. 您覺得作為一個現代婦女，相較於二、三十年前的台灣社會，在煮飯這件事情上面，有沒有什麼改變？它對您及家人有什麼特殊的意義嗎？

0.2 作為一個婦女，您對於公寓住宅和裡面的廚房空間，有什麼感想或看法呢？

0.3 對廚房科技的進步，包括各種新式家電科技的發明和歐美廚具的引進，以及它們對於廚房生活的影響，您有什麼看法和期待？

04. 對於當前日常生活飲食文化的改變，包括飲食習慣和煮食的方式，您有什麼看法或想法呢？有沒有什麼需要改善或是改變的地方？

05. 最後，還有沒有什麼我們沒有提到，但是您覺得和廚房空間和廚房生活有密切相關的問題，可以提供我們參考的事情？

五、結語

非常感謝您今天撥空接受我們的訪談，今天的訪談非常圓滿。最後我們是不是可以簡單地拍攝一下您們家廚房和其他空間的大致情況？

附錄四：建築師訪談題綱

———

研究概述：

首先非常感謝您願意撥出時間來接受我們的訪談，這對我們的研究有非常大的幫助。我現在在做的是一項國科會的專題研究計畫，計畫名稱是「日常生活中性別、空間、科技與文化的廚房之舞」。主要是探討現代台灣婦女在三餐煮食的性別角色、公寓廚房的設計與使用、現代家電科技的和日常飲食文化之間的複雜關係。

我會做這樣的研究主要因為我是住在國宅，幾年前我母親得到肺癌過世，而許多醫學和公共衛生的研究發現台灣婦女肺癌和廚房油煙的關係非常密切。在我著手這項研究之後，發現許多問題比我們所想像的還要複雜許多。所以今天特別要借助您實際參與國宅設計的寶貴經驗，讓我們了解更多有關國宅內部空間設計的問題，這樣我們的研究才會更有意義。

訪談主題：

在暑假的時候我們在成功國宅的住戶做過問卷（51份）和訪談（17戶），大致了解一般住戶使用廚房空間的情況有關國宅廚房與婦女煮食的現況。今天我們訪談的目的主要是想要了解現代公寓廚房和整個國宅室內空間的生產過程，尤其是建築設計這一部分。所以，今天想向您請教關於設計國宅與公寓廚房的一些理念，還有相關技術、程序等問題。

訪談過程：

整個訪談過程大概在1個小時以內，同時我們也會將今天的訪談內容和其他的訪談做一個整體的分析。您提出的一些專業見解，以及對我們整個研究的建議，會在我們的研究報告中以專業人士的身分呈現。

錄音：

在訪談的過程中，我們除了會做重點筆記之外，為了方便記錄和整理分析，也怕有遺漏的地方，可能需要錄音，希望您能夠同意。如果你覺得有任何不妥或是不方便的地方，我們隨時都可以暫停錄音，這樣可以嗎？

回答提問：

請問您對於我們的研究或是整個訪談的過程，有沒有什麼不明瞭的地方？……如果沒有的話，我們是不是現在就開始進行正式的訪談。

一、國民住宅和相關集合住宅的設計經驗

1.1 建築訓練的背景：可不可以請問一下您的建築訓練背景？

　　畢業學校：＿＿＿＿＿＿＿

　　1.1.1 在學校裡面，有沒有特別針對住宅設計的課程？

　　1.1.2 這些訓練對於您後來的實務工作，有什麼樣的啟發或影響？

1.2 住宅設計經驗：可不可請您先簡單聊一聊您曾經參與過住宅設計案子。

　　1.2.1 主要是哪些類型的住宅？

　　　　除了目前我們知道的＿＿國宅之外，還有沒有其他國宅或是私部門的建案？

　　1.2.2 非住宅的案子呢？

　　1.2.3 住宅設計和其他建築設計的最大差別在哪裡？

1.3 建築設計理念：從以前到現在，您對於台灣的住宅和住宅設計，有沒有一套自己特殊的
設計理念或原則？
    1.3.1 您是怎麼看待住宅設計？尤其是在戰後台灣的經濟和社會脈絡
        （快速都市化、大量城鄉移民……）之下的集合住宅？

二、國民住宅和一般集合住宅設計的整體問題

2.1 住宅類型：就您的了解，從戰後到現在，台灣都市地區的住宅，主要有哪些類型？
    2.1.1 目前最典型的住宅類型是哪一類？郊區或都市有什麼樣的差異？
    2.1.2 未來台灣都市住宅類型的發展趨勢？
2.2 住宅設計：您個人認為，以台灣目前的狀況而言，哪一種類型的住宅設計，建築師能夠
發揮的空間比較大？哪一種住宅，建築師的限制最大？為什麼？
2.3 在實務上，影響或是限制國民住宅設計的主要因素有哪些？
    2.3.1 您在設計國民住宅時，最重視的部分是什麼
        （例如整體造型、開放空間、立面外觀、室內格局、結構安全等等）？
    2.3.2 國民住宅的設計，有沒有特殊的設計準則？它和一般私人建案的住宅設計
        （尤其是集合住宅），有沒有明顯的差別？

三、國宅內部的空間格局

3.1 空間配置：據您了解，目前一般國宅住宅單元的內部空間，大概是怎麼樣的格局？
    3.1.1 面積（坪數）？
    3.1.2 隔間（幾房幾廳）？
    3.1.3 平面配置的形態（以什麼空間為主）？
3.2 這樣的空間形式，有沒有特殊的設計準則（例如「建築設計規範」之類的要求，規範各
種室內空間的面積、位置、採光、空調、開口等等）？
3.3 空間格局的演進：國民住宅的室內空間格局，在過去幾年有沒有大的改變？
    3.3.1 它和私人興建的公寓住宅，有沒有什麼明顯的差異？
    3.3.2 未來有什麼新的發展趨勢嗎
        （例如曾經短暫流行過的樓中樓、開放廚房、夾層屋等）？
3.4 設計與使用：您覺得像國宅這種標準化的住宅空間，能夠符合一般社會大眾的需求嗎？
    3.4.1 不同家庭類型（單身、老人、複合家庭）？
    3.4.2 有不少家庭，購屋之後需要修改室內格局（二次整建的問題），
        站在建築師的角度，有什麼看法？

四、廚房空間

4.1 一般國宅的廚房，通常它的面積有多大？要容納多少個人同時使用（受訪婦女常抱怨廚
房空間太小，需要挪用空間）？
4.2 在室內空間的配置上，通常會放在什麼位置（也就是廚房和其他空間的關係？例如和客
廳、飯廳及後陽台的連結，和房間、廁所的區隔等）？
4.3 廚房內部空間的形狀和相關設施的關係（例如水、電、瓦斯等管線，廚具、家電的容納
等）？

4.4 廚房發展趨勢：您對於最近一些公寓廚房的發展趨勢，例如系統廚房或是開放式廚房
　等，您的看法如何？

五、建築師個人對於廚房和住宅空間的整體看法
5.1 從建築師的專業角度，您認為整個住宅環境當中，最重要的是哪一部分？為什麼？
　5.1.1 從您自家居住空間出發，身為一個專業的建築師，您認為整個住宅環境當中，
　　　最重要的是哪一部分？為什麼？
5.2 對於國宅或是一般的公寓廚房，您覺得有哪些最迫切需要改變或改善的地方？為什麼？
5.3 最後，還有沒有什麼我們沒有提到，但您覺得和整個國宅設計和公寓廚房有密切相關的
　問題，可以提供我們參考？

非常感謝您今天撥空接受我們的訪問，對我們的研究有很大的幫助，個人也有很好的收
穫！謝謝！

廚房之舞：身體和空間的日常生活地理學考察

2010年11月初版　　　　　　　　　　　　　　定價：新臺幣450元
2019年7月初版第二刷
有著作權‧翻印必究
Printed in Taiwan.

著　　　者	吳	鄭		重
叢書主編	沙	淑		芬
校　　　對	王	允		河
封面設計	井十二工作室			

出　版　者	聯經出版事業股份有限公司	總編輯	胡 金 倫
地　　　址	新北市汐止區大同路一段369號1樓	總經理	陳 芝 宇
編輯部地址	新北市汐止區大同路一段369號1樓	社　長	羅 國 俊
叢書主編電話	(02)86925588轉5310	發行人	林 載 爵
台北聯經書房	台北市新生南路三段94號		
電　　　話	(02)23620308		
台中分公司	台中市北區崇德路一段198號		
暨門市電話	(04)22312023		
郵政劃撥帳戶第0100559-3號			
郵撥電話	(02)23620308		
印　刷　者	世和印製企業有限公司		
總　經　銷	聯合發行股份有限公司		
發　行　所	新北市新店區寶橋路235巷6弄6號2F		
電　　　話	(02)29178022		

行政院新聞局出版事業登記證局版臺業字第0130號

國家圖書館出版品預行編目資料

廚房之舞：身體和空間的日常生活
地理學考察/吳鄭重著 . 初版 . 新北市 . 聯經 .
2010年11月（民99年）. 472面 . 14.8×21公分
ISBN 978-957-08-3694-3（平裝）
[2019年7月初版第二刷]

1.廚房 2.空間設計 3.性別研究 4.社會經濟因素
5.行為地理學

441.583   99019347